第2版

新 野菜つくりの実際

誰でもできる
露地・トンネル・
無加温ハウス栽培

根茎菜Ⅰ

根物・イモ類

川城英夫 編

農文協

はじめに

『新 野菜つくりの実際』（全5巻、76種類144作型）は、2001年に直売向けの野菜生産者を主な対象として発刊されました。現場指導で活躍している技術者に、各野菜の生理・生態と栽培の基本技術などを初心者にもわかりやすく解説していただきました。おかげで各方面から好評を得て、生産者はもちろん、研究者や農業改良普及員、ＪＡ営農指導員などの必携の書となりました。

発刊後、増刷を重ねてきましたが20年余り経ち、野菜生産の状況も変わってきました。専業農家の中に少量多品目を生産して直売所専門に出荷する方が現われ、農外からの若い新規就農者も増えました。国は２０２２年5月に「みどりの食料システム法」を制定し、２０５０年までに化学農薬の50％低減、化学肥料の30％低減、有機農業の取り組みを全農地の25％に当たる１００万haに拡大させることを目標に掲げました。米余りが続く中で水田の作物転換が進み、加工・業務用野菜が拡大し、イタリア野菜やタイ野菜などの栽培も増えてきました。

こうした変化を踏まえて改訂版を出版することにしました。新たな版では主な読者対象は変えず、凡例を入れるなど、予備知識の少ない新規就農者にも配慮して編集しました。また、読者の要望を踏まえて各作型の新規項目として「品種の選び方」を加えました。取り上げる野菜の種類は、近年、直売所やレストランでよく見かけるようになったものを新たに加えました。さらに新しい作型や優れた栽培技術も積極的に加えました。

こうして新版では、野菜87種類１７１作型を収録して全7巻とし、判型はＡ５判からＢ５判に大判化し、文字も一回り大きくして読みやすくしました。今後20年の野菜つくりの土台となることをめざし、現場の第一線で農家の指導に当たっておられる研究者や農業改良普及員などに執筆をお願いしました。各野菜の生理・生態、栄養や機能性、利用法といった基礎知識、栽培の基本技術から最新の技術・知見までをわかりやすく、しかもベテランの生産者にとっても十分活用できる濃い内容に仕上げていただいており、執筆者各位に深謝いたします。また、本書ができたのは企画・編集された農山漁村文化協会編集部のおかげであり、記してお礼申し上げます。

本シリーズは、「根茎菜Ⅰ」のほか、「果菜Ⅰ」「果菜Ⅱ」「葉菜Ⅰ」「葉菜Ⅱ」「根茎菜Ⅱ」「軟化・芽物」の7巻からなり、本「根茎菜Ⅰ」では10種類21作型を取り上げています。他の巻とあわせてご活用いただき、安全でおいしい野菜生産と活気あふれる直売所経営に、そして人と環境にやさしいグリーン農業の推進と野菜産地活性化の一助としていただければ幸いです。

２０２３年12月

川城英夫

目次

はじめに　1
この本の使い方　4

ダイコン　7
この野菜の特徴と利用　8
秋まき秋冬どり栽培　11
トンネル春どり栽培　22
夏どり栽培　31
ハツカダイコンの栽培　41

カブ　47
この野菜の特徴と利用　48
小カブの秋冬どり栽培　50
小カブの春夏どり栽培　59
大カブの秋冬どり栽培　67

ニンジン　74
この野菜の特徴と利用　75
夏まき秋冬どり栽培　78
冬まき春夏どり栽培　88
春まき夏秋どり栽培　98

ゴボウ　105
この野菜の特徴と利用　106
春まき栽培　107
夏秋まき栽培　114

ジャガイモ　119
この野菜の特徴と利用　120
秋どり栽培（寒地）　122
マルチ春どり栽培（暖地）　131

サツマイモ 142
この野菜の特徴と利用 143
普通掘り（早掘り）栽培 144
ナガイモ・ヤマトイモ 157
この野菜の特徴と利用 158
ナガイモの普通栽培 161
ヤマトイモの栽培 168
ジネンジョ 179
この野菜の特徴と利用 180
パイプ栽培 181
サトイモ 188
この野菜の特徴と利用 189
マルチ栽培 191
湛水栽培 201
クワイ 211
この野菜の特徴と利用 212
露地栽培 213
付録 220
農薬を減らすための防除の工夫 220
天敵の利用 222
各種土壌消毒の方法 226
被覆資材の種類と特徴 228
主な肥料の特徴 234
主な作業機 235
著者一覧 238

この本の使い方

◆各品目の基本構成

本書では、各品目は「この野菜の特徴と利用」と「○○栽培」（各作型の特徴と栽培技術）からなります。以下は基本的な解説項目です。一部の品目では、産地の実情や技術体系を踏まえて、項目立てが異なる場合があります。各種資材や経営指標など掲載情報は執筆時のものです。

この野菜の特徴と利用

(1) 野菜としての特徴と利用
(2) 生理的な特徴と適地

○○栽培

1 この作型の特徴と導入

(1) 作型の特徴と導入の注意点
(2) 他の野菜・作物との組合せ方

2 栽培のおさえどころ

(1) どこで失敗しやすいか
(2) おいしく安全につくるためのポイント
(3) 品種の選び方

3 栽培の手順

(1) 育苗のやり方（あるいは「畑の準備」）
(2) 定植のやり方
（あるいは「播種のやり方」）
(3) 定植後の管理
（あるいは「播種後の管理」）
(4) 収穫

4 病害虫防除

(1) 基本になる防除方法
(2) 農薬を使わない工夫

5 経営的特徴

◆巻末付録

初心者からベテランまで参考となる基本技術と基礎データです。「農薬を減らすための防除の工夫」「天敵の利用」「各種土壌消毒の方法」「被覆資材の種類と特徴」「主な肥料の特徴」「主な作業機」を収録しました。

栽植様式の用語（1ウネ2条の場合）

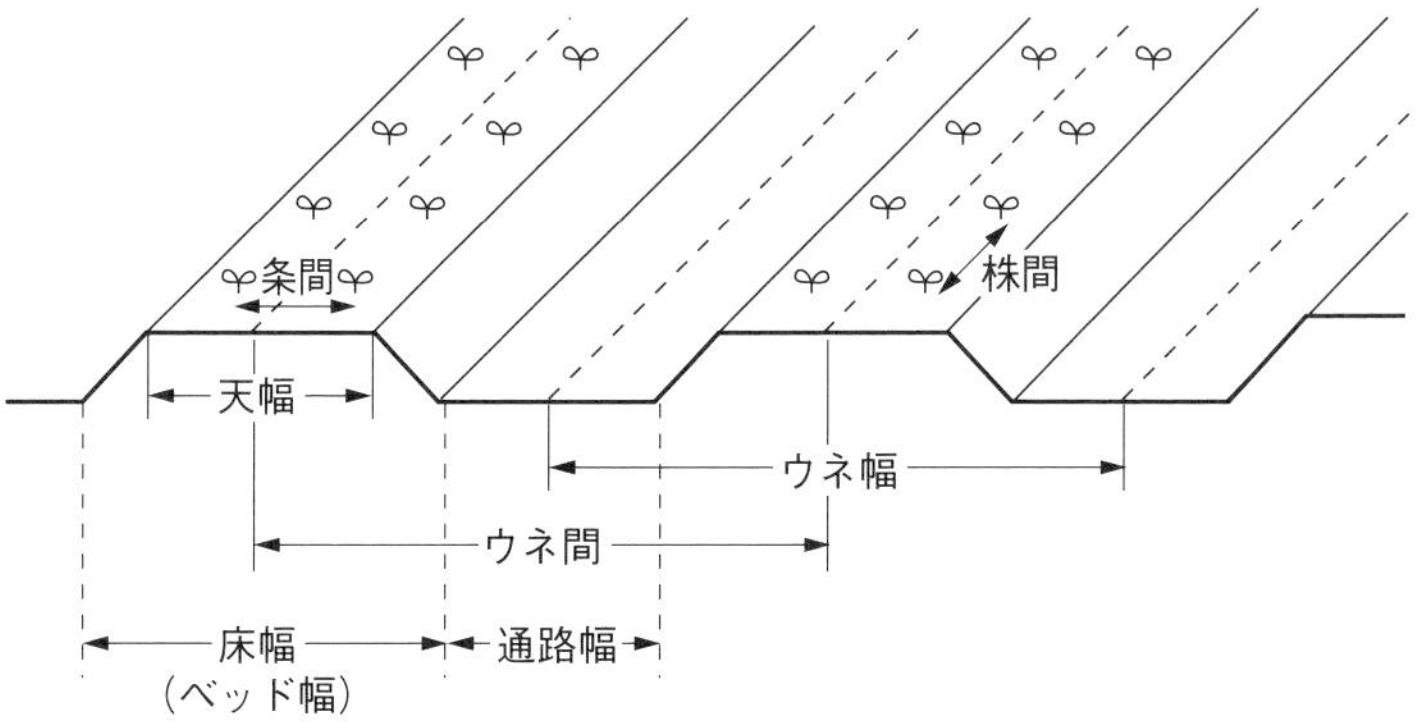

※栽植密度は株間と条数とウネ幅によって決まります

◆栽植様式の用語

本書では、栽植様式の用語は農業現場での本来の用法に従い、次の意味で使っています。

ウネ幅　ウネの間を通る溝（通路）の中心と中心の間隔、あるいは床幅と通路幅を合わせた長さのことです。

ウネ間　ウネの中心と中心の間隔のことです。ウネ幅とウネ間は同じ長さになります。

条間　種子を等間隔で条《すじ》状に播く方法を条《じょう》播《は》と呼び、播いた条《じょう》と条の間隔を条間といいます。苗を複数列植え付ける場合の列の間隔も条間といいます。1ウネ1条で播種もしくは植え付けた場合、条間とウネ間は同じ長さになります。

株間　ウネ方向の株と株の間隔のことです。

◆苗数の計算方法

10a（1000㎡）当たりの苗数（栽植株数）は、次の計算式で求められます。

1000（㎡）÷ウネ幅（m）÷株間（m）×条数＝10a当たりの苗数

ハウスの場合

1000（㎡）÷ハウスの間口（m）÷株間（m）×ハウス内の条数＝10a当たりの苗数

ただし、枕地や両端のウネの余裕をどのくらいにするかで苗数は変わります。

近年、家庭菜園の本では床幅を「ウネ幅」と表記している例が見られますが、床幅をウネ幅として計算してしまうと面積当たりの正しい苗数は得られませんので、ご注意ください。また、1ウネ2条の場合は2倍、3条の場合は3倍した苗数になります。

◆農薬情報に関する注意点

本書の農薬情報は執筆時のものです。対象となる農作物・病害虫に登録のない農薬の使用は、農薬取締法で禁止されています。使用にあたっては、必ずラベルに記載された登録内容をご確認のうえ、使用方法を遵守してください。

ダイコン

表1　ダイコンの作型・特徴と栽培のポイント

主な作型と適地

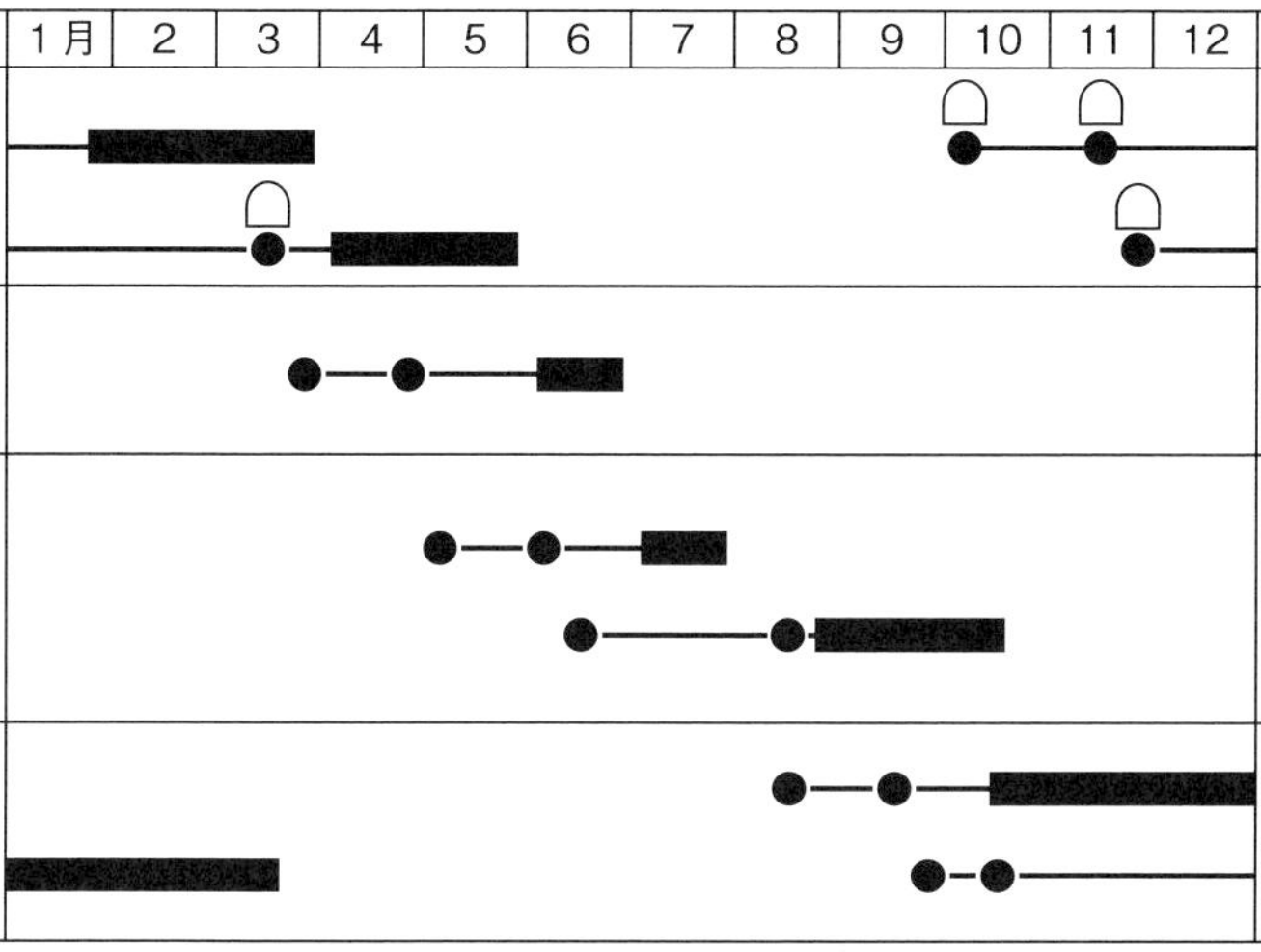

作型	適地	品種特性
トンネル春どり	暖地・温暖地	晩抽性，耐寒性，低温伸長性
初夏どり	暖地・温暖地	晩抽性，耐生理障害（裂根，空洞症）
夏どり	寒地	晩抽性，耐生理障害（裂根，空洞症） 耐病性（萎黄病，軟腐病），耐生理障害（内部褐変症，空洞症）
秋まき秋冬どり	暖地・温暖地 暖地	耐病性（モザイク病，黒斑細菌病），耐寒性

●：播種，⌒：トンネル，■：収穫

特徴	名称	ダイコン（アブラナ科ダイコン属），別名：すずしろ，おおね
	原産地・来歴	原産地は地中海沿岸から中央アジア以西とされ，日本へは7～8世紀に中国を経て渡来した
	栄養・機能性成分	根にはビタミンCやアミラーゼ，食物繊維，辛味成分の元になるグルコシノレートなどを豊富に含む。葉は緑黄色野菜で，カロテンやビタミンC，カルシウム，鉄分が多い
	機能性・薬効など	消化酵素のアミラーゼは胃もたれや胸焼け，消化不良を緩和し，胃炎や胃潰瘍予防効果がある。イソチオシアネートは，胃液の分泌を促して腸の働きをよくするほか，抗菌，血栓・ガン予防効果がある。ビタミンCは免疫力を高め，カロテンは抗酸化作用などがある
生理・生態的特徴	発芽条件	発芽適温15～25℃，最低4℃，最高35℃，嫌光性種子
	温度への反応	生育初期は暑さに強いが，－3℃以下になると葉のねじれや株の枯死が発生。根部肥大期の生育適温は15～20℃，5℃で生育停滞，－5℃以下で抽根部に凍害が発生する。地温で根形が変わり，0℃以下で抽根部の肩こけが発生する
	日照への反応	光飽和点5万lxで，日当たりのよい畑で栽培する
	土壌適応性	好適pHは5.5～6.5だが，4.5でも生育する。耐湿性低く，水はけがよく，膨軟な土壌が適する
	開花習性	種子春化型で，催芽種子が13℃以下，長日で花芽分化が誘導され，花芽分化後は高温・長日で抽台が促進される。低温または長日だけでも花芽分化する
栽培のポイント	主な病害虫・生理障害	病気：軟腐病，黒斑細菌病，べと病，白さび病（わっか症），白斑病，萎黄病，根腐病，そうか病 害虫：土壌線虫類，ハイマダラノメイガ，キスジノミハムシ，コナガ，アオムシ，アブラムシ類 生理障害：岐根，裂根，ス入り，内部褐変症，空洞症など
	他の作物との組合せ	早掘りサツマイモ，春夏どりニンジン，スイカ―秋冬どりダイコン （ハウス）夏どりホウレンソウ―（ハウス）春どりダイコン 秋冬どりネギ―（トンネル）春どりダイコンなど

この野菜の特徴と利用

(1) 野菜としての特徴と利用

①原産地と来歴

原産地は地中海沿岸から中央アジア以西とされ、古代エジプト時代にはすでに栽培されていた、最古の野菜の一つである。

日本へは7～8世紀に中国を経て渡来した。『日本書記』に「於朋泥《おおね》」と記載されたほど栽培の歴史は古く、春の七草の「すずしろ」は別名である。

②生産と消費の状況

2020（令和2）年の作付け面積は、野菜の中で3番目の2万9800ha、出荷量103万5000t、産出額795億円で、作付け面積は漸減傾向にある。

全国で生産されるが、主な産地は北海道、青森県、千葉県、鹿児島県、宮崎県、新潟県、茨城県、神奈川県で、これらで作付け面積全体の約5割を占める。重量野菜であるため生鮮・冷凍物の輸入は少なく、加工・業務用への仕向け割合は61%である。

1人当たり年間購入量は、トマトに次ぐ4番目の3・9kgである。

③栄養・機能性成分

根には、ビタミンCやデンプン消化酵素のアミラーゼ、食物繊維、辛味成分のイソチオシアネートの元になるグルコシノレートなどを豊富に含む。葉は、カロテンやビタミンCなどが多い緑黄色野菜である。

アミラーゼは熱に弱いので、生で食べるのが効果的である。辛味成分は、根端部ほど多いため、根端部は薬味や汁の実に、中央部は煮物、甘味がある抽根部はおろしやサラダに適する。

④辛味成分について

辛味成分のイソチオシアネートは、ダイコンを細かく刻んだりおろすと、グルコシノレートと酵素が接触して生じ、たくあんの黄変やにおいにも関与する。高温期の栽培で多くなる。

水溶液中で不安定で、酸や熱に弱く、水に浸したり酢に漬ける、わずかに熱したりすれば辛味が消失する。

図1　多様なダイコンの根

⑤品種と用途

現在、生産される品種の多くは宮重系青首品種であるが、大型の'桜島'や細くて長い'守口'など、形や味などに特徴ある地方品種が110種類ほどある。用途も、おろし、刺身のケン、漬け物、煮物、切り干し、葉を利用するものなど多彩で、用途別に適する主な地方品種をあげると表2のようになる。

さらに、中国や韓国からの導入品種や素材

を使用した育種などによって、さまざまな形状、肉質の品種がある（図1）。

加工・業務用では、根内部の色が緑色になるものは嫌われ、形は加工歩留まりがよい円筒形のものが好まれる（表3）。

貯蔵最適条件は、温度0～1℃、湿度95～100％で、4カ月貯蔵できる。

表2　ダイコンの用途別適応品種

用途	品種
兼用	理想，阿波晩生，白首宮重，天満，桃山，田辺，東北地大根，信州地大根，衛青
干したくあん	理想，高倉
早漬けたくあん	みの早生，理想
浅漬け	宮重総太，みの早生，四十日，亀戸，二年子，時無，晩生丸，白上がり京
粕漬け	守口，桜島，方領
キムチ	アルタリ，理想
切り干し	宮重総太，氏永，南九州地大根
煮食	三浦，聖護院，宮重総太，晩生丸，秋づまり，みの早生，方領，白上がり京，南九州地大根，春福
刺身のケン	三浦，宮重総太，白首宮重
おろし	宮重総太，みの早生，二年子，時無，鼠（辛味用）
かいわれ	四十日

表3　用途別に求められるダイコンの品質・規格

用途	求められる品質・規格など	
カット，加熱調理用	・肉色が白いもの ・肉質が緻密で硬いもの ・尻詰まりがよい円筒形（加工歩留まりがよい）など	・首や上下をカットした形態（2L以上）もあり ・おでん用は3kg以上 ・用途などに応じた，長さ，太さなどの基準あり
業務用		
家計消費用	・形状・色ツヤなどの外観のよさ	・葉つきが基本 ・販売地域によって2L中心や小口カット販売もあり

注）『加工・業務用野菜標準基本契約取引ガイドライン2020』より

(2) 生理的な特徴と適地

① 生理的な特性

下胚軸と主根が発育・肥大した、直根性、木部肥大型の根菜である。

発芽適温は15～25℃で、発芽力は強い。生育初期は高温に耐えるが、根部肥大期は平均気温15～20℃の冷涼な気候が適する。平均気温が25℃を超えると各種生理障害や病気が発生しやすく、5℃以下で根部肥大が停滞する。気温が0℃以下で抽根部の肩こけ、マイナス3℃で葉が変形・変色、マイナス5℃以下で抽根部の表皮が剥離する凍害が発生する。

花成は種子春化型で、13℃以下の低温・長日で花芽分化が誘導され、花芽分化後は高温・長日で花芽の発育・抽台が促進される。20℃以上で脱春化し、冬のトンネル栽培では、晩抽性品種の利用と昼の高温による脱春化で、抽台を防いでいる。

地温は、生育前期が15℃以下では短根に、後期が22℃以上になると尻細になる。このため、トンネル栽培では、早まきで短根に、遅くなるほど根が長く尻詰まりが悪くなる。

ダイコンの基本作型である、秋まき栽培の宮重系品種の生育は図2のようになる。

② 土壌条件と養分吸収特性

開墾地のようなやせた畑でも比較的よく育つが、湿害に弱いので水はけがよく、耕土が深い膨軟な土壌が適する。好適pHは5.5～6.5だが、4.5でも生育する。

土壌の緻密度が大きいと、根が偏平や短根になる。根の正常な発育・肥大には、山中式硬度計で12㎜以下が望ましい。品種ごとの栽培に必要な作土の深さは、地中で肥大する根の長さに応じて異なる。広く栽培されている宮重系品種では、15㎝ほど抽根するので、20㎝以上の作土を確保する。

宮重系品種の10a当たり養分吸収量は、窒素15kg、リン酸4kg、カリ17kg、石灰10kg、苦土3kg前後である。ホウ素要求量が比較的多いため連作をするとホウ素欠乏症が出やすい。

③作型と地域

夏は病虫害と生理障害、春は抽台、冬は寒害が主な障害で、これらが作型・品種を制約する要因になって作型が分化している（表1参照）。

秋に播種して年内に収穫する作型は全国的に可能であるが、冬どり栽培は冬温暖な暖地で、トンネル春どり栽培は主に温暖地で行なわれる。夏どり栽培は、夏冷涼な寒・高冷地に産地が形成されている。

④主な生理障害の要因と対策

根にはさまざまな障害が発生し、主な生理障害の発生要因と防止対策は表4のとおりである。

（執筆：川城英夫）

図2　ダイコンの生育経過（秋まき栽培，宮重系品種）数字は播種後日数

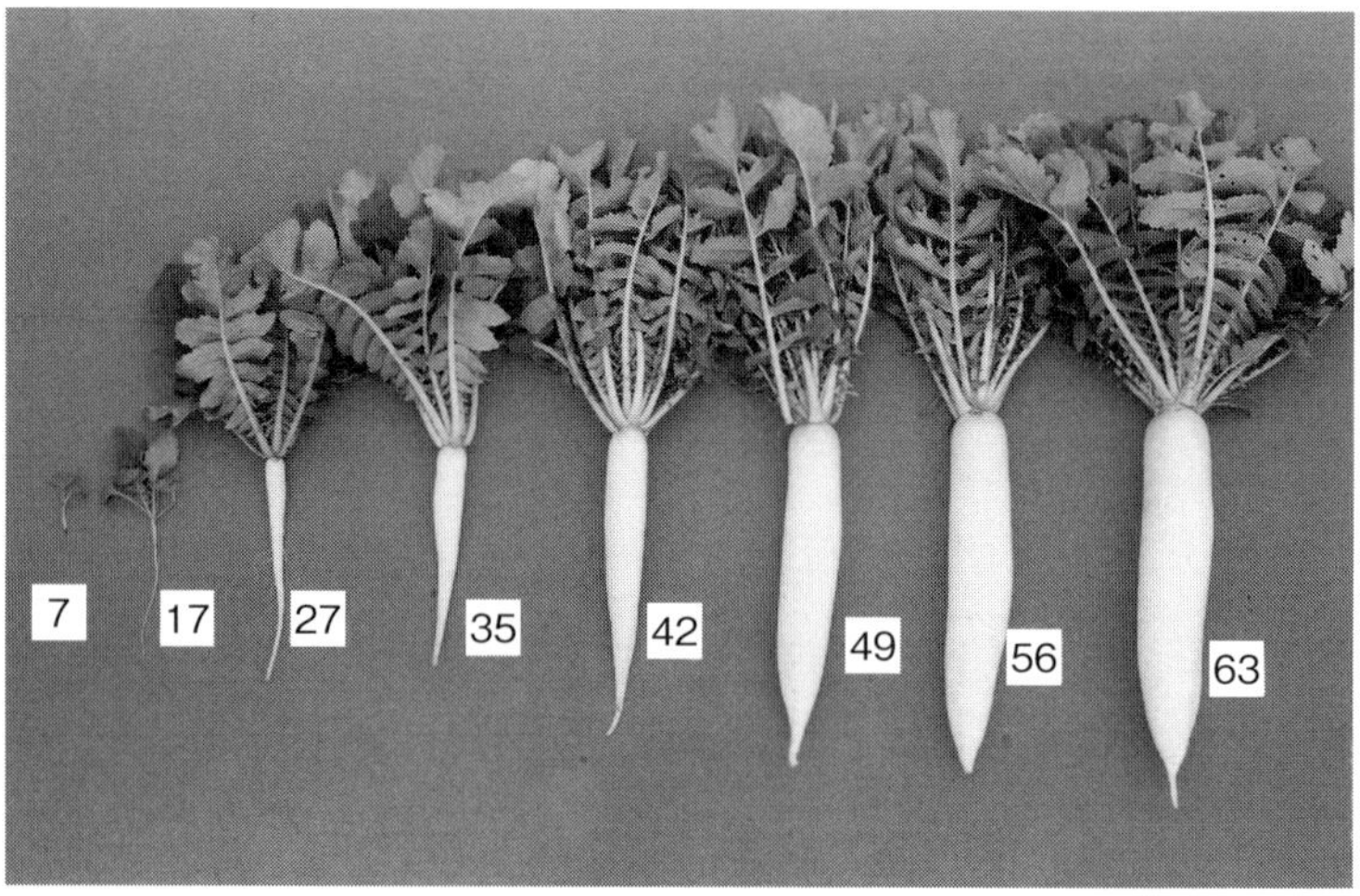

表4　ダイコンの主な生理障害の発生要因と防止対策

生理障害名	発生要因	防止対策
空洞症	播種後15～30日，5～15葉期の高地温もしくは低地温。多窒素などで急激に根部が肥大	窒素を適正施用。トンネル栽培では保温力を高める。発生しにくい品種の使用
内部褐変症（赤芯症，油浸症など）	生育後期の平均気温25℃以上で発生。土壌のホウ素やリン酸含量が影響	発生しにくい品種の使用。間引き後にマルチを除去し地温を下げる。ホウ素とリン酸の施用。土壌pHを上げない
裂根	気温が比較的高く，生育後期の土中窒素や水分が多い	土壌物理性を改善して水分の変動を緩和。適正な肥培管理
岐根	線虫，土壌病害虫，土壌消毒剤のガスなどで主根が損傷。土壌が硬い	未熟有機物の腐熟後に播種。土壌病害虫の防除。土壌消毒後のガス抜き。圧密層を破砕
ス入り	生育後期の，葉の同化能力を上回る根の肥大。気温が温暖で根の肥大が速い作型で発生しやすい	適期収穫。生育後期に肥切れさせない

秋まき秋冬どり栽培

1 この作型の特徴と導入

(1) 作型の特徴と導入の注意点

①この作型の作期と地域性

秋まき秋冬どり栽培は、気温が下降する晩夏から秋にかけて播種し、10月中旬から年内に収穫する年内どり栽培と、年明け後に収穫する冬どり栽培がある。

年内どり栽培は、適温下の栽培で、ダイコンの基本的な作型である。全国的に生産が行なわれ、青果用のほか漬け物や切り干し用など、多様な品種が栽培できる。

冬どり栽培は、9月下旬から無霜地帯で10月中旬までに播種して、年内に7～8割ほど肥大させ、1月から抽台前の3月中旬までに収穫する。無被覆で冬どりができるのは、神奈川県の三浦半島のような、冬の平均気温が5.5℃以上になる無霜地域であるが、温暖化の進展にともなって、厳寒期前に不織布をベタがけして1～2月どりを行なう地域も見られる。

②秋まきダイコンの生育過程

現在、広く栽培されている宮重系青首品種を9月上旬に播種すると、図4のような生育をする。

播種後3日で出芽、3葉期ごろに初生皮層の裂開が始まる。20日後の5～6葉期に、地上に伸びていた下胚軸が地中に沈み、株元がしっかりしてくる。

35日後の15葉期になると葉が立って抽根を開始し、根の肥大盛期になり、40～45日後に根重が葉重を超える。50～60日の期間は根重が1日60gほど増加し、55～60日後、展開葉数40～50枚で根重1.1kgほどになり収穫期を迎える。

③栽培のねらいと播種期

ダイコンの価格は、北海道産から産地が切り替わる10月は高めで、11～12月は広い地域で栽培できるので低め、年が明けてから出荷できる産地は限られるので、比較的高く安定

図3　ダイコン秋まき秋冬どり栽培　栽培暦例

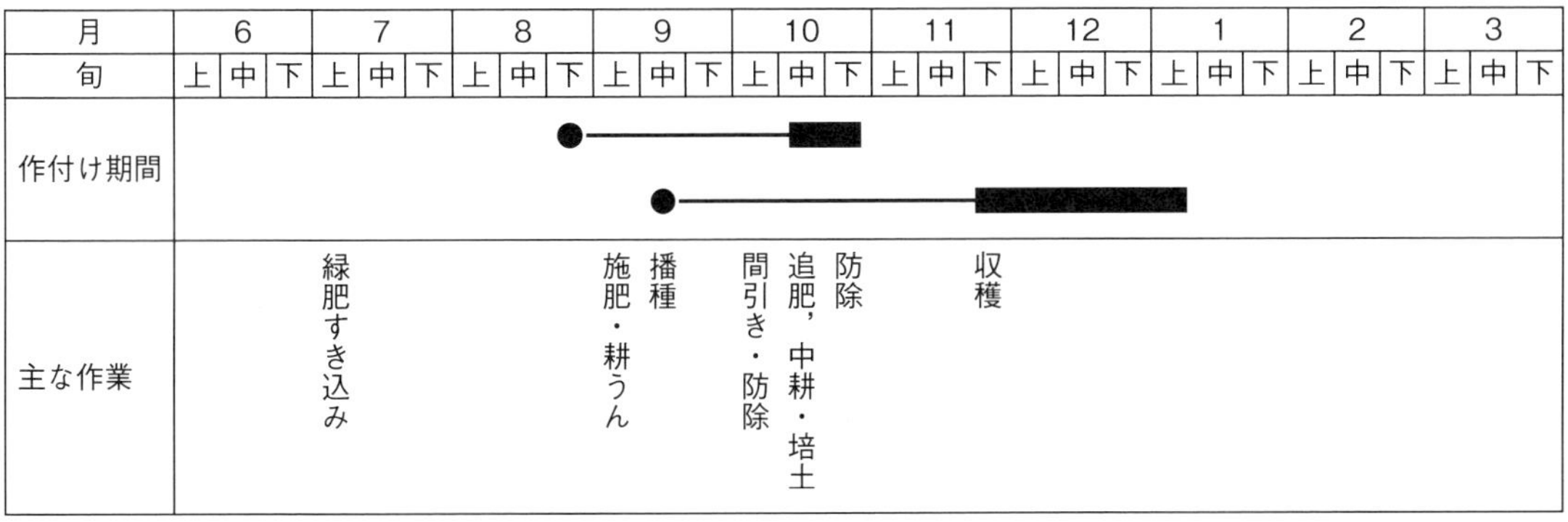

●：播種，■：収穫

している。
作型を細かく見ると、10月の高価格をねらって8月下旬から播種が始まり、9月上中旬播種は広い地域で栽培でき、晩限は関東平坦地で9月20～25日、暖地で栽培途中からべタがけ被覆を行なって9月末～10月5日、無霜地帯で10月中旬である。

図4　宮重系ダイコンの秋まき年内どり栽培の生育経過

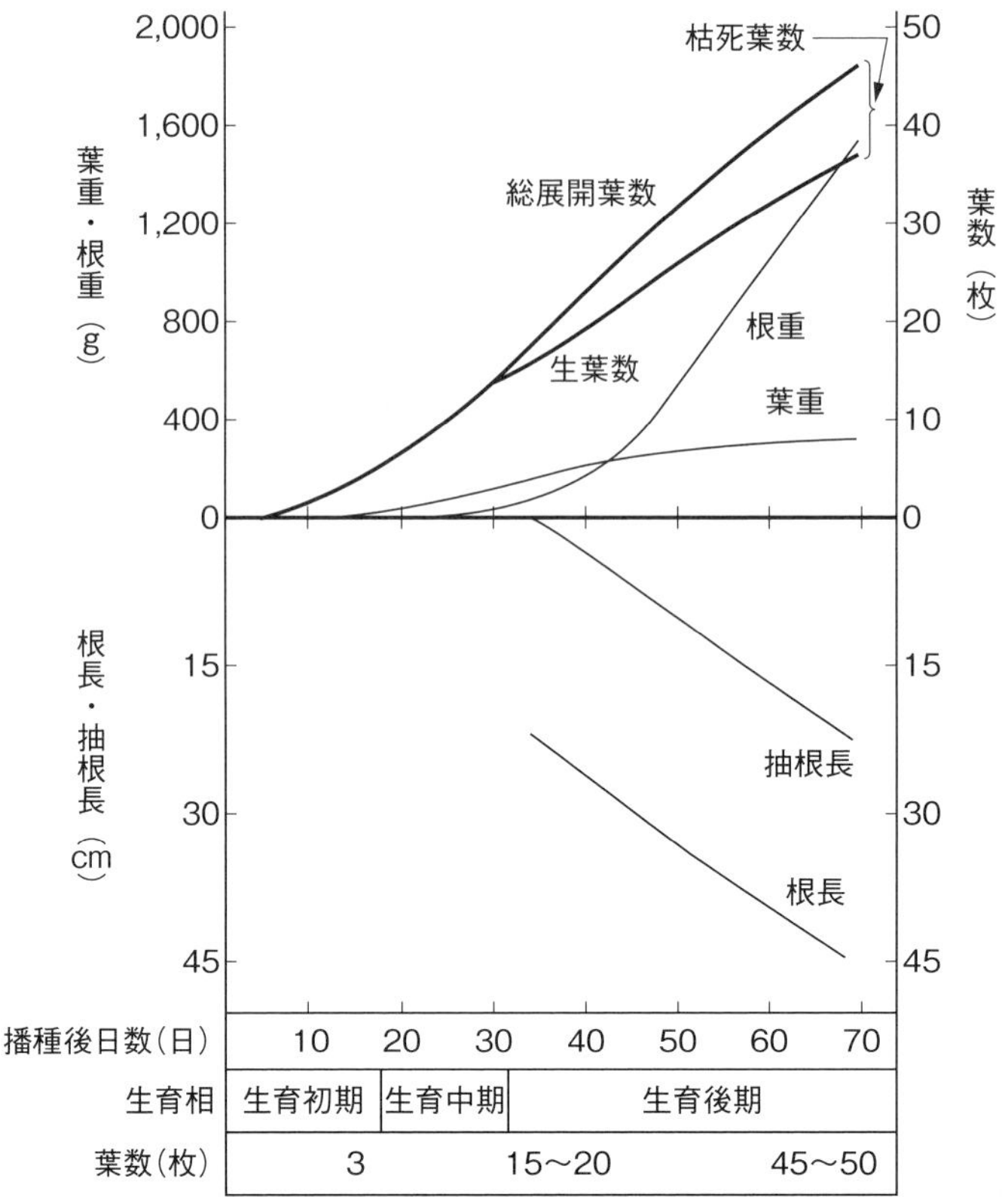

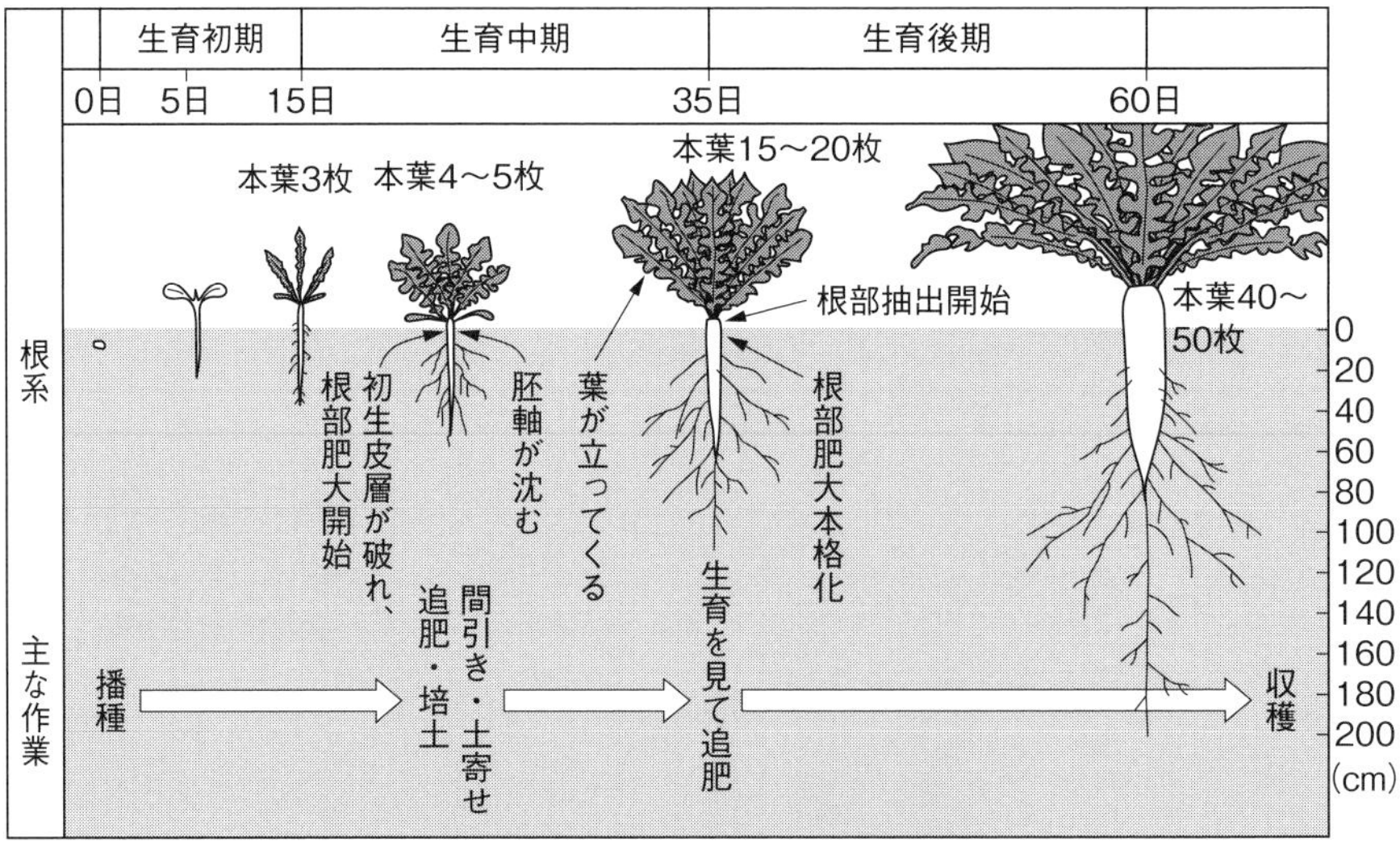

ダイコンの生育ステージと根系（宮重系品種）

④作期別の栽培上の課題

作期別の栽培上の課題をあげると、次のよ

うになる。

8月下旬播きでは、内部褐変症や空洞症などの生理障害や虫害が発生しやすいので、これらの防止対策が課題。

9月上中旬播きは全国各地で生産でき、気象災害がなければ高価格が期待できないことから、良品・多収・低コスト生産が課題になる。

9月下旬以降の播種では、寒害の発生や根の肥大不良、短根になりやすいので、これらに対応した品種選定と肥培管理である。

古い産地ではキタネグサレセンチュウ対策が、また本作型は台風の襲来が多い時期なので、台風対策も重要である。

(2) 他の野菜・作物との組合せ方

早掘りのサツマイモ、トンネル栽培のスイカやメロン、ニンジンに加えて、ラッカセイ、早生サトイモなどと組み合わせることができる。

マリーゴールドや野生エンバクなどの線虫対抗植物を作付けると、ネグサレセンチュウの被害抑制やダイコンの肌をきれいにする効果が見られるので、輪作体系に組み入れたい。

前作にジャガイモを導入すると、そうか病が発生することがあるので注意する。

2 栽培のおさえどころ

(1) どこで失敗しやすいか

本作型の栽培上の主な問題点は、根部病虫害と生理障害の発生、台風襲来による被害である。栽培のおさえどころをあげると次のようになる。

①未熟有機物が分解してから播種する

未熟有機物があると、ピシウム菌やリゾクトニア菌の感染能力が高まり、播種したダイコンに苗立枯病や根腐病、主根を傷つけて岐根を発生させる。このため、堆肥は早めに施用するか、前作に施用する。

緑肥作物を作付けた場合は、播種期までに十分な腐熟期間をとる。

②土壌病虫害と生理障害を防止する

連作をすると土壌病害虫の被害が大きくなる。主な土壌病害は根腐病、萎黄病、そうか病、土壌害虫はキタネグサレセンチュウである。生理障害では内部褐変症や空洞症、岐根、裂根、ス入りなどが発生する。

土壌病虫害対策は、輪作と排水性をよくすること、抵抗性品種の利用や作期の移動、線虫対抗植物の作付け、これと土壌消毒を組み合わせる。生理障害には、作期に応じた品種選定と肥培管理が重要である。

③台風被害を防止する

台風が襲来すると壊滅的な被害が出ることもある。とくに子葉展開期から下胚軸が抽出している、4～5葉期に強風に吹かれると被害が大きい。対策として、サブソイラなどによる耕盤破砕などで、圃場の排水性を良好にしておく。

強風が吹かなければ株元の土寄せ程度でもよいが、猛烈な台風の場合は、襲来前に防虫ネットや防風網などでベタがけをして、株を固定することが最も効果的な対策である。

(2) おいしくて安全につくるためのポイント

播種期の気象条件に適した食味のよい品種を使用し、水はけがよく、耕土が深く膨軟な土壌で、養分をじっくり過不足なく吸収できるような畑の準備、肥培管理を行なうことが、おいしくて安全につくるためのポイントである。

(3) 品種の選び方

品種に求められる特性は、本作型全般を通して茎葉がコンパクトで立性であること、根部形状が良好で揃いがよく、ス入りが遅いことである。8月播きでは生理障害、9月下旬になると短根、肥大不足、寒害が問題になり、青果用では播種期別にこれらに対応できる宮重系青首品種を選定する（表5）。

その他、加工用では漬け物に使う干し用の‘干し太郎’（タキイ種苗）、‘秋まさり2号’（柳川採種）、浅漬け用の‘輝八州’、‘つけ太郎’（タキイ種苗）、べったら漬けに向く‘長かった根’（雪印種苗）がある。

煮物、刺身のケン用として中ぶくらの‘おふくろ’（タキイ種苗）、おでんに向く短根種では‘三太郎’（タキイ種苗）‘味いちばん’（シンジェンタジャパン）、切り干し用にはス入りの遅い‘耐病総太り’（タキイ種苗）などが利用される。

酢漬けにするとアントシアニン色素が溶けて赤く色づく、赤紫品種としては‘紅しぐれ’（トーホク）、‘味いちばん紫’（シンジェンタジャパン）など多数育成されている。

表5　ダイコン秋まき秋冬どり栽培に適する主要品種の特性（宮重系青首品種）

播種期	品種名	発売元	特性
8月下旬～9月上旬	夏つかさ快	トーホク	内部褐変症が発生しにくく，根は肌よくテリがあり，高温期でも辛味が少なく，食味がよい。窒素が多いと葉勝ちになって曲がり根になるので控えめにする
	夏の守	サカタのタネ	内部褐変症や曲がり根が発生しにくく，ウイルスや萎黄病に耐病性がある。雨の日や午前中の収穫は，作業割れが出やすいので扱いに注意する
9月上中旬	里誉	ヴィルモランみかど	根は肌よくテリがあり，毛穴が浅い。葉数多くて馬力があり，少肥で栽培できる。砂質土でも栽培しやすい
	福誉	ヴィルモランみかど	小葉で，多肥でも過繁茂になりにくく，根の形状，肌のテリ，揃いがきわめてよく，この作期の主要品種である
	冬自慢	サカタのタネ	草勢中程度で，根部の形状・揃いがよい。肥料に鈍感で，生育の年変動少なくつくりやすい
	優等生	ナント種苗	草勢中程度で，根部形状・揃いがよく，つくりやすい。9月下旬播きは短根になる
	豊秋	カネコ種苗	小葉で，根は肌よくテリがあり，つくりやすい。首色は淡緑色で加工用にも向く
	秋こまち	中原採種	根は肌よくテリがあり，じっくり肥大する。暖冬で収穫が追いつかないときに好適。首色は淡緑で加工用にも向く
9月下旬～10月上中旬	春宴	雪印種苗	葉は耐寒性あり，根部の形状がよく，抽根部の寒害が少ない。温暖地では9月下旬～10月初旬播きで，12月にベタがけをして1～2月に収穫する。極晩抽性で，無霜地帯では10月中旬播種で3月中旬まで収穫できる
	冬の守	サカタのタネ	葉は耐寒性があり，根は低温伸長性が優れる。晩抽性で，無霜地帯では10月中旬播種で3月上旬まで収穫できる
	青誉	ヴィルモランみかど	葉は耐寒性があり，根は肌よくテリがあり，小葉で密植できる。首色はやや濃い。無霜地帯の9月下旬～10月初旬播き1月～2月どりに適する

本作型ではいろいろな品種が栽培できるが、三浦大根のような中ぶくら系の品種などは栽培日数が宮重系青首品種より長く、播種晩限が9月10日ごろになるので、播種期に注意する。

3 栽培の手順

(1) 畑の準備

① 堆肥の施用・耕盤の破砕・土壌消毒

堆肥を播種前に施すと岐根の原因になるので、堆肥は前作に施用することを基本とし、作付け前に施用する場合は、完熟したものを1カ月以上前に施用する。前作に緑肥作物を作付けた場合は早めにすき込み、播種時までに腐熟させておく。前作が早掘りサツマイモなど、後作との間隔が短い場合は、前作の残さをきれいに片付ける。

耕盤ができた圃場では、混層をしないサブソイラなどで破砕する。黒ボク土では、下層の赤土が出るような耕起を行なうと、萎黄病の発病をまねく恐れがあるので注意する。ロータリー耕も作土層に限る。

線虫防除はD－D剤、萎黄病も同時に防除する場合はディ・トラペックス油剤などで土壌消毒をする。処理後、ポリフィルムなどで被覆し、播種前にしっかりガス抜きをする。

リゾクトニア菌による亀裂褐変や根腐病が発生する畑ではリゾレックス粉剤、キスジノミハムシなどの土壌害虫防除には殺虫剤を土壌混和する。

② 元肥の施用

施肥ではとくに窒素施用量が重要である。ダイコンの吸肥力は地温の影響を強く受け、冬に向かって低下する。高温期に窒素が多いと空洞症や曲がり根が発生しやすく、厳寒期に肥切れすると茎葉の耐寒性が低下し、黒斑細菌病の発生を助長するので、播種期によって施肥量を変える。

元肥は播種の1～2週間前に施用する。関東の黒ボク地帯での、宮重系品種の追肥量も

表6　ダイコン秋まき秋冬どり栽培のポイント

	技術目標とポイント	技術内容
播種準備	◎土壌改良	・堆肥は前作に施す。緑肥をすき込んだら，1～2カ月腐熟期間をとる。土壌pHは5.5～6.5にしておく
	◎土壌病害虫防除	・線虫はD-D剤，根腐病などの土壌病害を防除する場合はディ・トラペックス油剤などで土壌消毒をする
	◎適量施肥	・作期，品種に応じた施肥量とする
	◎虫害防止	・プリロッソ粒剤オメガなどを土壌混和する
	◎マルチ張り	・マルチ栽培は，作期に応じた資材を使用する
播種	◎播種準備	・シードテープに一定間隔に種子を封入すると，播種，間引きがしやすい
	◎灌水	・圃場が乾いていれば灌水する
	◎栽植様式	・年内どりは，無マルチ栽培ではウネ幅50～55cm，株間23～25cm。マルチ栽培ではウネ幅110～120cm，ベッド幅70cm，2条，条間45cm，株間23～25cm
		・冬どりは，無マルチ栽培ではウネ幅42～55cm，株間20～23cm。マルチ栽培ではウネ幅110～120cm，ベッド幅70cm，2条，条間45cm，株間20～23cm
	◎播種	・宮重系F_1品種は1カ所2粒，在来種は3～5粒を基本とし，深さ1.5cmに播種する。省力化のため1粒播きも行なわれる
播種後の管理	◎間引き	・4～5葉期に間引きをする
	◎追肥	・間引き後にウネ間に追肥を行なう。除草などを兼ねて，中耕・培土をして株元に土を寄せる
		・冬どり栽培は，追肥回数を多くして肥切れを防ぐ
	◎病害虫防除	・病気は黒斑細菌病，斑点細菌病，軟腐病，べと病，白さび病，白斑病など，害虫はハイマダラノメイガ，キスジノミハムシ，コナガ，アオムシ，ヨトウムシ類などを防除する
	◎台風対策	・土寄せ，ベタがけなどで風害を防ぐ
	◎防寒対策	・冬どり栽培では，強い霜が降りる前の12月上中旬に不織布でベタがけをする
収穫	◎適期収穫	・播種後60～150日で収穫する

含めた窒素施用量の目安を示すと表7のようになる。これに前作の残存窒素量や栽植密度、品種の吸肥特性、土質を勘案して加減する。

　リン酸は全量元肥として10～15kg、カリは追肥と合わせて15kg前後施用する（表8）。緩効性肥料を使用すれば、元肥全量施肥ができる。ホウ素要求量が多いため、FTEなどホウ素入り肥料も施用する。

　追肥は播種後20日、本葉5～6枚ごろに、窒素とカリを成分量で10a当たり3～4kg、通路に施用する。追肥後には通路を中耕する。

　9月中旬に播種する場合は、2回目の追肥として、肥大が本格化する播種後35日ごろに、窒素とカリを成分量で10a当たり4～5kg施用する。年明け以降に収穫する冬どり栽培では冬の肥切れを防止するため、11月中下旬に1回目と同量の追肥を行なう。

表7　ダイコン秋まき秋冬どり栽培の播種期と窒素施用量の目安（黒ボク土）

（単位：kg/10a）

播種期	月	8	9			10
	旬	下	上	中	下	上
窒素施用量		3	6	12	18	20

注）元肥と追肥を合わせた成分量。残存窒素量や栽植密度などに合わせて施用量を変える

表8　施肥例

（単位：kg/10a）

	肥料名	施肥量	成分量		
			窒素	リン酸	カリ
元肥	牛糞堆肥（前作）	1,000			
	苦土石灰	50			
	FTE	3			
	根菜専用（6-10-6）	120	7.2	12	7.2
追肥	NK化成17号（17-0-17）	30	5.1		5.1
	NK化成17号（17-0-17）（冬どり）	40	6.8		6.8
施肥成分量			19.1	12	19.1

注）9月中旬播種は追肥を1回。9月下旬以降の播種では追肥を2回，年明けに収穫する場合は3回施用する。年明けどりでは元肥や追肥に緩効性肥料を使用してもよい

図5　秋まき秋冬どり栽培の播種期と収穫期の関係（関東温暖地）

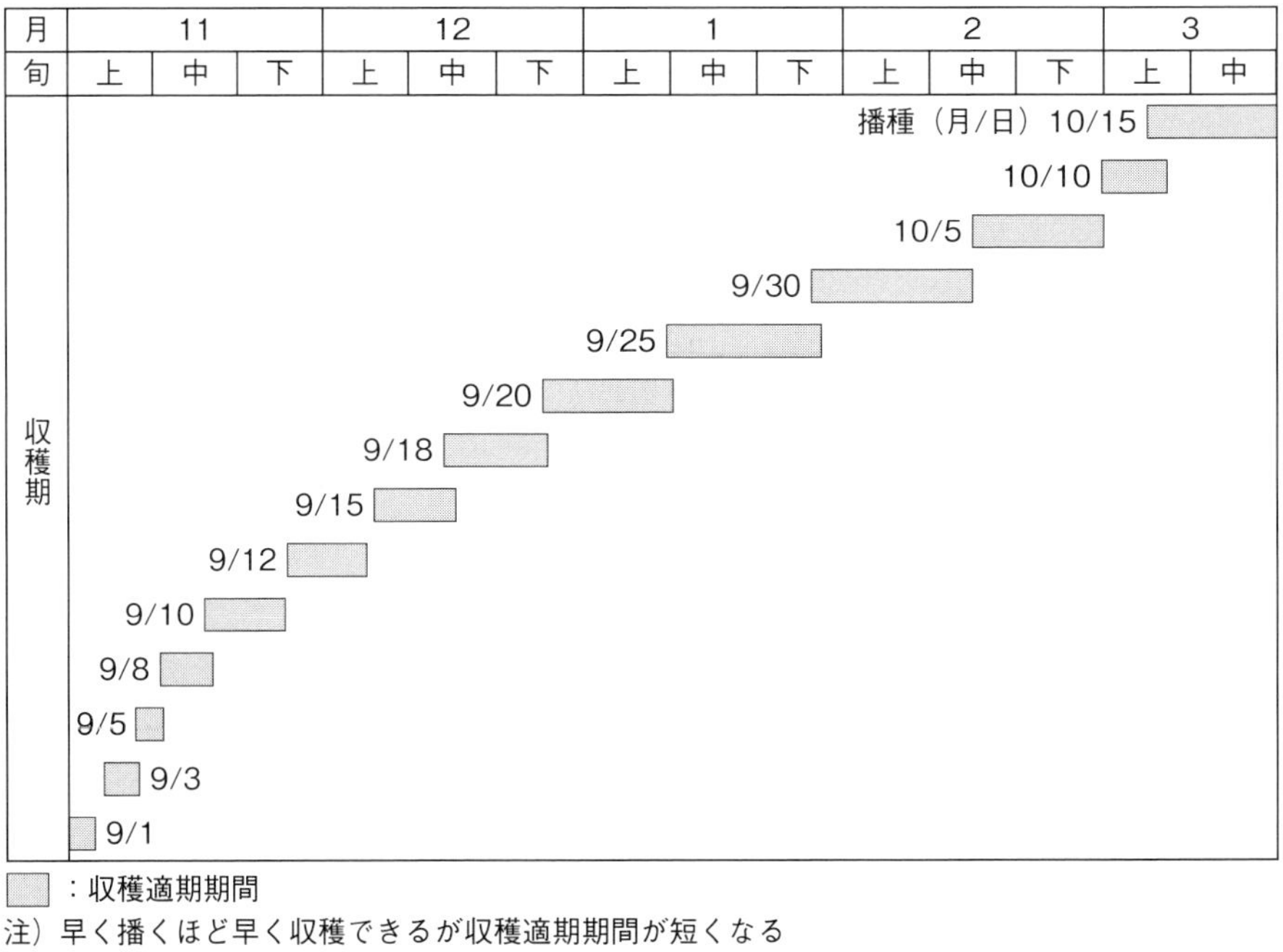

：収穫適期期間

注）早く播くほど早く収穫できるが収穫適期期間が短くなる

冬どり栽培では、元肥に肥効が１２０日程度持続する、肥効調節型肥料を使用してもよい。

③マルチ張り

ポリフィルムでマルチをすると2~3日の生育促進、播種晩限の3~7日延長、生育・根部肥大の揃いをよくする効果がある。反面、台風時には被害を受けやすく、密植栽培がむずかしい。冬どりをするために、9月末~10月初旬播きでマルチをしてもよい。

表9　作期別品種群の栽植様式

作期	品種（群）	ウネ幅（cm）	株間（cm）
秋まき年内どり	宮重	50～55	23～25
	練馬（三浦・理想）	55～60	30～35
	聖護院	60～70	30～40
秋まき冬どり	宮重	42～55	18～22

注）無マルチ栽培

フィルム資材は、早い播種期では内部褐変症やモザイク病の被害を回避するために、白黒ダブルやシルバーポリが用いられる。9月中下旬は黒や透明ポリを使用する。幅95cm、2条、条間45cmの穴あきポリフィルムを使用する。

マルチ張りは、トラクターに装着したマルチャーや、播種とマルチ張りを同時にできるマルチシーダーで行なう。

(2) 播種のやり方

①播種期と収穫期の関係

各地の播種期と収穫期の関係を把握し、労力に見合った面積を順次播種する。関東温暖地での播種期と収穫期の関係を示すと図5のようになる。

②栽植様式

栽植様式は作期と品種、マルチの有無で変える（表9）。

宮重系品種の年内どり栽培は、無マルチ栽培ではウネ幅50~55cm、株間23~25cm。マルチ栽培ではウネ幅１１０~１２０cm、ベッド幅70cm、2条（千鳥播き）、条間45cm、株間23~25cmで、栽植密度は10a当たり６７００~７９００株となる（図6、7）。

年明けに収穫する冬どり栽培では、茎葉をコンパクトにしやすいことや寒害を防止するために、さらに密植にし、無マルチ栽培ではウネ幅42~55cm、株間20~23cm、マルチ栽培はウネ幅１１０~１２０cm、ベッド幅70cm、2条（千鳥播き）、条間45cm、株間20~23cmで、10a当たり７２００~1万２０００株程度になる。

③播種方法

欠株を出さないためには1カ所2粒播きが基本だが、間引きを省略する1粒播きが増えている。

無マルチ栽培の播種方法は、種子を所定の株間に封入したシードテープの利用が多い。マルチ栽培では、マルチ張りと播種を同時にできるマルチシーダーを使う。

種子は深さ1.5cmを基準にして、土壌が乾いていればさらに深くして、よく鎮圧する。

(3) 間引き、追肥、培土

無マルチ栽培では、播種1週間後、子葉が展開し下胚軸が伸長したところに培土を行なう。培土を防風垣にして風害を緩和させる。

播種後20日前後、4~5葉期に1本に間引き、除草を兼ねてウネ間を中耕・培土する（図8）。病害虫の被害を受けていない健全で生育良好な中の上の株を残し、畑全体で生育が揃うように間引く。

(4) 台風対策

株が小さいときは、ウネ間に溝を切ってウネを立て、株の風よけと排水路にする。株が寄り集まっているほど風の影響が緩和されるので、間引き作業は台風後に実施する。

被害防止効果が最も高いのが、ネットや防虫ネットのベタがけ被覆で、株を固定することで茎葉の損傷をかなり防げる（図9）。

雨量が多く、畑の湛水期間が2日以上になると根が腐敗することがあるので、台風通過後、すみやかに圃場の排水を図る。潮風が吹いたところでは、乾く前に動噴などを使って真水で洗い流す。

茎葉の損傷部から病原菌が侵入して、黒斑細菌病や斑点細菌病、軟腐病が多発するので、殺菌剤を散布する。土壌が乾いたら中耕をして、根に酸素を補給する。草勢の回復を図るために、微量要素を含む液肥を葉面散布したり、中耕前に追肥を行なう。

(5) 追肥

作付け期間が長くなる、9月中下旬播きでは窒素とカリを追肥する。追肥時期は播種後20～30日後ころに1回目を行なう。NK化成などを1回に窒素成分で4～5kg施用する。

図6　ダイコン秋まき年内どり栽培の栽植様式例

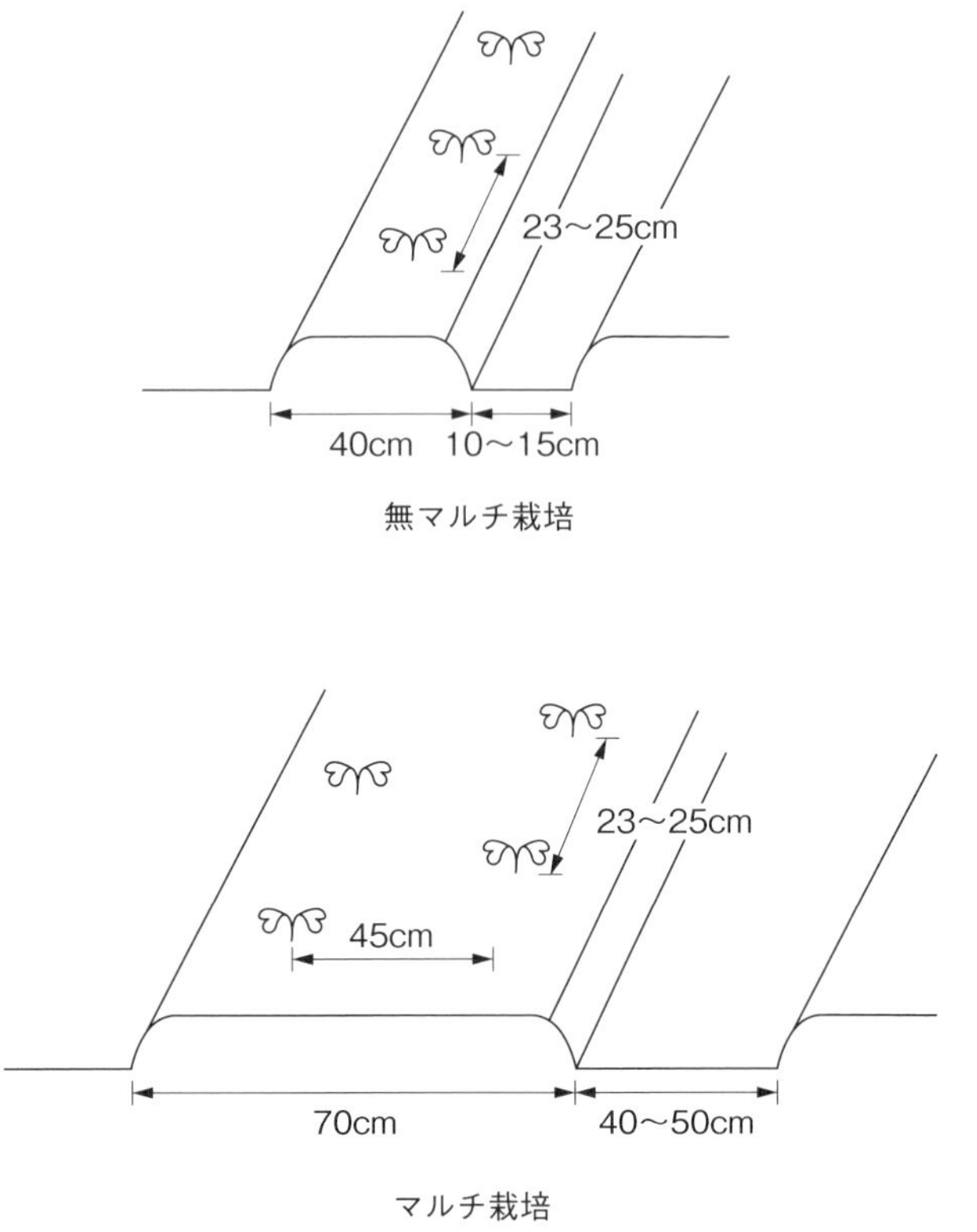

図7　年内どり無マルチ栽培の栽植例　排水のよい砂質土

肥切れすると黒斑細菌病やべと病が発生しやすく、茎葉の耐寒性が低下する。

冬どり栽培では追肥回数を多くし、元肥や追肥に緩効性肥料を使用してもよい。

追肥後、茎葉が小さいときは、ウネ間を、除草を兼ねて中耕する。

(6) 寒害防止

気温がマイナス5℃以下になると、寒害が発生する危険がある。暖地でも、降霜がある地域で冬どり栽培を行なう場合は、生育促進と寒害防止のために、強い霜が降りる前の12月上中旬にベタロンなどの不織布でベタがけする。

(7) 収穫・調製

葉を15cm付けた、調製重1・2kgを目安に収穫する（図10）。年内どりは早朝から収穫することが多いが、厳寒期に抽根部が凍っている場合は作業時にひび割れが出やすいので、午後に収穫するとよい。

抜き取ったら茎葉を15cmほど残して切り落とし、車に積んで作業場に運搬する。その後、洗浄→水切り→箱詰めと作業を進める。手どり収穫が多いが、大規模生産ではダイコンハーベスタが利用される。

厳寒期には作業中の身体の冷えを緩和するために、防寒長靴を履いたり、靴下の重ね履きをする。さらに、床に発泡スチロール性のマットを敷くと、足腰の冷えが少なくなると

図8　間引き・追肥後にウネ間を中耕・培土

図9　台風に備えて被覆するため目合い4mmほどのネットを用意

図10　収穫期のダイコン　マルチ栽培2条播き

表10　ダイコン秋まき秋冬どり栽培の主な病気と防除法

病害名	症状と発病条件	防除法
萎黄病	下葉の黄変，ひどい場合は株全体の枯死。導管が褐変する。地温25℃以上で多発。土壌伝染，種子伝染する	輪作。クロルピクリンくん蒸剤による土壌消毒。抵抗性品種の利用。黒ボク土では，下層の赤土を表層に出さない
根腐病	感染時期で病斑は異なり，菌のタイプにより円形，不正形，薄い横縞症状とさまざまな病斑を根に形成する。幼苗時には苗立枯れを起こす。多湿条件で多発する。土壌伝染する	亀裂褐変症はクロルピクリンくん蒸剤による土壌消毒。リゾレックス粉剤，バリダシン粉剤を土壌混和する
そうか病	2種類の症状がある。①根部の皮目部が隆起し，その表面がかさぶた状になる。病斑が横に多数並んで相互に癒合して，根部周辺をとり巻くようになることもある。乾燥で多発する。ジャガイモの後作で発生しやすい。土壌伝染する。②根部にコブ状の異常肥大が生じ，表皮が褐色から黒褐色に変色し，かさぶた状に変色するもの，表皮に米粒状の粗雑な隆起を生じるもの（コブ症状）などがある。夏まき栽培で発生しやすい	生育初期（播種後3週間）の灌水。pH5.0～5.5に管理する。クロルピクリンくん蒸剤による土壌消毒。①ではジャガイモの後作を避ける
軟腐病	水浸状になり軟化して特有の悪臭を発する。発病適温は32～33℃。土壌伝染する	カスミンボルドー，マイコシールド水和剤，カセット水和剤，マテリーナ水和剤などを散布する。土壌害虫や線虫を防除し，窒素過多にしない
黒斑細菌病	葉身に水浸状の黒色斑点を生じ，葉脈に沿って黒褐色の病斑が拡大する。根頭部の表皮や内部が黒変する。多発すると耐寒性も低下する。降雨，肥切れが発病を助長する	肥切れさせない。カスミンボルドー，カセット水和剤などを散布する
べと病	葉に黄緑色，後に灰白色で多角形の病斑ができる。多発すると根の上部に褐色斑点がかすり状にできる。10℃前後で降雨があると発生が多い	デランK，銅水和剤を散布する
白さび病（わっか症）	首部に5～10mmの丸いわっか状の病斑ができる。葉に発生した白さび病が原因。秋，雨の多いときに多発する	ランマンフロアブル，カスミンボルドー，ダコニール1000を散布する。べと病とあわせて，間引き前後から薬剤を散布する
モザイク病（カリフラワーモザイクウイルス：CaMV，キュウリモザイクウイルス：CMV，カブモザイクウイルス：TuMV）	葉脈が透化し，葉全体がモザイクになる。アブラムシ類が伝搬する。夏から秋にかけて高温・乾燥でアブラムシ類の発生が多いと多発する	シルバーポリマルチをする。薬剤でアブラムシ類を防除する
白斑病	下葉から，灰白色で多角形の葉脈に囲まれた病斑が生じる。多発すると枯れ上がり，根の肥大が抑制される	ダコニール1000を散布する

ともに、弾力性があるので作業疲れも軽減される。

4　病害虫防除

(1) 基本になる防除方法

土壌病害は、耕種的対策と土壌消毒を組み合わせて被害を防止する。地上部病害は、殺菌剤による予防散布を基本にする。なお、台風などで茎葉が損傷したときに激発しやすいので、前述の台風対策をしっかり行なう。

害虫は若齢期に発見して早期に防除することを基本にし、薬剤抵抗性を出さないために、作用機作の異なる薬剤をローテーション散布する。

本作型で被害が出やすい主な病害虫の防除法は、表10、11に示した。

(2) 農薬を使わない工夫

土壌病害は、輪作を基本に、有機物の適正施用、土壌理化学性の改善、抵抗性品種の利用、作期の移動などを組み合わせる。

生育初期の土壌の乾燥で発生する横縞症

表11　ダイコン秋まき秋冬どり栽培の主な害虫と防除法

害虫名	発生条件と症状	防除法
キタネグサレセンチュウ	根部の表面に，水泡状の白色の小斑点や微小黒点が生じる。本種は土壌の乾燥には弱いが，低温には強い	マリーゴールド，野生エンバクなどの線虫対抗植物を作付ける。D-D剤などで土壌消毒する
キスジノミハムシ	雑草を含むアブラナ科植物のみを加害する。根の表面に，小孔やミミズが這ったような褐色の食痕ができる。早播きで被害が大きい	プリロッソ粒剤オメガ，フォース粒剤，ダイアジノン粒剤などを播種時に土壌混和する。ベネビアOD，ハチハチ乳剤などを散布する
タネバエ	油粕，鶏糞などの臭いに成虫が誘引され，土中に産卵する。ふ化後の幼虫が発芽後の主根を加害し，株を枯死させる。生育中期の被害は根部表面が陥没穴になる	臭いの強い有機質肥料を使用しない。フォース粒剤，ダイアジノン粒剤5などを播種時に土壌混和する
ハイマダラノメイガ（シンクイムシ）	成虫が子葉展開期に葉裏に産卵し，幼虫は弱齢時から生長点に潜って芯を食害して，芯なしにする。8月中下旬播きで多い	プリロッソ粒剤オメガを播種時に土壌混和する。本葉1～2枚時にベネビアOD，ハチハチ乳剤，プレバソンフロアブル5などを散布する
コナガ	表皮を残して葉裏を食害する。食害が多いと生育を阻害する	薬剤抵抗性が発達しやすいので，ベネビアOD，ハチハチ乳剤，プレオフロアブル，アファーム乳剤，ゼンタリー顆粒水和剤など，作用性の異なる系統の薬剤を輪番使用する。発生始期からの防除を徹底する。幼虫，蛹は葉裏に生息しているので，葉裏にも薬剤がかかるように散布する
ヨトウムシ類	高温乾燥年に多発する。幼虫が群生しているときは薬剤に弱いが，分散後は強くなり，食害量も増加する。抽根部の食害痕は軟腐病発生の引き金になる	農薬が効きやすい，幼虫が群生しているときに散布する。コナガと同時防除をする

状は、前作に青刈り作物をすき込んで土壌の保水性を改善することや、播種前や間引き後に灌水することで発生を抑制できる。地上部病害も、適正施肥で肥切れや過繁茂を防ぎ発病を抑制する。

線虫防除には、対抗植物が利用される。対抗植物は、キタネグサレセンチュウに対して防除効果の高いマリーゴールド、野生エンバク、ハブソウ、エビスグサなどが適する。エンバクは低温性作物で、春と秋に播種することが可能であり、寒高冷地にも導入しやすい。その他の暖地性作物は、関東では5月上中旬以降に播種する。

5　経営的特徴

年内どりは栽培が比較的容易で、資材を多く要さず、播種後60～80日と比較短期間に収穫できる。冬どりは、温暖な気象条件や、べタがけを組み合わせることで生産できる地域に限られてくる。

①経営試算と労働時間

12月どりの経営指標が表12である。全国的に生産される時期で、気象災害がなければ高価格は期待できないが、近年、茎葉がコンパクトで密植できるように品種改良が進み、単収が向上している。価格が1kg当たり70円でも、収量を10a当たり8tとれば18万円ほどの所得が見込める。

10a当たりの労働時間は、収穫に30時間要し、1人1時間で調製・出荷できる量が140kgほどである。労働時間の約8割を収穫・調製・出荷が占めており、この部分の労働力や機械化・分業化の程度によって、作付けできる規模が決まる。

②安定経営のポイント

本作型では、いかにして良品を多収できるかが経営上重要になる。優良品種の導入と肥培管理でコンパクトな草姿にして密植し、10a当たり12t以上の収量を上げる生産者もおり、ここが腕の見せどころである。台風襲来時の気象災害で価格が暴騰することもある作型なので、このようなときに被害を防止する栽培技術や知識がものをいう。

漬け物、おでん、切り干し用などの加工・業務用は契約栽培が多い。直売では、紫、赤色のものや、煮物にしたら抜群においしいといった、ふだん店頭に並ばない珍しい品種や食味にこだわった品種を生産してもよい。

（執筆：川城英夫）

表12　ダイコン秋まき12月どり栽培の経営指標

項目	
収量（kg/10a）	8,000
価格（円/kg）	70
粗収益（円/10a）	560,000
経営費（円/10a）	380,000
所得（円/10a）	180,000
労働時間（時間/10a）	120
うち収穫・調製・出荷時間（時間/10a）	96
1時間当たり所得（円/10a）	1,490
収穫物1kg当たりコスト（円）	48

注）収穫物1kg当たりコストは経営費／収量

トンネル春どり栽培

1 この作型の特徴と導入

(1) 作型の特徴と導入の注意点

トンネル春どり栽培は、10月から3月にかけてハウス、またはトンネル内に播種し、2月から6月にかけて収穫する作型である。最近は極晩抽性の品種が開発されたので、低コストと省力化志向に対応して、2月中旬から3月にかけての播種では、ハウスやトンネルを用いず、保温性のある資材をベタがけして5～6月に収穫する作型も見られるようになった（図11）。

トンネル春どり栽培は、厳寒期を経過する栽培なので、収穫までに70～120日を要し、栽培地によっては保温力を強化するために、ベタがけ資材や二重トンネルなども利用される。ただし、厳寒期を含む栽培期間が120日を超えるような地域や作期では、早期抽台や寒害、根形の長短などの問題が顕著に現われるので、経営上はむずかしい。

10～2月播種は主に冬温暖な地域で行なわれ、3月以降の播種は寒地でも経済栽培できる。日射が強まり、ベタがけ程度の保温でも容易に地温が得られる、2月中旬以降の播種期からは、トンネル被覆を行なわず、マルチ・ベタがけ栽培が可能になる。

ここでは千葉県を基準に紹介するので、栽培には各地の気候・気象条件に合わせた調整が求められる。適期適作・適地適作が基本である。（図12、13）

(2) 他の野菜・作物との組合せ方

この作型は播種期の幅が広いことから、前作には秋冬どりダイコンやニンジン、ネギ、コカブ、キャベツ、サトイモ、サツマイモなどが導入できる。これらの野菜と組み合わせた作付け体系をとるとよい。

一方、ジャガイモはそうか病の汚染源になる恐れがあるので、前作に導入するのは好ましくない。

図11　ダイコンのトンネル春どり栽培　栽培暦例

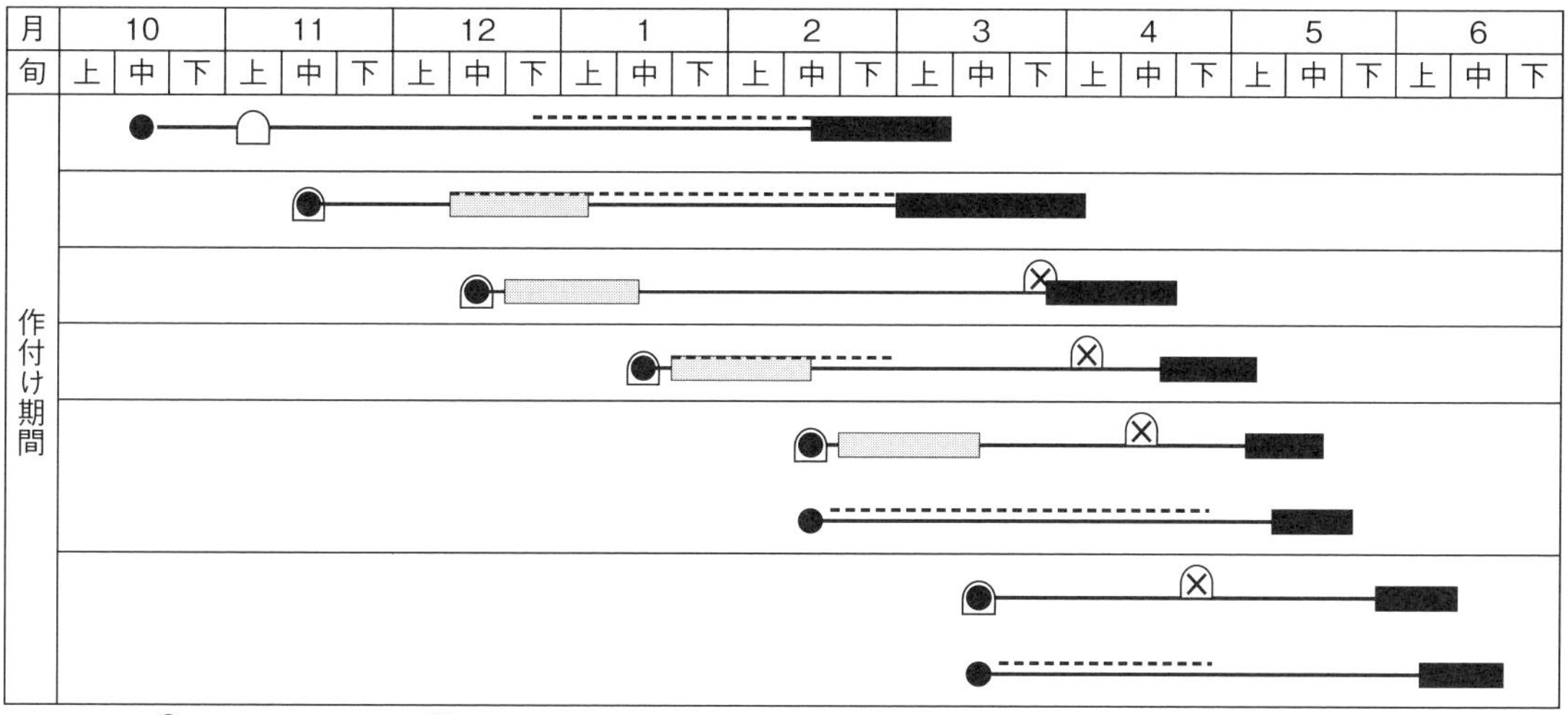

●：播種，⌒：トンネル被覆，⊗：トンネル除去，---：二重トンネル，またはベタがけ
▨：トンネル密閉期間，■：収穫

2 栽培のおさえどころ

作期別の適品種の利用と保温方法、トンネル内の温度管理が栽培のポイントになる。

(1) どこで失敗しやすいか

① 作期に応じた保温、被覆管理

10月播きでは、播種時にはトンネル被覆せず、気温が下がる12月になってから防寒のために被覆する。11月播きでは、初期から保温を必要とする。

各作期を通じて良品生産をするためには、作期や各地の気象条件に適した保温施設や被覆資材、温度管理が求められる。

② 作期に応じた施肥量

ダイコンの生育スピード、吸肥力、養水分の分解速度は、栽培中の温度によって変わ

図12　ダイコンのトンネル栽培

図13　ダイコンのベタがけ栽培

る。したがって、良品生産のためには、作期によって施肥量を変えることが欠かせない。

養分の中でも、ダイコンの生育に影響が大きいのは窒素である。窒素が多すぎると茎葉が繁茂・徒長して根の肥大が悪くなり、逆に少なすぎると根の肥大が劣るだけでなく、耐寒性が低下したり、ス入りを助長したりする。葉と根のバランスのとれたダイコンを生産するためには、播種時期別に施肥窒素量を加減する。

黒ボク土で、10a当たり8～10t程度の総収量を望む場合、窒素吸収量は10a当たり13kg程度とされている。そのため、低温期を経過する10～12月播きでは、10a当たり12～15kgの施用が必要となる。しかし、播種後に日射が増し、地温が上昇して地力窒素の溶出が期待できる1月播きでは8kg程度、2月播きでは6kg程度、3月播きでは5kg以下と減肥できる。

ただし、窒素量に合わせて複合肥料の施用量まで減らすと、思わぬ欠乏症をまねくことがある。現地事例として、生育の遅延、葉の黄化、根の内部黒変というカリ欠乏が発生し、次作でのカリ増肥により改善している。この作型では、以上を考慮した施肥が求められる。

また、この作型では生育日数が１００日前後におよぶが、収穫期までマルチが張られているので、効率的な追肥ができない。そのため、全量元肥として、生育初期に効く速効性肥料と、生育後半まで肥効が持続する緩効性肥料を併用する。

③作期ごとにベタがけ資材を使いこなす

抽台、抽根部の肥大が劣り徳利状になる肩こけ、抽根部の表皮がむける寒害などを防止するために、トンネル内にパスライトやパオパオ90など、不織布を用いたベタがけが行なわれる。

ただし、不織布のベタがけは3～4℃の保温効果があるが、光の透過率が85～90％と低く、しかも被覆下が多湿になりやすい欠点もある。そのため、ベタがけの被覆期間が長すぎたり、時期によっては、トンネルを密閉したままの状態でベタがけをすると軟弱に生育し、かえって耐寒性を低下させてしまうことがある。結果として黒斑病などが発生し、根部の肥大不良をまねくなどの弊害も見られる。

このようなベタがけの欠点を克服し、利点を生かす作期ごとのベタがけ期間は図11のようになる。

④着色マルチによる雑草防止

10～12月播きのダイコンの初期生育は緩慢なので、マルチ下の雑草が繁茂して抽根部の着色を淡くしたり、収穫後の除草に多くの労力を要したりすることがある。緑や紫、黒の着色フィルムを用いると、マルチ下の雑草をかなり抑えることができる。

(2) おいしくて安全につくるためのポイント

トンネル栽培では栽培期間の温度が低いため、年間を通して最も甘いダイコンを生産できる。さらにおいしくて安全につくるためには、「どこで失敗しやすいか」で紹介したポイントをしっかりおさえて栽培することが必要になる。

また、青刈作物の作付けや完熟堆肥の施用、適切な耕起によって、排水性と保水性のよい畑にしておくことも重要になる。

(3) 品種の選び方

一つの品種で、6カ月におよぶ播種期を通じて良品を生産し続けることは、いまのところ不可能である。そこで、それぞれの時期に

表13　ダイコンのトンネル春どり栽培の作期と求められる特性

播種期	保温方法	晩抽性	耐寒性	低温肥大性	尻詰まりがよい	曲がりが少ない	裂根が少ない
10月播種	トンネル	△	◎	◎	△	△	△
11月播種	トンネル	○	◎	◎	○	△	△
12月播種	トンネル	◎	○	◎	○	△	○
1月播種	トンネル	◎	△	○	○	◎	◎
2月播種	トンネル	○	△	○	◎	◎	◎
	ベタがけ	◎	△	○	◎	◎	◎
3月播種	トンネル	△	△	○	◎	◎	◎
	ベタがけ	○	△	○	◎	◎	◎

注）◎：とくに望まれる，○：望まれる，△：あまり重要ではない

表14　ダイコンのトンネル春どり栽培に適した主要品種の特性（千葉県）

品種名	発売元	特性
濱のはる	サカタのタネ	葉は濃緑色の小葉で密植栽培が可能。極晩抽性であり，形状・揃いがよく，低温期の肩こけが発生しにくい。10月中旬～12月中旬に播種し，2月下旬～4月中旬に収穫するトンネル栽培に適する
桜の砦	ナント種苗	葉は濃緑色の小葉で密植栽培が可能。極晩抽性であり，薄青首で形状・揃いがよく，中太りせず，在圃性が高い。11月下旬～1月上旬に播種し，3月中旬～4月下旬に収穫するトンネル栽培に適する
春宴	雪印種苗	葉はやや旺盛で耐寒性がある。極晩抽性であり，薄青首で形状・揃い，太りがよい。1月上旬～2月中旬に播種し，4月上旬～5月中旬に収穫するトンネル栽培に適する
春彩光	渡辺農事	葉は短く，根部は尻の詰まりがよく曲がりが少ない。極晩抽性である。2月上旬～3月上旬に播種し，4月下旬～5月中旬に収穫するトンネル栽培に適する。また，3月に播種し，5月中旬～6月上旬に収穫するベタがけ栽培にも適する
蒼の砦	ナント種苗	葉は濃緑色の小葉で，根部の青首は薄く尻の詰まりがよい。極晩抽性である。1月下旬～3月上旬に播種し，4月下旬～5月中旬に収穫するトンネル栽培に適する
春かなで	丸種	葉は鮮緑色の立性で，根部の青首は薄く尻の詰まりがよい。極晩抽性である。12月下旬～3月上旬に播種し，4月上旬～5月上旬に収穫するトンネル栽培に適する。また，2月中旬～3月上旬に播種し，5月中旬～下旬に収穫するベタがけ栽培にも適する

最もよい特性を発揮する品種を、こまめにつないでいくことが重要になる。

ダイコンの品種には、どの作型でも良品・多収、揃いがよいことなどが求められる。とくにトンネル春どり栽培では、晩抽性で低温肥大性に優れることが求められる。さらに、細かく作期別に見ると表13のようになる。

温暖地の10月上中旬播きでは、品質と揃いがよく、低温でも抽根部が肩こけにならず、茎葉が黄化しにくいという耐寒性と、低温肥大性に優れているものが求められる。

10月下旬～11月播きでは、短根になりやすく、抽根部に寒害を受けやすい。そこで、晩抽性で低温伸長性、抽根部の耐寒性に優れる'濱のはる'などの品種が使われる（表14）。

12～1月播きは、とくに抽台の危険な時期での栽培になる。したがって、極晩抽性でしかも低温伸長性にも優れている、'桜の砦''春宴'などが使われる。

2月以降の播種では、晩抽性で尻詰まりがよいことと、後半の生育が急激に進むため、裂根やス入りが遅いことが求められる。この作期では、'春彩光''蒼の砦''春かなで'が利用できる。これらの品種は極晩抽性なので、ベタがけ栽培にも適している。

3 栽培の手順

(1) 畑の準備

前作の終了後、線虫の被害が心配されるところでは、土壌くん蒸剤などで土壌消毒をしておく。薬剤注入後ただちに鎮圧して、7日後にガス抜きをする。梅雨明け後にくん蒸し、マルチを長期に行なうことで除草効果も期待できる。

堆肥は、前作に施すことを原則とする。ダイコンは耐酸性が強いから、土壌pHは5～6の範囲でよい。

11月播きの施肥例を表16に示したが、前述のように窒素施用量は作期により加減する。リン酸、カリは作期によらず、10a当たり成分で15kgほど施用する。さらに連作畑では、ホウ素やモリブデンなどを含んだＦＴＥを3～4kg施用する。

施肥時に、ネキリムシ類の防除をするため、粒状の殺虫剤などを散布して土壌混和しておく。

(2) ベッドつくりとマルチ、トンネル張り

保温方法と栽植様式は図15を基本とする。幅1・35～1・5m、高さ10～15cmのベッドをつくり、地温を高めるためにポリフィルムなどでマルチングする。マルチ下の雑草が繁茂しやすい10～12月播きでは、緑や黒などの着色フィルムを使用する。

トンネルの被覆資材は、厚さ0・1mm、幅2・7mの農ビを用いる。最近は農ビに替えて、長期間使用できる農ＰＯの利用が増えて

表15　ダイコン春どり栽培のポイント

		技術目標とポイント	技術内容
標準技術		◎土壌改良	・堆肥は前作に施す。緑肥のすき込みは，2カ月以上の腐熟期間をとる。黒ボク地帯では萎黄病の発生を防止するために，下層土を出すほどの深耕をしない
		◎線虫の防除	・殺線虫剤による土壌くん蒸を行なう
		◎適量施肥	・作期に応じた施肥量とし，全量元肥で全面に施す
播種方法		◎一斉出芽	・土壌水分と地温を確保し，雑草の発生を防ぐため，黒色などの農ポリでマルチングする
		◎播種	・1カ所に2～3粒，深さ1.5cmを目安に播種する
生育初期の管理	出芽～10葉期	◎下胚軸の徒長防止	・10～11月中旬播きでは，下胚軸の徒長を防止するため，播種時からトンネルの裾をわずかに換気しておく
		◎寒害・葉焼け・抽苔防止	・11月下旬～3月播きでは，最高温度35℃を目安にトンネルを密閉管理する
			・－3℃以下にならないように保温する
			・2～3月播きでは，高温による葉焼けに注意する
		◎間引き	・3葉期に1本に間引く
生育中期の管理	10～20葉期	◎生育促進，徒長防止	・日中の昇温による脱春化と生育促進を図りつつ，徐々に換気を行なって茎葉の徒長を防止する
生育後期の管理	20葉期～収穫	◎寒害防止	・10月播きでは抽根部の寒害を防止するため，必要に応じてトンネル内にベタがけを行なう
		◎病害虫防除	・ベタがけ前に黒斑病，コナガなどの薬剤防除をしておく
		◎茎葉の徒長防止	・昼温20℃を目安に管理し，寒害の危険がなくなったらトンネルなどの保温資材を除去する
		◎根部の肥大促進	・ハウス栽培では，収穫の1カ月前から灌水する
収穫		◎適期収穫	・ス入り，抽台前に収穫する

いる。

マルチ張りはトラクターに装着するマルチャーの利用、トンネル張りは手作業が一般的である。また、トンネルのパイプを差し込みながらフィルムを展張してゆく、トンネルストレッチャーの利用も始まっている。

(3) 播種のやり方

ベッド内4条、株間23～25㎝の栽植様式とし、1穴2～3粒、深さ1・5㎝に播種する。

最近は、20㎝程度まで株間を狭めて、収量増をめざす生産者が多い。ただし、株間が狭いほど収穫までに長期間を要し、出芽率が低い場合は生育が揃わないことがある。間引きを行なわない、1穴1粒播きも増えている。

なお、ここまでの一連の作業、耕うん、ウネ立て、播種、マルチングを1工程で行なう、シーダマルチャーの利用が一般的になっている。

(4) 播種後の管理

①間引き

従来は異形株（品種本来の形をしていない株）の発生率が高く、5葉期まで待って、品種本来の形状が明らかになってから間引いていたが、最近は省力を重視して3葉期程度で間引くことが多い。

図14　ダイコン春どり栽培の生育と作業

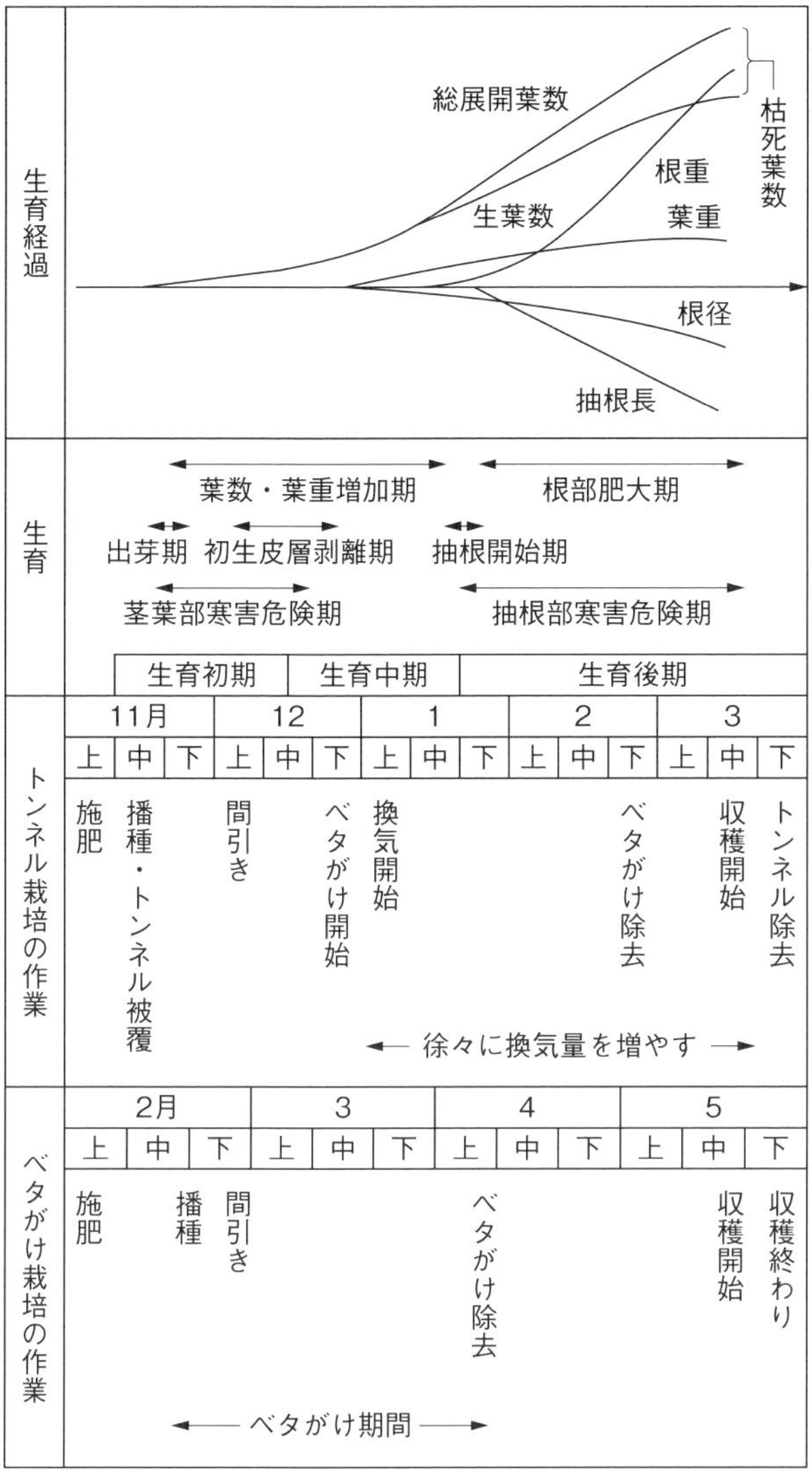

注）初生皮層剥離期とは，根の肥大にともなって直根表皮（初生皮層）がはがれる時期で本葉3～10枚ころに相当する

表16　ダイコン春どり栽培の施肥例（11月播き）

（単位：kg/10a）

	肥料名	施肥量	成分量		
			窒素	リン酸	カリ
元肥	エコレット866（8-6-6）	180	14.4	10.8	10.8
	苦土石灰	80			
	リンスター30（0-30-0）	20		6.0	
	硫酸加里	10			5.0
	FTE	4			
施肥成分量			14.4	16.8	15.8

注1）肥料名の数字は（窒素－リン酸－カリ）の成分率（％）を示す
注2）黒ボク土を想定した施肥例

図15　春どりダイコンの栽培様式と保温方法

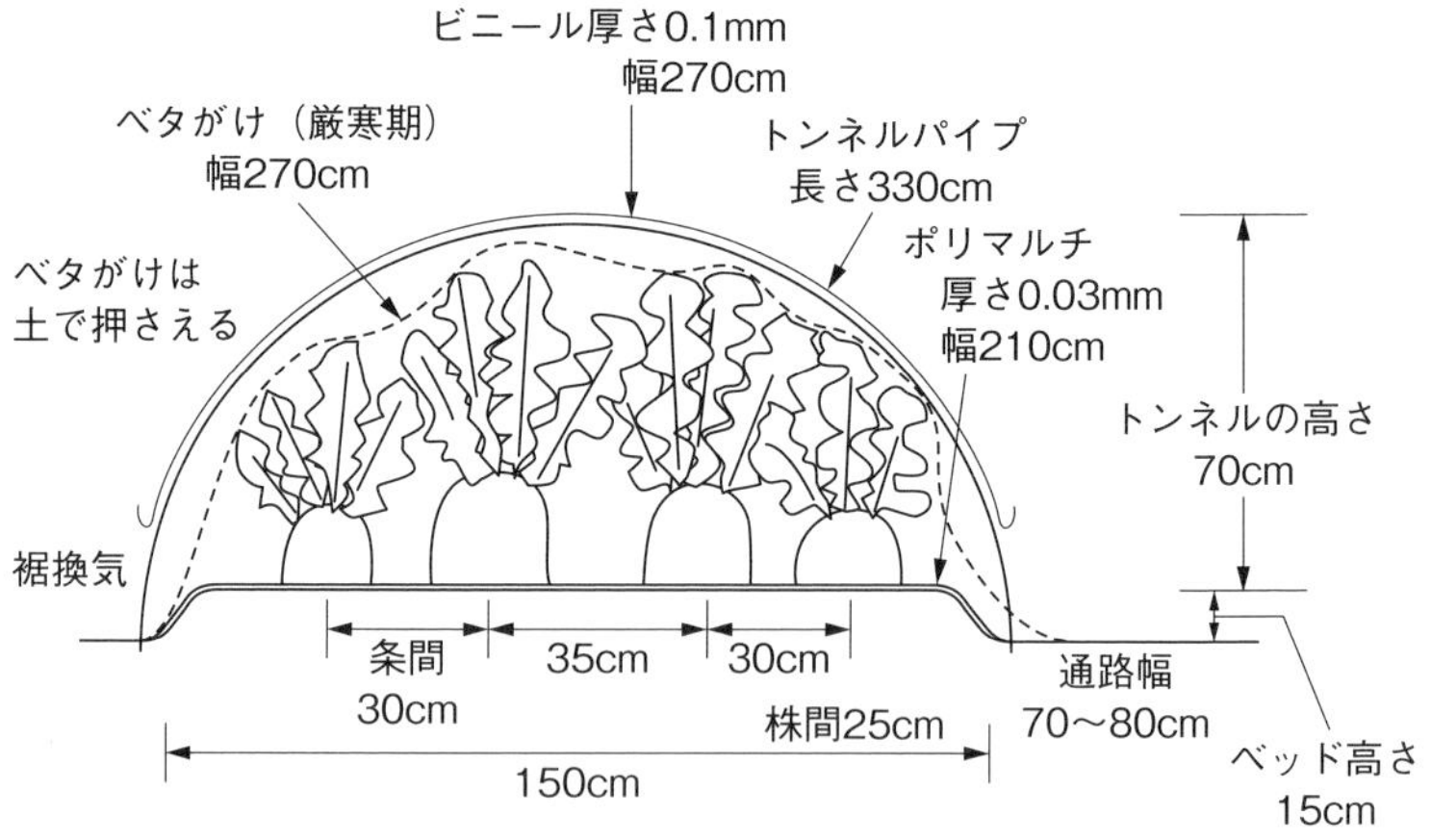

注）ベタがけ資材は土で押さえておき，生育に応じて張り具合をゆるめていく

②トンネル内ベタがけの時期とトンネルの温度管理

適切なベタがけのやり方と、温度管理は作期別に異なる。

10~11月中旬播き　生育初期の気温が高いので、初めからトンネルの両裾を10㎝ほど開けて下胚軸（子葉の下の茎部分）の徒長を防止する。抽根が始まる12月下旬以降で、寒害が発生するマイナス5℃になる、1月上中旬ころからベタがけをする。

ベタがけ資材は、寒害の危険がなくなる2月下旬~3月上旬に除去する。

11月下旬~2月播き　この作期は、播種直後から気温が低く、最も抽台しやすい。早期抽台を防止し、しかも根部の肥人を促進するために、図16を目安に温度管理をする。脱春化効果を高めて、花芽分化・抽台をできるだけ遅らせるため、播種直後からベタがけし、トンネルも密閉管理にするなど昼温を高める。

図16　トンネル栽培の温度管理の目安

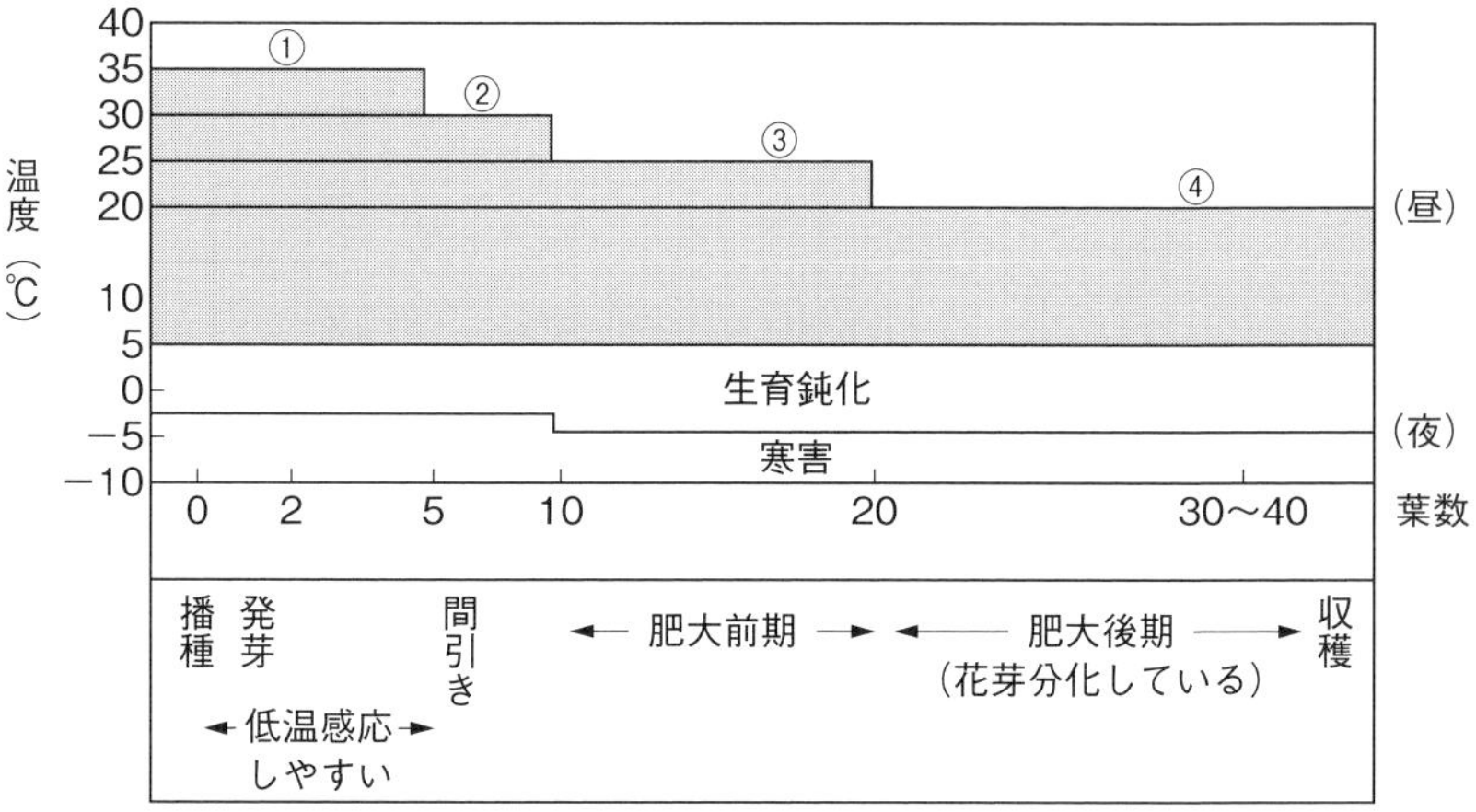

注）①：脱春化，②：初期生育保護・促進，③：肥大促進，④：抽台抑制

換気は本葉10枚ごろから始め、生育にともなって徐々に大きくしていく。

トンネル内のベタがけ資材は、一重トンネルでも、凍害が発生しなくなる2月下旬以降に除去する。ベタがけ資材を除去するときは、5日ほど前から換気を強めにしてダイコンを順化し、晴天日の午後または曇天日の日中に取り除く。天気予報に注意をはらい、強い寒気が吹き出してくる前に除去することは避ける。

トンネルの除去時期　除去時期が早すぎると寒害を受ける危険があり、逆に遅すぎると茎葉が繁茂して根部の肥大が妨げられたり、抽根部の着色が不良になったりする。

そこで、寒害の発生する危険がなくなる、外気温が0℃を超える3月下旬~4月上旬に、トンネルを除去する。

③灌水

ハウス栽培では、根部の肥大を促進するた

めに灌水するとよい。灌水の効果が高いのは肥大が盛んな収穫前1カ月で、この間に1～2回、1回当たり20㎜程度の灌水をする。

(5) 収穫

収穫期に達するまでの生育日数は、作期によって75～120日の差がある（図11参照）。そこで、10～15㎝ほど茎葉を残した、調製重が1.2kgになったときを目安に、つまり2L級のものがとれるようになったら収穫を始める。

根部の肥大が緩慢な2～3月どりでは、肥大の早いものから間引き収穫するが、急激に肥大する4～5月どりでは一斉収穫する。

抜き取ったら葉を切り、軽トラックなどに積んで作業場に運搬する。その後、洗浄→水切り→箱詰めと作業を進める。厳寒期に水を使う作業は、足腰が冷える。これを軽減するために防寒長靴を履いたり、靴下の重ね履きをする。さらに床下に発泡スチロール製マットを敷くと、床面からの冷気が断熱されて冷えが軽くなり、マットに弾力性があるために疲れも軽減される。

収穫・洗浄作業を再点検し、ダイコンの温度を上げず、傷をつけないように扱う。洗浄時にはきれいな水ですすぎ、十分に水を切って表面を乾かしてから箱に詰め、出荷・流通時にも品温が上がらないよう工夫する。

5月ともなると日射が強くなるので、品温が上がり、思わぬ障害が発生することがある。「生鮮食品を扱っている」という意識が大切である。

4 病害虫防除

(1) 基本になる防除方法

地上部に発生する主な病害虫には、黒斑細菌病、白さび病、コナガ、ハモグリバエ類、アブラムシ類などがある。また、根部にはキスジノミハムシ、黒斑細菌病（黒芯症）、わっか症などがある。

殺菌剤は予防散布、殺虫剤は初期防除に努める（表17参照）。

(2) 農薬を使わない工夫

ダイコンの栽培では、通常、農薬の使用は線虫防除のための土壌消毒と2～3回の病害虫防除のときくらいで、無農薬栽培も比較的容易にできる。

農薬の使用を減らすためには、輪作による土壌病害の回避を基本にして、耐病性品種や線虫対抗植物の利用、土壌の通気性・排水性をよくする、土壌の腐植含量を高めて生物相を豊富にすることが役立つ。

この作型で主に被害を与える線虫は、ネグサレセンチュウである。その対策のために前作に導入する対抗植物には、キタネグサレセンチュウに対して防除効果が高いマリーゴールド、ハブソウ、エビスグサ、野生エンバクなどが適する（表18参照）。

エンバクは低温性作物で、春と秋に播種することができ、寒高冷地にも導入しやすい。その他の暖地性作物は、関東では5月上中旬以降に播種する。いずれの対抗植物の場合も、施肥量は10a当たり3要素成分量で各5kgが基準となる。前作の残存肥料が多い場合は無肥料とする。

線虫防除効果を高めるためには、栽培期間をマリーゴールドで3カ月、エンバクで2カ月以上とる。すき込みは、茎が硬化したり種子が落ちたりする前に行なう。

表17　ダイコン春どり栽培での薬剤防除例（11月中旬播き）

使用時期	農薬名	主な適用病害虫	備考
11月中旬（播種時）	フォース粒剤	キスジノミハムシ，タネバエ	忌避効果もある
	プリロッソ粒剤オメガ	ネキリムシ類，キスジノミハムシ，ハイマダラノメイガ	吸汁性害虫にも高い効果
12月	ハチハチ乳剤	コナガ，キスジノミハムシ，ナモグリバエ，白さび病，ワッカ症	収穫30日前まで
2月	カスミンボルドー	黒斑細菌病，ワッカ症	収穫14日前まで
	アファーム乳剤	コナガ，ハイマダラノメイガ，アオムシ	収穫7日前まで
3月	グレーシア乳剤	コナガ，キスジノミハムシ，アオムシ	収穫7日前まで
	パダンSG水溶剤	アブラムシ類，コナガ，ハモグリバエ類	収穫7日前まで
	ベネビアOD	アブラムシ類，コナガ，ハモグリバエ類，ヨトウムシ	収穫前日まで
	エスマルクDF	コナガ，オオタバコガ，ヨトウムシ，アオムシ	収穫前日まで
	Zボルドー	黒斑細菌病，白さび病，軟腐病	—

注）農薬の使用量と方法は，適用病害虫により異なるので最新の情報を確認のこと。わっか症は農薬登録上はワッカ症と表記される

表18　線虫対抗植物の各種線虫に対する密度抑制効果と栽培上の留意点

植物名	商品名	播種量（10a当たり）	播種時期	作付け期間
マリーゴールド	アフリカントール，プチイエロー，セントール，エバーグリーンなど	直播：1～1.5ℓ 移植：2～3dℓ	5月上旬～6月下旬	3カ月以上
ギニアグラス	ナツカゼ，ソイルクリーンなど	条播：0.2～0.3kg 散播：1～1.5kg	5月下旬～7月下旬	約2カ月
ハブソウ	ハブエースなど	条播：4～5kg 散播：7～8kg	6月中旬～7月下旬	60～70日
エンバク野生種	ヘイオーツ，オーツワン，ニューオーツ，ネグサレタイジなど	条播：4～5kg 散播：8～10kg	3月下旬～5月上旬 8月下旬～9月上旬 10月下旬～11月中旬	約2カ月 約2カ月 6カ月前後

植物名	線虫抑制効果			栽培上の留意点
	サツマイモネコブ	キタネコブ	キタネグサレ	
マリーゴールド	○		○	腐熟期間を1カ月ほどとる。初期生育が遅いので，雑草を防除する
ギニアグラス	○	○	○	種子を落とすと，長期に雑草化する
ハブソウ	○		○	腐熟期間を1カ月ほどとる。薄播きすると茎が硬化するので，適量播種する
エンバク野生種			○	高温期は生育が悪いので，適期に播種する。越冬栽培では播種量を減らす

注1）○：効果がある
注2）対抗植物は，同じ種類であっても品種や系統により効果が異なるため，効果が確認されたものを使用する

5 経営的特徴

トンネル春どりダイコン、ベタがけダイコンの経営指標は表19のようになる。10a当たり生産費はトンネル栽培で12万円、ベタがけ栽培で14万円ほどになる（経営費はこれに荷造・出荷経費が加算される）。3～5月は抽台しやすく、ダイコンの端境期といえる時期で、価格は比較的高く安定している。

トンネル栽培の労働時間は、10a当たり180時間前後で、野菜の中では少ない部類に入る。労働生産性が高く、経営的に魅力的な作型である。

作付け面積は、主に収穫・出荷に要する労力で制限される。労力が2人であれば、10a当たり7日程度で収穫・出荷できる。

（執筆：吉田俊郎）

表19　ダイコン春どり栽培の経営指標

項目	トンネル栽培	ベタがけ栽培
収量（kg /10a）	6,500	6,500
単価（円 /kg）	85	85
粗収入（円 /10a）	552,500	552,500
経営費（円 /10a）	428,116	408,950
所得（円 /10a）	124,384	143,550
所得率（%）	29.1	35.1
労働時間（時間 /10a）	182	162
時間当たり所得（円 / 時間）	683	769
収穫物コスト（円 /kg）=A	65.9	62.9
A －労働費（円 /kg）=B	32.2	33.0

注1）A：生産・出荷部分の費用 / 収量
　　B：生産・出荷部分の費用から家族労働費を除いた値 / 収量
注2）トンネル栽培は「経営収支試算表」（平成22（2010）年千葉県）より，ベタがけ栽培は「べたがけによる春どり露地野菜の栽培法」（平成31（2019）年千葉県）より作成
注3）家族労働費は1,200円 / 時間とした

夏どり栽培

1 この作型の特徴と導入

(1) 作型の特徴と導入の注意点

6～10月に収穫する夏どり栽培では、生理障害や軟腐病、各種虫害などの発生により、収量が低下しやすい。加えて、早い作期（春まき）では播種後の低温により、抽台がしばしば問題になる。このため、夏どり栽培の難度は高く、とくに高温の影響を受けやすい7～9月の出荷は、比較的冷涼な北東北・北海道のダイコン産地が中心となる。

また、梅雨や秋雨、台風など、まとまった降雨の影響を受けやすい時期でもあり、圃場の選定や排水対策も重要になる。

夏どり栽培は、大都市近郊での生産がむずかしく、収量も不安定なので、東京や大阪の市場では1kg当たり100円以上の販売単価が期待できる。しかし、冷夏年では供給過剰により、値くずれを起こすこともある。

(2) 他の野菜・作物との組合せ方

ニンジン、レタス、カボチャ、スイートコーン、キャベツ、ブロッコリー、ジャガイモ、テンサイ、マメ類、ムギ類などと組み合わせ、なるべく4年以上の輪作体系で作付けする。

前作は根菜類やアブラナ科野菜を避け、土壌病害や線虫類などの虫害を抑える。とくに

図17　夏どりダイコンの作付け時期（寒・高冷地）

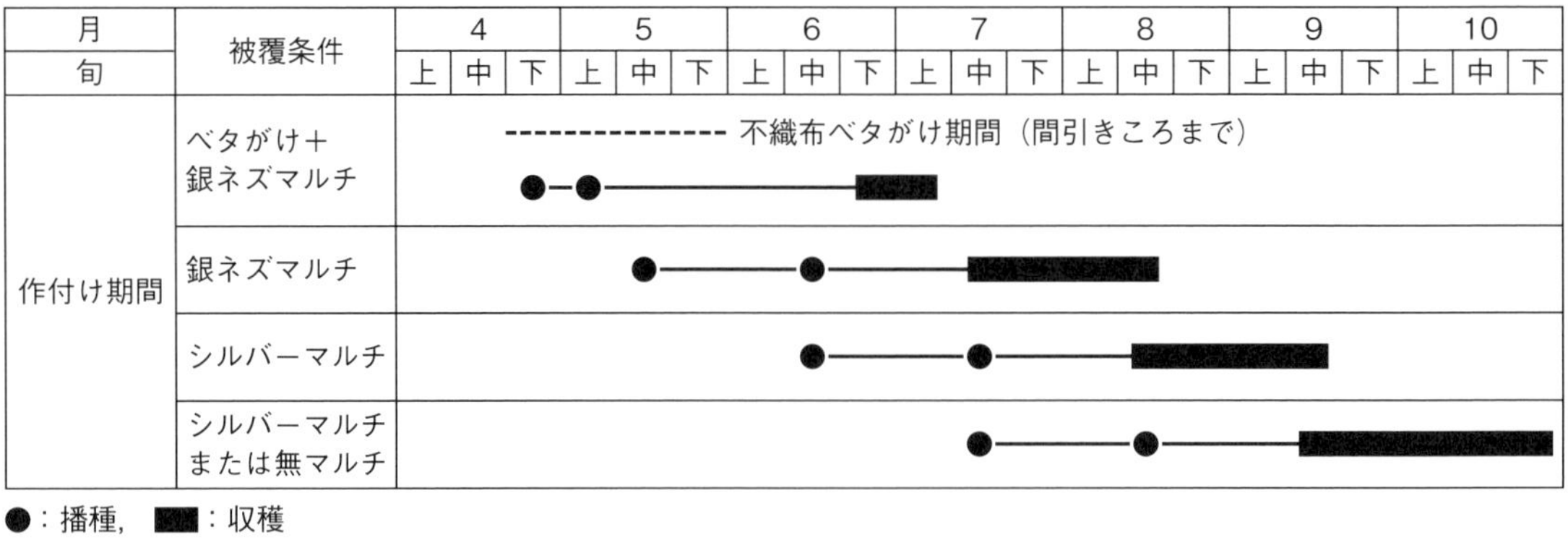

図18　夏どりダイコンの生育と作業

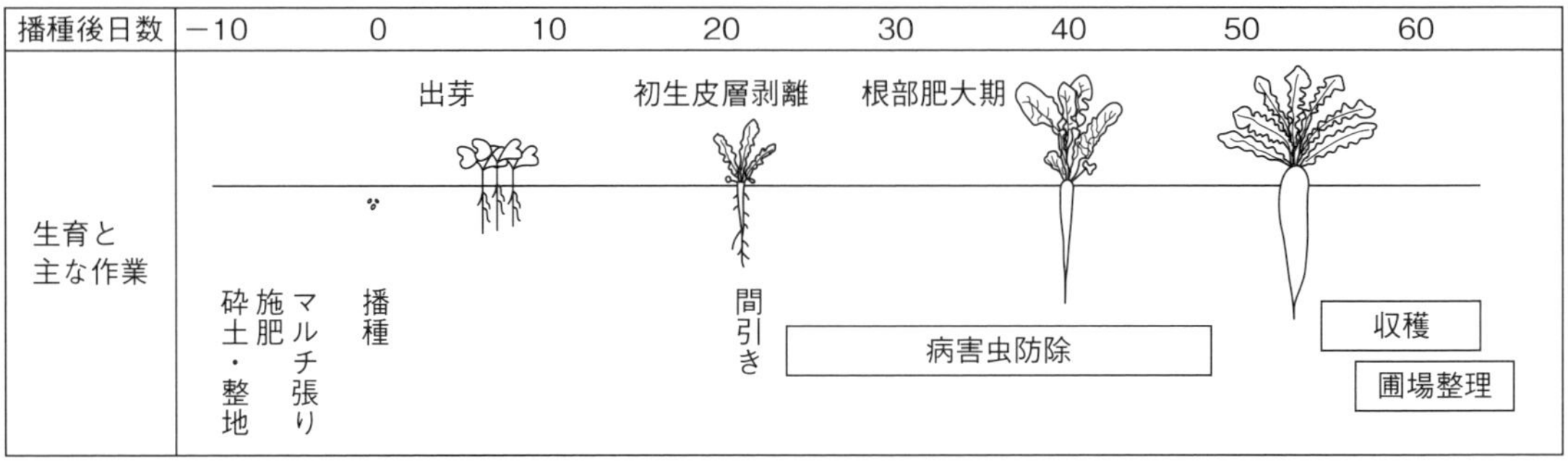

注意する前作物は、ジャガイモとスイートコーンで、ジャガイモはバーティシリウム菌、スイートコーンはキタネグサレセンチュウを増加させやすい。これらの畑では過去に過作した場合を含め、ダイコン栽培は極力避ける。

夏どり栽培は、播種から収穫まで60日前後と短いため、寒・高冷地でも他の作物と組み合わせて二毛作を行なうことが可能であり、北海道ではエンバク野生種（線虫対抗植物）やコムギなどを前作・後作としている事例がある。

このほか、畜産農家との土地の貸借により、牧草地を耕起してダイコン栽培を行なうことで、土壌病害のリスクを抑え、良品生産につなげている事例もある。

2 栽培のおさえどころ

(1) どこで失敗しやすいか

①栽培期間の温度に適合した品種やマルチの選択

夏どり栽培の前半（春まき）は低温期であり、品種選択を誤ると抽台や短根などが発生する。

播種時期によってマルチの種類（色）を変えて、抽台の回避や根長の確保に適した地温に近づけるが、気象条件によっては想定以上の高温になり、発芽障害や生理障害の発生につながる場合がある。

②畑の選択

根が地中深く伸びる作物であり、湿害にも弱いので、排水が良好で耕土が深く膨軟な土壌がよい。

耕土が浅く、下層に重粘な土壌や石が混ざる土壌、排水不良の層がある畑では、根の肥大や形が悪くなり、良品生産がむずかしい。高ウネ栽培を行なうことで、これらの影響を

表20　夏どりダイコンの系統名・品種とその特性

品種名	種子元	抽台の早晩	肥大の早晩	根長	曲根	抽根部色	バーティシリウム黒点病	軟腐病	生理障害		
									ス入り	空洞症	赤芯症
T－452A	タキイ	晩	中	中	中	中	中	中	中	中	中
トップランナー	タキイ	晩	中	中	中	中	中	中	中	中	中
蒼の砦	ナント	晩	早	中	中	中	強～中	中	中	中	中
晩々G	雪印種苗	晩	中	中	中	中	中	中	中	中	中
貴宮	渡辺採種場	晩～中	中～晩	中	少	中	弱	少	中	中	中
蒼春	トーホク	中	早	中	少	濃	強～中	少～中	晩	中～多	少
NIKURA	トーホク	中	中～晩	中	少	濃～中	強～中	少～中	晩	中	少
夏つかさ旬	トーホク	中	早～中	中	少	濃	強～中	少～中	中	中	中
豊秋	カネコ	中～早	中	適～中	少	濃～中	中	中	中	中	中
夏番長2号	コハタ	中～早	中	中	少～中	濃～中	中	少	中	中	中
耐病総太り	タキイ	中～早	中	適	少～中	濃～中	強～中	中	晩	中～多	中～多
夏つかさ	トーホク	中～早	早～中	適～中	少～中	濃～中	強～中	少～中	中	中	中
夏つかさ快	トーホク	中～早	早～中	適～中	少～中	濃～中	強～中	少～中	中	中	中

注1）赤芯症にはアメ色症状が強く発現したものも含む
注2）『北海道野菜地図その45』より引用

緩和することもできる。

また、土壌病害が発生する畑では作付けを避ける。

③施肥

窒素成分を過剰に施肥すると、生育後半に急激に肥大し、曲がりや空洞症などの生理障害、軟腐病などが発生しやすくなる。

また、直根の下に肥料や土塊があると岐根（股根）の原因になるため、肥料は全面全層施肥とし、土と肥料の混和を十分に行なう。臭いの強い堆肥や有機質肥料を、播種の直前に施用すると、根部がタネバエの被害を受けやすくなる。

(2) おいしくて安全につくるためのポイント

マルチ栽培の利点として、地温のコントロールに加え、作土が軟らかく保たれることで、ダイコンの形状や肉質などの面で品質向上が期待できる。

また、使用するマルチによっては、雑草の抑制や、アブラムシ類の忌避効果があり、除草剤や殺虫剤の使用を低減できる。

このように、おいしくて安全につくるには適切なマルチの利用がポイントで、栽培時期に応じたマルチの選択（色）が重要になる。

(3) 品種の選び方

夏どり栽培の前半（春まき）では、晩抽性や低温期の肥大性などを備えた春系の品種を用い、後半（夏まき）は耐暑性や耐病性を重視した夏系の品種選択が基本になる（表20）。春系と夏系双方の利点を備えた品種があれば困らないが、そのような品種はなかなか見つからない。

そのため、ある時期に、春系品種から夏系品種へ切り替えを行なうことになる。同じ地域であっても標高差や、年次ごとの天候、採用する品種により、切り替えの適期が微妙に変化するため、切り替え時期の決定は非常にむずかしい。

生理障害の発生が少ない品種の選定も重要になる。

なお、夏どり栽培の終盤で、収穫時期が10月になる場合（8月播種）は、抽台や病害をほとんど気にせずに栽培できる。低温肥大性はある程度必要であるが、尻部までしっかり肉づきする形状のよさ、表皮や青首の美し

表21　夏どり栽培で発生しやすい主な生理障害

生理障害名	原因と発生状況	対策
空洞症	・首部や根の先端などの肥大根内部で発生 ・生育初期の高温・乾燥や後半の急激な肥大	・発生が少ない品種の作付け ・地温抑制タイプのマルチ。窒素の適正施肥
赤芯症	・生育後期の高温・乾燥 ・土壌中のホウ素の不足や，高pHによる不可給態化など	・発生が少ない品種の作付け ・ホウ素入り肥料やFTEの施用（ただし，他作物で過剰害が発生しないよう施用量に注意） ・地温抑制タイプのマルチ ・適正pHでの栽培
曲がり	・多肥・高温などによる茎葉の過繁茂 ・間引きの遅れ ・礫や堅い土層の存在	・発生が少ない品種の作付け ・窒素施肥や間引き作業の適正化 ・圃場選定，ていねいな耕うん
岐根	・肥大根が途中で枝分かれする ・生育途中で主根に障害が出た場合に発生	・未熟有機物を播種直前にすき込まない ・土と肥料をよく混和する ・有効土層を十分に確保できる畑で作付け
裂根	・肩，胴，尻などさまざまな部位で亀裂が発生 ・気温が比較的高く，多窒素や水分過多で発生しやすい	・排水対策の徹底 ・窒素施肥の適正化
ス入り	・根や葉柄内部がスポンジ状に空洞化 ・生育後半に葉の同化能力を上回る根の肥大 ・収穫の遅れによっても発生	・発生が少ない品種の作付け ・窒素施肥の適正化（不足で発生しやすい） ・適期収穫

さ、食味や食感のよさなど、差別化や有利販売に結びつく要素から品種選定を行なうこともできる。

3 栽培の手順

(1) 畑の準備

タネバエ対策のため、堆肥の施用は前作までに行ない、ダイコン作付け直前には施用しない。また、前作に緑肥を栽培している場合、青刈りエンバクなど分解の速い緑肥をすき込むと、ピシウム菌や分解時に発生するフェノール類、ガスなどによって、後作に発芽障害を引き起こすことがある。このため、緑肥のすき込み後は、3週間程度の腐熟期間を経てから播種を行なう。

pHは6～6・5を目標に土壌改良を行なう。輪作体系の都合でpHをあまり上げたくない場合は、5・5～6程度でも栽培可能である。

排水性がよく、膨軟な作土層を30～40cm確保するため、心土破砕と深耕を行なう。土塊や粗大有機物が作土にあると、根部の形状に影響するため、耕うんはていねいに行なう。

(2) 施肥

施肥は全量元肥施用を基本とし、窒素・リン酸・カリは10a当たり5kg・8kg・8kgを目安に施用する。ただし、7月播種では軟腐病対策として、窒素を同2～4kgに減肥する（表23）。

また、高温期に発生しやすい生理障害の赤芯症は、微量要素のホウ素が関係している。不足している畑では、FTE（総合微量要素肥料）などのホウ素入り資材を施用する（FTEの場合、10a当たり5kg前後）。

(3) マルチ張り

マルチ張りは、適切な土壌水分のときに実施する。

使用するマルチの種類（色）は、夏どり栽培の前半（春まき）では、透明や銀ネズなどの地温上昇タイプを使用し、抽台の回避と根長の確保を図る。夏どり栽培の後半（夏ま

表22　夏どり栽培のポイント

	技術目標とポイント	技術内容
播種前から播種時	◎品種の選定	・播種時期が決まったら，その時期に適する品種を選ぶ
		・春まきでは晩抽性の高い品種や，低温肥大性が良好な品種を選ぶ。夏まきでは耐暑性や軟腐病に強い品種を選ぶ
	◎圃場の選定	・土壌病害の恐れが少なく，前作に根菜類が作付けされていない畑を選ぶ
		・土壌の適応性は広いが，耕土が深く軟らかい土が適する。耕土が浅すぎたり未熟な有機物，石などがあると曲がりや岐根が発生する
	◎土つくり	・堆肥は前作までに施用しておく。青刈りの緑肥をすき込んだ場合は，播種まで3週間程度の腐熟期間を設ける
		・エンバク野生種など線虫対抗植物を輪作体系に組み込むことで，線虫被害を抑制できる
		・pH6.0～6.5を目標に，石灰資材を施用する
	◎施肥	・10a当たり窒素5kg，リン酸8kg，カリ8kg（軟腐病対策として7月播種では窒素を2～4kgに減らす）
		・原則全量元肥とし，全面全層施肥で土とよく混和する
		・ホウ素が不足する畑では，FTEなどホウ素を含む肥料を施用する
	◎耕うん	・30～40cm程度深耕を行なう
		・耕うん作業はていねいに行ない，土塊が残らないようにする
	◎害虫対策	・地下部を加害する害虫対策として，土と混和する殺虫剤を施用する。施用方法や時期などは農薬の登録内容を遵守する
	◎マルチ張り	・播種時期に応じたマルチを使用する
		・ベッドは高ウネが望ましい
	◎播種方法	・マルチの植穴の直径は，地温が低い時期は小さく，高い時期は大きくあける
		・1カ所2粒播種する（省力化のため，無間引き栽培とする場合は1カ所1粒）
		・深さ1～2cmを目安とし，乾燥時はやや深めに播種する
播種後の管理	◎不織布ベタがけ	・抽台対策が必要な，地温が低い時期は，播種後から間引きころまで不織布によるベタがけを行ない，地温を確保する
	◎間引き	・1カ所2粒播種したときは，本葉3葉期ころを目安に1本に間引く
	◎中耕・除草	・間引き前後に，通路の除草を行なう。無マルチ栽培では，中耕を行ない軽く土寄せする
	◎病害虫防除	・病害虫の発生が多くならないよう，適期に防除する
		・主な病害虫：軟腐病，キスジノミハムシ，コナガ，ヨトウガなど
収穫・調製	◎試し抜き	・播種後50日ころに試し抜きを行ない，根の太り具合や抽台の有無を確認する
	◎適期収穫	・根重が1kgを超え，根径が7～8cm程度を収穫の目安とする
		・数本を選んで根部を縦に切り，内部障害の有無を確認する
	◎収穫方法	・ダイコンに傷がつかないよう，作業は優しくていねいに行なう
		・高温期は，気温の低い早朝に収穫を始め，すみやかに畑から選果場へ搬出する
	◎選果	・選果場では洗浄を行ない，曲がりや病気，根部表面の異常がある規格外品を抜き取り，規格別に箱詰めする
	◎予冷	・選果後は品温5℃を目標に1℃で予冷を行なう

表23　施肥例　（単位：kg/10a）

	肥料名	施肥量	成分量		
			窒素	リン酸	カリ
元肥	苦土炭カル	100			
	N202（ホウ素を含む）	40	4.8	8.0	4.8
	硫酸加里	6			3.0
施肥成分量			4.8	8.0	7.8

注1）「北海道施肥ガイド2020」では，ダイコン（kg/10a）
　　窒素5：リン酸8：カリ8，となっている
注2）N202はテンサイ用肥料だが，FTEが含まれている

き）では、シルバーマルチや白黒ダブルマルチなど、地温抑制タイプを使用するか無マルチとする。黒色のマルチは、これらの中間的な地温となるタイプである。

近年は、収穫後に土中にすき込める、生分解マルチの使用も増えてきている。なお、銀ネズマルチやシルバーマルチは光を反射するため、アブラムシ類の忌避効果があり、アブラムシ類が媒介するウイルス病

の低減につながる。

播種穴の大きさは、低温期は小さめにすると保温効果が高まる。逆に、高温期は大きくあけることで、高温障害の防止につながる。

(4) 播種のやり方

①栽植様式と播種方法

栽植様式は、マルチ栽培では95cm（平ウネ）～135cm（高ウネ）幅のマルチを使用し、ウネ幅125～150cm、2条千鳥播き、条間45cmを目安とする（図19）。株間は25cm前後が一般的であるが、近年は20cm程度に密植されている事例もある。無マルチ栽培では、ウネ幅60cm、株間20～24cm程度を目安に1条播きする。

播種粒数は1カ所に2～3粒とし、途中で間引く方法が従来行なわれてきたが、省力化のために1カ所1粒とする場合もある。播種深度は1～2cmを目安とし、少雨のときはやや深めに播種する。

播種作業の省力化のため、シーダーテープの活用や、殺虫剤（粒剤）施用―ウネ立て―マルチ張り―播種を1工程で行なえる機械を備えている産地もある。

図19　夏どりダイコンの栽植様式例（マルチ栽培）

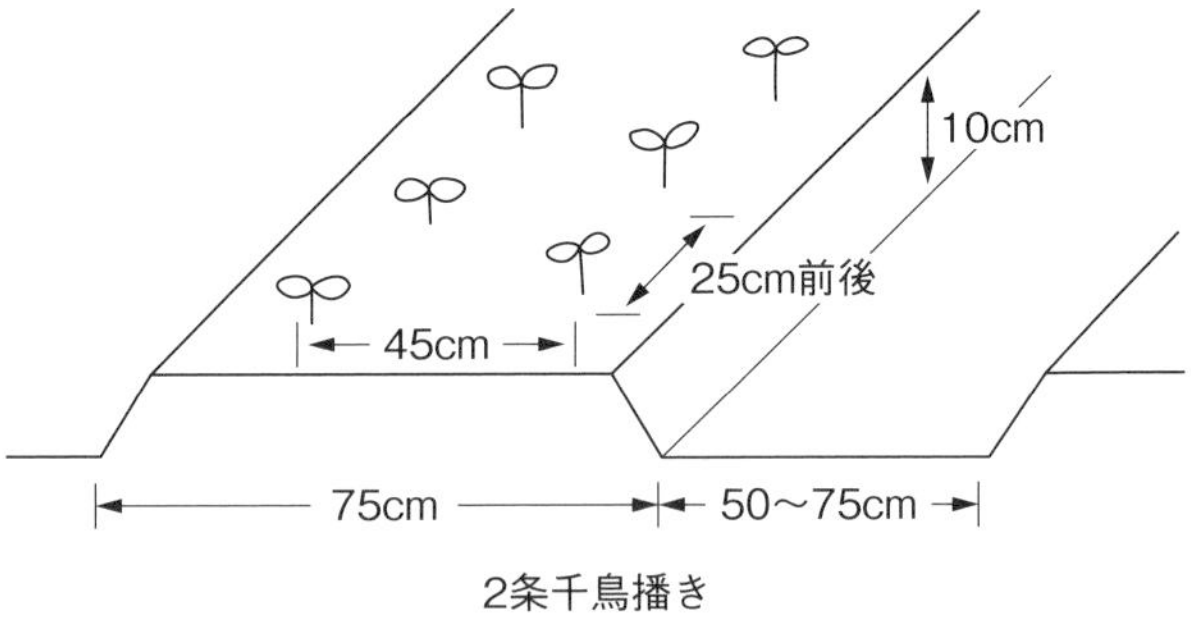

図20　間引き前の様子（この後，本葉3葉期ころ1本に間引く）

図21　生育中期のダイコン夏どり栽培圃場

②抽台発生対策

ダイコンの播種後から子葉展開期までは、低温で花芽分化が促進されやすい時期で、播種後に地温が上昇しにくい条件（曇雨天がしばらく続く天気予報のときなど）では、抽台の発生リスクが高まる。

そこで、春先など低温期の播種では、晩抽性の強い品種の選定、天気予報を参考にした慎重な播種日の検討、播種の数日前にマルチ張りを行なって地温を高めておく、播種後から間引きごろまで不織布によるベタがけなどの対策を行なう。

(5) 播種後の管理

間引きは本葉3葉期ころに行なう（図20）。生育が著しく旺盛または不良な株、病害虫の被害を受けた株、品種固有の葉色・葉形ではないものなどを間引き、生育を揃える。

無マルチ栽培では、間引き後に除草も兼ねて、中耕・土寄せを行なう（図21）。

(6) 収穫

①試し抜き

播種後50日ころには試し抜きにより、根の肥大状況や抽台の有無などを調査し、収穫日を決定する。この時期からは、条件がよければ根重は1日60～65g程度増加する。

②収穫開始の目安

播種日からほぼ60日（夏は55日）前後で収穫を迎える。根重が1kgを超え、根径が7～8cm程度を目安に収穫を開始する。

③収穫方法

高温期の収穫は、品質を保持するため、品温の低い時間帯に収穫する。

収穫には、再度試し抜きを行ない、外観上の障害有無を確認するとともに、ダイコンを縦に切断して、赤芯症、空洞症、萎黄病、バーティシリウム黒点病、ス入りなど、肥大根の内部に発生する病気や生理障害の発生状況も確認し、障害根の混入を避ける。葉部は約10cm葉柄を残して切断する。

なお、除去したマルチ資材は適正に処理する。

④選果

収穫後は品温が上昇しないように、すみやかに選果施設へ搬出する。選果施設ではブラシ洗浄前に水槽で保存されることが多いが、水槽の水がバクテリアに汚染されていると、出荷後の腐敗につながることがあるので、高温期は水の取り替えを定期的に行なう。

洗浄ブラシの強度は適正に調整し、表皮損傷に注意する（図22）。ブラシ洗浄後は、根重や外観品質などをもとに規格分けを行ない、出荷用段ボールに箱詰めする。

また、葉柄や尻部（根の先端）の切り口から、ス入りやバーティシリウム黒点病などの内部障害を判断できる場合もあるので、出荷

図22　ダイコン洗浄機の例（ブラシ強度は適正に調整し，表皮損傷に注意する）

物に混入しないように確認を行なう。なお、これらの障害根を除去するために、非破壊検査装置が導入されている産地もある。

⑤予冷

選果後は、鮮度保持のため予冷を行なう。夏どり作型では、とくに重要な工程となり、品温を5℃まで下げると、7日程度の品質保持が期待できる。

選果後の品温にもよるが、強制通風式では8～18時間、差圧式では5時間程度の処理時間が必要である（設定温度1℃）。

4 病害虫防除

(1) 基本になる防除方法

①病害

夏どり栽培で、収量に大きく影響する地上部の病害は軟腐病である。また、萎黄病、バーティシリウム黒点病などの土壌病害は、一度発生してしまうと大きな被害を受ける。輪作を励行し、連作を避けることが一番の対策である。

軟腐病は適正な窒素施肥を行なうとともに、耐病性を備えた品種を栽培するなど、耕種的防除も重要になる。そのうえで、農薬を用いた化学的防除を実施する。薬剤は、銅剤の効果が高く、重要な防除時期は播種後25～30日目ころであり、さらにその1週間後に2回目の防除を行なうと効果がより安定する。

なお、銅剤を使用することで、ダイコンの首部が黒変する「首黒症状」が発生する場合がある。銅剤の薬害の一種と考えられており、炭酸カルシウム剤の添加や、多湿時や高温時に防除を実施しないなどの対策を行なうことで軽減される。

土壌病害は、少発生であれば品種選定で回避できる場合があるが、多発する畑では土壌消毒によって菌密度を下げる必要があり、多大な費用と労力がかかる。このため、栽培する畑を慎重に選定するとともに、十分な輪作体系を確保し、菌密度を高めないことが重要になる。

②虫害

地下部の虫害を抑制することが最も重要になる。地上部では、コナガ、アオムシなど食葉性のチョウ目害虫や、ウイルス病を媒介するアブラムシ類の発生に注意する。

地下部を加害する代表的な害虫として、キスジノミハムシ、タネバエ、キタネグサレセンチュウなどがあげられる。

キスジノミハムシは発芽直後から成虫が飛来し、葉に直径1㎜ほどの小さな穴をあけるとともに、地際部に卵を産卵する。ふ化した幼虫は地中に潜り、根部を食害する。

タネバエは、成虫が有機物の腐敗臭などに誘引され、卵を土塊の隙間や地表面などに産卵し、ふ化した幼虫は地中に潜り、根部を食害する。

これらの害虫の防除は、フォース粒剤やダイアジノン粒剤5（農薬の登録は2022年4月現在）を播種時に土壌混和するとともに、キスジノミハムシでは成虫に効果がある薬剤を茎葉散布することで被害を軽減できる。タネバエでは有機質肥料、未熟堆肥、緑肥、作物残渣などを播種直前にすき込まないようにする。

ネグサレセンチュウやネコブセンチュウには、ネマトリンエース粒剤やビーラム粒剤（農薬の登録は2022年4月現在）などの、殺線虫剤を播種前に土壌混和する。線虫密度の検診結果や、他の根菜類を作付けしたときの被害状況などを参考に、防除の要否を判断する。

表24　病害虫防除の方法

	病害虫名	症状と発病条件	防除法
病気	モザイク病	・アブラムシ類に媒介されるウイルスが原因 ・葉に緑色濃淡のモザイク症状や萎縮症状が現われる	・シルバーや銀ネズなど，光反射するマルチでアブラムシ類の飛来を抑制する ・殺虫剤の茎葉散布（モスピラン顆粒水溶剤，ベネビアODなど）
	軟腐病	・土壌に生息するペクトバクテリウム菌（細菌）が，根頭部や傷ついた部分などから侵入し，独特の臭いを発し腐敗 ・病原細菌の生育適温は30℃前後と高い	・播種25～30日後に銅水和剤（Zボルドーなど）で防除を行なう ・その1週間後に2回目の防除を行なう ・品種により強弱あり ・適正な窒素施肥。とくに，7月播種は減肥
	黒斑細菌病	・シュードモナス菌（細菌）が原因 ・葉に多角形の斑点。やがて葉は黄褐色に変色，脱落 ・根の中心部が黒変。水浸状に腐敗または空洞化	・軟腐病の防除により，同時に防除する
	バーティシリウム黒点病	・土壌病害。バーティシリウム菌が原因 ・根を輪切りにすると維管束がリング状に黒変 ・地上部に目立った症状はほとんどなし	・イネ科を組み込んだ輪作を行なう。ジャガイモやヒマワリは菌を増加させやすい ・費用や労力はかかるが，バスアミド微粒剤などによる土壌消毒も有効 ・品種により強弱あり
	萎黄病	・土壌病害。フザリウム菌が原因。地温25℃以上で多発 ・下葉の黄変，下部全体の枯死，導管の褐変など	・輪作や土壌消毒 ・抵抗性品種の利用
	白さび病（わっか症）	・はじめ，葉裏に白くややふくらんだ斑点が発生。その後，青首部や根部に輪状の黒っぽい斑点を生じる ・秋に低温で降雨が多いときに発生しやすい	・ランマンフロアブル，メジャーフロアブルなどによる防除を行なう
害虫	キタネグサレセンチュウ	・根部表面に白色水疱状の斑点。やがて斑点の中心が黒変	・対抗植物（エンバク野生種，マリーゴールドなど）の利用 ・殺線虫剤の使用や土壌消毒の実施
	キスジノミハムシ	・成虫は発芽直後の葉を食害（径1mmほど），地際に産卵 ・卵からふ化した幼虫は地中に潜り，根を食害 ・根部は，加害時期によりデコボコや穴状の食害痕	・アブラナ科の連作を避ける ・播種時にダイアジノン粒剤5，フォース粒剤などを土壌に施用 ・発芽後から，成虫を対象にパダンSG水溶剤，ベネビアODなどの茎葉散布
	タネバエ	・有機物の腐敗臭で成虫が飛来し，地表などに産卵 ・幼虫が根に食入または表面を溝状に食害	・未分解有機物の播種直前のすき込みを避ける ・播種時にダイアジノン粒剤5，フォース粒剤などを土壌に施用
	アブラムシ類	・葉などから吸汁し，萎れや黄変が発生 ・モザイク病のウイルスを媒介	・シルバーや銀ネズなど，光反射するマルチでアブラムシ類の飛来を抑制する ・殺虫剤の茎葉散布（モスピラン顆粒水溶剤，ベネビアODなど）
	コナガ	・成虫は葉に点々と産卵 ・幼虫は表皮を残して葉肉を食害	・薬剤抵抗性が発達しやすいので，作用性の異なる殺虫剤をローテーション散布する
	ヨトウガ	・成虫は葉に塊で多数の卵を産卵 ・幼虫は，はじめ群集してかすり状に葉を加害。中齢幼虫になると分散し，やや大きい食害痕	・発生状況を見ながらコナガと同時防除を行なう ・幼虫が大きくなり，分散した後は薬剤防除の効果が落ちるので，ふ化直後のタイミングで防除を行なう

注）農薬は令和4（2022）年4月現在の登録にもとづく

(2) 農薬を使わない工夫

排水の良好な圃場を選定し、輪作体系を組み、窒素肥料が過剰にならないよう適正な施肥に努める。また、地上部の虫害対策では、防虫ネットをトンネル状に被覆する方法もある。

線虫類対策では、エンバク野生種やマリーゴールド（アフリカントール種）などの緑肥作物を前作に栽培することで、密度を下げることができる。

5 経営的特徴

ダイコン夏どり栽培の導入にあたって、投資が必要な機械装備は、マルチャーと収穫機械（ハーベスタ）が考えられる。その他、出荷・販売の工程で、ダイコン洗浄機、水源の確保、予冷施設の整備などが必要になる点に注意する。

収穫までの生産工程での労働時間は、10ａ当たり約19時間で、うち収穫にかかる時間が9・8時間（機械収穫の場合）と約半分を占め、それに次いで間引き、手取り除草が４時間となっている。

また、夏どり栽培では東京や大阪の市場単価が、1年の中で比較的高めに推移する時期であるが、近年は販売経費の増加が産地で問題となっており、選果場での労働力確保（人件費の高騰含む）や輸送コストの圧縮を図る必要がある。

このため、選果ラインの一部自動化、農福連携による人材確保、広域産地化による選果場の再編、加工業務向け出荷への取り組み（段ボールからスチールコンテナによる輸送への変更）などが模索されている。

（執筆：高田和明）

表25　夏どり栽培の経営指標

項目	
収量（kg/10a）	4,500
単価（円 /kg）	100
粗収入（円 /10a）	450,000
経営費（円 /10a）	203,000
肥料費	6,000
種苗費	19,000
農薬費	14,000
諸材料費	33,000
動力燃料費	5,000
賃料料金	126,000
農業所得（円 /10a）	247,000
労働時間（時間 /10a）	19

注1）6月下旬播種を想定
注2）収穫後は，共選による出荷を想定
注3）賃料料金：箱，共選，予冷にかかる料金など（輸送経費は含まず）
注4）労働時間は，機械収穫を想定

ハツカダイコンの栽培

1 この作型の特徴と導入

(1) 栽培の特徴と導入の注意点

ハツカダイコンは、根径2～3cmで収穫する小型のダイコンで、英語のダイコンを意味するラディッシュともいわれる。収穫までの日数はきわめて短く、秋まき栽培であればわずか20～25日で収穫できる。ハツカダイコンはサラダなどで彩りを添えるほか、甘酢漬けや一夜漬けにしてもよい。

土壌適応性は高く、栽培適地は広い。家庭菜園やプランター、セルトレイ（図23）でも容易に栽培できる。消費地に近い都市近郊に産地が形成され、ハウスを利用して周年的に栽培が行なわれている。２０２０（令和２）年の作付け面積は30ha、出荷量８１８ｔで、主な産地は愛知県と福岡県である。

(2) 他の野菜・作物との組合せ方

生育期間が短いので、他の野菜・作物の作付けの間に入れることが容易である。したがって、いろいろな野菜と組み合わせることができる。

図23　セルトレイでも栽培できる

図24　ハツカダイコンの播種期と収穫期

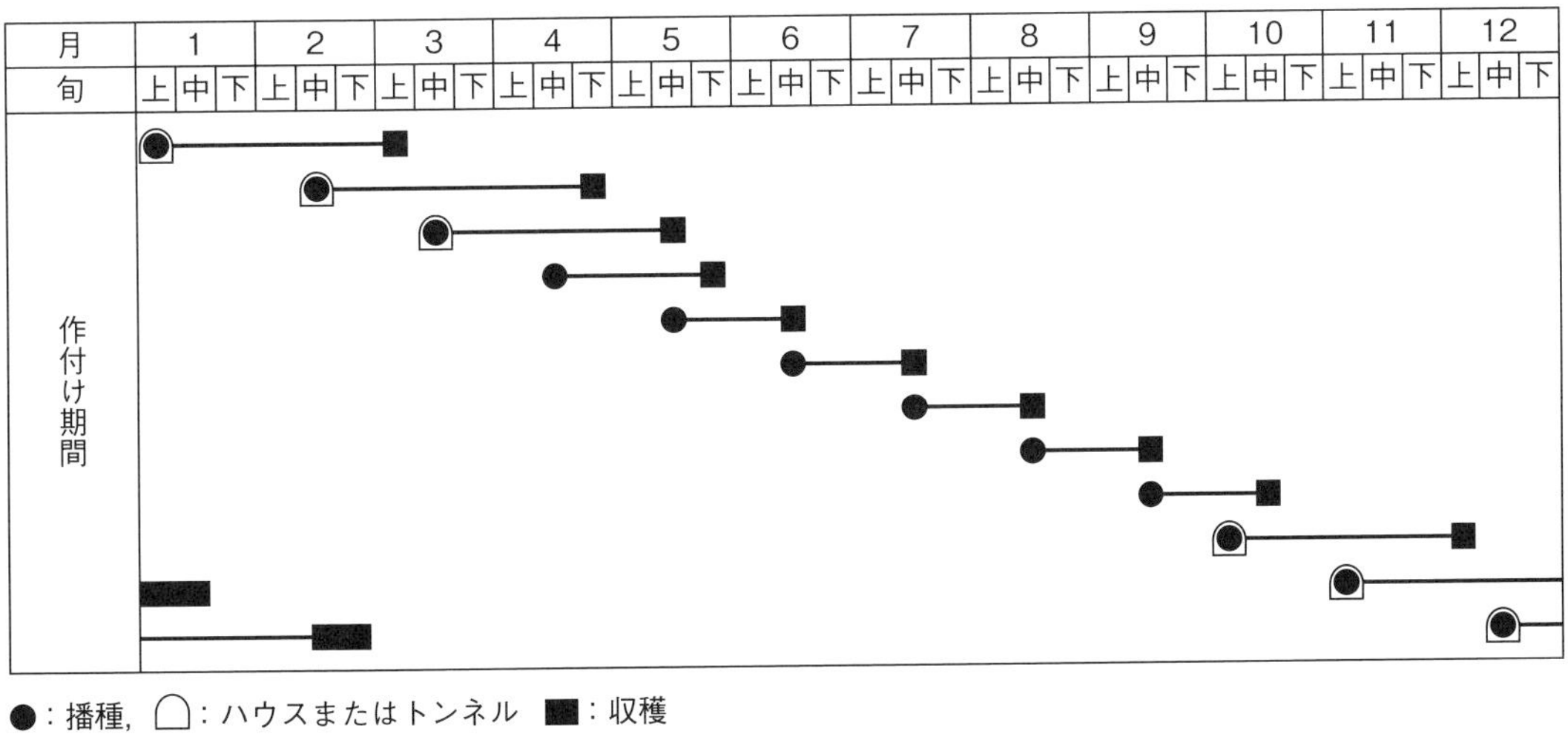

販売面から、直売所出荷を主とする場合、多品目生産の一つとして他の野菜との間に組み込むことができる。一方、市場出荷を行なう場合、市場評価を得るためには継続的な出荷が求められるので、ハウスを利用した周年生産が一般的である。

2 栽培のおさえどころ

(1) どこで失敗しやすいか

①大切な土つくり

ハツカダイコンの商品価値を高めるためには、根部は肌がきれいで形状よく、葉をコンパクトにすることが大切である。

根域が狭いので、土壌水分の変動が大きいと、根部が変形したり裂根が発生しやすい。そのため、耕土が深くなくてもよいが、堆肥を施用して膨軟で排水・保水性のよい土壌にする。

とはいえ、未熟な堆肥を施用すると、根が変形したり変色することがあるので、堆肥は完熟したものを使用する。また、産地では土壌の生物性を豊かにするために、微生物資材も利用されている。

②とり遅れない

ハツカダイコンは短期間に収穫期に達し、とり遅れるとたちまちス入りになったり、裂根が発生する（図25、26）。とくに、気温の高い時期の収穫適期は短く、とり遅れないためには、労力に合わせたきめの細かい作付け計画を立てることが重要になる。

③被覆資材を活用する

ハツカダイコンは周年栽培が可能であるが、冬はハウス栽培とし、夏は遮光資材を利用して気地温を下げ、生育適温に近づけるようにする。

(2) おいしく安全につくるためのポイント

ス入りが遅く、裂根が出にくい優れた品質の品種を選ぶ、土壌の排水・保水性を良好にする土つくりと適正な肥培管理、防虫ネットの効果的な使用など

表26　ハツカダイコンの主な品種と特性

根部の形状タイプ		品種名	発売元	特性
根形	根色			
球形	赤	ニューコメット	タキイ種苗	生育早くて裂根の発生が少なく，高温期に葉が伸びすぎず，葉と根のバランスがよい。萎黄病に耐病性
		レッドチャイム	サカタのタネ	裂根が少ない。高温期には葉が伸びやすく，根は紡錘形になりやすい
		赤丸二十日大根	トーホク	ス入りが遅く，裂根が少ない
		レッドポピンズ	中原採種	高温でも根が長くなりにくい耐暑性品種
	紫	ルビーコメット	タキイ種苗	根部は表皮が濃紫色で中は白い。葉がコンパクトで，裂根の発生が少ない
	黄	イエロースター	藤田種子	根部は表皮が黄色で中は白い
	白	ホワイトチェリッシュ	サカタのタネ	ス入りが遅い
紡錘形	紅白	紅白	サカタのタネ	根は尻部が白で，その他が赤い。根径1.5～2cmで収穫する。サラダのほか，酢漬け，一夜漬けにも適する。ス入りが早いのでとり遅れない
		キスミー二十日大根	トーホク	
円錐形	白	雪小町	サカタのタネ	総太りダイコンをミニ化した形で，根径1.5～2cm，長さ10～12cmで収穫する。サラダのほか，酢漬け，一夜漬けにも適する。ス入りが早いのでとり遅れない
		ホワイトキャンドル	中原採種	

が、おいしくて安全につくるためのポイントである。

(3) 品種の選び方

根部の形状や色の異なる、いろいろな品種がある（表26、図27）。球形で、赤色のものが主に栽培されるが、根形は紡錘形や総太り型をミニ化した円錐形のもの、根色は白や紫のものもある。

球形の品種では、赤色の‘ニューコメット’や‘レッドチャイム’などが使用される。根部が縦長になりやすい高温期には、形状の安定に優れているサクサ系品種が使用される。白丸型では‘ホワイトチェリッシュ’などがある。球形の品種は、根色が赤や白に加えて紫や黒色などのものもあり、これらを3～5種混合したものもある。

紡錘形の品種では、同部が赤、尻部が白い‘紅白’など、普通のダイコンをごく小さくした‘ホワイトキャンドル’などもある。

ハツカダイコンは導入育種も見られ、異名同種のものもある。

スが入りやすく、裂根になりやすいので、これらの発生しにくい品種を選ぶとよい。

図25　ハツカダイコンはスが入りやすい

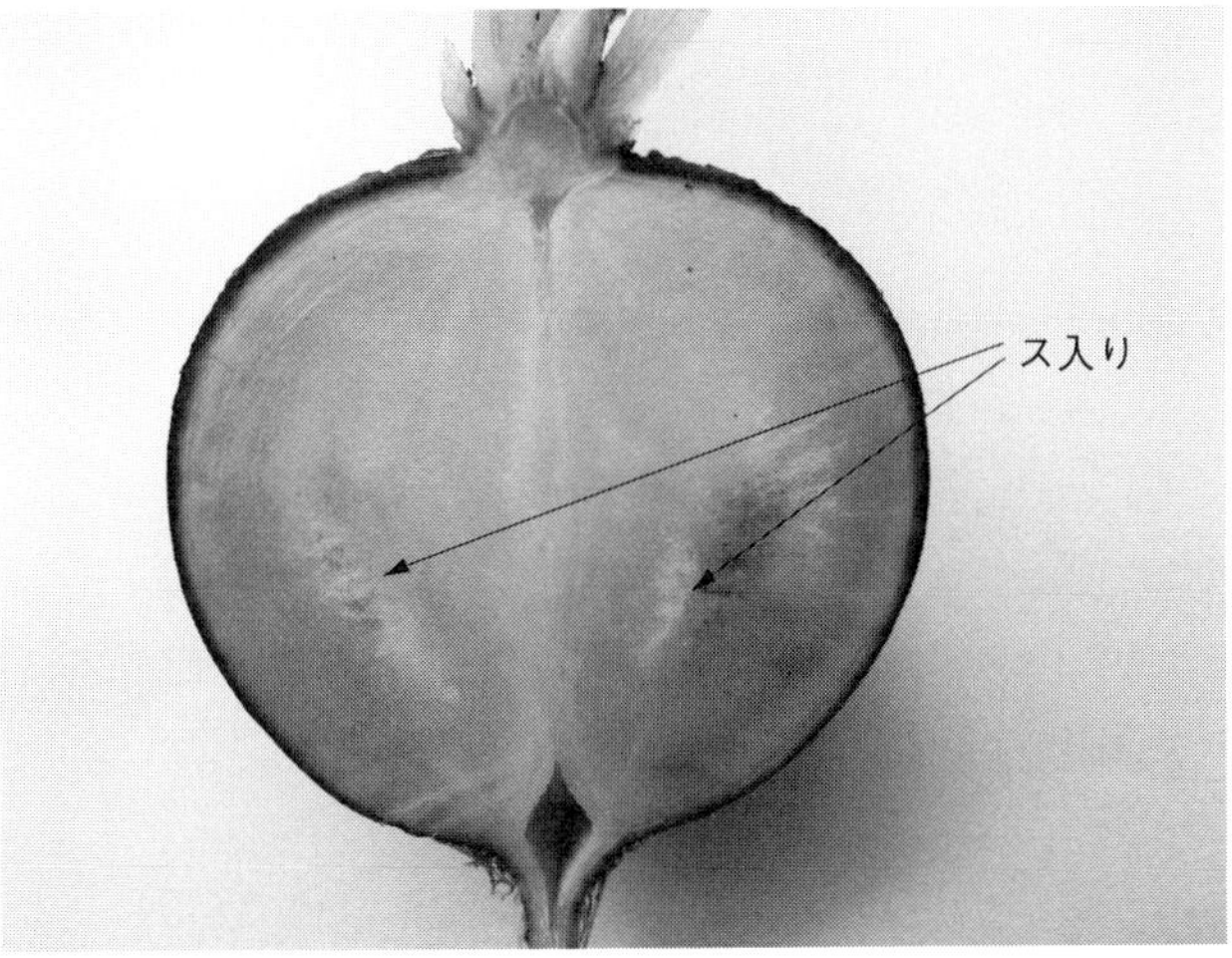

図26　ハツカダイコンは裂根が発生しやすい

図27　根部形状がさまざまなハツカダイコン
左から紡錘形，球形紫，赤，白，円錐形

3 栽培の手順

(1) 畑の準備

土壌線虫防除にはD－D剤で、一年生雑草を防除するためにガスタード微粒剤などで土壌消毒を行なう。苦土石灰などを施用して、土壌pHを5・5～6・5に調整しておく。

元肥は、窒素、リン酸、カリを成分量で10a当たり各8kgを基準にし、前作の残存養分量や栽培期間の気温を考慮して加減する。気温が高い時期には少なく、逆に低い時期は多くする。秋まき栽培の施肥例が表28である。ホウ素欠乏を防止するため、1年に1回、ホウ素や他の微量要素を含むFTEを3kg程度施用する。

また、キスジノミハムシ、タネバエ、コナガ、アブラムシ類、ネキリムシ類の被害を防止するために、殺虫効果のある粒剤を土壌混和しておく。

(2) 播種

手押し播種機やシードテープを利用して、1粒点播する。

表27　ハツカダイコンの栽培のポイント

	技術目標とポイント	技術内容
播種準備	◎土壌改良	・堆肥は前作に施す。緑肥をすき込んだら，1～2カ月腐熟期間をとる。土壌pHは5.5～6.5にしておく
	◎土壌病害虫などの防除	・線虫はD-D剤，一年生雑草防除にはガスタード微粒剤などで土壌消毒をする
	◎適量施肥	・作期と品種に応じた施肥量とする
	◎虫害防止	・フォース粒剤などを土壌混和する
播種	◎播種準備	・手押し播種機やシードテープを利用して1粒点播する
	◎灌水	・圃場が乾いていれば灌水する
	◎栽植様式	・栽植様式は，条間10～12cmで，株間は3～10cmと幅が広い ・茎葉が徒長しやすい高温期は広めにするとともに，出荷先の球径に対するニーズに合わせて株間を調整する
	◎播種	・播種深度は1.5cmを基準に，土壌が乾いていれば深めにし，よく鎮圧する
播種後の管理	◎ハウス・トンネル栽培の温度管理	・温度管理では，本葉が展開した後は温度が30℃以上にならないように換気をする
	◎病害虫防除	・病気は黒斑細菌病，軟腐病，べと病，白さび病，白斑病など，害虫はハイマダラノメイガ，キスジノミハムシ，コナガ，アオムシ，ヨトウムシ類などを防除する ・使用できる農薬が少ないので，予防・初期防除に努め，防虫ネットなども活用する
収穫	◎適期収穫	・本葉5～8枚，根径2～3cmで，スの入る前に収穫する ・出荷先のニーズに応じて，直径8mm程度や大きめのものを収穫・出荷することもある ・ス入りが早いので適期に収穫する

表28　施肥例　（単位：kg/10a）

	肥料名	施肥量	成分量		
			窒素	リン酸	カリ
元肥	牛糞堆肥（前作）	1,000			
	苦土石灰	50			
	FTE	3			
	ジシアン化成（15-15-15）	60	9	9	9
施肥成分量			9	9	9

注）FTEは1年に1回施用する

図28　ハツカダイコン秋まき栽培暦例

月	8			9			10		
旬	上	中	下	上	中	下	上	中	下
作付け期間				●	―	■			
主な作業			元肥施用	播種	防除	収穫			

●：播種，■：収穫

栽植様式は、条間10～12cmで、株間は3～10cmと幅が広い（図29）。茎葉が徒長しやすい高温期は広めにするとともに、出荷先の球径に対するニーズに合わせて株間を調整する。

播種深度は1・5cmを基準に、土壌が乾燥していればさらに深くして、よく鎮圧する。

図29　ハツカダイコンの栽植様式例

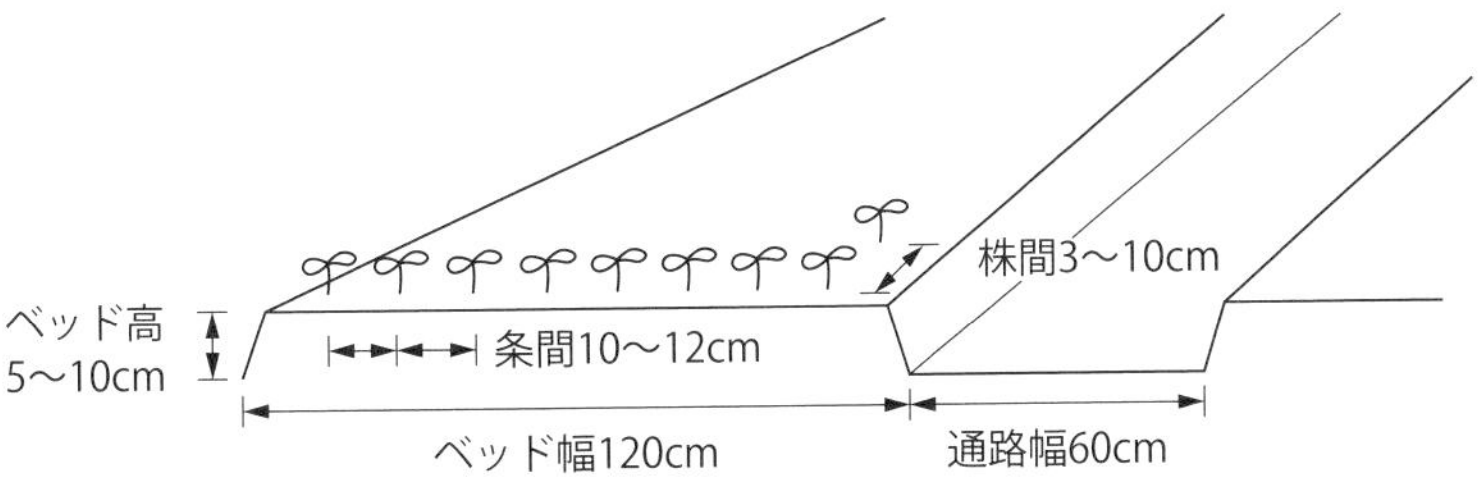

(3) ハウス・トンネル栽培

長期間収穫・出荷するためには、図24のようにハウスまたはトンネル栽培を組み合わせる。温度管理は、本葉が展開した後は、30℃以上にならないように換気をする。

(4) 収穫

本葉5～8枚、根径2～3cmで、スの入る前に収穫する。晩春から初秋まきでは20～25日ほど、晩春まきで35～45日ほどで収穫期に達する。収穫適期は冬で7～10日、春と秋では3日ほどなので、とり遅れないこと。

出荷先のニーズに応じて、根径8mm程度のものや、2～3cmより大きめのものを収穫・出荷することもある。

収穫は手で抜き取り、枯れた下葉を取り除いて調製する。玉は大きさ別に分け、5玉を1束としてゴムなどで束ね、軽く水洗いして、水切り後に発泡スチロールに詰めて出荷する。

10a当たり収量は750～1000kgである。

図30　株間5cmで栽培しているハツカダイコン

4 病害虫防除

(1) 基本になる防除方法

ダイコンとは異なり、ハツカダイコンで使用できる農薬は数が少ないので注意する。病害虫ごとに使用できる農薬をあげると表29のようになる。

表29　ハツカダイコンの病害虫防除に使用できる農薬例

	病害虫名	適用農薬例
病気	べと病	ランマンフロアブル，Zボルドー
	白さび病	ランマンフロアブル
	軟腐病	Zボルドー
	黒斑細菌病	Zボルドー
害虫	線虫，コガネムシ類幼虫	D-D，DC油剤
	土壌病害虫	ガスタード微粒剤，バスアミド微粒剤
	タネバエ	カルホス粉剤，ダイアジノン粒剤5
	キスジノミハムシ	フォース粒剤，ダイアジノン粒剤5，スピノエース顆粒水和剤
	ネキリムシ類	ネキリエースK，ダイアジノン粒剤5，カルホス粉剤
	ハイマダラノメイガ	カスケード乳剤，フェニックス顆粒水和剤
	アブラムシ類	モスピラン顆粒水溶剤，アグロスリン水和剤
	コナガ	カスケード乳剤，アグロスリン水和剤，スピノエース顆粒水和剤，パダンSG水溶剤，フェニックス顆粒水和剤
	アオムシ	カスケード乳剤，スピノエース顆粒水和剤，プレバソンフロアブル5
	ヨトウムシ類	プレバソンフロアブル5
	ハモグリバエ類	プレバソンフロアブル5
	カブラハバチ類	プレバソンフロアブル5

(2) 農薬を使わない工夫

土壌線虫を防除するために、線虫対抗植物のマリーゴールドやエンバクの作付けが行なわれる。ハウス栽培では、夏に太陽熱消毒をすることで土壌病害虫を防除できる。

コナガやアオムシ、キスジノミハムシなどは、防虫ネットや不織布をベタがけやトンネル被覆することで効果的に被害を防止できる。

5 経営的特徴

小面積で短期間に収穫できることから、直売所向けに多品目生産する一つのアイテムとして導入しやすい。カラフルで根部形状が異なる品種を組み合わせたり、一夜漬けに向く品種などは、食べ方などを記したチラシを入れて販売するとよい。

表30　秋まき栽培の経営指標

項目	秋まき栽培
収量（kg/10a）	900
価格（円/kg）	820
粗収益（円/10a）	738,000
経営費（円/10a）	346,000
所得（円/10a）	392,000
労働時間（時間/10a）	350

市場出荷向けに周年生産する経営では、労力に合わせて作付け計画を適切に立てることが経営のポイントになる。

10a当たりの粗収入は、70万円程度を見込める。生産費は管理機などの農機具の減価償却と肥料代、労働費程度で、労働費を除くと15万円ほどで、これに出荷経費が加わる（表30）。

収穫前までの栽培労力は多くなく、収穫・出荷に全体の9割近くを要する。

（執筆：川城英夫）

カブ

表1　カブの作型・特徴と栽培のポイント

主な作型と適地

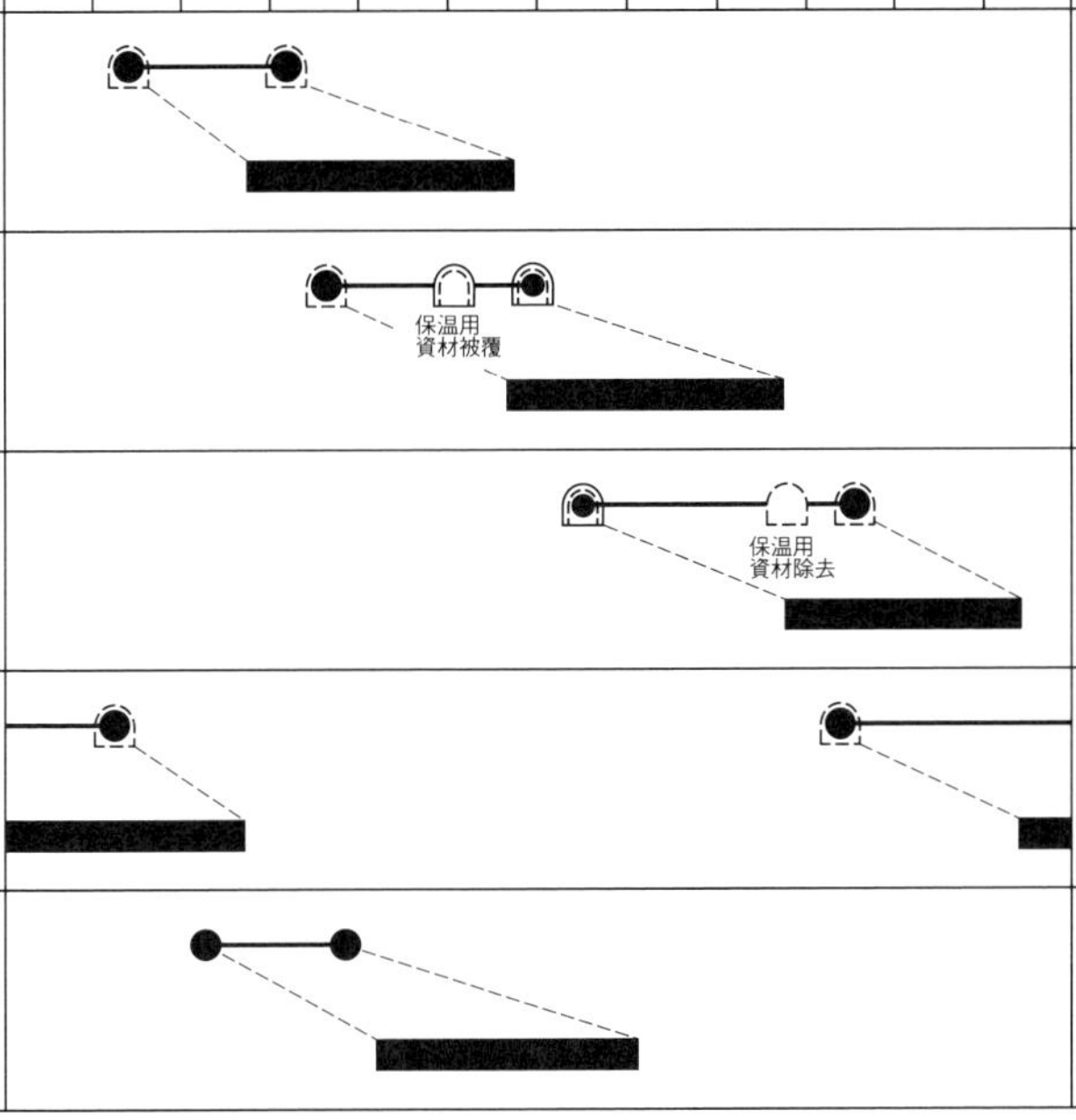

	作型（生育期間）	7月	8	9	10	11	12	1	2	3	4	5	6	対象品種	備考
小カブ	秋どり（40～70日）													雪牡丹，CR雪峰，CR白涼，二刀，碧寿など	全国各地
小カブ	冬どり（70～120日）													CR雪峰，CR白涼，雪牡丹など	南関東，四国平野部，西南暖地など
小カブ	春どり（45～70日）													碧寿，なつばな，二刀，CR白根	東北南部，関東など
小カブ	夏どり（35～45日）													ゆりかもめ，CR白涼など	北海道，東北，関東など
在来種	秋冬どり（50～80日）													聖護院，日野菜，津田蕪，温海，大野など	全国各地

●：播種，⌒：POフィルム＋割繊維不織布トンネル，⌒（破線）：割繊維不織布トンネル，■：収穫

特徴	名称	カブ（アブラナ科アブラナ属）
	原産地・来歴	原産地はアフガニスタン，ヨーロッパ南部・西部。日本へは，華中，シベリアから渡来した
	栄養・機能性，成分	葉にはβ-カロテン，ビタミンB_1，B_2，ビタミンCが多く，鉄分，食物繊維も豊富。根には，ビタミンCやカリウム，食物繊維を含み，デンプン分解酵素アミラーゼも含まれている
	機能性，薬効など	根に含まれるアミラーゼは，生で食べるとデンプンの消化・吸収を助ける。葉に含まれるβ-カロテンは活性酸素を減らす効果がある
生理・生態的特徴	発芽条件	発芽適温は15～20℃。種子休眠は刈り取り後1～2カ月。出芽までの期間は春～秋で2～3日，冬で4～5日。過湿条件では，出芽揃いが極端に悪くなることがある
	温度への反応	冷涼な気候を好み，15～20℃でよく生育し，28℃以上の高温や13℃以下の低温では根部の肥大が劣る
	日照への反応	密植栽培や日陰になりやすい場所では，根部の肥大が不良になる。冬まき栽培では，とくに注意が必要である

（つづく）

生理・生態的特徴	土壌適応性	土壌に対する適応性は広い。火山灰土や沖積層の有機質に富んだ砂質，砂壌土で良質なカブが生産可能。最適 pH は pH5.5～7.0
	開花習性	12℃以下の低温に約30日間遭遇すると花芽分化する。種子感応型作物であるが，生育が進むほど感応性は高くなる
栽培のポイント	主な病害虫	病害では，根こぶ病，白さび病，べと病，軟腐病など。虫害では，キスジノミハムシ，アブラムシ類，アオムシ，コナガ，マメハモグリバエなど
	肥料の対する反応	3要素の吸収量は，ダイコンに比べて少ない。小カブの10a当たりの窒素吸収量は，夏どり栽培で約8kg，他の作型では10～11kg。とくに春～夏どり栽培では，窒素施用量が多いと裂根しやすくなる。前作の残肥量を勘案した施肥が重要である
	不織布による防虫	割繊維不織布（ワリフ，防虫ネット，タフベルなど）をトンネルまたはベタがけ被覆し，害虫を防除する
	他の作物との組合せ	栽培期間が短いので，ニンジン，ネギ，ホウレンソウなどの葉根菜類との輪作が可能。アブラナ科野菜との輪作は避ける

この野菜の特徴と利用

(1) 野菜としての特徴

①原産・来歴

カブの原産地については、アフガニスタンを中心とする一元的原産地説と、ヨーロッパ南部・西部の海岸地帯を原産地とする2元説の二通りがある。どちらの場合も日本へは華中、シベリア方面から渡来したといわれている。

日本でのカブの栽培は、数ある野菜の中でも歴史が古く、『日本書紀』（720年）には、五穀の助けとして栽培を奨励した記録がある。

カブの在来種は日本全国に分布しており、和種系、洋種系、これらの交雑種に分類できる（表1、2）。和種系は西日本に、洋種系は東日本に多く分布しており、それぞれ根の色（白、紫、紅など）、根形（球、中長、長など）に特徴がある。

②栽培の現状

現在、最も多く栽培されている鮮白色で球形の小カブは、洋種系品種から分化、改良された晩抽性の'金町小カブ'を素材に育成されている。

一方、在来種の多くは現在でも栽培されており、和種系白カブで大カブの'聖護院カブ'（京都府）、和種系紫カブで長形の'津田カブ'（島根県）、和種系紅カブで球形の'大野紅カブ'（北海道）、洋種系紫赤カブで球形の'温海カブ'（山形県）は、いずれも地域伝統野菜として根強い人気がある。

カブの生産量（2019年）は、千葉県が全体の27％と最も多く、次いで埼玉県、青森県の順で、これらの上位3県で全体の48％を占める。消費方法はカブの種類によって異なり、小カブは浅漬けのほか煮物やサラダなどに、紅カブや紫紅カブは甘酢漬けやぬか漬けなどに利用されることが多い。

③栄養・機能性成分

カブに含まれる栄養素は、葉と根では大きく異なる。葉には体内でビタミンAに変換されるβ-カロテンのほかビタミンB_1、B_2、C

を多く含み、鉄分や食物繊維も豊富である。

根は葉に比べて含まれる栄養素は少ないが、ビタミンC、カリウム、食物繊維を含み、デンプン分解酵素アミラーゼも含まれている。カブを生で食べることで、アミラーゼが作用しデンプンの消化・吸収を助け、胃もたれや胸やけなどの症状を改善する効果を発揮する。

表2　カブの品種分類

和種系

区分	根形	代表品種
白カブ	球	近江 聖護院 天王寺 今市，寄居 博多堀 酸茎菜
紫カブ	球	大藪 伊予緋
	長	津田 日野菜
紅カブ	球	万木 蛭口 大野
	中長	彦根

洋種系，中間系

区分	根形	代表品種
白カブ	球	金町小カブ 山内（福井） 佐波賀（京都）
	長	長カブ 遠野（岩手）
紫赤カブ	球	鶴舞（京都） 諏訪紅（長野） 長崎赤（長崎） 温海（山形） 札幌紫
	長	鳴沢（山形） 南部長（青森）
紅カブ	球	板取赤（福井） 飛騨赤（岐阜） 河内（福井）
	長	南部赤（青森） 次年子（山形）

(2) 生理的な特徴と適地

① 生理的な特徴

カブは冷涼な気候を好み、発芽と生育の適温は15～20℃で、28℃以上の高温や13℃以下の低温では根部の肥大が遅れる。したがって、カブの生理・生態的特徴を最も生かした作型は、秋まき秋冬どり栽培である。

花芽は、ある一定以上の低温に遭遇することで分化する。カブは発芽直後から低温に感応する種子春化型作物であるが、ある程度生育が進んでから低温感受性が高まる。そのため、発芽直後から低温感受性が高いダイコンのように、抽台株が多発生することはまれである。

② 適した土壌

最適な土壌pHは5・5～7で、酸性が強くなると極端に生育が劣る。野菜の中では浅根性で、根群は深さ20cmの層に多く発達するため、深耕の必要性は大きくないが、栽培には保水性と排水性に優れている圃場が適している。

土壌への適応性は広く、とくに、火山灰土や沖積層の有機質に富んだ砂質、砂壌土で良質なカブが生産される。

③ 作期、生育期間

'金町小カブ'を素材に改良された小カブは、夏から秋にかけては主に青森県などの冷涼な地域で栽培され、晩秋から春にかけては南関東などの比較的温暖な地域で栽培されることが多い。各種苗会社が、耐病性に加えて、耐暑性や低温期でも根部の肥大性に優れた品種を育成したことで、南関東地域などの比較的温暖な地域では、周年栽培が可能である。

南関東地域での露地栽培による小カブの生育期間は、最も標準的な作型である秋どり栽培では40～70日で、夏どり栽培では35～45日と短く、保温用被覆資材を利用したトンネル冬どり栽培では70～120日と長い。

全国各地の在来種は、カブの生理的特徴を生かした、秋まき秋冬どり栽培がほとんどである。

(3) 小カブの生育と窒素吸収量

小カブ栽培では、根径6cm程度、全重

図1　小カブの作型別全重の推移

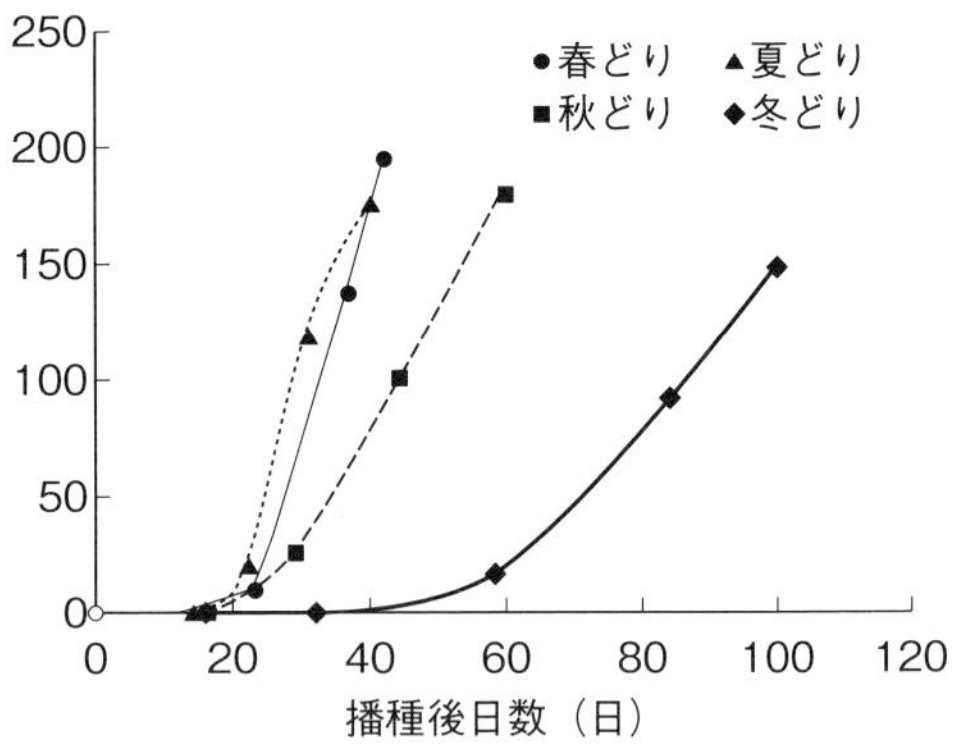

図2　小カブの作型別窒素吸収量の推移

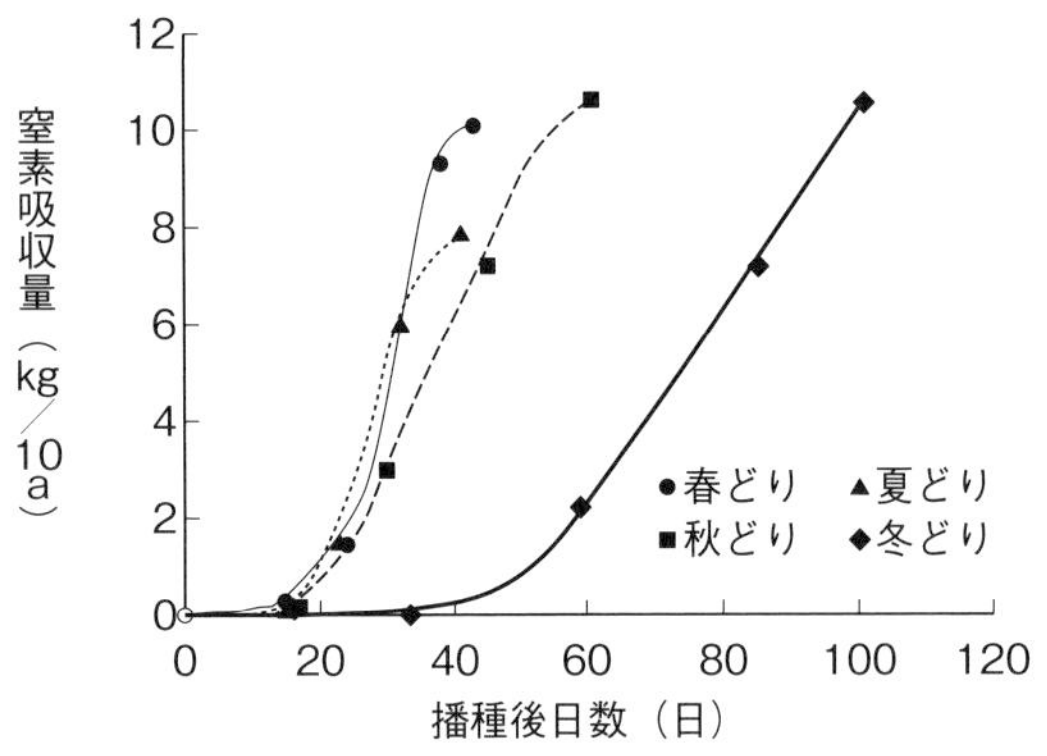

150～200gになった時点で収穫する。

いずれの作型とも生育前半の全重の増加速度は遅いが、生育が進むにつれて気温が上昇する春どり栽培と、生育期間を通して気温が高い夏どり栽培では、秋どり栽培や冬どり栽培に比べて生育後半の全重の増加速度が速い（図1）。

10a当たりの窒素吸収量は、栽植密度がやや低い夏どり栽培では8kgとやや少ないものの、他の作型では10～11kgで大きな差はない（図2）。このため、窒素をはじめとする肥料成分の吸収速度は春どり栽培や夏どり栽培で速くなるため、施肥量が多いと根部の裂根や地上部の過繁茂といった品質低下をまねくこととなる。これらの作型では、とくに前作作物や残存肥料成分を考慮した施肥設計が重要である。

（執筆：安藤利夫）

小カブの秋冬どり栽培

1 この作型の特徴と導入

(1) 作型の特徴と導入の注意点

小カブの秋冬どり栽培は、露地で8月上旬～10月上旬に播種し9月中旬～12月中旬に収穫する秋どり栽培と、10月中旬～1月中旬に播種し、保温用資材をトンネル被覆して冬の生育を促進させ、12月下旬～3月中旬に収穫する冬どり栽培に分けられる（図3）。

秋どり栽培は、小カブの基本作型で適温期の栽培となり、保温用資材を被覆しなくても収穫可能な作型である。生育にともなって気温が低下するので、裂根などの生理障害が比較的少なく、品質のよい小カブを収穫できるため、初心者におすすめの作型である。

冬どり栽培は、保温用資材をトンネル被覆して、生育を促進させる必要がある。栽培する地域や圃場の条件に対応した、使用する保温用資材の種類や被覆開始時期の選択が、小カブの収量や品質に大きく影響する。

図3　小カブの秋冬どり栽培　栽培暦例

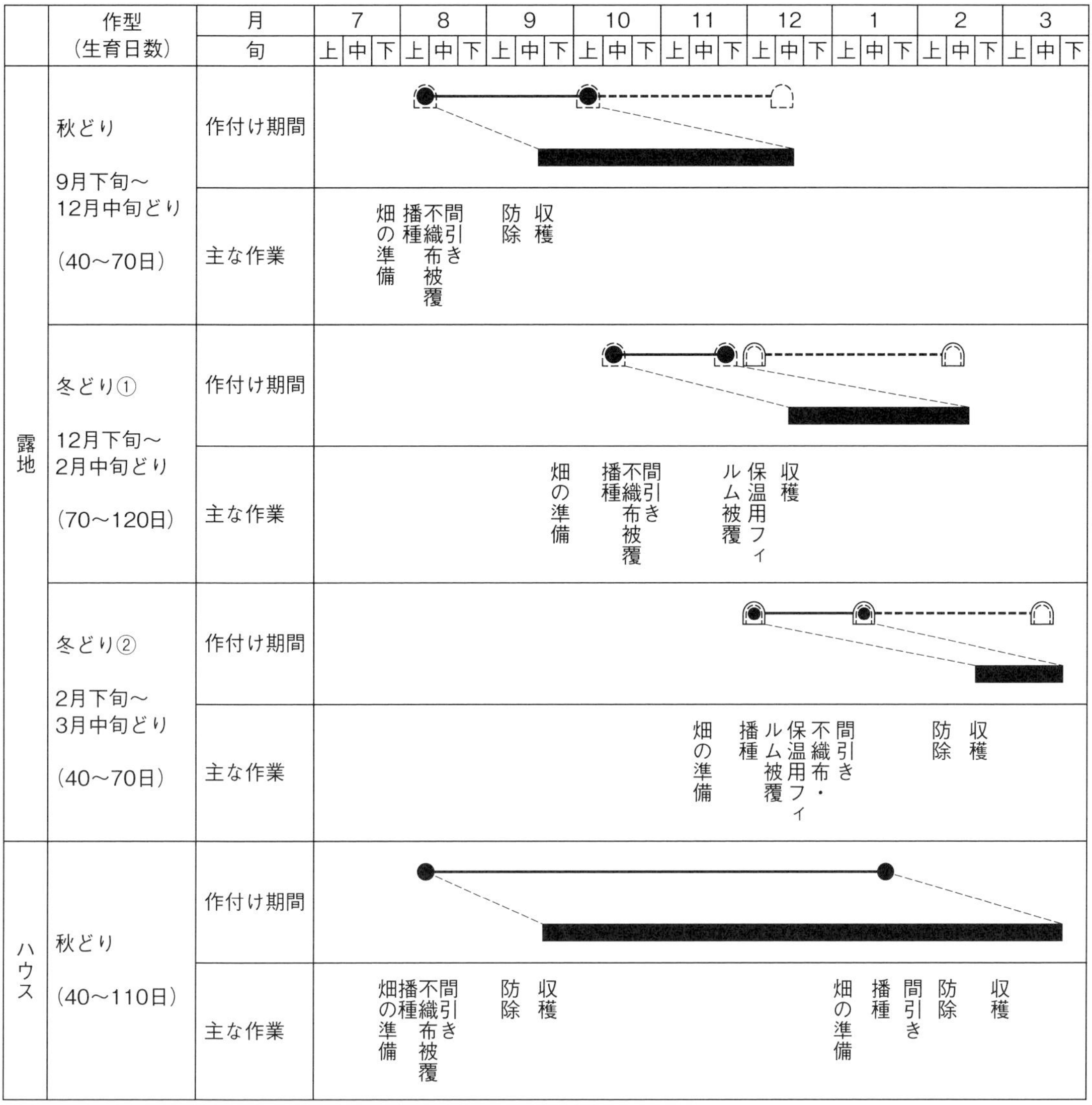

●：播種，⌒：POフィルム＋割繊維不織布トンネル，⌒：割繊維不織布トンネル，■：収穫

(2) 他の野菜・作物との組合せ方

アブラナ科野菜を連作すると、根こぶ病やキスジノミハムシなどの発生が多くなる。これらの病害虫の発生を回避するには、キャベツやダイコンなどのアブラナ科野菜との輪作を避け、スイートコーン（イネ科）、ホウレンソウ（アカザ科）、エダマメ（マメ科）、ニンジン（セリ科）などの野菜と輪作するとよい。

また、土つくりの一環として、3〜4月に線虫対抗性のあるエンバク（イネ科）を播種し、5〜6月にすき込んでおくとよい。

2 栽培のおさえどころ

(1) どこで失敗しやすいか

①砕土と整地はていねいに

小カブ栽培で最も重要になるのが、出芽の斉一性である。過度な土壌水分状態で耕うんすると砕土が不十分になり、出芽が不均一になる恐れがある。

適度な土壌水分状態であるかを見きわめたうえで、ていねいに砕土と整地を行なってから播種する。

②長雨と湿害による生育不良に注意

この作型では、生育初期から中期にかけては台風到来シーズンである。

小カブは湿害に弱いので、湿害による生育不良を避けるため、地下水位が高い沖積土壌では、ベッドの高さ10～15cmの高ウネとする。

(2) おいしくて安全につくるためのポイント

小カブ栽培では、播種後ただちに、ワリフやベタロンなどの割繊維不織布や防虫ネットを被覆し、コナガやアオムシなどチョウ目害虫やキスジノミハムシを物理的に防除することで、農薬の使用量を減らすことが可能である。

根こぶ病対策では、抵抗性や耐病性品種を用いるとともに、土壌pHが低い場合は、石灰資材を施してpH6・5～7に矯正する。

秋どり栽培では、収穫適期が3～4日間と短い。収穫適期を過ぎると葉は黄化し、根部の過肥大によってス入りや裂根などの生理障害が発生し、小カブの品質は低下する。収穫・出荷調製労力を考慮して、播種時期と1日に播種する面積を決めることが大切である。

(3) 品種の選び方

適温期の秋どり栽培では、とくに生育の揃いと品質が重要になる。白さび病などの病害に強く、生育揃いがよい品種を選ぶ（表3）。

冬どり栽培のうち、収穫時期が厳寒期になる1～2月どり栽培では、とくに、葉色が濃く低温伸長性に優れ、凍害に強い品種を選定する。

3 栽培の手順

(1) 畑の準備

①圃場の選定と土つくり

この作型は、生育が進むとともに気温は低下し日照時間は短くなるので、日当たりがよく、風当たりの少ない圃場の選定に心がける。

小カブ栽培では、土壌の保水性と排水性の両方が品質に大きく影響する。土つくりの一環として、前作に完熟堆肥を10a当たり1～2t施用することが望ましい。堆肥を施用できない場合は、エンバクなどの緑肥作物を作付けし、5～6月にすき込むことをおすすめする。

②必要に応じた土壌消毒

秋どり栽培で、根こぶ病や線虫類の被害が予測される場合は、バスアミド微粒剤などのくん蒸剤を用いて土壌消毒する。アブラナ科以外の野菜と適切に輪作が行なわれていれば、薬剤による土壌消毒は不要である。

また、夏場に太陽熱土壌消毒を行なうことで、表層の雑草種子の死滅効果も期待できる。事前に施肥とベッドつくりを行なった後、ポリマルチをベッド面に被覆し、約1カ月間太陽熱土壌消毒を実施する。太陽熱土壌消毒後は、ポリマルチを除去し、耕うんせずそのまま播種する。

③作型に合わせた適切な施肥設計

小カブの肥料吸収量は作型によって大差ないが、気温や地温が低いと施肥した肥料の利用効率が低下するので、生育期間中の気温が低い作型ほど施肥量は多めにする。

10a当たりの3要素施用量は、秋どり栽培では窒素6～10kg、リン酸10～20kg、カリ6～10kg、冬どり栽培では窒素10～14kg、リン酸15～20kg、カリ10～14kgとし、いずれも全

表3　秋冬どり栽培に適した主要品種の特性（千葉県）

品種名	販売元	特性
雪牡丹	武蔵野種苗園	9月下旬～年内に収穫する秋どり栽培に適している。春どり栽培も可能。白さび病と根こぶ病に強く，揃いがよいため等級のばらつきが少ない
CR 雪峰	武蔵野種苗園	根こぶ病抵抗性で耐寒性に優れ，とくに，12～2月に収穫する冬どり栽培に適している。草姿は立性で葉は濃緑色，葉柄は太く折れにくいため作業性がよい
CR 白涼	トーホク	根こぶ病抵抗性で，葉柄は強く折れにくいため作業性がよい。耐寒性があり，秋どり栽培，冬どり栽培に適している
二刀	サカタのタネ	秋どり栽培が最も適しているが，気温が上昇する4～5月に収穫する春どり栽培でも根部の変形や裂根が少なく，在圃性に優れる

表4　小カブの秋冬どり栽培のポイント

	技術目標とポイント	技術内容
圃場準備	◎圃場の選定と土つくり ・圃場の選定	・日当たりがよく，風当たりが少ない圃場を選ぶ ・アブラナ科の連作は避ける ・排水性がよく，保水性に優れている圃場を選ぶ
	・土つくり	・前作に完熟堆肥を1～2t/10a施用する ・堆肥を施用できない場合は，エンバクなどの緑肥作物を作付けし，遅くとも6月中にはすき込む
	・太陽熱による土壌消毒	・夏に，ベッド面をマルチで約1カ月間被覆して太陽熱消毒を行ない，播種直前に取り除くことで減農薬栽培が可能である
ウネ立てと施肥	◎施肥	・施肥は，作型ごとに適正量を播種7～10日前に元肥として全面施用する ・1～2月どりは低温期の栽培で生育期間が100～120日と長いので，有機肥料や緩効性肥料を主体とし，11月どり栽培より窒素施用量を3～4割増やす ・出芽を揃えるために，砕土と整地をていねいに行なう
	◎耕うん・ベッドつくり	・ベッドの高さは，比較的排水性のよい火山灰土では5～10cm，地下水位が高い沖積土壌では10～15cmとする
播種方法	◎出荷労力に応じた計画的な播種	・播種機またはテープシーダーを用いて播種する。10a当たりの播種量は0.8～1dℓとする
	◎播種時の土壌水分とていねいな鎮圧	・播種深は約1cmとし，均一に覆土する。土壌が乾燥している場合は，播種後の鎮圧は強めにする
	◎収穫時期に応じた栽植密度	・栽植密度は，秋どり栽培では株間12～15cm，条間13～15cm，冬どり栽培では株間11～13cm，条間13～15cmとする。気温が低くなるにしたがい，株間を狭くする
播種後の管理	【秋どり栽培】 ◎害虫防除を目的とした不織布の被覆	・播種後ただちに割繊維不織布（ワリフ，ベタロンなど）や防虫ネットをトンネル被覆する。労力がない場合はベタがけでもよい
	◎生育の斉一化	・1粒播き無間引きを基本とするが，間引きする場合は本葉3～4葉期に行なう
	◎適切なタイミングで病害虫防除	・8～9月上旬播種，9月下旬～10月収穫では，キスジノミハムシ，コナガ，アブラムシ類の被害が多いので，必要に応じて薬剤防除する
	【冬どり栽培】 ◎気温と生育状況に応じた保温用資材の被覆	・播種直後に割繊維不織布のみをトンネル被覆し，日平均気温が10℃を下回る日が多くなる11月下旬～12月上旬に，保温目的のポリオレフィン系フィルム（以下PO系フィルム）を割繊維不織布の上から被覆する ・保温用のPO系フィルムは，開孔率1～2％のものを使用する。生育中～後期のトンネル内最高気温が20～25℃になるように，フィルムの開孔率を決める
	◎生育の斉一化	・1粒播き無間引きを基本とするが，間引きする場合は本葉3～4葉期に行なう
収穫	◎適期収穫	・根径が6cm前後に肥大したときが収穫適期 ・播種から収穫までの日数は，秋どり栽培で40～70日，冬どり栽培で70～120日 ・収穫の時間帯は，気温が高い10月どりまでは早朝～朝，気温が低い11月～3月どりは夕方とする ・収穫適期は，秋どりでは3～4日間，冬どりでは5～7日間

量元肥とする（表5、6）。

　また、土壌pHの調整も兼ねて、苦土石灰を10a当たり60~80kg施用する。ベッドの高さは、比較的排水性がよい火山灰土では5~10cm、地下水位が高い沖積土壌では10~15cmとする。

表5　秋どり栽培の施肥例　（単位：kg/10a）

	肥料名	施肥量	成分量		
			窒素	リン酸	カリ
元肥	完熟堆肥（前作に施用）	1,500			
	有機化成 NN121号H	100	10	12	10
	苦土石灰	80			
	苦土重焼燐1号	20		7	

表6　冬どり栽培の施肥例　（単位：kg/10a）

	肥料名	施肥量	成分量		
			窒素	リン酸	カリ
元肥	完熟堆肥（前作に施用）	1,500			
	有機化成 NN121号H	140	14	16.8	14
	苦土石灰	80			

(2) 播種のやり方

①栽植様式

　ベッド幅は120~130cmの8条播きを基本とし、秋どり栽培では株間12~15cm、条間13~15cm、冬どり栽培では株間11~13cm、条間13~15cmとする。気温が低くなるにしたがって、株間を狭くする（図4）。

図4　小カブの栽植様式例（秋どり，冬どり，春どり）

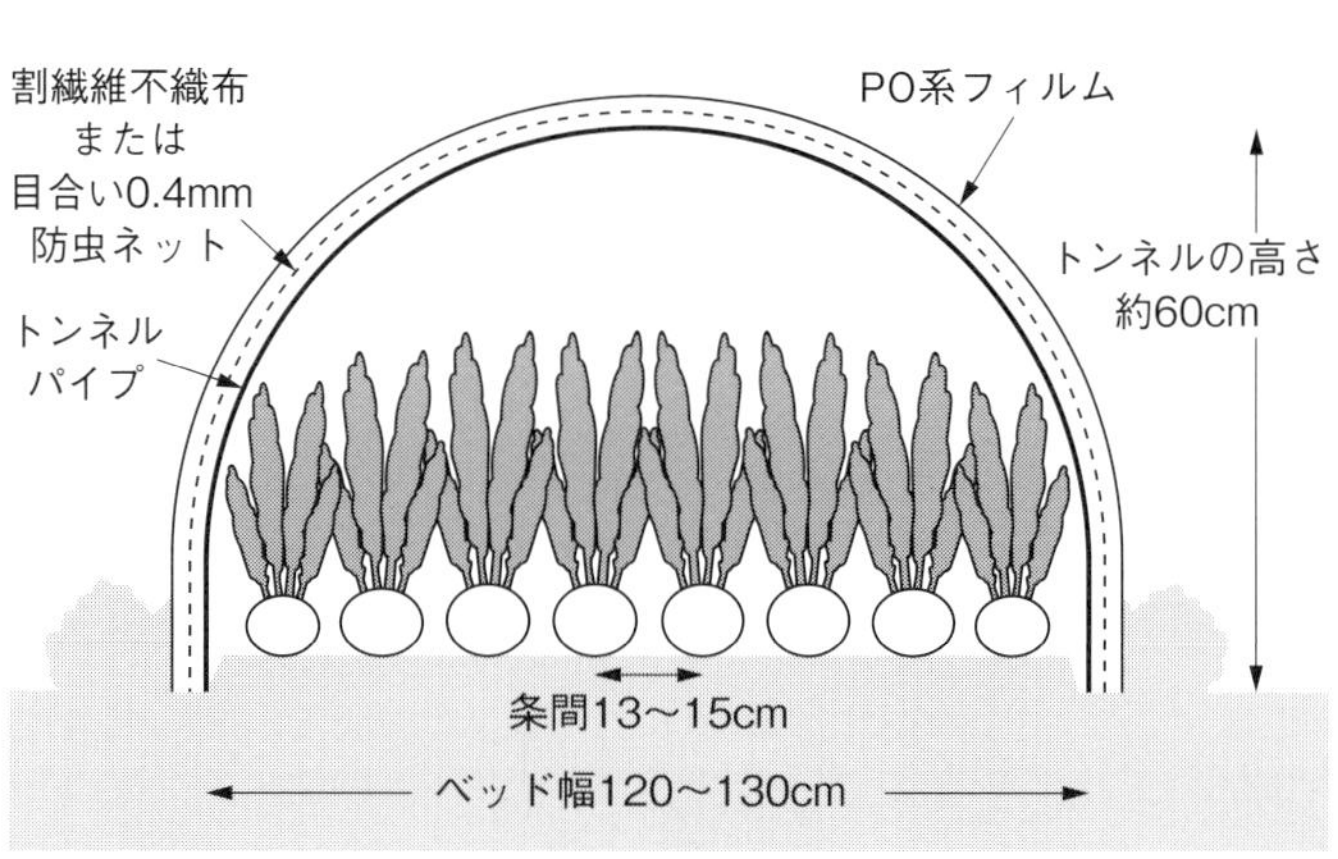

注1）PO系フィルムは厚さ0.05mmか0.075mmで，開孔率1～2％の資材を保温目的に冬どりと春どりで使用
注2）株間は秋どりと春どりでは12～15cm，冬どりでは11～13cmとする

　10a当たりの播種量は0.8~1dℓとなる。播種深は1cm程度とし、播種後は均一に覆土する。播種位置が深かったり、不均一だと出芽がばらつき、結果として収穫時の生育揃いが悪く、正品率の低下をまねくことになる。

②播種方法

　クリーンシーダーなどの播種機や、テープシーダーを用いて条播する。

　近年販売されている小カブ品種は発芽率がよいので、1粒播き、無間引き栽培を基本とするが、出芽揃いに不安がある圃場では、やや多めに播種して間引きする方法もある。

③土壌の乾燥対策

　8~9月播きの秋どり栽培で、播種前の降水量が少なく土壌が極端に乾燥している場合は、播種の2~3日前に十分に灌水してから播種床を作成するとよい。

　播種日当日の気温が高く、播種後に土壌表面が乾燥気味の場合は、やや強めに鎮圧して土壌水分の維持に努める。

(3) 播種後の管理

①病害虫対策、間引き

　播種後ただちに、ワリフやベタロンなどの割繊維不織布や防虫ネットを被覆して、害虫の侵入を防ぐ。被覆資材は葉に直接触れないトンネルがけが望ましいが、労力がない場合はベタがけでもよい。

間引きを行なう場合は本葉3～4葉期に実施し、胚軸が太すぎるものや、草勢の強弱が極端なものを取り除く。

収穫が10月までの秋どり栽培では、キスジノミハムシ、アブラムシ類、アオムシなどのチョウ目害虫が多いので、必要に応じて薬剤防除する。

図5　小カブの冬どりトンネル栽培の様子

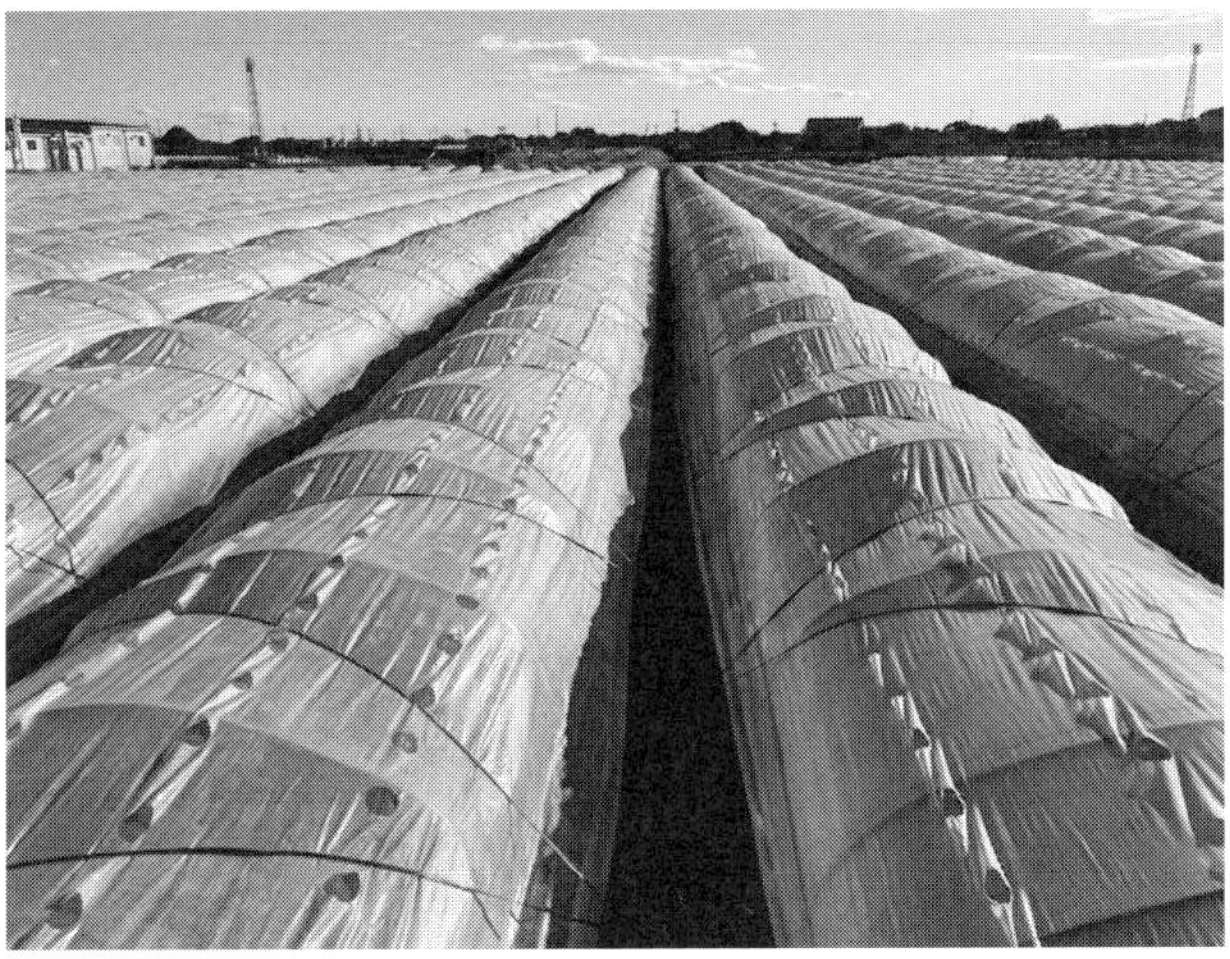

②栽培時期と保温、換気

冬どり栽培では、播種直後に割繊維不織布のみをトンネル被覆し、日平均気温が10℃を下回る日が多くなる11月下旬～12月上旬に、保温目的のポリオレフィン系フィルム（以下ＰＯ系フィルム）を割繊維不織布の上から被覆する（図４、５）。

12月以降の播種では、播種直後に割繊維不織布と保温用のＰＯ系フィルムを同時に展張する。保温用のＰＯ系フィルムは、開孔率１～２％のものを使用し、裾は土で埋めておく。栽培場所の気象条件や圃場の条件を考慮して、生育中～後期のトンネル内最高気温が20～25℃になるように、フィルムの開孔率を決める。

図6　小カブの凍害（左：軽度，右：重度）

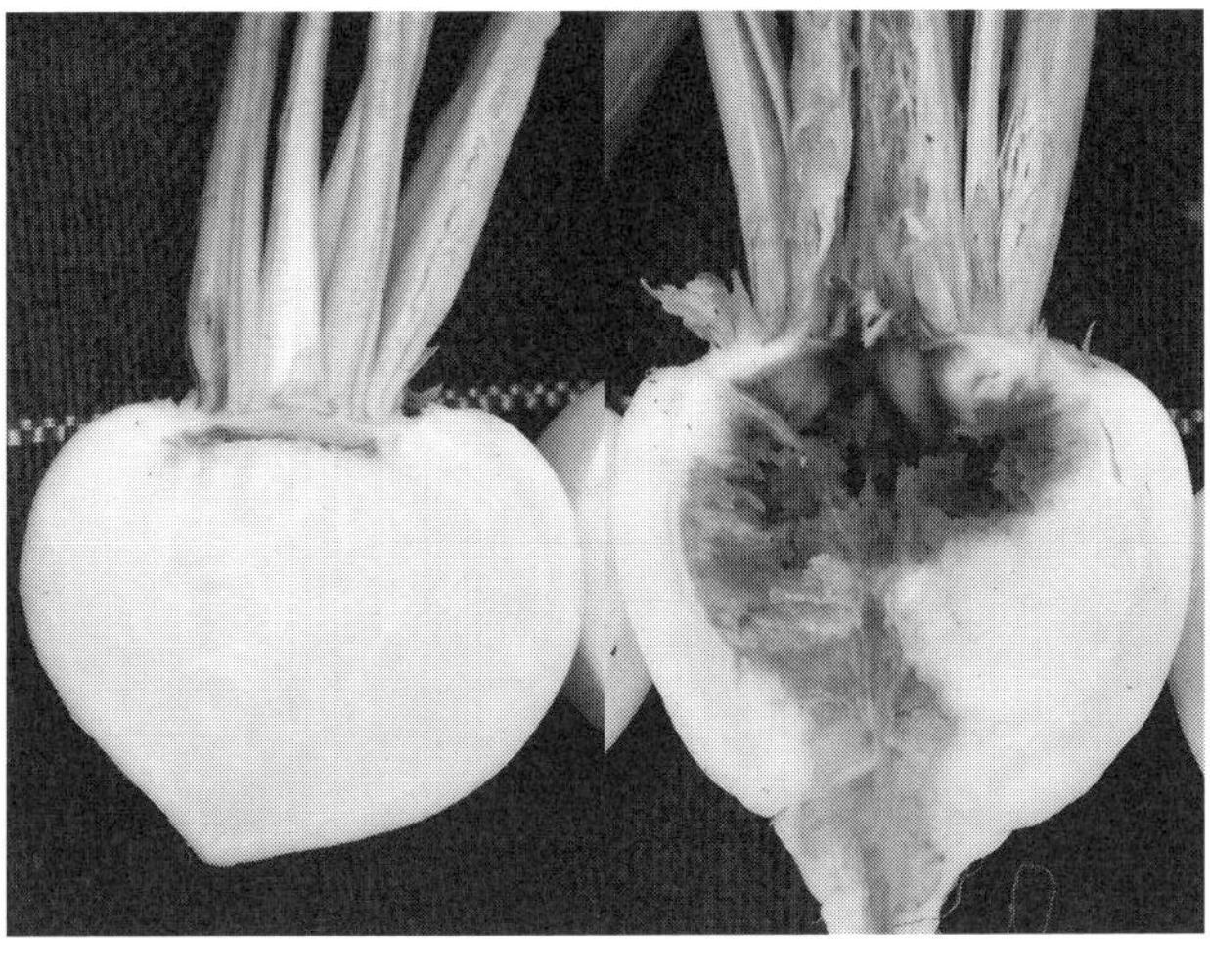

1～2月の厳寒期どりでは、根部の凍害が発生しやすい。夜間に結露した水滴が葉柄基部付近にたまり、早朝に凍結して細胞を壊死させ、結果として根の内部が褐変する（図6）。耐寒性のある品種を選定することや、パイプハウスで栽培することで被害をある程度回避できる。

2月下旬～3月上旬どり栽培では、生育後期に気温が上昇するので、必要に応じて裾換気を実施してトンネル内気温の上昇を抑え、小カブが軟弱徒長しないように注意する。

(4) 収穫

①収穫適期と収穫方法

根径が6㎝前後に肥大したときが収穫適期である（図7）。

収穫適期は、秋どりでは3～4日間、冬どりでは5～7日間で、収穫時の気温が高めの9～10月どり栽培では短いので計画的な出荷を心がける。

播種から収穫までの日数は、秋どり栽培で40～70日、冬どり栽培で70～120日である。

収穫の時間帯は、小カブの水分が高い早朝から朝を基本とするが、降霜の期間である11～3月どりでは、出荷前日の夕方とする。気温が高い日の日中の収穫は、収穫後間もなく根部は乾き、土が落ちにくくなるので注意する。

②調製・出荷

収穫したら、萎れないうちに黄化した葉や枯葉を取り除いて、規格分けし（表7）、葉部をテープで結束してから葉長25cmに切り揃える。高圧水で洗浄し（図8）、水切り後、品質を確認しながら段ボール箱に詰めて出荷する。

表7　小カブの出荷規格（千葉県）

計量区分	1個の直径	1束の個数	1箱の束数	調製	容器	内容量
3L	7.5cm 以上	3個	20束	・葉部をテープで結束する ・葉部の長さが25cm以上のものは25cmに切り揃える	段ボール箱	16kg
2L	6.5cm 以上	4個	21束			
L	5.5cm 以上	5個	22束			
M	4.5cm 以上	6個	23束			
S	3.5cm 以上	7個	24束			

品質区分	品質・形状など
A 級品	品質，形状，色沢の良好なもの
B 級品	A 級品に次ぐもので，青首や光沢のやや劣るもの
C 級品	ワレなどのあるもの

図7　収穫期の小カブ

図8　小カブの洗浄の様子

4 病害虫防除

(1) 基本になる防除方法

①主な病気と防除方法

小カブやダイコンなどのアブラナ科野菜の作付け頻度が高く、根こぶ病の発生が予想される圃場では、作付け前にバスアミド微粒剤などのくん蒸剤で土壌消毒するか、播種前にフロンサイド粉剤などの薬剤を処理する。

糸状菌による地上部病害では、白さび病やべと病が問題になる。とくに、白さび病は10～11月どり栽培で発生が多く、発生が予想される圃場では播種前にユニフォーム粒剤を全面土壌混和する。生育期間中に発生したら、ランマンフロアブルやメジャーフロアブルなどの薬剤を散布する。

表8　小カブの病害虫防除

	病害虫名	防除方法
病気	根こぶ病	・土つくりに心がけ，アブラナ科以外の作物と輪作する ・土壌pHが低いと発生が助長されるので，石灰資材を施しpH6.5～7.0に矯正する ・高ウネによる排水対策を徹底する ・抵抗性品種を作付ける ・収穫後にていねいに残渣を除去する ・被害が予想される圃場では，作付け前にバスアミド微粒剤で土壌消毒する
病気	白さび病	・窒素肥料を控えめにし，栽植本数をやや少なめにする ・発生が多い圃場では，播種前にユニフォーム粒剤を全面土壌混和する ・生育期間中に発生が見られたら，ランマンフロアブルやメジャーフロアブルを散布する
病気	軟腐病	・裂根しにくい品種を選定する ・気温が高めの条件で風雨にあうと発生しやすい。発病株は早めに見つけて抜き取る ・予防として，ジーファイン水和剤や微生物殺菌剤などを散布する
害虫	キスジノミハムシ	・アブラナ科野菜の連作を避ける ・夏に太陽熱消毒を行なう ・播種時にフォース粒剤かスタークル粒剤を播溝土壌混和する ・成虫による食害防止には，目合い0.4mmの防虫ネットが有効である
害虫	アブラムシ類	・発生のごく初期であれば，化学殺虫成分を含まない，粘着くん液剤などの気門封鎖剤の利用が有効である ・アブラムシ類はウイルス病を媒介するので，初期防除に心がける ・オルトラン粒剤の株元散布や，生育期間中はスタークル顆粒水和剤などを薬剤を散布する
害虫	コナガ アオムシ ヨトウムシ類	・ワリフや防虫ネットなどを活用した物理的防除を基本にする ・被覆資材内で増殖が始まり，個体数が多くなると薬剤防除が困難になるので，初期防除に心がける ・発生初期はBT剤で防除し，その後の発生状況に応じて登録薬剤をローテーション散布する

軟腐病は、気温が高いときに風雨にあうと発生しやすい。予防剤としてジーファイン水和剤などを散布し、発病株は早めに見つけて抜き取ることが大切である。

②主な害虫と防除方法

アブラムシ類は9～11月に収穫する秋どり栽培で発生し、虫による直接の被害だけでなく、ウイルス病を媒介するので初期防除に心がける。

キスジノミハムシは、幼虫による根部食害と、成虫による葉の食害の両方が問題になる。アブラナ科作物の連作は避け、播種時にフォース粒剤かスタークル粒剤を播き溝に土壌混和する。

コナガ、アオムシ、ヨトウムシ類などのチョウ目害虫の防除は、ワリフや防虫ネットなどを活用した物理的防除が基本となる。ワリフなどの被覆資材内で増殖が始まり、個体数が多くなると薬剤防除が困難になるので、初期防除が肝要である。発生初期にBT剤を使用して防除し、その後の発生状況に応じて登録薬剤をローテーション散布する。

いずれの病害虫も、秋どり栽培では問題になるが、保温用資材が必要な冬どり栽培ではほとんど問題にならない。

(2) 農薬を使わない工夫

あらゆる病害虫を防除し良質の小カブを生産するには、継続した良質堆肥の施用や緑肥作物の導入により、保水性と排水性の両方を備えた土つくりと、アブラナ科野菜以外の品目との輪作が重要である。

また、圃場周辺の雑草や収穫後の残渣は、病害虫の発生源になるので、ていねいに取り除くように心がける。

根こぶ病防除対策では、抵抗性品種を作付けするとともに、土壌pHが低いと発生しやすいので、目標値をpH6・5〜7にして、播種前に石灰資材を施用する。

白さび病防除対策は、窒素肥料の施用は適正量とし、株間を広めにとり栽植本数をやや少なめにして、通気性をよくすることで発生を軽減できる。

5 経営的特徴

10a当たりの収量を5200kgとすると、粗収益は約80万円になる。小カブの販売単価は、地域や場所を選ばず栽培できる秋どりに比べて、保温資材を必要とする冬どりで高い傾向にある（表9）。一定期間小カブを収穫・出荷する場合は、時期を少しずつずらして播種して、連続的に収穫・出荷できるように工夫する。

10a当たりの労働時間は266時間で、収穫・調製作業が全体の76%に当たる203時間と最も長い。作付け計画を立てるとき、収穫・調製作業にどの程度の労働力をかけることができるかを、適切に判断することが大切である。

（執筆：安藤利夫）

表9　小カブのトンネル冬どり栽培の経営指標

項目	
収量（kg /10a）	5,200
単価（円 /kg）	155
粗収益（円 /10a）①	806,000
生産用	
種苗費	4,973
肥料費	2,511
農業薬剤費	758
生産資材費	6,093
生産用光熱動力費	264
生産用小農具費	2,417
生産用機械費（修繕見積含）	33,025
生産用施設費（修繕見積含）	3,643
共用	
共用機械・施設費（修繕見積含）	34,334
雇用労働費	74,667
出荷用	
出荷用具費	2,421
出荷用光熱動力費	787
出荷用機械・施設費（修繕見積含）	8,604
出荷用資材費	43,519
運賃等従量料金等	12,896
手数料等従率料金等	84,630
農業経営費合計（円 /10a）②	315,543
所得（円 /10a）①−②	490,457
労働時間（時間 /10a）	266

小カブの春夏どり栽培

1 この作型の特徴と導入

(1) 作型の特徴と導入の注意点

小カブ春夏どり栽培は、露地栽培では1月中旬～4月下旬に播種し3月下旬～6月上旬に収穫する春どり栽培と、5月上旬～8月上旬に播種し、生育期間を通して高温条件で栽培して6月中旬～9月中旬に収穫する夏どり栽培に分けられる（図9）。

春どり栽培では、3月中旬ころの播種までは、播種直後に割繊維不織布とPO系フィルムなどの保温用資材の両方をトンネル被覆して、生育を促進させる必要がある。春どり栽培は、生育初期は低温であるが、生育にともなって気温が上昇し、収穫期の気温は比較的高く、生育後半の根部の肥大速度は速い。そのため、誤った品種選定や多施肥によって裂根し、正品率が低下することがある。

夏どり栽培は、冷涼な気候を好む小カブの栽培では、最もむずかしい作型といえる。関東地方など夏が高温の地域であっても栽培は可能であるが、北海道や東北などの冷涼な地域のほうが適している。害虫防除がむずかしい作型で、防虫ネットなどを活用した物理的防除と、化学農薬による防除の併用が必須である。

(2) 他の野菜・作物との組合せ方

「小カブの秋冬どり栽培」の項でも述べたように、アブラナ科以外の野菜との輪作が基本になる。播種時期が年明けになるので、サツマイモやサトイモなどのイモ類や、秋冬ニンジンとの組合せが可能である。

緑肥を栽培する場合は、前年の気温が高い時期にすき込んで、十分に腐熟させておく必要がある。

2 栽培のおさえどころ

(1) どこで失敗しやすいか

①肥培管理

春夏どり栽培では、窒素などの施用量が多すぎると葉部優先の生育になり、葉部と根部のバランスが悪くなり、収穫前に裂根し正品率が大きく低下することがある。さらに裂根をきっかけに、軟腐病が多発することもある。

このため、前作物や生育日数を考慮して、施肥設計を立てることが大切である。

②病害虫の防除

この作型では害虫の防除がカギになる。ワリフなどの割繊維不織布や、防虫ネットを用いた物理的防除は必須である。

とくに、キスジノミハムシ幼虫による根部の食害が甚大になると、出荷する小カブが皆無となることもある。

(2) おいしくて安全につくるためのポイント

初夏～夏どり栽培は収穫時の気温が高いた

図9　小カブの春夏どり栽培　栽培暦例

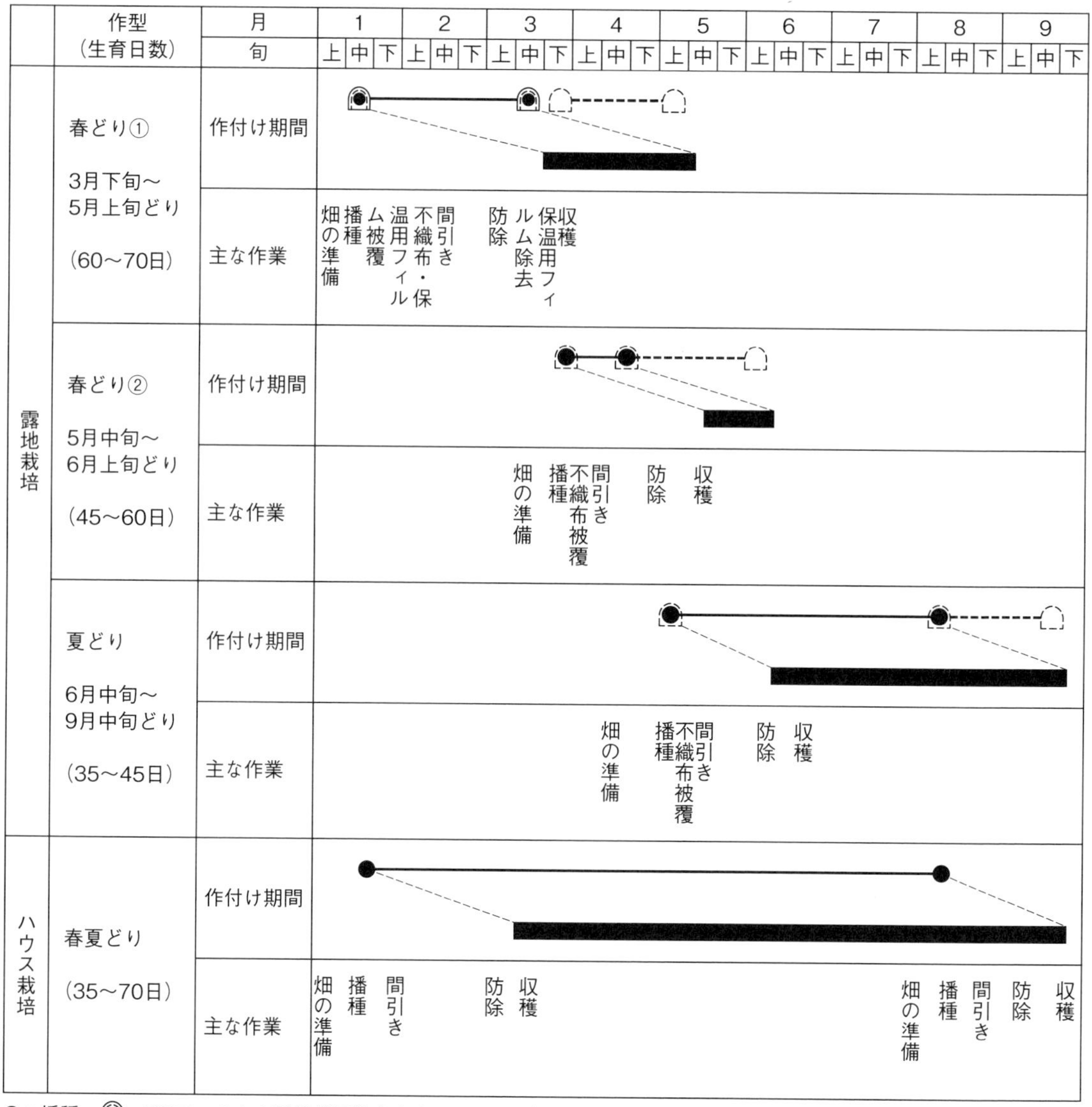

●：播種，⌓：POフィルム＋割繊維不織布または0.4㎜目合い防虫ネットのトンネル，
⌓：割繊維不織布または0.4mm目合い防虫ネットのトンネル，■：収穫

め、秋冬どり栽培に比べ、根こぶ病などの土壌病害が発生するリスクが高い。土つくりや、アブラナ科以外の野菜と輪作することで、これらの病害虫の発生をある程度防ぐことが可能である。

無農薬・減農薬栽培がむずかしい作型であるが、目合い0・4㎜の防虫ネットを使用することで、コナガやアオムシなどチョウ目害虫だけでなく、キスジノミハムシの飛来を防ぎ、できるだけ農薬の使用を減らした栽培が可能になる。

近年、地球温暖化の影響で夏の豪雨も頻発しており、高ウネ栽培など排水対策は重要である。

春夏どり栽培では、収穫適期が2～4日間と短い。収穫適期を過ぎると葉は黄化し、根部は過肥大になり、ス入りや裂根などの生理障害が発生しやすくなるので、小カブの品質が低下する。

(3) 品種の選び方

生育が進むにつれて気温が上昇する春夏どり栽培では、葉がコンパクトで葉柄が折れにくく、裂根しにくい品種を作付けることが重要である。

必要に応じて、根こぶ病抵抗性品種や白さび病に強い品種を選ぶようにする。試作することで、栽培地域や圃場に適した品種を選びたい（表10）。

表10　春夏どり栽培に適した主要品種の特性（千葉県）

品種名	販売元	特性
碧寿	武蔵野種苗園	根こぶ病抵抗性で耐暑性があり，春～夏どりに適している。草姿は立性，葉色は鮮緑色，草丈はやや短く根部とのバランスはよい
ゆりかもめ	武蔵野種苗園	根こぶ病に強く，耐暑性に優れている夏どり用品種。根部の肥大が速く，とくに高温期には病害虫の被害が拡大する前に収穫可能
CR 白根	トーホク	根こぶ病抵抗性で，葉柄は強く折れにくいため作業性がよい。気温が上昇する作型でも根部は裂開しにくく，春どり栽培および夏どり栽培に適している
なつばな	タキイ種苗	吸肥力が強く根部の肥大が旺盛であるが，裂根は少なく，5月どりを中心とした春どり栽培に適している。葉柄は太く折れにくいため作業性がよい

3 栽培の手順

(1) 畑の準備

① 圃場の選定と土つくり

この作型は、生育が進むにつれて気温が上昇し、収穫後半は高温になることもあるので、周囲に森林や建物のない風通しがよい圃場を選定する。

小カブ栽培では、土壌の保水性と排水性の両方が品質に大きく影響する。土つくりの一環として、前作に完熟堆肥を10a当たり1～2t施用することが望ましい。

② 必要に応じた土壌消毒

根こぶ病や線虫類の被害が予測される場合は、バスアミド微粒剤などのくん蒸剤を用いて土壌消毒する

しかし、アブラナ科以外の野菜と適切に輪作が行なわれていれば、薬剤による土壌消毒は不要である。

③ 作型に合わせた適切な施肥設計

生育が進むにつれて気温が上昇する春夏どり栽培では、生育後期に根部が急激に肥大して裂根し、これに起因した軟腐病が発生することがある（図10）。これを防ぐには、残存する肥料成分量を考慮した施肥を心がける。

10a当たりの3要素施用量は、春どり栽培では窒素6～14kg、リン酸10～20kg、カリ10～14kg、夏どり栽培では窒素3～6kg、リン酸10～20kg、カリ6～10kgとし、いずれも全量元肥とする（表12、13）。

土壌pHの調整も兼ねて苦土石灰を10a当たり60～80kg施用する。ベッドの高さは、比較

図10　小カブの裂根

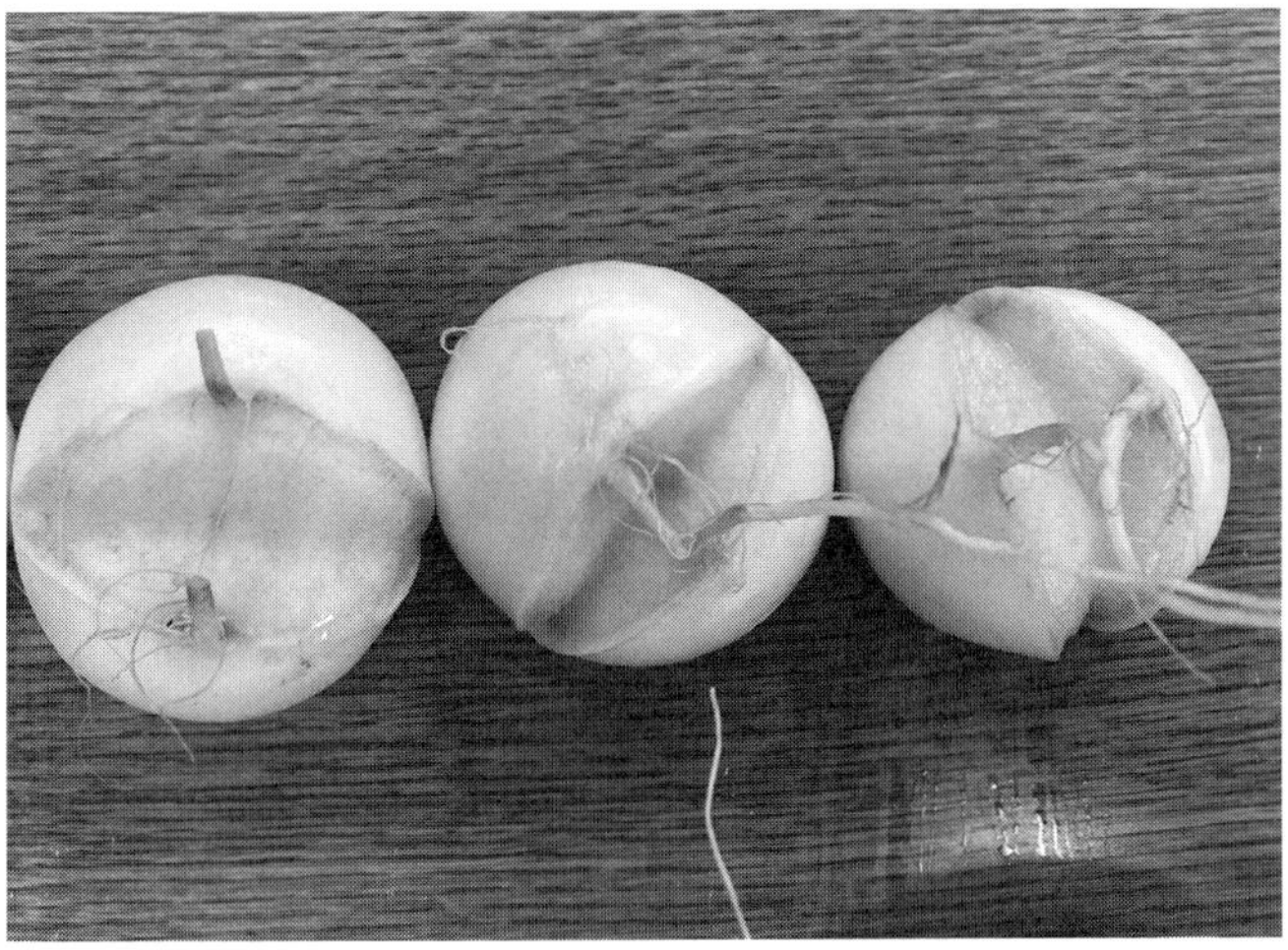

表11　小カブの春夏どり栽培のポイント

	技術目標とポイント	技術内容
圃場準備	◎圃場の選定と土つくり ・圃場の選定 ・土つくり ・太陽熱による土壌消毒	 ・風通しがよく，排水性と保水性に優れている圃場を選ぶ ・アブラナ科の連作は避ける ・前作に完熟堆肥を1～2t/10a施用する ・線虫類や根こぶ病など，土壌病害の被害の恐れがある圃場では土壌消毒を行なう ・夏どり栽培では，十分な日照時間が確保できる5月以降に，ベッド面をマルチで約1カ月間被覆して太陽熱消毒を行ない，播種直前に取り除くことで減農薬栽培が可能である
ウネ立てと施肥	◎施肥 ◎耕うん・ベッドつくり	・施肥は，作型ごとに適正量を播種7～10日前に元肥として全面施用する ・気温が上昇する生育後期に根部が急激に肥大すると，裂根の発生リスクが高い。前作物や残存する肥料成分量を考慮した施肥に心がける ・出芽を揃えるために，砕土と整地をていねいに行なう ・夏どり栽培で，土壌が乾燥している場合は播種前に30mm程度灌水する。播種直後に晴天日が続く場合は，土壌の乾き具合を観察しながら，気温が低下する夕方に灌水する ・ベッドの高さは，排水性が比較的よい火山灰土では5～10cm，地下水位が高い沖積土壌では10～15cmとする
播種方法	◎出荷労力に応じた計画的な播種 ◎播種時の土壌水分とていねいな鎮圧 ◎収穫時期に応じた栽植密度	・播種機かテープシーダーを用いて播種する。10a当たりの播種量は0.7～0.8dℓとする ・播種深は約1cmとし，均一に覆土する。土壌が乾燥している場合は播種後の鎮圧は強めにする ・栽植密度は，春どり栽培では株間12～15cm，条間13～15cm，夏どり栽培では通気性を重視し，株間13～15cm，条間15～18cmとする。気温が高くなるにしたがい，株間を広くする
播種後の管理	【春どり栽培】 ◎気温と生育状況に応じた保温用資材の被覆 ◎生育の斉一化 ◎適切なタイミングで病害虫防除	 ・3月上中旬までの播種では，播種後ただちに割繊維不織布（ワリフ，タフベル，防虫ネットなど）と保温用のPO系フィルムでトンネル被覆する ・最低気温が10℃を上回る日が多くなる3月下旬以降の播種では，割繊維不織布のみをトンネル被覆する。労力がない場合はベタがけでもよい ・1粒播き無間引きを基本とするが，間引きする場合は本葉3～4葉期に行なう ・気温の上昇にともなって，キスジノミハムシ，コナガ，アブラムシ類の被害が増えるので，必要に応じて薬剤防除する
	【夏どり栽培】 ◎気温と生育状況に応じた保温用資材の被覆 ◎生育の斉一化 ◎適切なタイミングで病害虫防除	 ・播種後ただちに割繊維不織布でトンネル被覆する。目合い0.4mmの防虫ネットは，ハモグリバエ類やキスジノミハムシに対する防除効果が高く，減農薬栽培に有効な資材である ・1粒播き無間引きを基本とするが，間引きする場合は本葉3～4葉期に行なう ・ハモグリバエ類，キスジノミハムシ，コナガの被害が多いので，必要に応じて薬剤防除する ・生理障害の横縞症は，土壌を湿潤に保つことで被害を軽減できる
収穫	◎適期収穫	・根径が6cm前後に肥大したときが収穫適期 ・播種から収穫までの日数は，春どり栽培のうち3月下旬どりでは65～70日，6月上旬どりでは45～50日，夏どり栽培で35～45日 ・収穫の時間帯は，気温が低い4月どりまでは夕方ごろ，気温が高くなる5～9月どりは早朝～朝とする ・収穫適期は，春どりでは2～4日間，夏どりでは2～3日間

的排水性がよい火山灰土では5～10cm、地下水位が高い沖積土壌では10～15cmとする。

(2) 播種のやり方

① 栽植様式

春どり栽培では、ベッド幅は120～130cmの8条播きを基本とし、株間は12～15cm、条間は13～15cmとする。しかし、気温が高くなるにしたがって、通気性を考慮して株間と条間を広くする。

夏どり栽培では、ベッド幅は120～130cmの場合は6条播きを基本とし、株間は13～15cm、条間は15～18cmで他の作型より広めにする（図11）。

10a当たりの播種量は0.7～0.8dℓ程度とする。

② 播種方法

クリーンシーダーなどの播種機や、テープシーダーを用いて条播する。

播種深は1cm程度とし、播種後は均一に覆土する。播種位置が深すぎたり、不均一だと出芽がばらつき、結果として収穫時の生育揃いが悪く、正品率の低下をまねくことになる。

表12　春どり栽培の施肥例　（単位：kg/10a）

	肥料名	施肥量	成分量		
			窒素	リン酸	カリ
元肥	完熟堆肥（前作に施用）	1,500			
	有機化成 NN121号 H	100	10	12	10
	苦土石灰	80			
	苦土重焼燐1号	20		7	

表13　夏どり栽培の施肥例　（単位：kg/10a）

	肥料名	施肥量	成分量		
			窒素	リン酸	カリ
元肥	完熟堆肥（前作に施用）	1,500			
	化成13号	100	3	10	10
	苦土石灰	60			

図11　小カブの栽植様式例（夏どり）

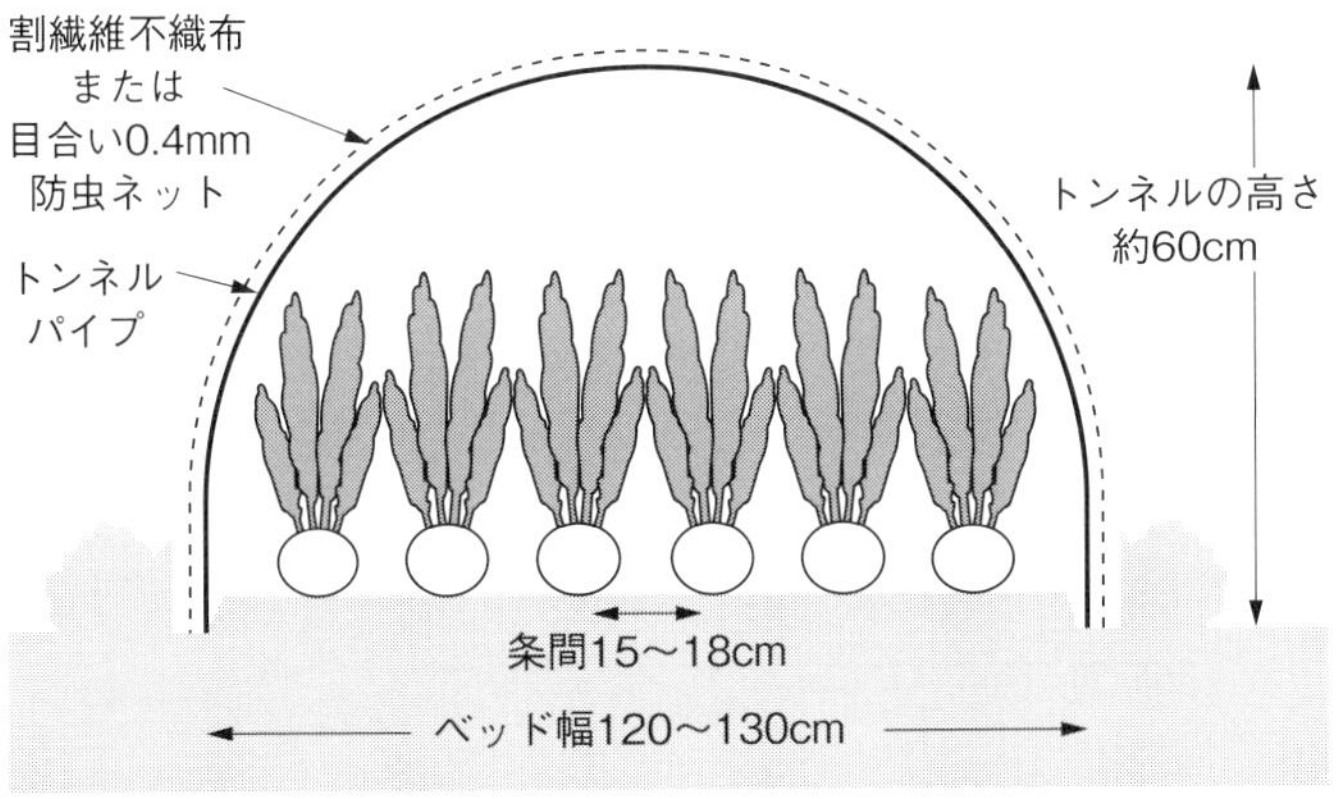

注）株間15cm程度とする

図12　目合い0.4mmの防虫ネットでトンネル被覆した小カブの夏どり栽培

近年販売されている小カブ品種は発芽率がよいので、1粒播き無間引き栽培を基本とする。しかし、出芽揃いに不安がある圃場で栽培する場合は、やや多めに播種して間引きする方法もある。

③土壌の乾燥対策

夏どり栽培で、播種前の降水量が少なく、土壌が極端に乾燥している場合は、播種の1～2日前に30㎜程度灌水してから播種床を作成するとよい。

播種日当日の気温が高く、播種後に土壌表面が乾燥気味の場合は、やや強めに鎮圧して土壌水分の維持に努める。

また、播種直後に高温で晴天日が続く場合は、土の乾き具合を観察し、必要に応じて気温が低下する夕方に灌水する。

(3) 播種後の管理

①保温と温度管理（1月中旬～3月中旬播種の場合）

春どり栽培のうち、1月中旬ころに播種する3月下旬どりから、3月上～中旬ころに播種する5月上旬どりまでは、播種後ただちにワリフやベタロンなどの割繊維不織布と保温目的のPO系フィルムの両方を被覆する。そして、日平均気温が10℃を上回る日が多くなる、3月中下旬にPOフィルムを除去する。

保温用のPO系フィルムは、開孔率1～2％のものを使用し、裾は土で埋めておく。地域の気象条件や圃場の条件を考慮して、生育中～後期のトンネル内最高気温が20～25℃になるように、フィルムの開孔率を決める。

なお、必要に応じて、フィルムの孔を増やしたり裾換気してトンネル内気温の上昇を抑え、小カブが軟弱徒長しないように管理する。

②防虫対策（3月下旬以降播種の場合）

3月下旬以降に播種する春どり栽培や夏どり栽培では、播種後ただちにワリフやベタロンなどの割繊維不織布や防虫ネットを被覆して、害虫の侵入を防ぐ（図12）。

被覆資材が葉に直接触れないトンネル栽培が望ましいが、労力がない場合はベタがけ栽培でもよい。

③間引き

間引きを行なう場合は、本葉3～4葉期に実施し、胚軸が太すぎるものや草勢の強弱が極端なものを取り除く。

④4月以降の防虫対策

4月以降の生育期間中は、害虫ではキスジノミハムシ、アブラムシ類、アオムシなどのチョウ目害虫、病気では白さび病や軟腐病などの発生が多いので、いずれも早期発見を心がけるとともに、早めに薬剤防除する。

キスジノミハムシやナモグリバエの物理的防除では、慣行で使用されている割繊維不織布に比べ成虫の侵入抑制効果が高い、目合い0・4㎜の防虫ネットの利用が有効である（図13）。

⑤横縞症対策

横縞症は夏どり栽培で問題になる生理障害の一つで、発生の主要因は高温である。土壌の高pH（pH7・2以上）と乾燥が、高温条件での発生の助長要因になる（図14）。

したがって、作付け前に土壌が乾燥している場合は、十分灌水した後に播種する。また、生育期間中の降水量が極端に少ない場合にも適宜灌水する。

(4) 収穫

根径が6㎝前後に肥大したときが収穫適期である。収穫適期は、春どりでは2～4日間、夏どりでは2～3日間と短いので、計画的な出荷に心がける。

播種から収穫までの日数は、春どり栽培で

図13　目合い0.4mmの防虫ネットによって侵入を阻止されるキスジノミハムシの成虫

図14　小カブ横縞症

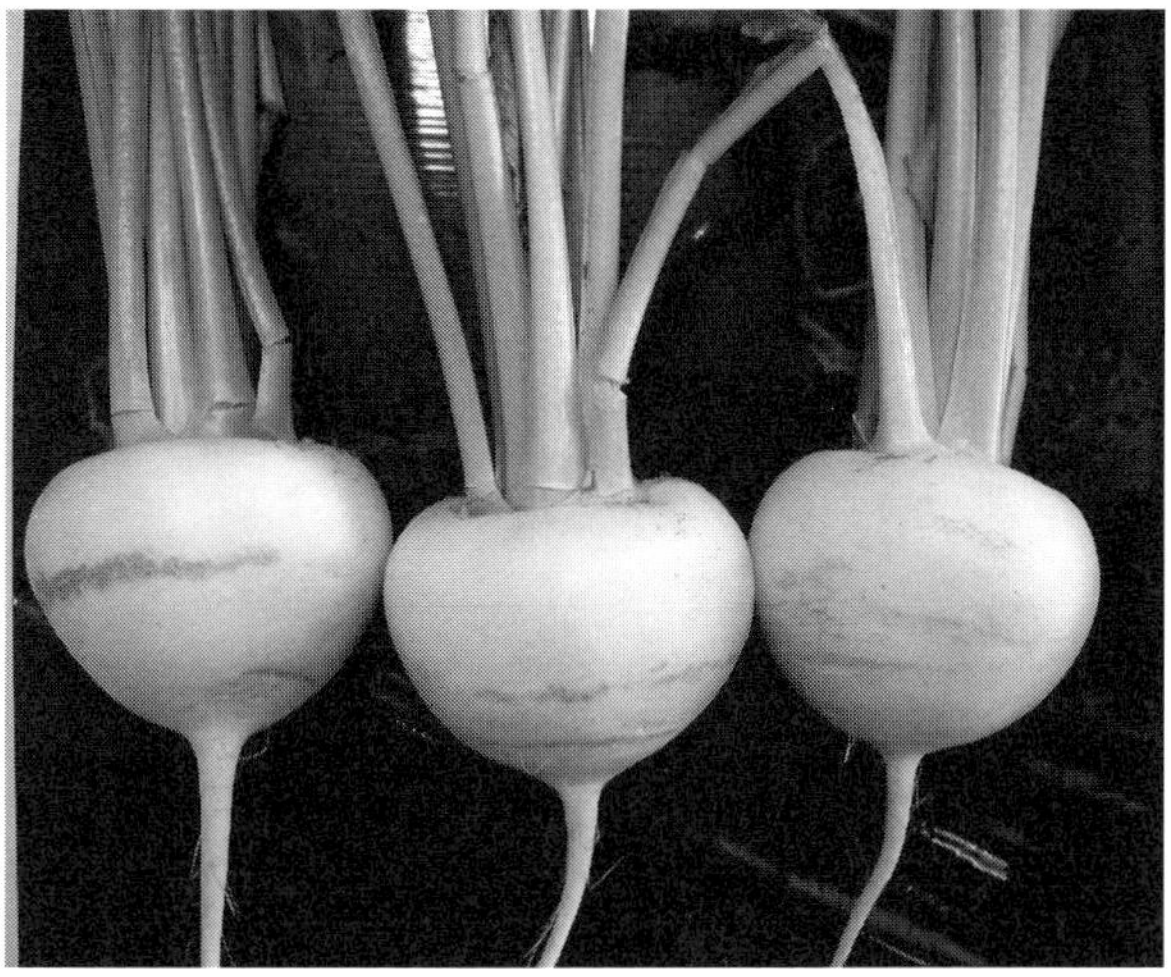

45～70日、夏どり栽培で35～45日である。

収穫の時間帯は、小カブの水分が高い早朝から朝とする。気温が高い日の日中に収穫すると、収穫後間もなく根部は乾き土が落ちにくくなるので注意する。

調製・出荷方法は秋冬どり栽培に準じる。

4　病害虫防除

(1) 基本になる防除方法

主な病気、害虫の防除方法は「小カブの秋冬どり栽培」の表8も参照のこと。

①主な病気と防除方法

小カブやダイコンなどのアブラナ科野菜の作付け頻度が高く、根こぶ病の発生が予想される圃場では、作付け前にバスアミド微粒剤などのくん蒸剤で土壌消毒するか、播種前にフロンサイド粉剤などで薬剤処理する。

糸状菌による地上部病害では、白さび病やべと病が問題になる。とくに、白さび病は4～6月どり栽培で発生が多く、発生が予想される圃場では播種前にユニフォーム粒剤を全面土壌混和する。生育期間中に発生が見られたら、ランマンフロアブルやメジャーフロアブルなどの薬剤を散布する。

軟腐病は、気温が高めの条件で風雨にあうと発生しやすい。予防剤としてジーファイン水和剤などを散布し、発病株は早めに見つけて抜き取ることが大切である。

②主な害虫と防除方法

キスジノミハムシは、春夏どり栽培で最も対策が必要な害虫の一つである。幼虫による根部食害と、成虫による葉の食害の両方が問題になる。アブラナ科作物の連作は避け、播種時にはフォース粒剤かスタークル粒剤を播き溝に土壌混和する。

コナガ、アオムシ、ヨトウムシ類などのチョウ目害虫の防除は、ワリフや防虫ネットなどを活用した物理的防除が基本になる。ワリフなどの被覆資材内で増殖が始まり、個体数が多くなると薬剤防除が困難になるので、初期防除が肝要である。発生初期にBT剤を使用して防除し、その後の発生状況に応じて登録薬剤をローテーション散布する。

アブラムシ類は4～6月に収穫する作型で多く発生し、直接の被害だけでなく、ウイルス病を媒介するので初期防除に心がける。

(2) 農薬を使わない工夫

害虫防除を目的に使用する資材では、目合い0・4㎜の防虫ネットが、キスジノミハムシ、コナガなどの食葉害虫、ハモグリバエ類に対する物理的防除効果が高い。

春どり栽培で問題になる白さび病は、窒素肥料の施用を適正量とし、株間を広めにして栽植本数をやや少なくし、通気性をよくすることで発生を軽減できる。

5 経営的特徴

春どり栽培の経営指標を表14に示した。10a当たりの収量を5200kgとすると、粗収益は約62万円になる。夏どり栽培は、栽植本数が春どり栽培より少ないため、10a当たり収量は3500kg前後である。

一定期間小カブを収穫・出荷する場合は、播種時期を少しずつずらして、連続的に収穫できるように工夫する。

10a当たりの労働時間は264時間で、収穫・調製作業が全体の73％に当たる193時間と最も長い。春夏どりは秋冬どりより収穫適期が短いので、収穫・調製作業にどの程度の労働力がかけられるかを適切に判断し、無理のない作付け計画を立てることが大切である。

（執筆：安藤利夫）

表14　小カブの春どり栽培の経営指標

項目	
収量（kg /10a）	5,200
単価（円 /kg）	119
粗収益（円 /10a）①	618,800
生産用	
種苗費	3,960
肥料費	4,199
農業薬剤費	2,505
生産資材費	3,331
生産用光熱動力費	531
生産用小農具費	2,400
生産用機械費注）	33,082
生産用施設費注）	3,649
共用	
共用機械・施設費注）	34,394
雇用労働費	75,224
出荷用	
出荷用具費	2,425
出荷用光熱動力費	135
出荷用機械・施設費注）	8,619
出荷用資材費	43,519
運賃等従量料金等	12,896
手数料等従率料金等	64,974
農業経営費合計（円 /10a）②	295,844
所得（円 /10a）①－②	322,956
労働時間（時間 /10a）	264

注）機械費と施設費は修繕見積を含む

大カブの秋冬どり栽培

1 この作型の特徴と導入

(1) 作型の特徴と導入の注意点

大カブは比較的冷涼な気候を好み、収穫までの日数もかかるため、春から夏に播種する作型は、寒冷地や山間冷涼地に限られる。したがって、一般温暖地での作型は、小～中カブと違いあまり分化していないので、9月上～中旬に播種し11月中旬から12月下旬にかけて収穫する、秋まき露地栽培が中心になっている（図15）。

(2) 他の野菜・作物との組合せ方

大カブは、メロン、スイカ、カボチャなどの、夏野菜の後作として作付けできる。

アブラナ科野菜の後作にすると、根こぶ病、軟腐病が発生しやすく、キスジノミハムシの食害を受けやすくなるため、避ける。

2 栽培のおさえどころ

(1) どこで失敗しやすいか

①圃場の選定

暴風雨や豪雨によって長時間冠水すると、致命的な打撃を受ける。また、土壌水分の大きな変動、とくに乾燥後の湿潤は裂根のもとになる。

圃場は、排水が容易で水利の便がよい場所を選ぶ。

②適正な播種量と覆土

種子が細かいため密播きになりやすく、間引きに手間取ることが多いので、播種量に注意する。また、覆土が厚すぎると発芽ムラを起こすので、播き溝の深さと覆土の厚さを一定にする。

③肥料のムラ効きに注意

施肥は、生育後半までムラ効きしないように、緩効性肥料と速効性肥料を使い分ける。

図15　大カブの秋冬どり栽培　栽培暦例

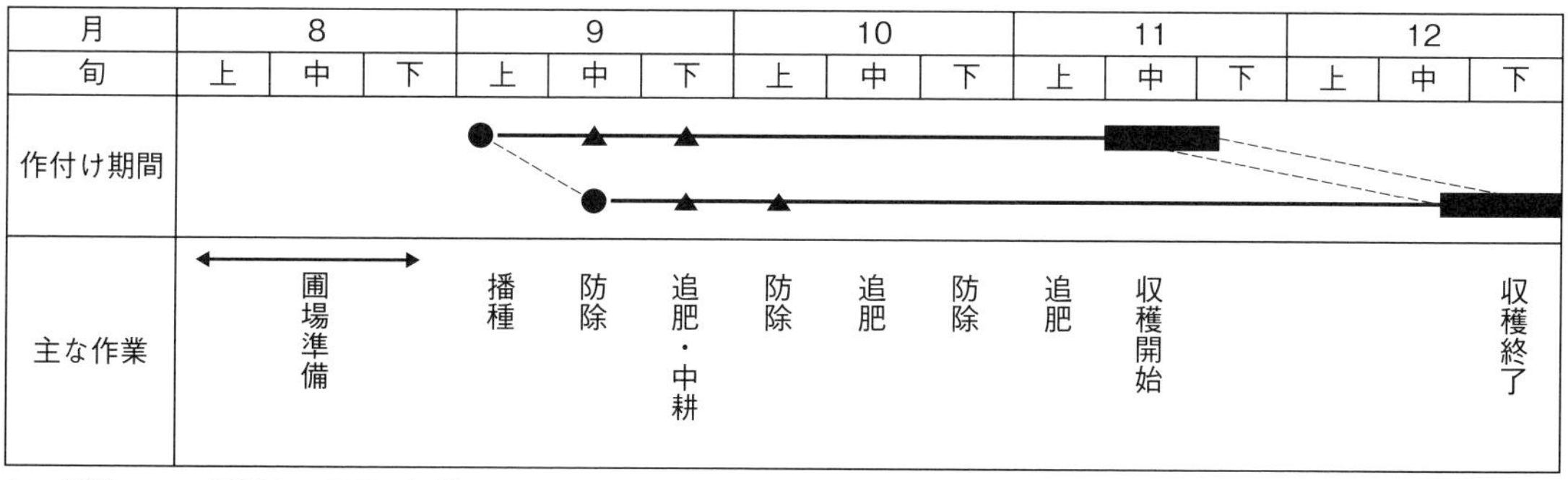

●：播種，▲：間引き，■：収穫

図16　聖護院カブ

また、肥効が切れないうちに追肥する。

④適期収穫

生育が進むと、過熟現象のス入りが発生する。スが入ってしまっては、商品価値がまったくなくなる。したがって、適期に収穫することが大事で、その年の気象条件を加味し、試し切りをして、スが入る前に収穫を済ませる。

表15　大カブ栽培に適した主要品種の特性

品種名	販売元	特性
京千舞	タキイ種苗	根こぶ病に強く，生育旺盛。早太りでス入りの遅い大カブ専用品種。腰高で厚みのある玉に仕上がり，肉質は緻密で繊維が少なく千枚漬けに最適。根重は最大2kg 以上
早生大蕪	タキイ種苗	強勢で早く肥大し栽培は容易。根形の揃いは良好であり，ス入りは遅い。生食用としても千枚漬け用としても使用でき，外観，味ともに良好。根重は最大2kg 以上
CR 味太鼓	丸種	根こぶ病抵抗性で，生育旺盛・肥大性に優れる。根部は白く光沢があり，形は腰高で玉揃いは非常によく，裂根・変形が少ない。根重は最大2kg 以上

(2) おいしくて安全につくるためのポイント

病害虫の発生を少なくし、軟らかな肉質に仕上げるためには、十分な植栽間隔をとり、各株に日射を十分に当て、風通しをよくすることが重要である。

生育初期の病虫害は作柄への影響が大きいので、初期防除に努めるが、自家消費で栽培するなら、生育後半の外皮の傷や葉の病害は大きな問題にならないので、防除回数を少なくしてもよい。

(3) 品種の選び方

大カブを代表するものとして、主に京都府で栽培されている‘聖護院カブ’がある（図16）。‘聖護院カブ’の直径は15㎝以上、重さは2kg以上にもなる。京都の特産物「千枚漬け」の原料になっているため、根径の大きなもの、根形は円筒型に近いものがよいとされる。皮はきれいな白色で、肉質は緻密できめ細かいという特徴がある。

‘聖護院カブ’は、京の伝統野菜の一つであり、自家採種で栽培されてきた歴史があるが、現在は種苗会社から根こぶ病に強い品種がいくつか販売されているため、大規模生産者では、購入種子を使用することが多くなっている。

‘聖護院カブ’以外の主な品種については表15に示した。

3 栽培の手順

(1) 畑の準備

大カブの根は土中に深く入るので、有機質に富み、耕土が深く膨軟で保水力があり、しかも排水がよい圃場を選ぶ。強風によって株元がゆれると、側根が発生して品質を損ねたり、葉が損傷して軟腐病の発生原因になる。したがって、強風を避けられる場所が望ましい。

図17　緑肥（エンバク）のすき込みの様子

播種の1カ月前には、完熟堆肥を10a当たり3t、全面施用する。同時に土壌改良資材として、苦土石灰、BMようりんを施用し、深く耕して土と混和する。また、ホウ素などの微量要素の補充としてFTEの施用も必須である。

完熟堆肥が準備できない場合の代替方法として、ソルゴーやエンバクを緑肥作物として栽培し、圃場へすき込んでもよい。これらの緑肥作物は5月上旬に播種すれば、7月上旬には1～2m程度に生長するので、刈り払い機などで裁断し、ロータリーなどですき込めば有機物の補給になる。エンバクをすき込めば、ネコブセンチュウの被害を軽減する効果も期待できる（図17）。

10a当たりの施肥量は、成分で窒素25～30kg、リン酸15～20kg、カリ15～20kgを目安にする（表17）。

ロータリーで深く耕うんして、平ウネに仕上げる。カブは種子が小さいため、表面の土塊をよく砕き、ていねいに整地する必要がある。2条千鳥播きの場合、ウネ幅150cm、ベッド幅110cm程度とし、水田転換畑では排水を考慮して高ウネになるように努める（図18）。

(2) 播種のやり方

① 播種方法

播種の方法には点播と条播がある。

点播では、あらかじめ40～45cm間隔に種子を3～4粒ずつ播き、順次間引いて1本にする。条播では、播種間隔を5cm程度とって1列に播き、生育が進むにつれて間隔を広げるように間引き、最終的に40～45cmの株間とする。栽培面積や労力に応じ、また使用する播種機によってどちらかを選ぶとよい。

最近では、間引き労力を軽減するため、あらかじめ所定の間隔に1粒ずつ種子を埋め込んだシーダーテープや、一定の間隔で播種できる手押し播種機を利用する事例が増えている。

② 播種時期の選定

目標とする大きさ、肉質のカブを収穫するためには、地域の気象条件に合った播種時期の選定が最も重要なポイントになる。

播種時期が早すぎると、ウイルス病や根こぶ病の発生が多くなって、良品生産が困難に

表16　大カブの秋まき栽培のポイント

	栽培技術とポイント	技術内容
圃場の準備	◎圃場選定	・圃場は，アブラナ科野菜との過度の連作を避け，耕土が深く，保水力，排水ともに良好で，強風を避けられる立地が望ましい
	◎土つくり	・完熟堆肥3t/10aを施用する。また，土壌診断にもとづき，BM熔リン，苦土石灰などの土壌改良資材を施用する ・完熟堆肥施用の代替方法として，5月にソルゴーなどの緑肥作物を播種し，7月に圃場へすき込むことで有機物を補給できる
	◎施肥基準	・施肥成分（kg/10a）は，窒素:リン酸:カリ＝25～30:15～20:15～20を目安とする。FTEの4kg/10a施用は必須である
	◎太陽熱消毒	・梅雨明け後から播種直前まで，ウネ立と同時に透明マルチを被覆すると，太陽熱により病害虫と雑草発生の抑制効果が期待できる
	◎ウネ立て	・2条千鳥播きの場合，ウネ幅150cmを目安にする
播種方法	◎条間，株間	・条間45～50cm，株間40～45cm（2条千鳥）
	◎播種量，播種方法	・点播では，1カ所当たり3～4粒播きとする。播種機やシーダーテープを利用してもよい ・播種直後に十分に灌水する
播種後の管理	◎間引き	・間引きは2回に分けて行なう。子葉が過大，過小のもの，色が薄すぎたり濃すぎるもの，病害虫に侵されているものを優先して間引く ・1回目（播種後約10日）：子葉展開時に密生部を間引く ・2回目（播種後約20日～30日）：本葉6枚前後のころに，1本立てに間引く
	◎追肥，中耕	・追肥は2～3回行なう ・1回目（播種後15日ころ）：ウネ中央部に追肥し，同時に中耕を行なう。追肥は元肥に緩効性肥料を用いることで省略可能 ・2回目（播種後30日ころ）：ウネ中央部に追肥する ・3回目以降（播種後40日以降）：生育状況（葉色等）に応じて施用
	◎灌水	・5日以上降雨がない場合は積極的に灌水し，肥効の維持と水分吸収を促す ・とくに根部肥大期の乾燥は内質が悪くなるだけでなく，裂根しやすくなるので，水管理に注意し，降雨が少ないときは積極的に灌水する
	◎病害虫防除	・べと病，白斑病の発生に注意し，予防防除と発生初期の徹底防除に努める。肥切れは発生を助長するので，肥培管理に注意する
収穫	◎適期収穫の徹底	・規格に合う大きさになったものから順次収穫する ・収穫遅れは肉質の悪化，ス入りを発生させるので，遅れないようにする

なり、空洞も発生しやすくなる。

逆に遅すぎると、生育後半の低温で根部の肥大が十分に行なわれず、生育期間がいたずらに長引いて、肉質の劣化や抽台になりやすい。

(3) 播種後の管理

① 間引き

間引きは2回に分けて行なう。子葉が過大や過小のもの、色が薄すぎたり濃すぎるも

図18　大カブ栽培でのウネのとり方と追肥，培土位置

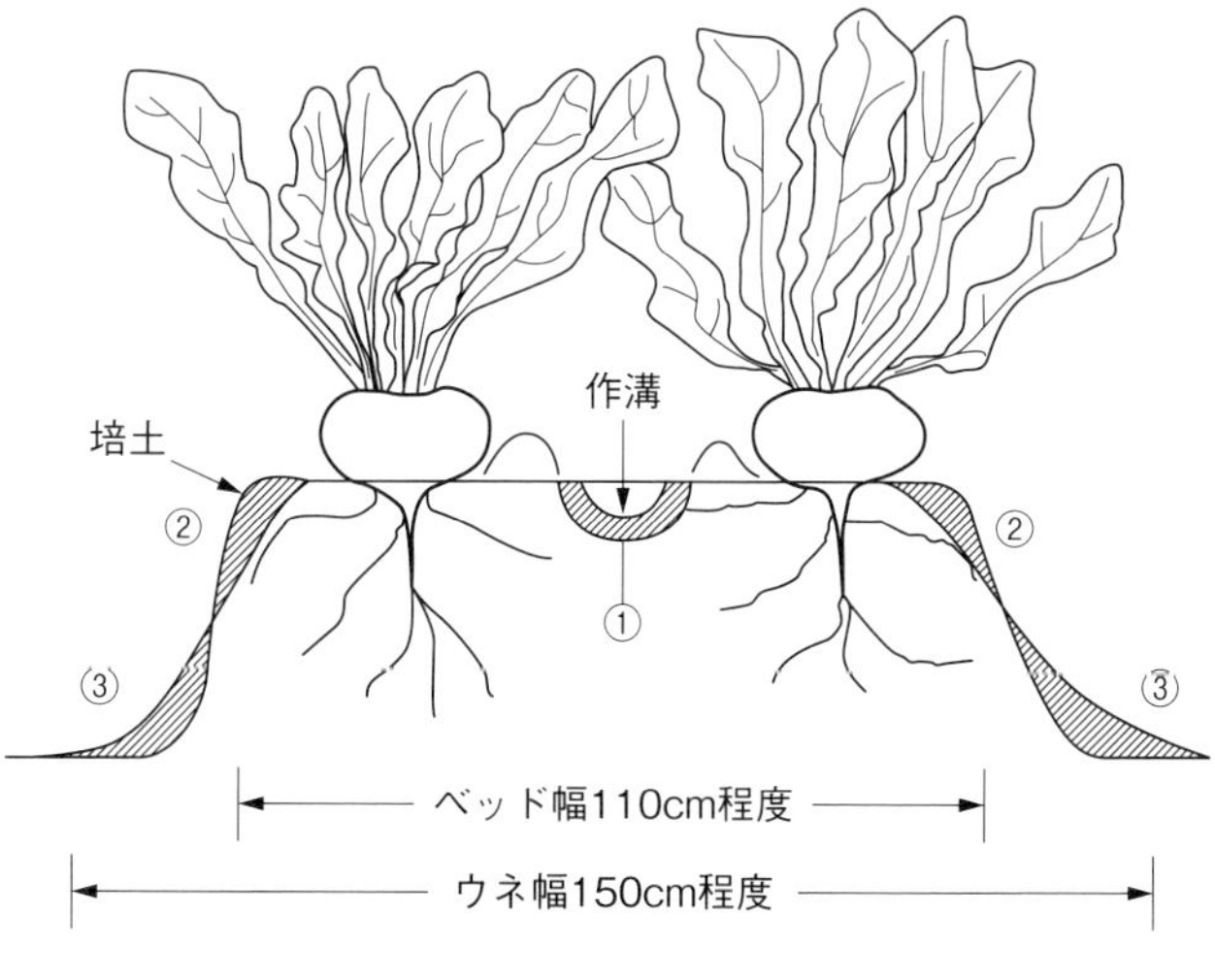

の、病害虫に侵されているものを優先して間引く。

1回目は、子葉展開時（播種後約10日）に密生部を間引く。株の揃いをよくするため、子葉の大きすぎるものや、小さいものを優先して間引く。

2回目本葉6枚前後のころ（播種後約20～30日）に、生育が中庸のものを揃えて残し、1本立てに間引く。間引いた勢いで株が倒れそうになったら、株元に軽く土寄せを行なう。

②追肥、中耕

生育の状況に合わせて、追肥と中耕を行なう（図18参照）。

1回目は、播種後15日ころウネ中央部に追肥し、除草を兼ねて中耕して浅く溝をつける。生育が遅れたり葉色が淡い箇所には、追肥をやや多めにし、生育を揃える。

2回目は、1本立て時にウネの両肩上部に施し、中耕して土寄せする。

3回目は、播種後40～45日ころ、生育状況（葉色など）に応じて、ウネの両肩の下部に施す。この時期になると葉が茂ってきているため、葉折れなど傷をつけないように注意する。

③灌水

5日以上降雨がない場合は、積極的に灌水し、肥効の維持と水分吸収を促す。

とくに、胚軸部肥大期（播種後40日以降）の乾燥は、内質が悪くなるだけでなく裂根しやすくなるので、水管理に注意し、降雨が少ないときは積極的に灌水する。

(4) 収穫

用途や出荷時期で異なるが、おおよそ1kg以上（千枚漬け用は加工業者の要求にしたがうが、約1・7kg以上は求められる）になったものから順次抜き取って収穫し、同時に根の先端と葉を鎌などで切り落とす。清水で表面を洗浄し、側根を切除するなど、調製して出荷する。

表17　施肥例　（単位：kg/10a）

緩効性肥料

	肥料名	施肥量	成分量 窒素	成分量 リン酸	成分量 カリ	備考
元肥	完熟堆肥	3,000				全面施用
	苦土石灰	100				全面施用
	緩効性肥料 14-14-14	100	14	14	14	全面施用
	FTE	4				全面施用
追肥	従来型肥料 12-10-10	20	2.4	2	2	播種後30日ころ
	尿素	10×2回	9.2			播種後40日以降生育により判断
施肥成分量			25.6	16	16	

従来型肥料

	肥料名	施肥量	成分量 窒素	成分量 リン酸	成分量 カリ	備考
元肥	完熟堆肥	3,000				全面施用
	苦土石灰	100				全面施用
	FTE	4				全面施用
	従来型肥料 12-10-10	100	12	10	10	全面施用
追肥	従来型肥料 12-10-10	1回目20	2.4	2	2	播種後15日ころ
		2回目20	2.4	2	2	播種後30日ころ
	尿素	10×2回	9.2			播種後40日以降生育により判断
施肥成分量			26	14	14	

表18　病害虫防除の方法

	病害虫名	特徴と防除法
病気	根こぶ病	抵抗性品種を栽培するとともに，本病はアブラナ科のみに発生するので，アブラナ科の連作を避けることも重要である。罹病株を放置したり，耕うん機などによって残渣をすき込むのは厳禁である
	黒腐病	登録のある薬剤を散布する。薬剤は発病前から予防的に散布し，とくに，強風雨の前後は可能な防除をすることが重要である。害虫を防除して食害痕をつくらないことも，発病を抑えるのに有効である
	白さび病	登録のある薬剤を散布する。多発すると防除がむずかしく，発生初期あるいは予防的に散布する。罹病株を畑に放置したり，すき込んだりすると発生を助長するので，圃場外に持ち出し処分する。窒素過多や密植条件でも発病を助長するので，適切な管理に努める
	軟腐病	連作を避け，過湿な土壌では排水に努める。登録のある薬剤もあるが，発病してからの散布は効果が低いため，発病前から予防的に散布する。罹病株を畑に放置したり，すき込んだりすると発生を助長するので，圃場外に持ち出し処分する
	べと病	登録のある薬剤を散布する。気温が低く曇雨天が続くと発生しやすくなるため，発病初期あるいは予防的に散布する。肥切れは発病を助長するので，適切な肥培管理を心がける
	白斑病	登録のある薬剤を散布する。連作を避け，圃場の排水をよくするとともに，株間を十分にとり，通風をよくする。肥料切れは発生を助長するので，適切な肥培管理を心がける
害虫	アブラムシ類	登録のある薬剤を散布する。圃場をよく観察し，発生初期に防除するよう努める。銀色反射光を嫌うため，銀色のテープやマルチを利用すると被害が軽減できる
	キスジノミハムシ	登録のある薬剤を散布する。圃場をよく観察し，発生初期に防除するよう努める。アブラナ科野菜の連作は，発生密度を高めるので避ける。目合い0.8mm以下の防虫ネットでウネを被覆すると，成虫の侵入を防ぎ被害を軽減できる
	カブラハバチ	登録のある薬剤を散布する。圃場をよく観察し，発生初期に防除するよう努める。幼虫が葉上に多い晴天の日に散布するとより防除効果が高い。また，成虫が産卵できないように防虫ネットで覆うことで被害が軽減できる
	コナガ	登録のある薬剤を散布する。圃場をよく観察し，発生初期に防除するよう努める。アブラナ科の雑草にも発生するので，圃場周辺の除草を徹底する
	アオムシ	登録のある薬剤を散布する。圃場をよく観察し，発生初期に防除するよう努める。モンシロチョウの幼虫であり，発生量がわずかなときは，手による捕殺でも防除可能である

播種日により異なるが、播種後70～120日が収穫の目安になる。

4　病害虫防除

(1) 基本になる防除方法

圃場をよく観察し、各種病害虫の発生を認めたら、すみやかに登録のある薬剤を散布する。病害は予防的散布も行なったほうがよい。

最も防除が困難な病害は、土壌伝染性病害の根こぶ病である。対策は、アブラナ科野菜の連作を避けるとともに、発生の恐れがある場合には抵抗性品種を用いる。

虫害では、キスジノミハムシとコナガが難防除害虫である。キスジノミハムシは根部と地上部に被害を与え、コナガは薬剤抵抗性がつきやすい。発生初期の防除に努め、薬剤は適用のあるものをローテーションして用いる。

他に、病害ではべと病、軟腐病が、害虫ではアブラムシ類、カブラハバチ、コナガ、アオムシが発生しやすい。いずれも登録に留意して初期防除に努める。

(2) 農薬を使わない工夫

アブラナ科野菜を連作すると、発生が助長される病虫害が複数あるので、可能なかぎりアブラナ科以外の作物との輪作に心がける。根こぶ病対策では、抵抗性のある品種を栽培する。

小規模栽培では、寒冷紗などの防虫資材で被覆し、コナガ、アオムシ、ヨトウムシ、アブラムシ類などの飛来を防ぐことができる。ただし、キスジノミハムシに対しては、目合い0・8㎜以下の防虫資材でないと効果がない。

作付け前に、緑肥作物としてエンバクを栽培し、すき込めばネコブセンチュウの被害を軽減する効果が期待できる。

また、夏にウネ立てと同時に透明マルチで3〜4週間被覆すれば、太陽熱消毒により各種病害虫、雑草発生の抑制効果がある。ただし、十分な日照が得られない年は、効果が低下する。

5 経営的特徴

千枚漬け用として栽培されている大カブは、漬物加工業者と直接取引している例も多い。表19には、加工用（千枚漬け）用大カブを比較的大規模（1〜2ha）で栽培している経営事例を示した。

表19　大カブの経営指標

項目	
収量（kg/10a）	5,340
単価（円 /kg）	120
販売額（円 /10a）	640,800
経営費（円 /10a）	
種苗費	3,900
肥料費	49,740
農薬費	17,100
光熱水費	9,700
小農具費	7,600
荷造包装費	56,250
修繕費	12,500
雇用労働費	74,940
運賃	106,800
販売手数料	64,080
その他	16,900
小計	419,510
減価償却費	35,950
合計	455,460
所得（円 /10a）	185,340
所得率（%）	28.9
労働時間（10a）	81
時間当たり所得（円 /10a）	2,288

10a当たり労働時間は、耕うんから調製・出荷まで約81時間である。1戸当たり1ha以上を作付けされることもある。

10a当たり収量は5340kg、粗収益64万円、所得率30％程度、所得18万円程度が一つの目安になる。ただし、大カブの場合、品質や等級割合、栽培面積、出荷形態によって所得幅が大きい。

千枚漬けに加工される大カブは、需要が秋から冬に限られるので、景気の動向や作柄によって取引価格が大きく変動する。

市場出荷の場合は、量的なまとまりが必要になる。そのため、荷受会社と相談のうえ生産者共同の出荷基準を定め、需要動向に応じた計画的生産・出荷に努める。

（執筆：山口俊春）

ニンジン

表1　ニンジンの作型，特徴と栽培のポイント

主な作型と適地

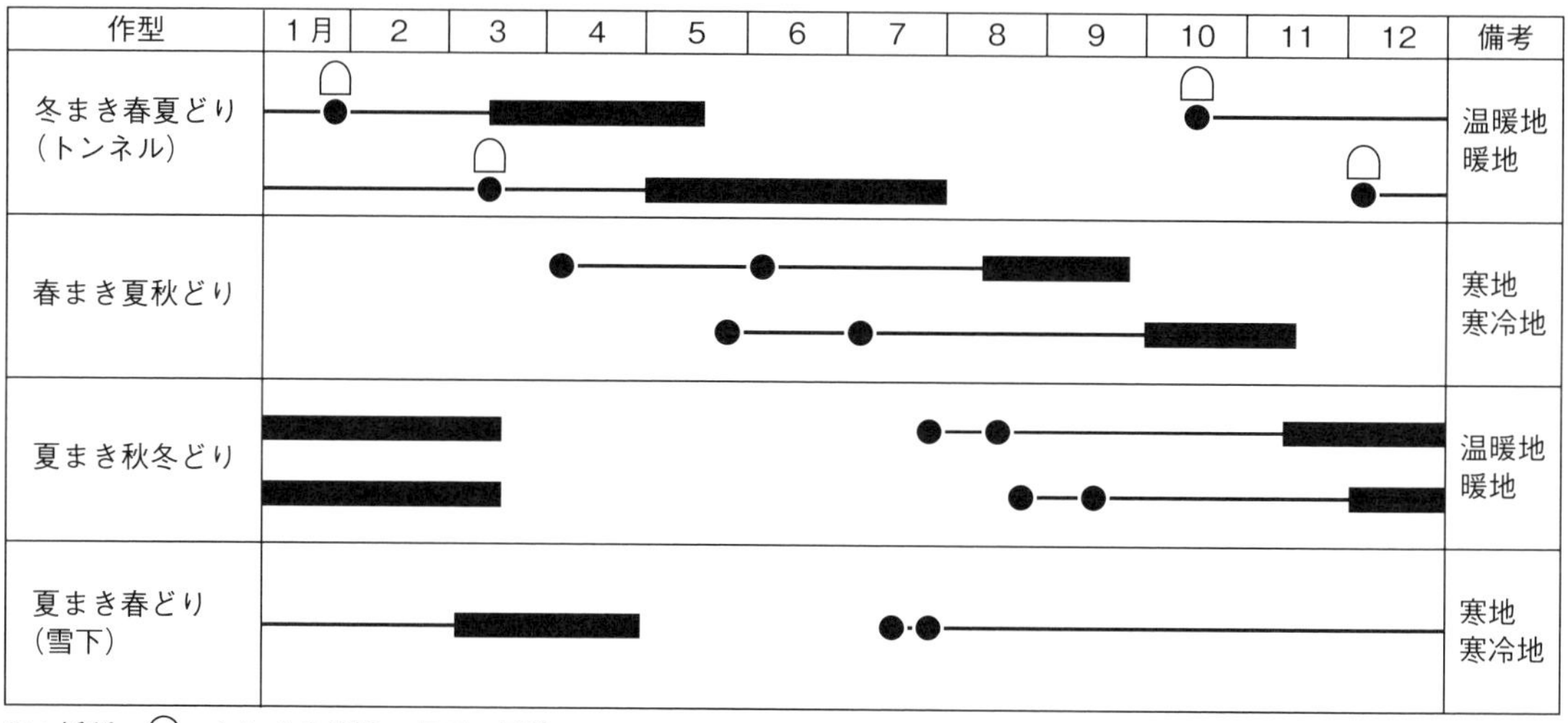

●：播種，⌒：トンネル被覆，■：収穫

特徴	名称	ニンジン（セリ科ニンジン属），別名：世利仁牟志牟，人参菜
	原産地・来歴	原産地は中央アジアのアフガニスタン，トルコで栽培化されてヨーロッパで発達した西洋種と，中国に伝播して発達した東洋種がある，わが国へは東洋種が16～17世紀に，西洋種は19世紀に渡来し，西洋種は北海道で寒地型が，長崎で暖地型ができ，現在の栽培品種のもとになっている
	栄養・機能性成分	英名carrotがカロテンの由来となるほど，カロテノイド系色素豊富な代表的緑黄色野菜である。主な色素成分は，オレンジ色の西洋種がβ-カロテン，紅色の‘金時’はリコペン，黄色の‘島ニンジン’はキサントフィル，紫色の品種はアントシアニンである。食物繊維はサツマイモを上回る。西洋種は約50gで1日のビタミンA必要量がとれる。葉もビタミン，カロテン豊富な緑黄色野菜である
	機能性，薬効など	カロテンは体内でビタミンAに変換される。抗酸化作用，粘膜強化，免疫力向上，老化防止，目の機能維持，ガンや心臓病予防効果などがある。リコペンは活性酸素を消去する抗酸化力が強く，動脈硬化や老化防止効果もある。アントシアニンは抗酸化作用，眼精疲労回復効果がある。食物繊維は整腸作用がある
生理・生態的特徴	発芽条件	種子は吸水力が弱いため，土壌水分が少ないと発芽率が著しく低下する。発芽適温は15～25℃で，適温では発芽揃いに7～10日，10℃では14日，5℃で30日要し，35℃以上では発芽不良になる。猛暑時には，発芽したものが高温で胚軸が焼けて枯死することもある
	温度への反応	適温は生育初期は20～25℃，生育中期以降は16～21℃。根部肥大適温は16～18℃，3℃以下で肥大が停止する。カロテン生成適温は16～21℃，13℃以下，25℃以上で低下する。地温で根形が変化する

（つづく）

生理・生態的特徴	日照への反応	光飽和点は4万 lx で，それほど高くはないが，密植したり間引きが遅れると光の競合が起きて茎葉が徒長する
	土壌適応性	好適土壌 pH は6.0～6.5，地下水位50～60cm 以下の排水・保水性のよい土壌が適し，肥大根は3日以上湛水すると障害を受ける。土壌水分が多いとカロテン生成が抑制される。土壌が硬いと根が偏平になり，肥大不良や肌荒れの原因になる。根の正常な発育・肥大には，山中式硬度計で14mm 以下であることが望ましい。作土の深さは，五寸群で20cm 以上確保する
	開花習性	一定の大きさになった株が，東洋種は15℃，西洋種は10℃以下の低温・長日で花芽分化が誘導され，その後の高温・長日で花芽の発育・抽台が促進される。'金時' は3～4葉，'チャンテネー' は11葉で感応する。長日だけでも花芽分化するので，6～7月に播種する作型では品種の日長感応性も考慮する
栽培のポイント	主な病害虫	地上部病害では黒葉枯病，黒斑病，斑点細菌病，土壌病害ではしみ腐病，乾腐病，根腐病，害虫は根に被害を与える線虫，ヒョウタンゾウムシ，ニンジンハネオレバエ，茎葉を食害するカブラヤガ（ネキリムシ），キアゲハなど
	他の作物との組合わせ	ダイコン，キャベツ，レタス，線虫対抗植物や緑肥作物などと組み合わせ，3～4年の輪作を行なう

この野菜の特徴と利用

(1) 野菜としての特徴と利用

① 原産・来歴と生産の現状

ニンジンの原産地はアフガニスタンで，トルコを経てオランダを中心に改良された西洋種と，中国に伝播して発達した東洋種に大別される。現在は，西洋種の中の，根長15～20cmの五寸群が主に栽培される。

2020（令和2）年の作付け面積は1万6800ha，出荷量52万5900t，産出額578億円で，近年，作付け面積は微減ながら単収の向上により出荷量は横ばいである。主な産地は北海道，千葉県，青森県，徳島県，茨城県，長崎県で，これらで作付け面積全体の約7割を占める。

一方，輸入は，生鮮物がタマネギ，カボチャに次ぐ8万4000t，生鮮のおよそ10分の1に濃縮されるジュースが3万3500tあり，ジュースを生鮮に換算すると国産出荷量の8割近い量が輸入されていることになる。

② 利用法と主な品種群

利用法は，煮物，炒め物，スティックサラダ，ジュース，ジャムなど多様である。若葉も天ぷらなどで食べることができる。ジュースの消費も多く，加工・業務用への仕向け割合は野菜の中で最も高い65%である。

近年増加している加工・業務用は，ジュースやサラダ，カット，加熱調理用に使われる。市場出荷では200g前後のM，L級の価格が高いが，カット，加熱調理用では尻詰まりのよい円筒形で橙紅色の色鮮やかな，2Lクラスの大型規格品が望まれる。

1人当たり年間購入量は野菜の中で6番目の2.7kgで，食卓に彩を添える栄養・機能性成分豊富な食材として，今後も堅調な消費が期待できる。

貯蔵最適条件は，温度0℃，湿度98～100%で，3～6カ月貯蔵できる。

主な品種群と用途例は表2のとおりである。

③栄養・機能性成分

代表的な緑黄色野菜で、肥大根にはカロテノイド系色素が豊富に含まれる。主な色素成分は、オレンジ色の西洋種はβ-カロテン、紅色の‘金時’はリコペン、黄色の‘島ニンジン’はキサントフィルである。

近年、アントシアニンを主成分とする濃紫色の品種や、白色の品種も見られる(図1)。いずれの色素も、健康維持、疾病予防にかかわる生体調節機能を持つ。

(2) 生理的な特徴と適地

①生育適温

肥大根は下胚軸と主根が発育・肥大した、直根性の師部肥大型根菜である(図2)。

発芽適温は15~25℃で、5℃以下や35℃以上では発芽しにくい。種子は吸水力が弱いため、播種時の土壌水分が発芽に強く影響し、発芽不良がしばしば問題になる。

生育初期は30℃以上の高温にも耐えるが、根部の肥大・着色期は平均気温16~21℃、地温16~18℃が適温で、3℃以下で肥大が停止する。

根形は地温で変化する。16~18℃では品種本来の長さに、13~14℃では長めに、25℃前後では短く肩張りした逆三角形になる。生育前期が低温で、その後高温になると尻細で長

表2　品種のタイプと主な用途

品種群		用途
西洋種	五寸 ナンテス ダンバース ミニキャロット	各種調理，ジュース 各種調理，スティックサラダ 加工用 スティックサラダ，各種調理
東洋種	金時	煮物（日本料理，正月料理）

図1　ニンジンの根の変化は多様

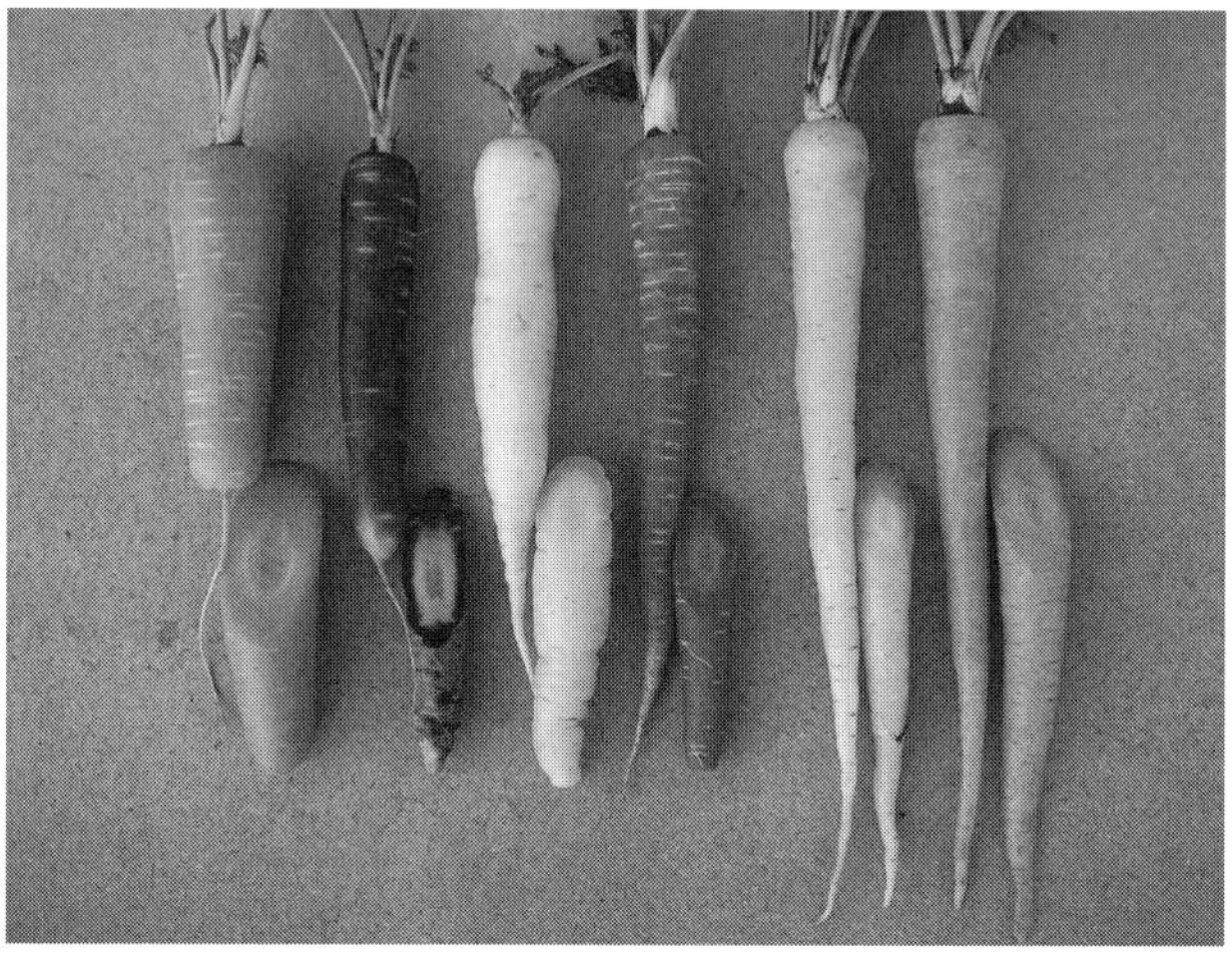

図2　ニンジンの根の生長と各部位の名称

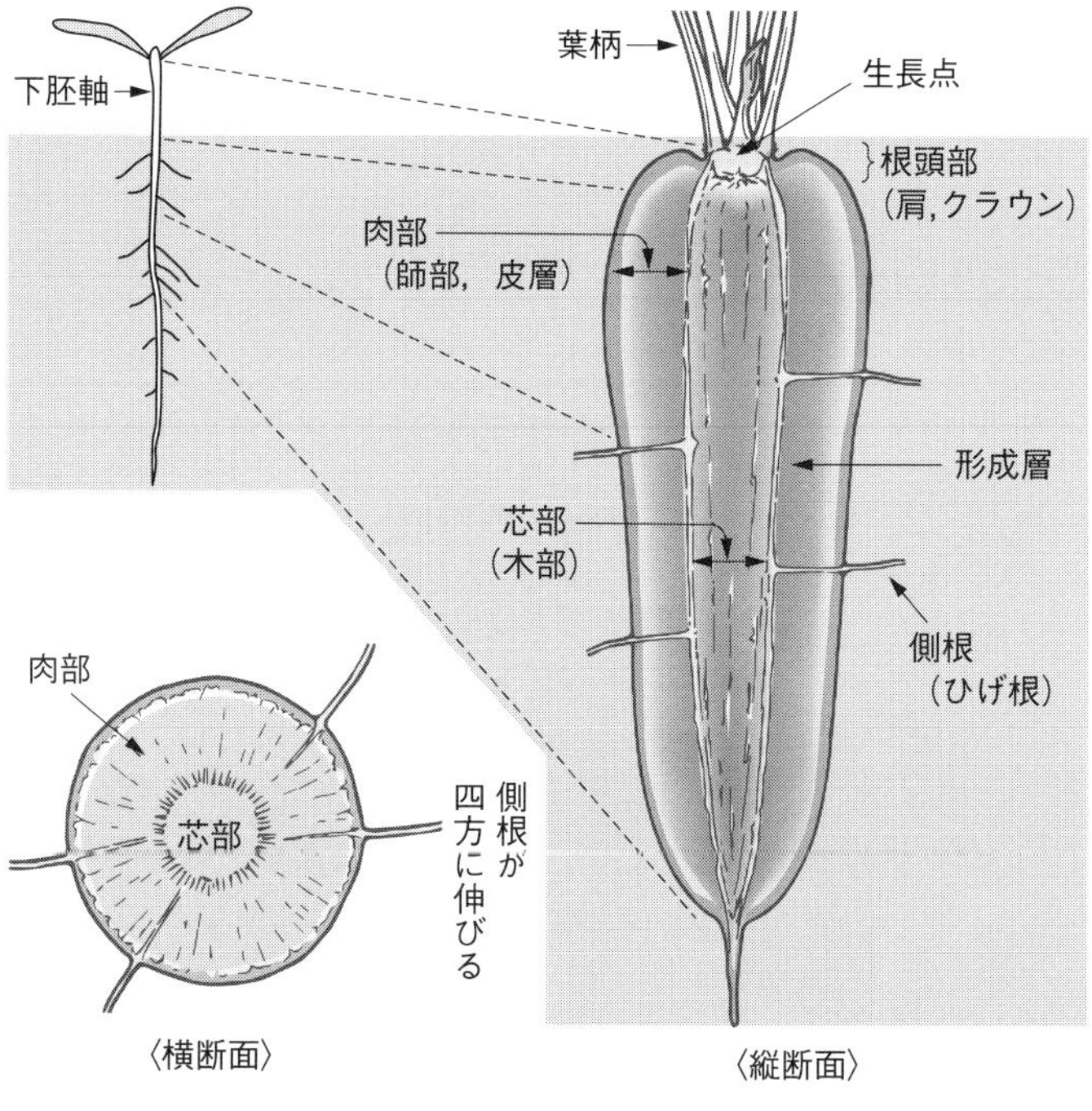

根になる（図3）。

　根部の色素はカロテノイドで、生成適温は16～21℃で、13℃以下や25℃以上で抑制され、土壌水分が多すぎても生成が少なく根色が淡くなる。五寸群のカロテン含量は表皮に近い部分に多く、師部には木部の約2倍あり、糖含量も師部に多い。

②花成と花芽分化の条件

　花成は緑植物春化型で、一定の大きさになった株が、西洋種では10℃以下の低温・長日で花芽分化が誘導され、花芽分化後は高温・長日で花芽の発育・抽台が促進される。長日だけでも花芽分化し、20℃以上で脱春化する。低温感応する葉齢は品種で違い、早期抽台株の花芽分化時の葉齢は3～13葉と品種間差異がある。

　抽台すると肥大根の木部が硬くなったりスが入り、食用に適さなくなる。

　冬のトンネル栽培では、晩抽性品種と昼の高温による脱春化で抽台を防ぎ、4～6月の端境期生産を可能にしている。

図3　地温とニンジンの根形

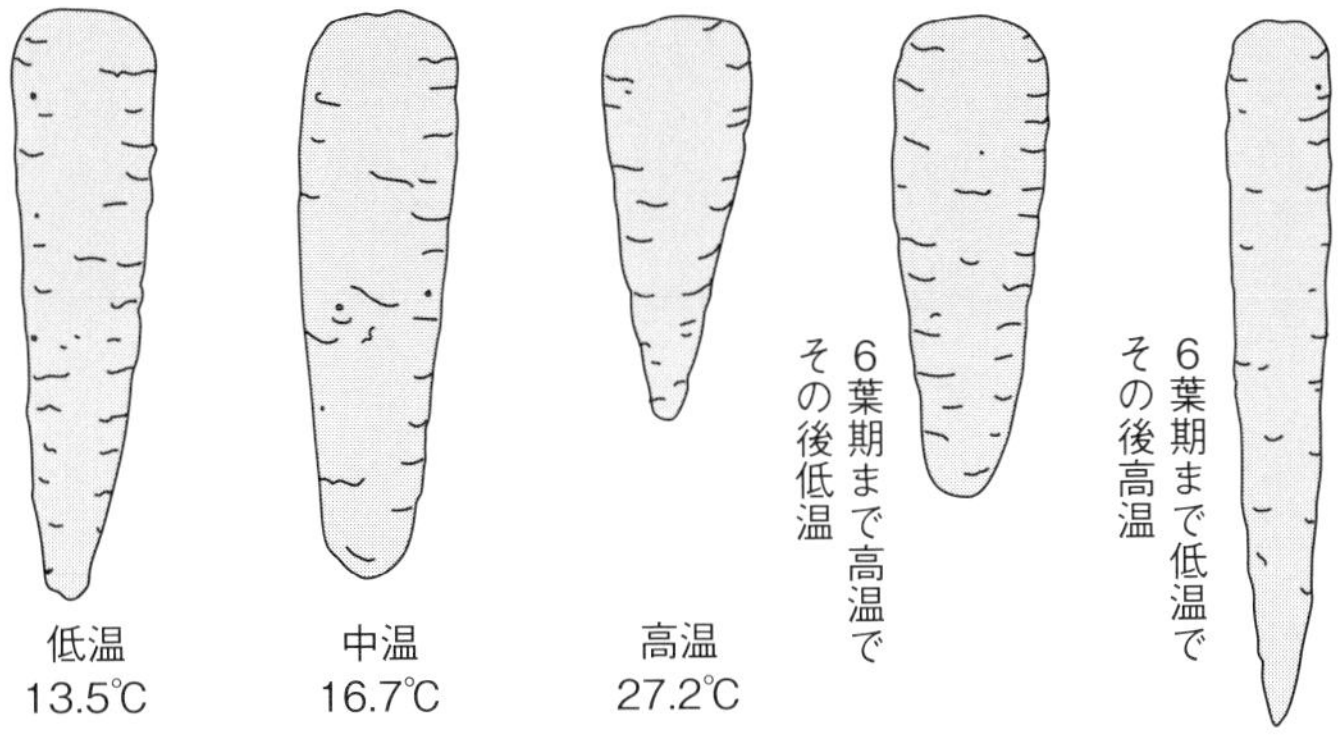

表3　ニンジンの主な根部障害の発生要因と防止対策

障害名	発生要因	防止対策
裂根	木部の肥大に師部の肥大が追いつかないために発生する。生育初期の低温・乾燥で根の組織が老化した場合，生育後期に急激に肥大すると発生する	トンネル栽培では保温，地温上昇を図る。生育初期の土壌水分を適度に保つ。排水・保水性のよい圃場を選び，有機物を施用して土壌の物理性を改善する。生育後期に急激な肥効を発現させないために，多肥を避け，追肥は早めに施用する
岐根	土壌病害虫，土壌消毒剤のガスなどで根が損傷すると発生する。発芽力が弱い種子を使用すると発生しやすい	有機物がよく腐熟してから播種する。土壌病害虫の防除。土壌消毒後のガス抜き。条件を整えて一斉に発芽させる
青首	光が当たって葉緑素がつくられ，肩部が緑色になる	本格的に肥大する前に株元に土寄せを行なう
えくぼ症	肩部がえくぼのようにへこむ。生育初期の胚軸の裂開の痕跡が残ったもの。生育初期に高温・強日射にさらされると発生しやすい	生育初期に軽く土寄せをして胚軸を保護する
ほやけ症	根部表面が黒く変色するもので，ホウ素欠乏で発生する	ホウ素資材を施用，葉面散布する
白斑症	低温などでカロテンの生成量が少ないために発生する	厳寒期に肥大する作型では，トンネルの大型化で保温力を強化する。マルチで地温上昇を図る。低温着色性のよい品種を利用する
空洞症	根の中心部が縦に空洞になるもので，温暖・多窒素などで根が急激に肥大すると発生しやすい	窒素を適正施用。株間を狭くする。発生しにくい品種の使用

③土壌適応性

　土壌適応性は比較的広く水田でも栽培できるが、地下水位50～60㎝以下で排水・保水性がよく、土塊のない膨軟で肥沃な土壌が適する。好適土壌pHは6～6.5で、pH5.3以下になると生育低下が見られる。肥大根が3日以上湛水すると、腐敗などの障害が発生する。

　土壌の緻密度が大きいと根が偏平になり、肥大不良や肌荒れの原因になる。根が正常に発育・肥大するためには、土の硬さが山中式硬度計で14㎜以下が望ましい。

　作土の深さは五寸群で20㎝以上確保する。

④養分吸収特性

　10ａ当たりの養分吸収量は、窒素15～20kg、リン酸5～8kg、カリ20～24kg、石炭8～10kg、苦土2～4kgである。土壌中のホウ素含量が少ないと根部表皮が黒ずむ症状が発生することがある。

　土壌中の養分が極端に少なくなると、根部肥大が不良になるとともに、テルピネン、リモネンなどの揮発性成分が増加して、ニンジン臭が強くなる。

⑤作型分化

　根部肥大・着色期が適温になる時期に播種することや、保温資材を利用することによって作型が分化し、北海道から沖縄まで各地の気象条件に適した時期に作付けされている。

（執筆：川城英夫）

夏まき秋冬どり栽培

1 この作型の特徴と導入

(1) 作型の特徴と導入の注意点

①ニンジンの基本作型

　夏まき秋冬どり栽培は、夏に播種して秋の適温下で根部を肥大・着色させ、秋から冬にかけて収穫するもので、ニンジンの生育に最も適する基本作型である。東北から九州、沖縄まで栽培でき、低温期に向かうことから品質がよく、収穫適期幅が長い。

　五寸群の場合、7月中旬～9月上旬にかけて播種し、播種後90～110日で収穫が始まる。積雪のない地域では、強い冷え込みがくる前に土寄せをして根部を防寒しておけば、圃場で越冬可能で、抽台が始まる翌年の3月まで順次収穫・出荷ができる。積雪下で越冬させて、春に収穫・出荷することも行なわれている。

　関東での生育経過は図5、6のようになる。近年、品種の早生化、温暖化にともなって生

図4　ニンジン夏まき秋冬どり栽培　栽培暦例

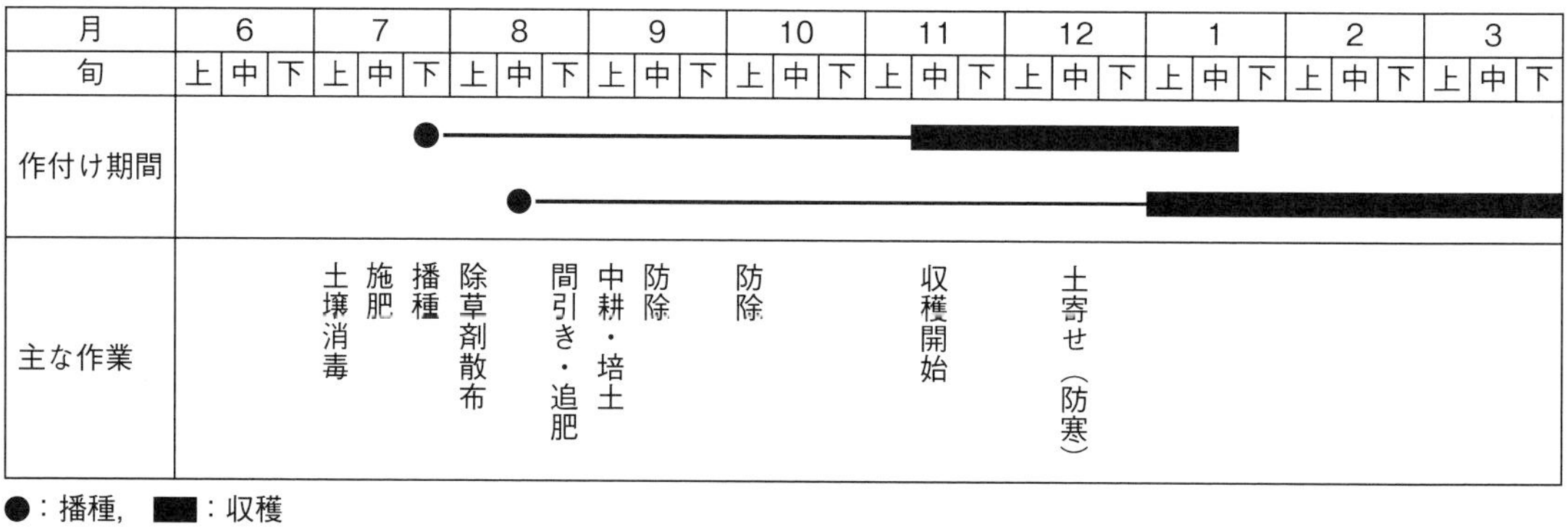

●：播種，■：収穫

産日数が短くなり、播種期の晩限が遅くなっている。

② 導入の注意点

本作型は、生育初期が高温の夏、生育中・後期が秋から冬になり、根部の肥大・着色期を適温にするための播種期の判断が重要である。

真夏に播種するため発芽不良になりやすく、秋は台風が襲来して湿害や塩害が生じると不作になり、価格が高騰することがある。

(2) 他の野菜・作物との組合せ方

前作には、6月までに収穫を終える春夏野菜を導入し、これと作付け体系をとることができる。

導入できる作物としては、トンネル栽培のスイカやスイートコーン、ダイコン、6月に収穫を終えるジャガイモ、春どりのキャベツ、ブロッコリー、レタスのほか、短期間に収穫できるコマツナ、ホウレンソウなどの軟弱野菜があげられる。

2 栽培のおさえどころ

(1) どこで失敗しやすいか

本作型の栽培上の問題は、高温干ばつや播種後の豪雨による発芽不良、台風襲来時の湿害、古い産地ではネコブセンチュウやしみ腐病、乾腐病といった土壌病害虫の被害などである。また、新規導

図5　夏まき栽培の生育経過（7月27日播種）

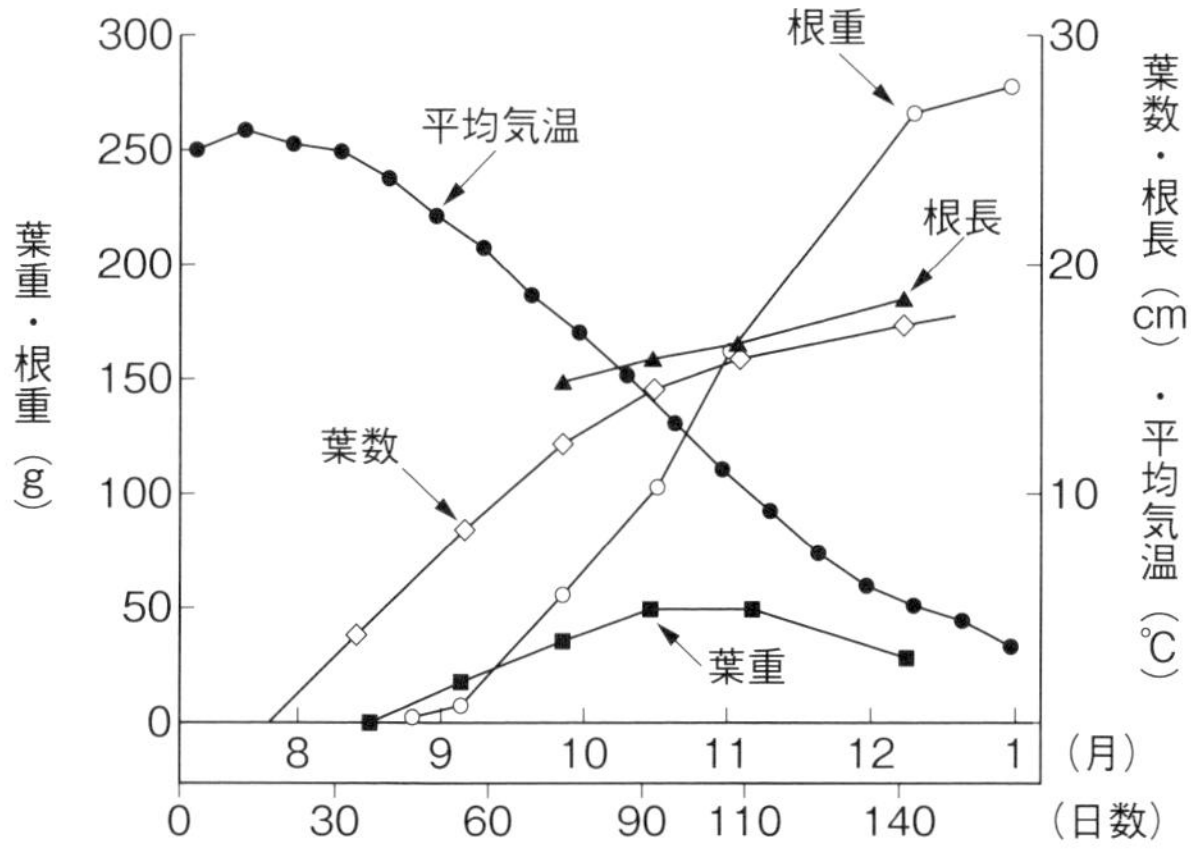

図6　夏まき栽培の生育と栽培管理

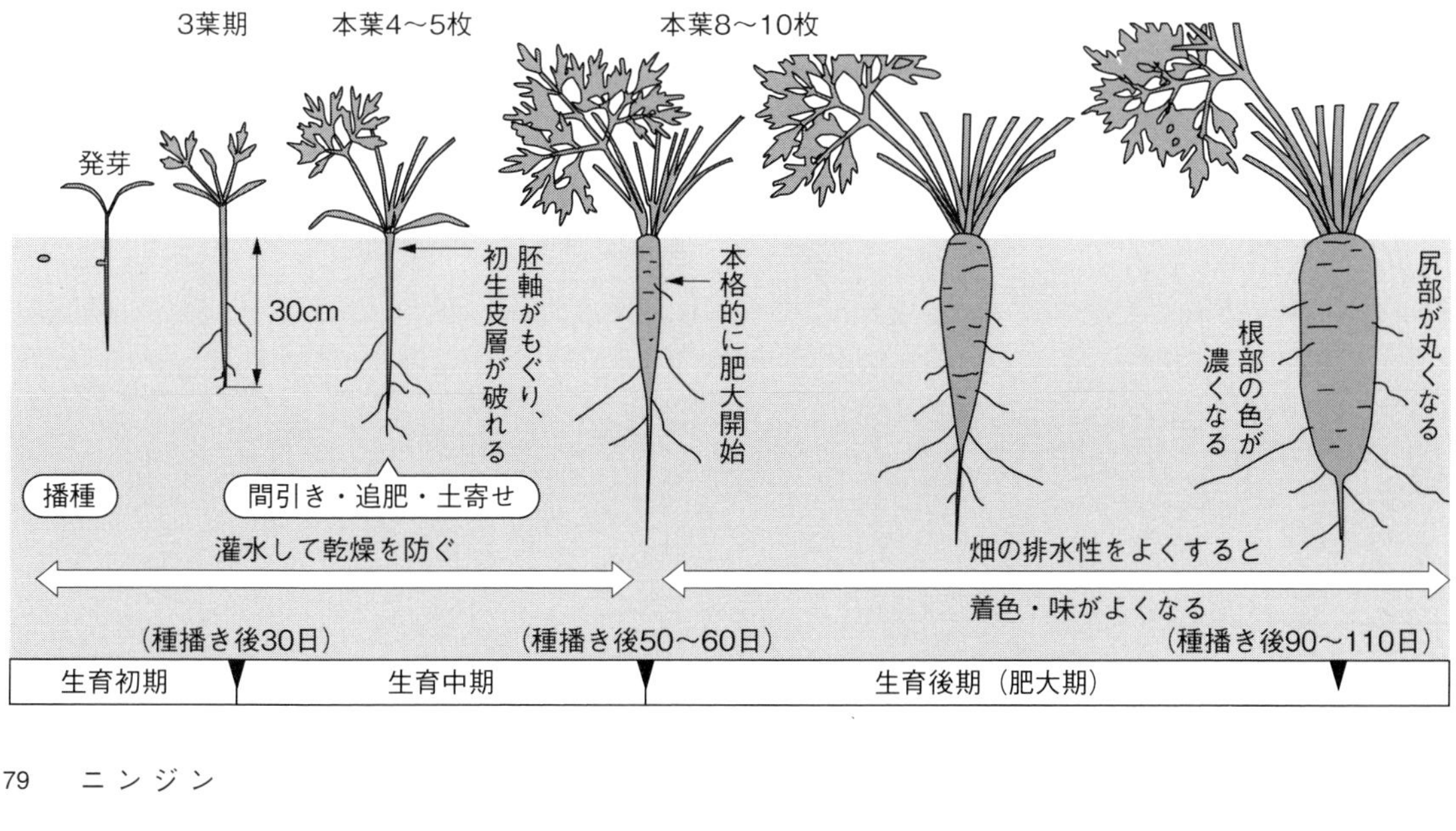

入産地では、雑草繁茂によって収穫を断念せざるを得ないことも少なくない。

播種期が適切でないと根部形状や肥大不良に、株間が広すぎると価格の安い大型規格の割合が多くなる。

栽培のおさえどころをあげると次のようになる。

①畑の水はけを良好にする

水田の粘質土や排水不良畑にニンジンを導入する場合、砕土不良が原因で発芽不良になったり、台風襲来時の大雨で湿害を受けやすい。

水はけの悪い圃場では、プラソイラなどによる心土破砕、明渠や暗渠の設置、高ウネなどにより排水性を良好にする。

②順調に発芽させる

短期間に一斉に発芽させることが、生育と根の大きさの揃った、良品を多収するポイントである。播種後7～10日で発芽を揃えるようにしたい。

発芽を順調にさせるためには灌水が最も効果的で、畑地灌漑施設の整備が威力を発揮する。灌水できない場合は、天候に応じた播種日の設定、土質や土壌水分に対応した工夫を行なう。

粘土質の圃場では、播種までに何度も耕うんして十分砕土しておく。

③適期に播種する

播種期は生育中の温度を決定するもので重要である。梅雨の湿り気のあるうちに播種したいところだが、播種期が早すぎると収穫期は前進するものの変形や寸詰まり、尻細など下物の発生が多くなる。そのうえ、茎葉に発生する黒葉枯病、根に発生するしみ腐病や線虫被害など、いずれも播種期が早いほど多発する。逆に遅すぎると根が十分肥大しない。

関東で年内に収穫する場合は7月第6半旬～8月上旬、年明けに収穫する場合は8月上中旬、九州では8月下旬～9月上中旬が播種適期になる。気温との関係で各地の播種適期を推定すると、平均気温が18～20℃になる時期から50日前が目安になる。

④収穫期によって栽植密度を変える

秋冬のニンジンの市場価格は等級間格差が大きく、２Ｌ級はＭ級の半分になることもある。収穫期間を通じて一定の株間で栽培すると、収穫期が遅くなると根が肥大しすぎて低単価の２Ｌ、３Ｌクラスが多くなる。

収益を高めるためには、栽培期間を通じて市場性の高い根重１７０～２００ｇ、すなわちＭ、Ｌ級を多収することが重要であり、このためには収穫時期によって栽植密度を変える。

一方、加工・業務用では２Ｌ以上の大型規格のものが好まれるので、出荷先のニーズも考慮して栽植密度を決める。

⑤雑草を防除する

ニンジンは発芽と初期生育が緩慢で、本葉3～4枚になるまでに1カ月を要する。生育初期にしっかり除草しないと、生い茂る雑草に覆われて著しい減収をまねく。

作付け前に圃場の雑草の草種、発生量などに応じた除草計画を立て、適切な除草剤を処理することで雑草防除を徹底する。

(2) おいしくて安全につくるためのポイント

おいしいニンジンをつくるためには、カロテンと糖を多く含む師部の割合が高い、すなわち木部が細いニンジンをつくることである。

このためには、土壌中の養分が薄く深く広がるように施肥を行ない、初期生育を抑え気味にし、終盤まで肥効を持続させる。加えて圃場の水はけを良好にし、適期に播種してカロテンの生成適温で生育させることがポイントである。

(3) 品種の選び方

本作型では早期抽台の危険が少ないため、五寸群のほか〝金時〟などの長根種、カラフルな品種も栽培できる。

一般に栽培される五寸群は、肥大根の色が濃く肌が滑らかで抽根しにくい、揃いよく多収で収穫・洗浄時に衝撃を受けても根が割れにくい特性が、古い産地では地上部・地下部病害に対する耐病性が優れることなどが求められる。

さらに、年内どりでは根部肥大、尻詰まりが早い品種が適し、越冬どりでは茎葉が寒さに強く、圃場に長く置いても根部障害が出にくい、春になっても新芽・新根の伸びが遅い品種が適する。

現在の主要な品種とその特性は表4のとおりである。

年内どりでは土壌適応性が広く、根部の病障害が出にくい〝向陽二号〟、根の肥大が早い〝愛紅〟、早播きしても短根になりにくい〝紅ひなた〟、バラの香気成分ダマセノンを含む〝アロマレッド〟などが栽培される。

表4　夏まき秋冬どり栽培の主要品種の特性

品種名	販売元	肥大の早晩	収量性	肌の滑らかさ	根色	茎葉の耐寒性	特性
愛紅	住化農業資材	極早生	多	良	中	弱	極早生で多収。茎葉の耐寒性劣るので年内どり。しみ病害にやや弱く，えくぼ症，空洞症対策必要
紅ひなた	住化農業資材	早生	多	良	やや濃	弱	根部形状よく，早播きしても短根になりにくい。えくぼ症対策必要
向陽二号	タキイ種苗	やや早生	多	良	中	弱	土壌適応性高く，吸い込み性。根部障害，土壌病害に強い
ベーター441	サカタのタネ	やや早生	極多	極良	濃	やや強	早生で，根部形状よく多収。裂根やしみ病害が出にくく，在圃性優れる
らいむ五寸	横浜植木	中生	多	良	やや濃	強	根部形状よく，茎葉の耐寒性強く，在圃性が優れる。ぼやけ症対策必要
エルザ	ヴィルモランみかど	中生	極多	極良	やや濃	やや強	根部形状よく，吸い込み性で多収。黒葉枯病に強く，茎葉の耐寒性と在圃性優れる。加工・業務用にも適する
アロマ809	トーホク	やや早生	極多	極良	やや濃	やや強	根部形状，揃いよく，多収。黒葉枯病に強く，茎葉の耐寒性と在圃性優れる
アロマレッド	トーホク	やや早生	多	良	やや濃	中	根部形状よく，ほのかな芳香がある。在圃性はやや劣る
クリスティーヌ	ヴィルモランみかど	やや早生	多	良	中	やや強	黒葉枯病に強い。根はやや長く，吸い込み性で多収。食味がよい
冬ちあき	タキイ種苗	やや早生	多	極良	濃	やや強	根部形状よく，多収。えくぼ症や裂根，しみ病害出にくく，茎葉の耐寒性，在圃性優れ，1～2月どりに適する。土寄せが必要

12月から年明け後に収穫する越冬どり栽培では、草勢が強くて根部形状もよく、在圃性に優れている〝ベータ441〟、茎葉の耐寒性に優れている〝らいむ五寸〟、多収で在圃性がよい〝アロマ809〟などが適する。

ジュース原料用には、かつては夏まきの代表品種であった〝黒田五寸〟が使われることがあり、根が黄色の〝金美プラス〟もある。

3 栽培の手順

(1) 畑の準備

① 堆肥や緑肥の施用

堆肥を播種前に施すと岐根の原因になるので、前作に施用することを基本にする。作付け前に施用する場合は、完熟したものを1カ月以上前に施用する。

前作に緑肥作物を作付けた場合は早めにすき込み、播種時には腐熟させておく。水田転換畑など粘質土では、何度も耕うんして土塊がないように十分砕土しておく。

② 土壌消毒

土壌病虫害が発生するところでは、前作終了後に土壌消毒をしておく。ネコブセンチュウにはD－D剤、しみ腐病や乾腐病防除にガスタード微粒剤やディ・トラペックス油剤などを使用する。

ガスタード微粒剤の場合は、土壌水分が適度なときに散布して、深く混和するために2回耕うんする。ただちにポリフィルムなどで一定期間被覆後、2回以上耕うんして十分ガス抜きをする。

③ 元肥の施用、薬剤土壌混和、耕うん

作付けの1～2週間前に苦土石灰と元肥を全面全層施用し、土壌pHは6～6・5に調整しておく。元肥施用量は10a当たり窒素10～15kg、リン酸、カリ各15～20kgを基準に、品種の吸肥力や土壌分析値、前作野菜の施肥量を考慮して加減する（表6）。

表5　夏まき秋冬どり栽培のポイント

	技術目標とポイント	技術内容
圃場準備	◎土壌改良	・堆肥は前作に施す。緑肥をすき込んだら，2カ月以上腐熟期間をとる。土壌pHは6.0～6.5にしておく
	◎土壌消毒	・ネコブセンチュウはD-D油剤などで，しみ腐病などの土壌病害を防除する場合はガスタード微粒剤などで土壌消毒をする
	◎適量施肥	・元肥施用量は10a当たり窒素10～15kg，リン酸，カリ各15～20kgを基準に，品種特性や残存養分量を考慮して加減する
播種方法	◎一斉発芽	・黒ボク土では播種深度1cmを基準に，土壌水分が少ない場合は1.5～2cmにする。粘土質など重い土ではこれより浅めにする
播種後の管理	◎除草剤散布	・播種後，除草剤を散布する。土壌の乾き具合に応じて剤型を選び，乳剤，水和剤は散布水量を加減する
	◎灌水	・発芽するまで土壌を適湿に保つ
	◎間引き	・複数粒播種した場合，4～5葉期に間引きをして所定の株間にする
	◎追肥・青首防止	・間引き後にウネ間に追肥を行なう。青首防止と排水，除草などを兼ねて，中耕・培土をして株元に土を寄せる
	◎病害虫防除	・黒葉枯病，黒斑病，キアゲハ，アブラムシ類，ハモグリバエ類，ヨトウムシ類を防除する
	◎防寒のための土寄せ	・厳寒期に入る前の12月上中旬に，根頭部の凍害を防止するため5～10cm土を盛る
収穫	◎適期収穫	・播種後90～110日で収穫を始める。ハーベスタを利用する

緩効性肥料を使用して、全量元肥施肥も行なわれている。根部が黒変するほやけ症が発生しやすい品種を作付ける場合は、ホウ素を施用する。

元肥施用時に、ネキリムシ類やしみ腐病防除のための薬剤を土壌混和する。

圃場の排水性に応じて平ウネにするか高ウネにするかを決める。作土は、五寸群で20cm以上、長根の金時では35cm以上確保するように耕うんする。

播種前に土壌が乾いていたら灌水してから耕うんし、適度な土壌水分状態にしておくとよい。

表6　施肥例　（単位：kg/10a）

	肥料名	施肥量	成分量		
			窒素	リン酸	カリ
元肥	苦土石灰	100			
	リンスター30（0-30-0）	40		12	
	人参専用ブリケット（6-8-8）	180	10.8	14.4	14.4
追肥	追肥用 S842（18-4-12）	20	3.6	0.8	2.4
施肥成分量			14.4	27.2	16.8

図7　夏まき秋冬どりニンジンの栽植様式

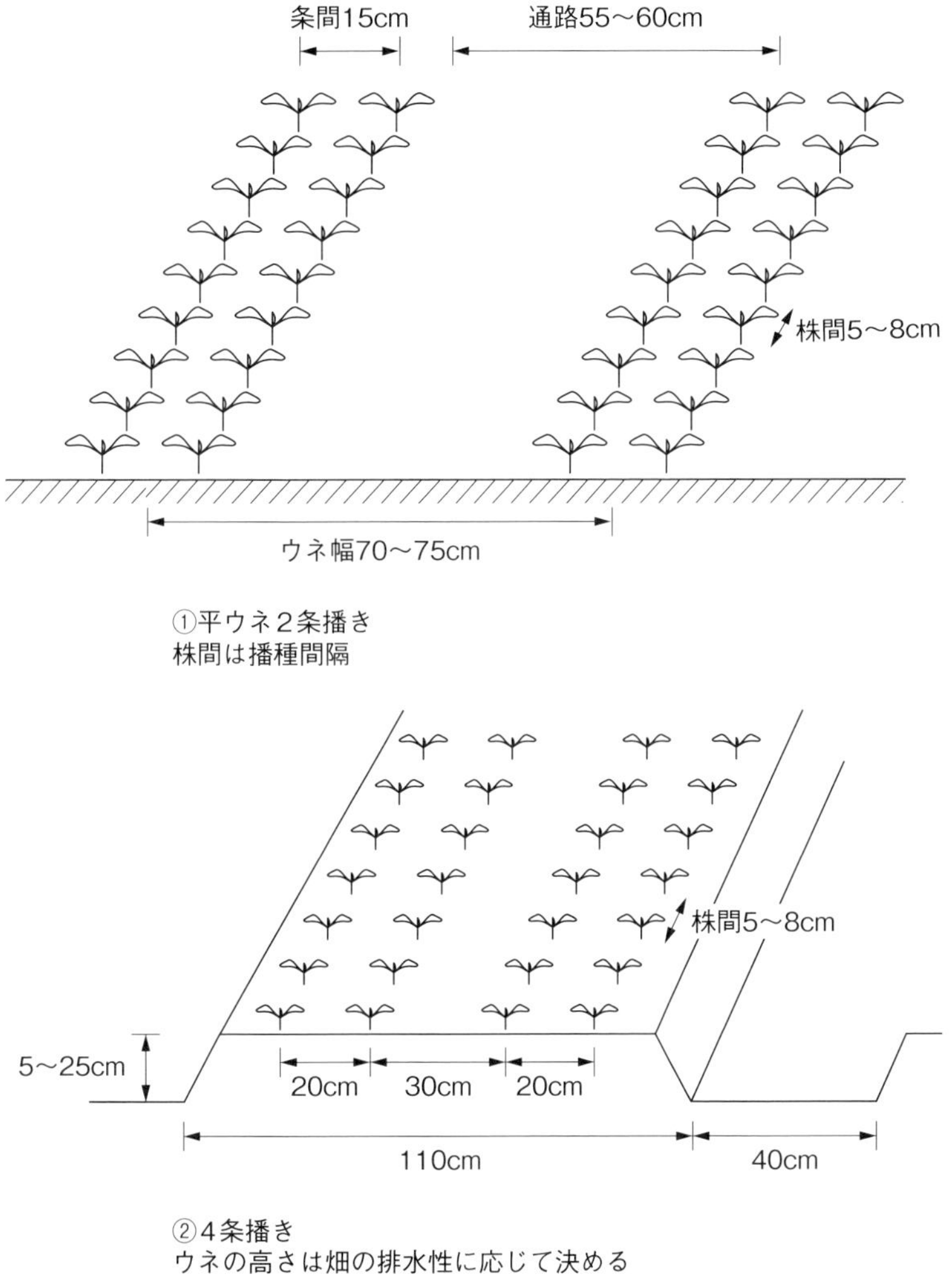

①平ウネ２条播き
株間は播種間隔

②４条播き
ウネの高さは畑の排水性に応じて決める

(2) 播種のやり方

栽植様式はウネ幅70～150cm、2～4条、条間15～30cmで、株間5～8cmにする（図7）。栽植密度は、価格の高いM、L級を多収するためには、11月収穫で10a当たり3万3000～4万株、12月以降の収穫では

4万5000～5万7000株を目安にする。

播種作業はペレット種子を使用し、手押し式やトラクターに装着したロール式播種機で、株間を設定して点播する（図8）。播種深度は1cmを基準に、土壌水分が少ない場合は1.5～2cmにする。

播種粒数は、欠株を出さないために1カ所2粒播きを基本にするが、省力化を図るため1粒播きの無間引き栽培が増えている。

図8　ロール式播種機による播種作業（平ウネ）

(3) 播種後の管理

①除草剤の散布

播種後、雑草が発生する前に除草剤を散布する（表7）。播種後に灌水する場合は、灌水後に除草剤を散布する。土壌が適度に湿っているときはどのような剤型でもよいが、乾燥している場合は乳剤か水和剤を選び、水量を多めにして使用する。

薬害を出さないためには、二度がけせず均一に散布し、大雨が予想されるときには降雨後に散布する。

生育期の除草にはロロックスなどを使用する。

②灌水

播種後、発芽前に土壌が乾くと、種子が枯死したり休眠することがあるので、発芽するまで土壌が乾かないように灌水する。

スプリンクラー灌水では土

表7　夏まき秋冬どり栽培の主な除草剤と使用法

除草剤名（有効成分濃度）	適用雑草名	使用時期	10a当たり薬量（希釈水量）	使用方法
ゴーゴーサン乳剤（ペンディメタリン30％）	一年生雑草	播種後出芽前（雑草発生前）	200～400mℓ（70～150ℓ）	全面土壌散布
トレファノサイド乳剤（トリフルラリン44.5％）	一年生雑草（ツユクサ科，カヤツリグサ科，キク科，アブラナ科を除く）	播種直後（雑草発生前）	200～300mℓ/10a（100ℓ）	全面土壌散布
ロロックス（リニュロン50％）	一年生雑草	播種直後	100～200g（70～150ℓ）	全面土壌散布
		ニンジン3～5葉期。ただし，収穫30日前まで（雑草発生始期）	100～150g（70～150ℓ）	全面土壌散布
カイタック乳剤（ペンディメタリン15%，リニュロン10%）	一年生雑草	播種直後（雑草発生前）	300～500mℓ（70～100ℓ）	全面土壌散布
ワンクロスWG（フルアジホップP7%，リニュロン30％）	一年生雑草	播種直後（雑草発生前）	200～250g（100ℓ）	全面土壌散布
		ニンジン3～5葉期，雑草生育期（草丈20cm以下）。ただし，収穫30日前まで	200～250g（100ℓ）	雑草茎葉兼土壌散布

図9　土壌スラストができにくいチューブ灌水

図10　中耕・培土後（平ウネで播種し，中耕・培土をしてウネをつくる）

図11　防寒のために土寄せをする（左のウネが土寄せ後）

がたたかれ、乾いたときに土壌表面にクラストができやすいのでチューブ灌水がよい（図9）。1回の灌水量は20～30㎜を基準にする。

一方、強い雨にたたかれるとクラストができて発芽が阻害される。この場合、土壌が乾く前に灌水を行なうか、手押しの中耕器などで播種位置付近を中耕し、クラストを壊して発芽させる。

③間引き

2粒播きでは播種後35～40日、4～5葉期に間引きを行なう。病害虫に侵された株や草勢が著しく旺盛なもの、弱いもの、葉色が異なるものを間引く。

④追肥、中耕・培土

間引き後に追肥を行ない、青首防止と除草を兼ねて中耕・培土を行なう（図10）。

高温・強日射が続き、根頭部に生じるえくぼ症の発生が心配されるときは、早めの3葉期ころに土寄せをして下胚軸を保護する。

越冬させる場合は凍害を防ぐために、強い冷え込みがくる前の12月上中旬ころ、カルチベーターなどを使用し、厳寒期の寒さに応じて5～10㎝土を盛る（図11）。

(4) 収穫

播種後90～110日、根径5㎝ほどで尻部が詰まってきたら収穫を開始する。防寒のための土寄せをしておけば、翌年の3月まで圃場で越冬させられる。

収穫は、茎葉がしっかりしている1月中旬

図12　ニンジンハーベスタで収穫

ころまでは、掘り取り・根葉切りを行なう専用ハーベスタを（図12参照）使用する。寒さで茎葉が枯れてきたら、根部を掘り起こして拾い上げる、汎用型根菜類収穫機などを利用する。

　収穫したものは茎葉と尻根を切除し、洗浄機で洗浄してから水を切り、選別機を利用して所定の規格に合わせて選別し、10kg入り段ボール箱に詰める。M級以下は3～4本で500gの袋詰めも行なわれている。

目標収量は10a当たり4・5～5tである。

4 病害虫防除

(1) 基本になる防除方法

主な病害虫は、地上部病害では黒葉枯病、黒斑病、土壌病害ではしみ腐病と乾腐病である。害虫ではネコブセンチュウ、ネキリムシ類、キアゲハ、アブラムシ類、ハスモンヨトウ、ハモグリバエ類である。

　黒葉枯病と黒斑病は、肥切れにならないようにし、本葉3～4枚ころからベルクート水和剤やカンタスドライフロアブルなどを散布し、発生が見られたらストロビーフロアブルやロブラール水和剤で防除する（表8）。

　ネキリムシ類は播種前の殺虫剤の土壌混和、キアゲハの幼虫などには殺虫剤を散布する（表9）。

　ネコブセンチュウ、しみ腐病、乾腐病などの防除については、表8、9を参照。

(2) 農薬を使わない工夫

土壌病害に対しては輪作を基本とし、耐病性品種の導入、土つくりの励行と高ウネ栽培などによる排水対策を行なう。線虫対策では対抗植物も利用できる。

　作付け前にウネを透明ポリフィルムで覆う太陽熱消毒でも、土壌病害虫や雑草種子を防除することができる。

　播種期を遅くすることでも、黒葉枯病やしみ腐病の被害を軽減できる。

5 経営的特徴

　10a当たりの経営指標は表10のようになる。この例では1粒播き無間引き栽培のため、播種から収穫前までの作業時間はわずか12時間である。収穫は年内どりはニンジンハーベスタ、茎葉が枯れてからはポテトハーベスタを使用しており、収穫時間は出荷期間全体の平均値としたため43時間になり、洗浄、調製、出荷に90時間要している。収量4・5tで、所得18万円ほどになる。

　ニンジンハーベスタが使える年内どり栽培では、収穫が7～8時間、洗浄から出荷をJAなどに委託すれば、播種から収穫まで20時間ほどでできる。

表8　主な病気の発病条件と防除法

病名	症状と発病条件	防除法
黒葉枯病 黒斑病	両方ともアルタナリア属菌による病気。発病適温は28℃で，病徴が似ている。葉や葉柄に黒褐色の小斑点を生じ，黄化，枯死する。黒斑病では肩部の黒変も発生。肥切れが発病を助長する	肥切れさせない。3～4葉期ころからベルクート水和剤やカンタスドライフロアブルなどを予防的に散布し，発生が見られたらストロビードライフロアブルやロブラール水和剤で防除する
しみ腐病	ピシウム菌による土壌病害。褐色しみ状の小斑点や亀裂ができる。25℃以上で土壌が多湿になると多発する。収穫後に土中に残った根が伝染源になる	3～4年の輪作。土壌の排水性を良好にし，発生しにくい品種を使用する。収穫が遅れないようにする。ガスタード微粒剤やディ・トラペックス油剤で土壌消毒をする。播種前にユニフォーム粒剤を土壌混和する。アミスターオプティフロアブルを生育期に散布する
乾腐病	3種類のフザリウム菌種が関係する土壌病害で，地域や圃場で菌種が異なるが，フザリウム・ソラニによる被害が大きい。病徴からはしみ腐病と判別できない。しみ腐病より早い収穫期で発生しやすく，縦に裂根することが多い	3～4年の輪作。土壌の排水性を良好にし，発生しにくい品種を使用する。ガスタード微粒剤などで土壌消毒をする

表9　主な害虫と防除法

害虫名	防除法
ネキリムシ類	フォース粒剤の土壌混和，ガードベイトAを株元散布する
アブラムシ類	エルサン乳剤などを散布する
キアゲハ幼虫	ディプテレックス乳剤などを散布する
ハスモンヨトウ	アクセルフロアブル，プレオフロアブルなどを散布する
ハモグリバエ類	アファーム乳剤，スピノエース顆粒水和剤などを散布する
線虫類（ネコブセンチュウ）	D-D剤で土壌消毒，ネマトリンエース粒剤の土壌混和。線虫対抗植物を作付ける

表10　夏まき秋冬どり栽培の経営指標

項目	
収量（kg/10a） 価格（円/kg） 粗収益（円/10a）	4,500 125 562,500
経営費（円/10a）	380,000
所得（円/10a）	182,500
労働時間（時間/10a） うち収穫・調製・出荷時間（時間/10a）	146 134
1時間当たり所得（円）	1,250
収穫物1kg当たりコスト（円）注）	84

注）経営費÷収量

市場に出荷するか加工・業務用にするか、それぞれの販売先の用途、ニーズ、価格を把握し、適する形状、品質、大きさのものを生産することが収益向上、経営安定に資する。

直売所出荷を主とする場合は、色の濃いものや食味のよい品種、黄色や紫、白色の珍しい品種を栽培して、数品種を袋詰めして販売してもよい。

ジュースの原料用は出荷規格の許容範囲が広いが、糖やカロテン含量が高く、製品になったときの色が重要で、品種を指定した契約栽培も行なわれている。

（執筆：川城英夫）

冬まき春夏どり栽培

1 この作型の特徴と導入

(1) 作型の特徴と導入の注意点

冬まき春夏どり栽培は、10月から翌年の3月にかけて播種し、ハウスやトンネル栽培で3～7月に収穫・出荷する作型である（図13）。

本作型は、晩抽性品種の使用とトンネル被覆で、低温期の生育促進と日中の高温による脱春化によって花芽分化・抽台を防止し、端境期生産を可能にしている。根部肥大期が適温になる時期に作付ける、もしくは保温によって適温に近づけることで作型が成立している。

3～6月どりは関東以西の冬温暖な地域を中心に、7月どりは東北や北海道にも産地が形成されている。作期やトンネルの大きさ、マルチの有無、換気方法などが産地によって異なる。

収穫までの日数は、播種期や栽培地の気象条件、トンネルの大きさなどによって異なるが、110～140日を要する。

近年、徳島県を中心にトンネルが大型化し、作期が前進化してきた。一方、関東では、これまでトンネル栽培を行なっていた1月下旬以降の播種で、省力・低コスト化を目的に、不織布のベタがけのみで栽培することも行なわれるようになっている。

トンネル資材やトンネルの設置・換気などに余分なコストと手間を要するが、ニンジンの端境期のため市場価格は比較的高く、とくに徳島県産が独占する3月と4月の価格は高い。

冬は雨が少ないうえ、トンネル被覆をしているために水田でも良品生産ができる。

(2) 他の野菜・作物との組合せ方

秋どりのキャベツ、ネギ、ハクサイ、ホウレンソウ、ダイコン、緑肥作物のソルガムやスーダングラスなどと組み合わせることができる。水田では前作が水稲や緑肥作物のところが多い。

ラッカセイ、マリーゴールド、ライムギはヒョウタンゾウムシを増加させることがあるので注意する。

2 栽培のおさえどころ

(1) どこで失敗しやすいか

作型を通じて早期抽台のリスクに加え、12月以前の播種では裂根と白斑症の発生、1～2月播種では発芽不良が起きやすい。また、長年の産地では、乾腐病などしみ病害による被害が大きな問題になっている。

本作型の栽培のおさえどころをあげると、以下のようになる。

①土壌病害を防止する

連作地では、乾腐病やしみ腐病などのしみ病害が多発して、壊滅的な被害が出ることもある。輪作を基本とし、発生しにくい品種の導入や圃場の排水対策、緑肥作物の導入、適正な肥培管理などの耕種対策と、土壌消毒を組み合わせて被害を抑制する。

図13　ニンジン冬まき春夏どり栽培の播種期と保温法別収穫期

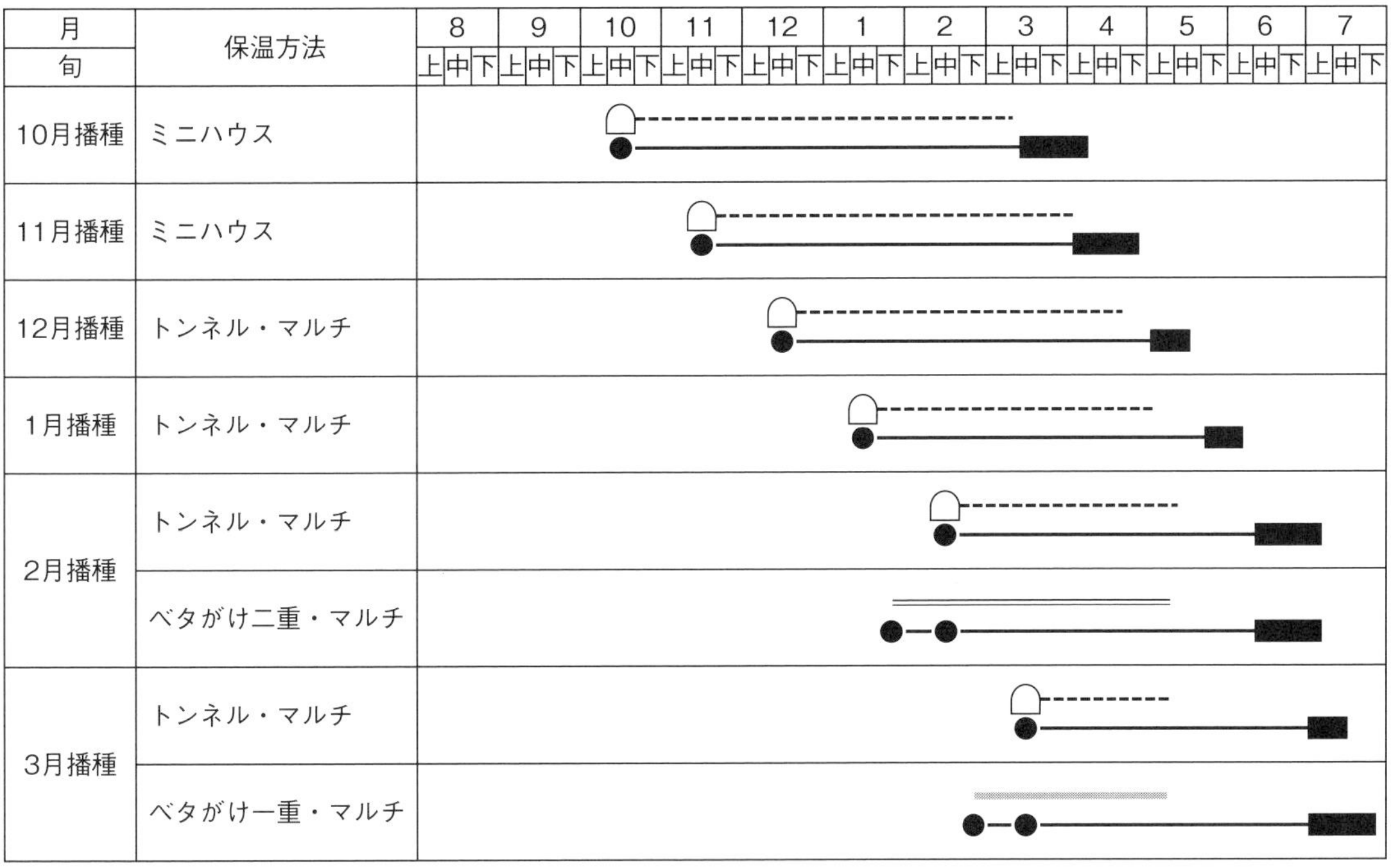

●：播種，⌒：トンネル被覆，---：トンネル被覆期間，═：ベタがけ二重被覆期間，▬：ベタたがけ一重被覆期間，■：収穫

②順調に発芽させる

本作型での発芽不良の主な要因は、低温と土壌水分不足である。地温が10℃では2週間で発芽が揃うのに対し、5℃では1カ月も要し、発芽率も低下する。土壌が乾いているときは、播種前に灌水するか深播きをする。

厳寒期の播種では、播種粒数を多くすることも対策になる。

③トンネルの温度管理を適正にする

トンネル栽培では、温度管理が適切でないと発芽不良や生育遅延、病気の発生や葉焼けなどをまねき、減収につながる。

温度管理では、とくに換気始めとトンネル除去のタイミングがポイントになる。

④裂根、白斑症を多発させない

早播きによる裂根は、生育初期の低地温が主な要因で、トンネルの大型化やマルチングでかなり防止できる。リン酸が少ないと発生しやすいので、十分施用する。

収穫前の雨でも裂根の発生が助長される。これに対しては、畑の排水を図る、大きくせずにM、L級で収穫する、トンネル被覆資材を収穫直前に除去して土壌水分変動を小さくすることなどで対応する。

(2) おいしくて安全につくるためのポイント

栽培時期の気象条件に適応した食味のよい品種の使用、排水・保水性のよい膨軟な土壌にするための土つくり、適切な温度・肥培管理が、おいしくて安全につくることのポイントである。

(3) 品種の選び方

早播きでは裂根や白斑症、12〜1月播きでは抽台が発生しやすい。根形は、年内播きでは短根で尻詰まりがよく、年明け後は遅く播種するほど長く尻細になる。

そこで本作型の品種は、まず晩抽性である

表11　冬まき春夏どり栽培に適した主要品種の特性

品種名	販売元	特性
彩誉	フジイシード	極早生で低温着色性や揃いがよく，多収。収穫後変色しにくい。低温期に生育すると抽台しやすく，しみ病害にやや弱い
FSC-015	フジイシード	極早生で低温着色性や揃いがよく，多収。収穫後変色しにくい。やや晩抽性で，しみ病害にやや弱い
TCH-711	タキイ種苗	晩抽性，早生で，土壌適応性広い。しみ病害に強く，収穫後変色しにくい。2月以降に播くと根が長めになる
翔彩	フジイシード	晩抽性で，肌，尻詰まりよく，遅播きでも長根になりにくい
紅ひなた	住化農業資材	晩抽性で早生，根は円筒形で多収。収穫後変色しにくい
アロマ810	トーホク	根部円筒形で，肌，尻詰まりよい。しみ病害に強く，収穫後変色しにくい。抽台防止のため，1月中旬以降に播種する

ことが必要である。加えて、各作型共通の特性である、根部肥大が優れ、肌が滑らかで形状がよいこと、収穫、洗浄時に衝撃を受けても割れにくいことが求められる。

10～12月播種では裂根しにくく、低温着色性が優れ、短根になりにくい品種を選ぶ。そこで、徳島県では根部肥大がきわめて早く、低温着色性がよく、裂根も少ない‘彩誉’や‘FSC－015’、さらに、12月播きでは晩抽性で根が円筒形で多収の‘紅ひなた’などが使われている（表11）。

小型トンネルで栽培する年明け後の播種では、根が長くなりすぎず、尻がよく詰まり、多収であることが求められる。そこで、1月播きは‘彩誉’、‘FSC－015’、‘TCH－711’、収穫期が梅雨期になる1月中旬～3月播きは、しみ病害や収穫後の変色が出にくい‘アロマ810’、‘向陽二号’などが適する。2月播きベタがけ栽培では、晩抽性で根が長くなりすぎず尻詰まりのよい‘翔彩’がよい。

3 栽培の手順

(1) 圃場の準備

ニンジンの作付け前に未熟有機物があると、苗立枯病や岐根が発生しやすい。そこで、堆肥は完熟したものを、作付けの1カ月以上前に施用してすき込む。緑肥や水稲の残渣は2～3カ月前までにすき込み、耕うん2回目に石灰窒素を10a当たり40kg施用して腐熟を促進する。水田では砕土率を高めるために、作付け前までに5～10回ロータリー耕を行なう。

土壌線虫の防除はD－D剤など、しみ腐病などの土壌病害が発生する圃場ではガスタード微粒剤などで土壌消毒をする。地温が適度な9月中旬～10月中旬に実施し、処理後、厚さ0・03㎜以上の農ポリや農ビを被覆して処理効果を高め、一定期間をおいてガス抜きをする。

土壌pH6～6・5を目標に石灰を施用し、元肥は10a当たり成分量で窒素とカリ各20kg、リン酸30kgを基準に、前作肥料の残効によって加減する（表13）。

図14　ニンジンの冬まき春夏どり栽培　栽培暦例

月	8			9			10			11			12			1			2			3			4			5			6		
旬	上	中	下	上	中	下	上	中	下	上	中	下	上	中	下	上	中	下	上	中	下	上	中	下	上	中	下	上	中	下	上	中	下
作付け期間														●	━	━	━	━	━	━	━	━	━	━	━	━	━	━	■	■			
主な作業					前作残渣すき込み	堆肥施用		土壌消毒					元肥施用	播種・除草剤散布	トンネル被覆						換気始め	間引き				トンネル除去			収穫				

●：播種，■：収穫

表12　冬まき春夏どり栽培のポイント

	技術目標とポイント	技術内容
圃場準備	◎土壌改良	・堆肥，緑肥は1～3カ月前にすき込む。土壌pHは6.0～6.5にしておく。水田や耕盤ができている圃場では，パラソイラなどで耕盤を破砕する
	◎土壌消毒	・線虫防除にはD-D剤，しみ腐病などの土壌病害の防除にはガスタード微粒剤，ディ・トラペックス油剤で土壌消毒をする。しみ腐病にはユニフォーム粒剤の土壌混和も行なわれる
	◎適量施肥	・10a当たり窒素，カリ各20kg，リン酸30kgを基準とする
播種方法	◎一斉発芽	・黒ボク土では播種深度1cmを基準に，土壌水分が少ない場合は1.5～2cmにする。粘土質など重い土ではこれより浅めにする
播種後の管理	◎除草剤散布	・播種後，ただちに除草剤を散布する
	◎トンネル温度管理	・10月播きはトンネル被覆後から，開孔率0.2％程度の換気を行なう ・11月播きでは，トンネル被覆後から0.1％の換気を行ない，10月播きも含めて1月下旬以降開孔率を高くする ・12月以降の播種では初期密閉し，穴換気では1月下旬以降，裾換気では2月中下旬から換気を始める
	◎間引き	・4～5葉期に間引きをする
	◎青首防止	・5～6葉期に株元に土を寄せる
	◎病害虫防除	・病気は斑点細菌病，黒葉枯病，黒斑病，害虫はヒョウタンゾウムシ類，アブラムシ類などを防除する
収穫	◎適期収穫	・播種後110～140日で収穫を始める。梅雨期の収穫はとり遅れないようにする

ネキリムシ類の防除のため、フォース粒剤などを土壌混和しておく。

ハウス栽培では、播種1週間前に50㎜程度灌水しておく。

(2) 播種のやり方

栽植様式はトンネルの大きさで変わる。トンネルは大きいほど保温力が優れ、ニンジンの生育が早い。気温の低い早播きほどトンネ

表13　施肥例　（単位：kg/10a）

	肥料名	施肥量	成分量		
			窒素	リン酸	カリ
元肥	堆肥	2,000			
	苦土石灰	100			
	苦土重焼燐（0-35-0）	40		14	
	ジシアン555（15-15-15）	120	18	18	18
施肥成分量			18	32	18

図15　ニンジンのトンネルの種類

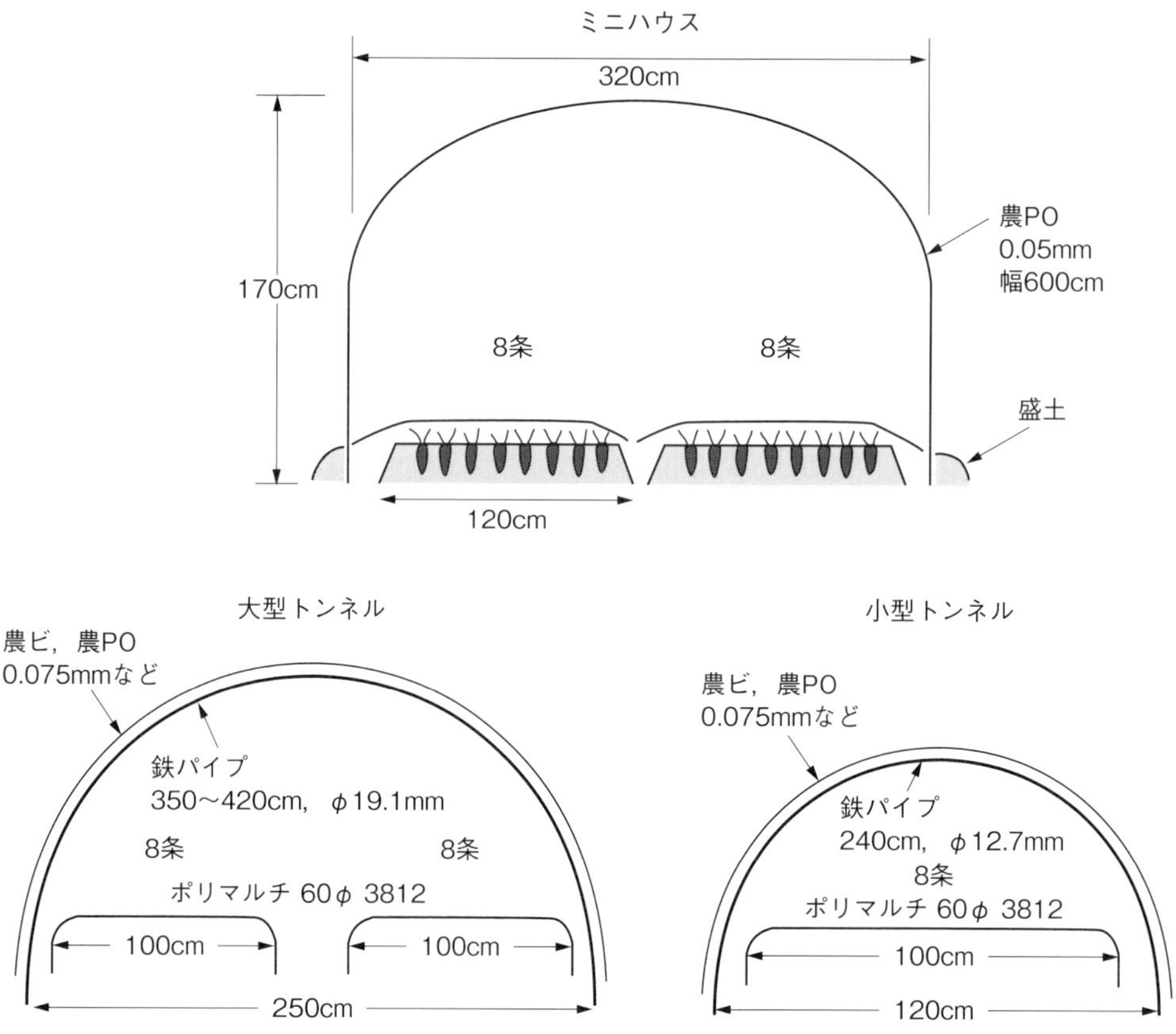

ルを大きくし、被覆資材も保温性のよいものを使用する。

トンネルやミニパイプハウスの間口は1・2～3・2mで、中に幅1～1・2mのベッドをトンネルやミニパイプハウスの大きさに合わせて1～3つつくる（図15）。

各ベッドに5～8条、株間7～12cmとし、10a当たりの栽植密度は千葉県では3万7000（12cm）～4万5000株を目安としている。

図16　さまざまなメリットがあるマルチ栽培

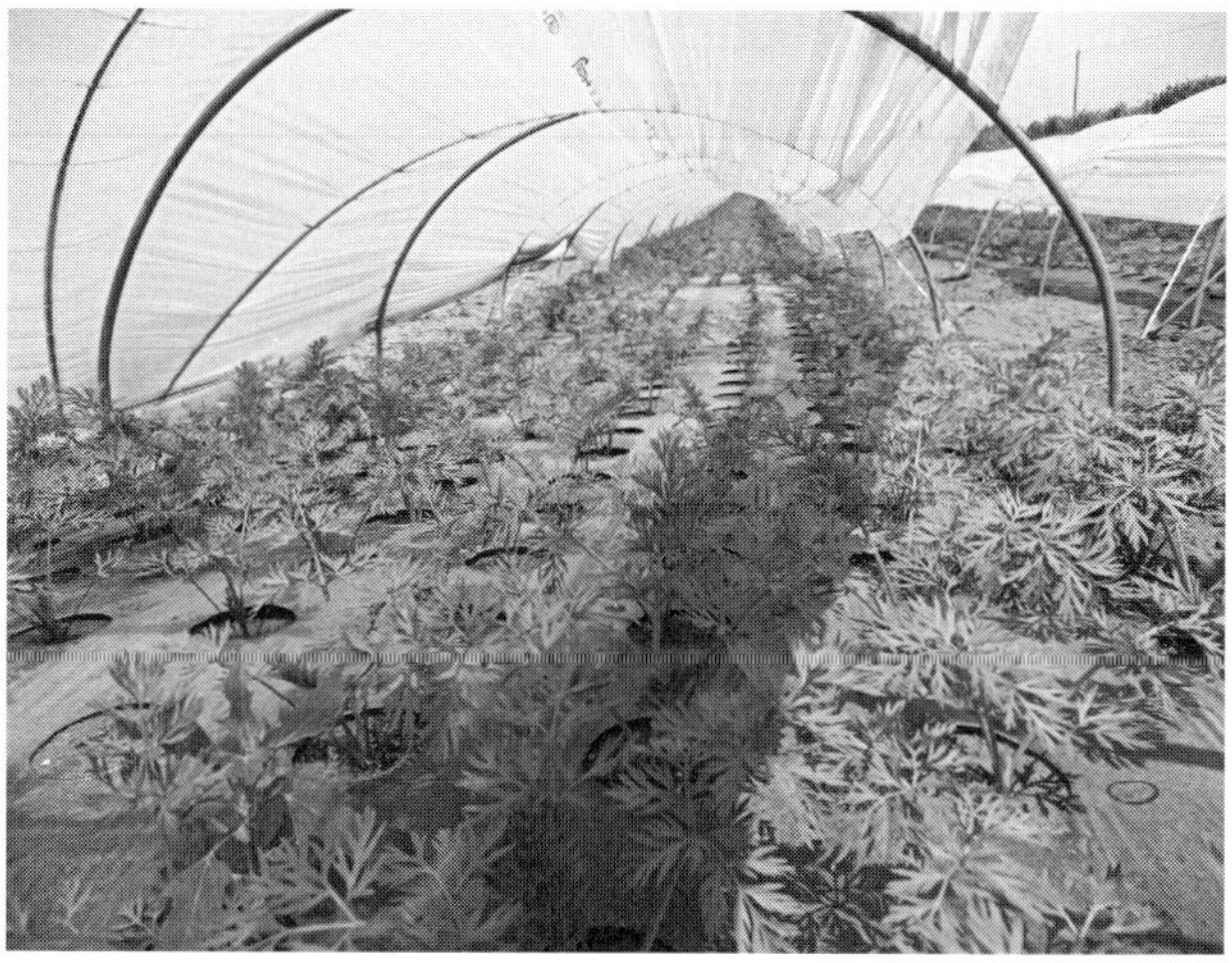

播種作業はコーティング種子を使用し、手押し式やトラクターに装着したロール式播種機で、株間を設定して点播する。播種深度は1cmを基準に、土壌水分が少ない場合は1・5〜2cmにする。

播種粒数は、欠株を出さないために1カ所2〜3粒播きが基本であるが、間引きをしない1粒播きが多くなっている。作期が長い徳島県では、1粒播きで株間7〜9cm、10a当たり4万〜6万粒播種で、価格の高いM、L級比率を高めるため、播種期が遅くなるほど密植にしている。

(3) マルチ栽培

マルチをすると白斑症や裂根の発生を軽減し、根部肥大を促進して収穫期が2週間程度早まる、株の斉一性を高める、根部表面を滑らかにするなど、さまざまな利点がある（図16）。

マルチ栽培の場合、播種とマルチングを1工程で行なう、マルチシーダーを利用する（図17）。マルチ資材は透明や緑、黒の有孔ポリフィルムで、厚さ0・02mm、幅135cm、株間10〜12cmで、8条もしくは7条のものを使用する。

(4) 除草剤の散布

播種後、トンネル被覆資材を展張する前に除草剤を散布する。使用する除草剤は、「夏まき秋冬どり栽培」の表7を参考にする。

マルチ栽培では、ペンディメタリンを含む除草剤を使用すると、肩部がくぼむ黒変陥没症が発生することがあるので、本剤を使用する場合は処理量を登録の半量とする。

(5) トンネル張り

除草剤を処理したらトンネルを張る。トンネル支柱の間隔は50〜100cmを目安にし、風が強いところや大型トンネルでは間隔を狭める。

まず、ベッドの両サイドに、一定間隔で支柱の鉄パイプを土に挿し込む。ミニハウスでは、支柱用穴あけ機で1mおきに穴をあけてから支柱を差し込んでいく（図18）。その後

図17　マルチと同時に播種するマルチシーダー

図18　トンネル支柱打ち込み作業（原図：隔山）

図19　青首防止のための土寄せ　（原図：隔山）

フィルムを展張して、鍬か培土機でフィルムの裾に土をのせて固定する。

粘土質の水田では裾に土を盛るだけでよいが、土が軽い黒ボク土では被覆資材をマイカー線などで押さえる。

被覆資材は、保温性の高い農ビや、扱いやすく数年使える農POで、厚さは0・05〜0・075㎜のものが使用される。穴あけ換気をする場合は、農POを使用する。農ビは穴をあけたところから裂けやすいので、穴あけ換気には向かない。

図20　穴換気をしたトンネル

(6) ベタがけ栽培

関東の1月下旬以降の播種では、ベタがけのみでも栽培できる。収穫はトンネル栽培に比べて1〜2週間遅れるが、支柱や換気が不要で省力的である。

この栽培法では、抽台の発生や根が長くなりやすいので、品種は尻詰まりがよく適度な長さになる'翔彩'などを使う。

ベタがけ資材は、1月下旬播きでは保温力を高めるために、2枚重ねにする。この場合、不織布と織布を張り合わせた、保温性に優れているスーパーパスライトを下にし、上にパスライトブルーを重ねる。2月下旬以降はスーパーパスライト1枚でよい。

ニンジンの葉が絡まないよう、織布を下にしてたるみがないように被覆し、両裾に土をかけるかピンで押さえて固定する。

ベタがけ資材は播種直後に被覆し、4月下旬〜5月上旬をめどに除去する。

(7) 播種後の管理

①間引き

種子を複数播種した場合は、4〜5葉期に1本に間引く。小型トンネルでは、フィルムの裾を上げて間引き作業を行なう。

作業は風のない日に行ない、トンネル内が高温になる前に換気を始めて、外気に慣らしておく。

②土寄せ

青首を防止するため、吸い込み性の品種を使用する。粘質土など抽根しやすい土壌では、5〜6葉期に土寄せ機を使用して、新葉が埋まらないように軽く株元に土を寄せる

図21　10～11月まきトンネル栽培の適正開孔率（徳島県）

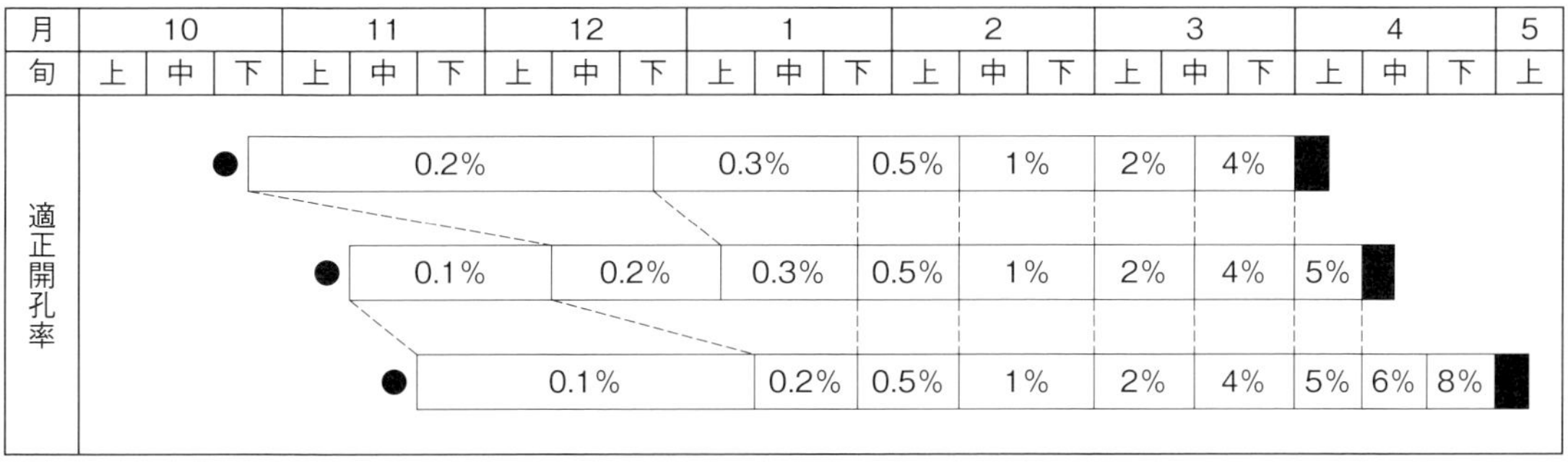

●：播種，■：収穫

図22　作期別，時期別のトンネルの適正開孔率（千葉県）

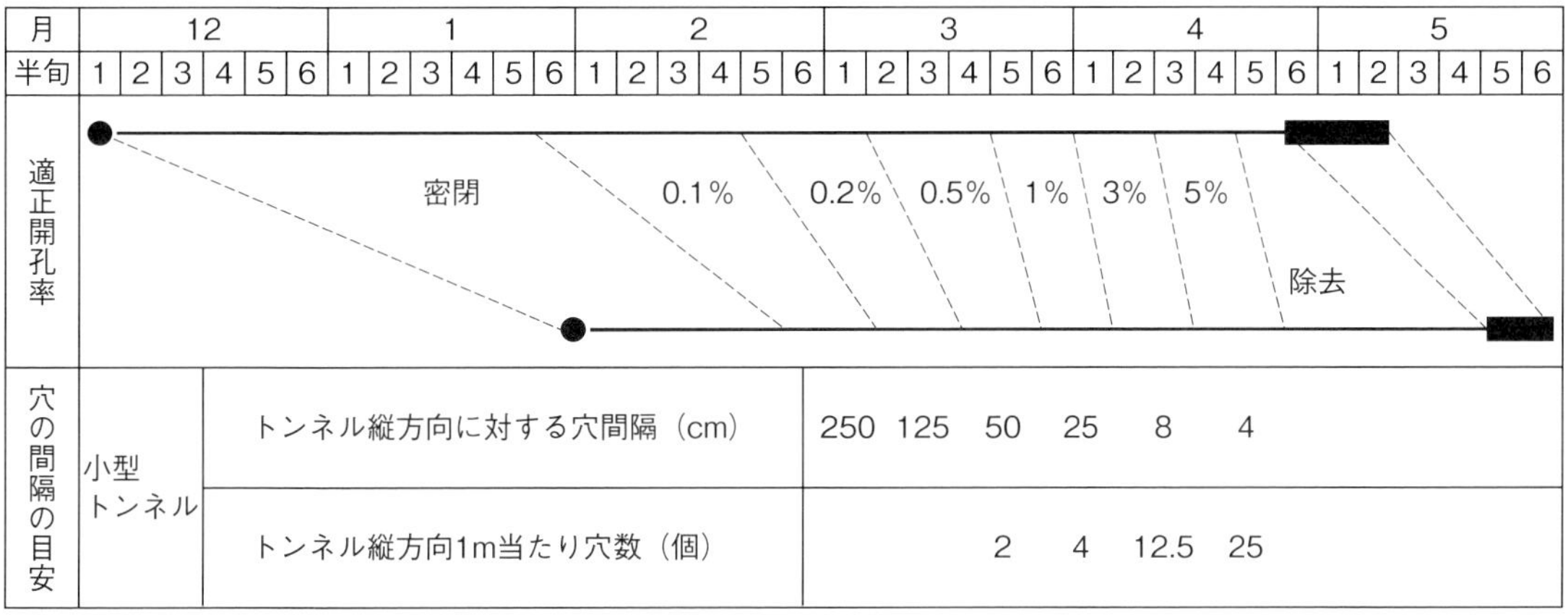

●：播種，■：収穫

注1）小型トンネルは2.4m鉄パイプ，ベッド幅1.2m
注2）実際の穴あけでは，0.1％，0.2％はトンネルの風下側，0.5％以降は風上側や天井などに穴を散らしてあける

（図19）。

軽しょうな黒ボク土では、抽根が少ないため、トンネル除去後にベッドの周囲に培土機で軽く土を盛り上げたり、ネギ培土機で土を軽く跳ね上げる程度でもよい。

マルチ栽培では、土が締まりにくいので、吸い込み性品種を使用すれば土寄せをしなくてもよい。

③温度管理

ハウス栽培では、発芽後ハウス内気温が30℃を超えたら換気をする。2月までは肩部の昼夜開閉とし、3月からは肩部を昼夜開放する。

トンネル栽培の換気の方式は、穴あけ方式と裾あけ方式がある。穴をあけるとフィルムが使い捨てになるが、裾あけ方式に比べて省力的で、トンネル内の温度変化が少なくて適温管理がしやすい（図20）。穴あけ方式による時期別適正開孔率の目安は、徳島県の例が図21、関東の例が図22である。

徳島県では、5～6葉期までは保温に努め、その後は27℃、3月からは25℃を上限としている。気温の上昇にともなって、こまめに換気口を増やす。穴あけ作業は、天気予報を見て天候が安定する時期に行なう。穴の位置は、気温変化が小さいサイド中段を中心に上下にも散らす。

多くの地域では、被覆資材を数年使用できる裾あけ換気が行なわれている。1～2月に播種し、気温が上昇してくる2月中下旬～3月中旬に換気を始め、気温の上昇にともなって裾部の換気面積を拡大してゆく。

その後、草丈が20cm以上になっているものは平均気温が15℃、関東では4月中下旬ころにトンネルを除去する。除去する5日ほど前から換気を強め、葉を堅く締めて濃緑にしておく。

穴あけ換気では、フィルムを除去する5～7日前に開孔率を5％以上にして葉を堅くする。

風のない曇天の日に除去すると、葉が萎れずにすむ。収穫前の雨による裂根を防止するため、トンネルを除去せず雨よけ程度に換気を強め、収穫直前に被覆資材を除去してもよい。

(8) 収穫

①収穫時期

根の重さがM、L級の170～200gのものがとれて、尻が詰まってきたら収穫する。

播種から収穫までの日数は、気象条件や保温法などによって異なるが、徳島県の10～11月播きで140日、12月播きで120～130日である。関東のマルチ・トンネル栽培では12月播きで140日、1月播きで130日、2月播きで110～120日になる。

②収穫作業と収穫時間

収穫作業は、手抜き収穫も行なわれるが、ハーベスタで行なうところが多い。

収穫時間帯は時期で変わる。4月までの収穫では、早朝に収穫すると根にひび割れが発生しやすいため、日が出てから収穫を始める。

5月以降は早朝、または午後3時以降でもよい。気温が高い時間帯に収穫すると、根部がしなびたり、変色するなどの品質低下が起こる。6月以降の午後に収穫をする場合は、収穫後、根を洗浄してから冷蔵庫に入れる。

目標収量は10a当たり4・5～5tである。

③収穫・調製・出荷

ハーベスタでは掘り取り後、ただちにプラコンかフレキシブルコンテナに入れ、開口部を茎葉などで覆う。根部を長時間直射日光に当てたり風にさらしたりすると、しなびたり表皮が変色する。

作業場に運搬して、洗浄、乾燥、選別、箱詰めと作業を進める。

洗浄が終わったら乾燥台に移し、日陰で水を切ってから段ボール箱に詰めるとよいが、効率化のためただちに箱詰めすることも行なわれる。予冷する場合は、3～5℃を目標に、差圧式通風予冷か真空予冷を行なう。

4 病害虫防除

(1) 基本になる防除方法

ニンジンの地上部に発生する病害虫の被害は軽く、2～3回の薬剤散布で防除できる。斑点細菌病は年内播きで発生しやすく、多湿条件で多発する。生育初期からフィルムに微小な穴をあけて換気を行ない、予防的に銅水和剤を散布する。

1月播き以降の黒葉枯病、黒斑病の防除は、トンネル除去後に薬剤を散布する。

しみ腐病や乾腐病などのしみ病害は、ガスタード微粒剤などで土壌消毒を行なう。しみ病害は、梅雨期に多発し、生育期間が長くなるほど発生しやすいので、とくに梅雨期には収穫が遅れないようにする（表14、15）。

(2) 農薬を使わない工夫

農薬を減らすためには、輪作を基本にして、マリーゴールド、野生エンバクなどの線虫対抗植物の利用、土壌の通気性・排水性を良好にする、堆肥の投入や青刈作物の作付けなどによって、土壌中の腐植含量を増やして土壌の生物層を豊富にする、適切な換気などが役立つ。

しみ病害の発生は品種間差異があるので、発生しにくい品種を選定することも大切である。

表14　主な病気の発病条件と防除法

病名	症状と発病条件	防除法
黒葉枯病 黒斑病	アルタナリア属菌による病気。発病適温は28℃で病徴が似ている。葉や葉柄に黒褐色の小斑点を生じ，黄化，枯死する。黒斑病では肩部の黒変も発生。肥切れが発病を助長する	トンネル除去後からベルクート水和剤やカンタスドライフロアブルなどを予防的に散布し，発生が見られたらストロビーフロアブルやロブラール水和剤で防除する
斑点細菌病	黒葉枯病のように葉に茶褐色の斑点を生じるが，葉の黄化よりも斑点が目立つ。12月前の播種や多湿条件で多発する	生育初期から換気を適切に行ない，銅水和剤を予防散布する
しみ腐病	ピシウム菌による土壌病害。褐色しみ状の小斑点や亀裂ができる。25℃以上で土壌が多湿になると多発する。収穫後に土中に残った根が伝染源になる	3～4年の輪作。土壌の排水性を良好にし，発生しにくい品種を使用する。とり遅れない。ガスタード微粒剤やディ・トラペックス油剤で土壌消毒をする。播種前にユニフォーム粒剤を土壌混和する。アミスターオプティフロアブルを生育期に散布する
乾腐病	3種類のフザリウム菌が関係する土壌病害で，地域や圃場で菌種が異なるが，フザリウム・ソラニによる被害が大きい。病徴からはしみ腐病と判別できない。しみ腐病より早い収穫期に発生しやすく，縦に裂根することが多い	3～4年の輪作。土壌の排水性を良好にし，発生しにくい品種を使用する。ガスタード微粒剤などで土壌消毒をする

表15　主な害虫と防除法

害虫名	防除法
ネキリムシ類	フォース粒剤の土壌混和，ガードベイトAを株元散布する
ヒョウタンゾウムシ	幼虫が地下部を食害。土中の幼虫はスタークル顆粒水溶剤，成虫はコテツフロアブルなどで防除する。次年度の発生を減らすため，収穫後にD-D剤で土壌消毒する
線虫類（ネグサレセンチュウ）	D-D剤で土壌消毒，ネマトリンエース粒剤の土壌混和。線虫対抗植物を作付ける

5 経営的特徴

トンネルの資材や設置、換気などに余分なコストや手間を要するが、端境期のため市場価格は比較的高く、とくに3～4月の価格が高騰しやすい。

小型トンネルで1月播種、5～6月どりの経営指標が表16である。栽培中の主な作業はトンネルの換気と間引きで、間引きに10a当

表16　冬まき春夏どり栽培の経営指標

項目	
収量（kg/10a）	5,000
価格（円/kg）	132
粗収益（円/10a）	660,000
経営費（円/10a）	420,000
所得（円/10a）	240,000
労働時間（時間/10a）	200
うち収穫・調製・出荷時間（時間/10a）	120
1時間当たり所得（円/10a）	1,200
収穫物1kg当たりコスト（円）注）	84

注）経営費÷収量

たり25時間かかっている。収穫は根を掘り起こしてから手作業で根切り・葉切りを行なうため50時間、調製・出荷に70時間かかり、収穫から出荷で全体の60％を占めている。経営費は40万円で、価格は1kg132円、10a当たり収量が5tで所得24万円である。

栽培規模は、収穫・調製・出荷の機械化の程度や労働力で決まる。ニンジンは機械化体系ができており、ハーベスタを使えば収穫は10a当たり7時間、大型の洗浄、選果機と10人程度の雇用を利用すれば1日10t出荷できる。

1粒播きの無間引き栽培にすれば、10a当たり40～50時間で生産から出荷まででき、1経営体で5ha規模の栽培もむずかしくない。

（執筆：川城英夫）

春まき夏秋どり栽培

1 この作型の特徴と導入

(1) 作型の特徴と導入の注意点

7月下旬～10月に収穫する作型には、春まき栽培、晩春まき栽培、初夏まき栽培の3作型がある。東北や北海道地域では、早春の融雪後から播種する。

早春に播種する春まき栽培では、早期抽台の危険性があるため、晩抽性の品種を利用する。この作型は、夏に冷涼な地域で高品質のニンジンが生産できるが、連作障害対策や土つくりが重要になる。

(2) 他の野菜・作物との組合せ方

根部に被害をもたらす、線虫類の密度を上昇させないコムギ（秋まきコムギ、春まきコムギ）ジャガイモ、テンサイなどを組み込んだ、4年以上の輪作を行なう。

また、線虫類の被害対策として、マリーゴールドやエンバク野生種を前作に作付けするなどの対策を実施する。

2 栽培のおさえどころ

(1) どこで失敗しやすいか

①品種選定による抽台の防止

ニンジンは、一定の大きさになった株が、4・5～15℃の低温に25日以上遭遇すると花芽が形成され、その後の高温長日で抽台が促進される、緑植物感応型である。

4月下旬が低温期になる地域では、抽台の少ない晩抽性の品種を選定して、収量や品質の低下を防止する。

②畑の選定

圃場の透・排水性が悪いと、耕起時の砕土性が低下する。砕土が悪いと発芽率が低下し、栽植本数を減少させる。また、生育不良や軟腐病などの病害による、根部腐敗などにつながる。この作型では初期生育が低温で経過するため、有効態リン酸の肥沃度を高めて、根部の肥大を促進する。

③出芽を揃える

ニンジンの種子は吸水力が弱く、土壌が乾燥すると発芽が著しく悪くなる。適水分土壌に播種するために、耕起・整地作業は播種当

図23　ニンジンの春まき夏秋どり栽培　栽培暦例

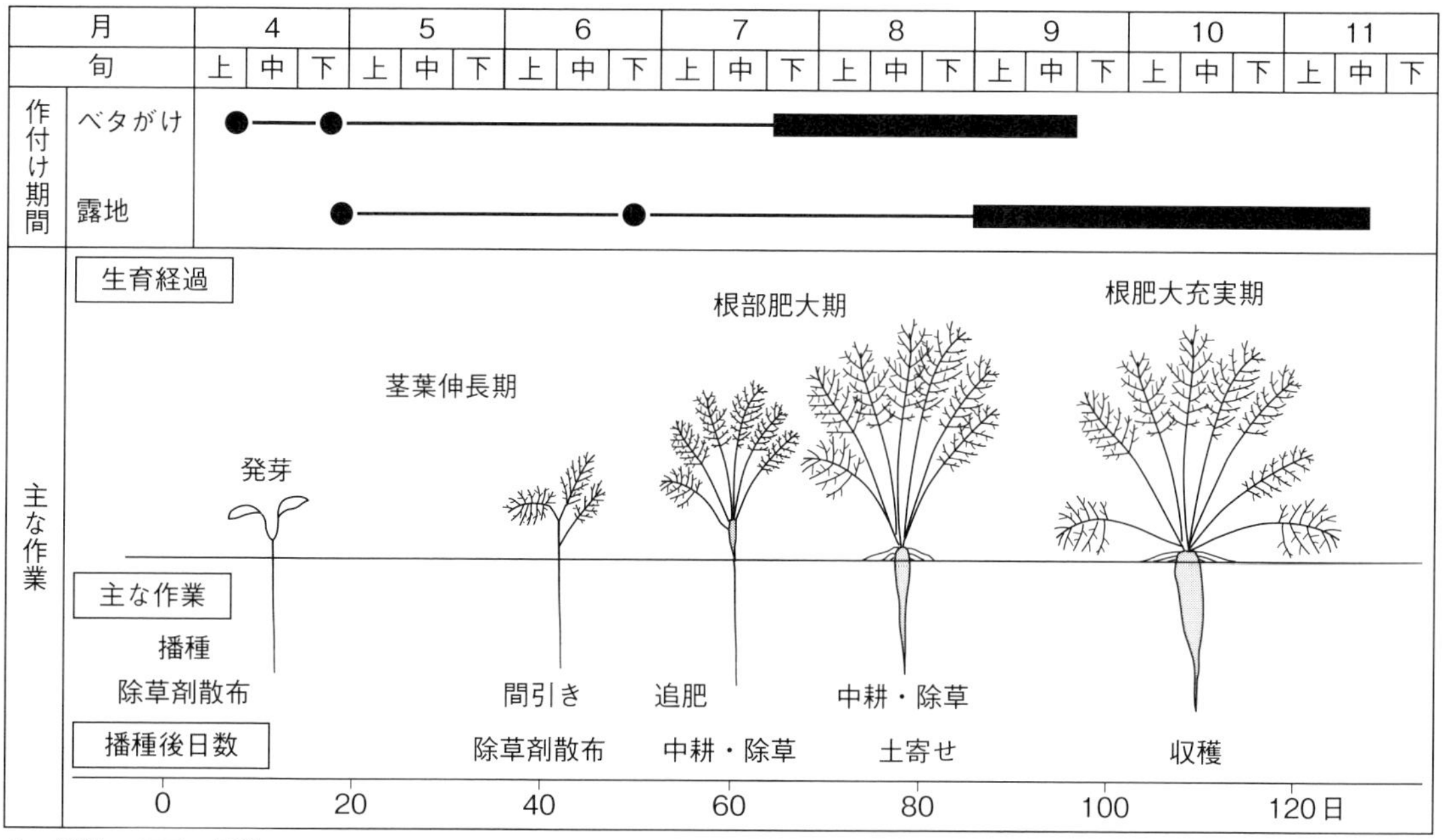

●：播種，■：収穫

日に行なう。

また、好光性種子なので、覆土が厚すぎると発芽が悪くなるため、播種深度を確認するなどして、深播きを防止する。ただし、地温が低い場合や土壌水分が多いときはやや浅め、土壌水分が少ない場合はやや深めに播種する。

④間引きによる調整

出芽後の初期生育では、互いの株が競り合って生育が進むため、本葉3葉期前の早い間引きは生育が遅れる。しかし、間引き前に株の大きさが一定以上に達すると生育が遅れ、根絡みなどが発生するため、4～5葉期には間引きを実施する。

生育のよすぎるものや生育不良、出芽の遅れたもの、密生している部分を間引いて生育を揃える。

⑤雑草対策

ニンジンは初期生育が遅いため、雑草の繁茂によって生育が抑制されやすい。そのため、除草剤を有効に活用して除草を行なうことが重要である。

除草剤には、播種後の土壌処理剤と生育処理剤の2タイプがあり、農薬使用基準にもとづいて適切に利用する。土壌処理剤は、土壌表面に処理層をつくるため、ていねいな砕土・整地と、適度な土壌水分のある状態で散布する。

(2) おいしくて安全につくるためのポイント

根菜類は土中に深く伸長するため、栽培土壌の透・排水性や保水性を改善する土つくりが重要になる。また、根部の病害虫被害や障害を軽減するため、輪作による作付けを進める。

抽台防止や低温伸長性を考慮した品種選定が、おいしくて安全につくるためのポイントである。

(3) 品種の選び方

播種後から初期生育が低温で経過する、春まき栽培では抽台株が発生するため、晩抽特性のある'晩抽天翔'などを使用する。また、品種に求められる特性として、収量性、在圃

表17　春まき夏秋どり栽培用の主要品種の特性（北海道）

品種名	販売元	肥大の早晩	抽台の多少	首部の着色	肩の形	葉軸の太さ	根色		在圃性
							肉部	芯部	
紅うらら	住化	早	中	中	なで	やや太	やや濃	やや濃	やや良
向陽二号	タキイ	やや早	多	少	なで	中	やや濃	やや濃	やや良
天翔五寸	タキイ	やや早	多	少	なで	中	やや濃	やや濃	やや良
晩抽天翔	タキイ	やや早	少	少	ややなで	太	濃	濃	やや良
ベーター312	サカタ	中早	少	少	ややなで	やや太	濃	濃	やや良
紅あかり	サカタ	中早	多	少	なで	中	濃	濃	良
アロマレッド	トーホク	中早	少	少	なで	細	濃	濃	やや良

表18　ニンジン春まき夏秋どり栽培のポイント

	栽培技術とポイント	技術内容
播種の準備	◎圃場の選定と土つくり	
	・線虫，病害のない畑の選定	・連作を避け，4年以上の輪作を行なう
	・堆肥，土壌改良材の施用	・完熟堆肥2t/10aを前年秋に施用する。土壌pH6〜6.5を目標に石灰資材を施用
	・透排水性の改善	・サブソイラで心土破砕を行なう
	◎施肥	・元肥は全面・全層に施用する
播種方法	◎適期・適正播種	・充実した種子を使用する（発芽率，発芽揃いをよくする）
		・耕起・整地作業は播種当日に行なう
		・1条，2条または4条でコート種子33,000〜64,000粒/10a播種する
		・砕土がよく，適水分の状態で，0.5〜1.5cm覆土し，鎮圧する
播種後の管理	◎ベタがけ被覆	・低温期に播種する作型は，播種後30〜50日間ベタがけ被覆し，本葉7〜8葉期か最高気温25℃または平均気温20℃で除去する
	◎除草	・間引き前に除草して雑草に負けないようにする
	◎間引き	・2〜3葉期に込みすぎた部分を間引き，4〜5葉期に仕上げ間引きする。生育のよすぎるもの，悪いものを間引き，生育を揃える
	◎追肥	・追肥は本葉4〜5葉期（播種後50日ころ）に，窒素3〜5kg程度/10a施用する
	◎灌水	・本葉2葉期までと，4〜6葉期に灌水する
	◎青首防止	・本葉7〜8葉期に1cm程度土寄せし，青首を防止する
収穫	◎適期収穫	・播種後100〜120日目，小根や裂根が少ない状態で収穫する。収穫後は乾かしたり直射日光に当てたりしない
	◎洗浄・予冷	・洗浄は8〜13℃以下の冷たい水で行なう。その後出荷前の予冷をする

性、根部品質や尻詰まりが良好であることなどから、‘天翔5寸’や‘向陽二号’が利用されている（表17）。

大規模生産の場合は機械収穫になるため、機械収穫特性も考慮して品種を選定する。

業務加工用の品種では、収量性、貯蔵性、加工適正が求められるため、‘カーソン’（ベジョージャパン）や‘紅ぞろい’（ホクレン）などの専用品種を使用する。

3 栽培の手順

(1) 畑の準備

前年の秋に堆肥を施用する。土壌pHの矯正（目標値pH6〜6・5）や有効態リン酸の改良のため、土壌改良資材を施用する。心土破砕やプラウ耕により、透排水性や土壌物理性の改善を行なう。

種子直下への施肥は岐根の原因になるため、元肥は全層施肥で行ない（表19）、深耕ロータリーで深く全層に混和しておく。

播種予定日の1週間くらい前に施用して、土になじませておく。

表20　春まき夏秋どり栽培の播種量と栽植本数

作型	露地，ベタがけ	
播種量	コート種子：33,300～64,000粒 /10a	
播種間隔と栽植本数	1条播き	ウネ幅30cm，株間8～12cm 27,780～41,670本 /10a
	2条播き	ウネ幅70cm，株間6～8cm， 条間12cm 35,710～47,620本 /10a
	4条播き	ウネ幅150cm，株間5～6cm， 条間30cm 44,440～53,330本 /10a

表19　施肥例　（単位：kg/10a）

	肥料名	施肥量	成分量		
			窒素	リン酸	カリ
元肥	S121	100	10	20	10
追肥	S444	20	2.8	0.8	2.8
施肥成分量			12.8	20.8	12.8

注1）堆肥は前年秋に2t/10aを施用する
注2）施用有機物に含まれる化学肥料相当量は，施肥量から減じる。なお初期生育確保のため，元肥の速効性窒素肥料は4kg /10aを下限とする

図24　ベタがけのやり方

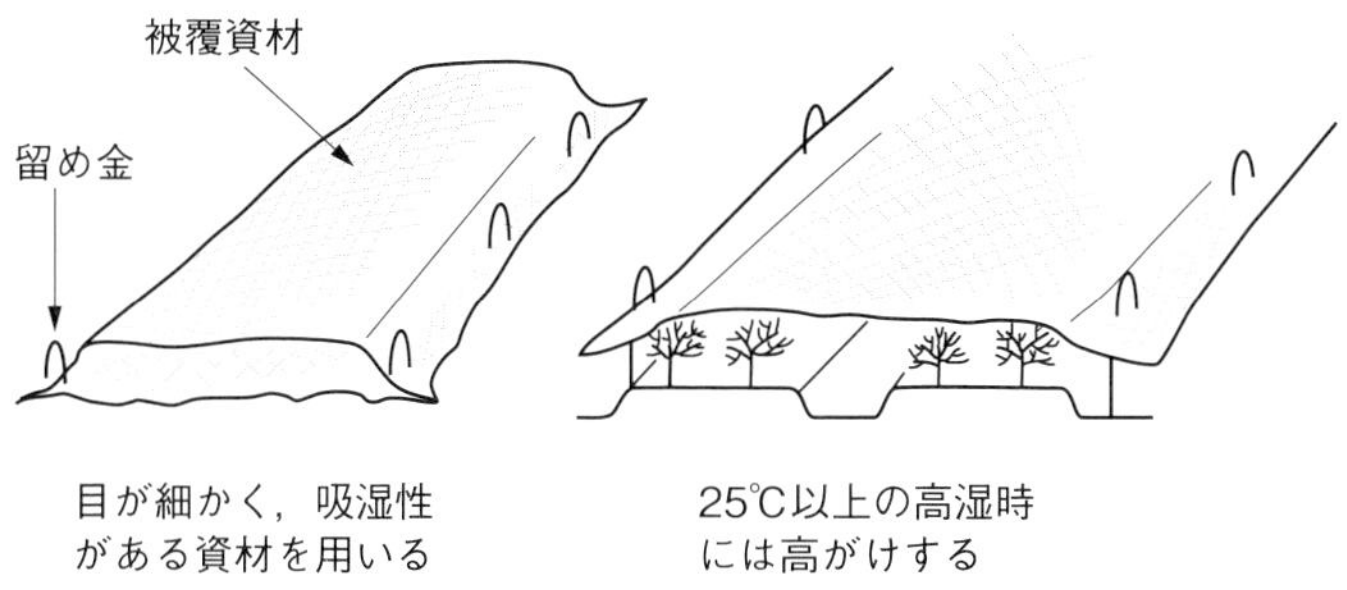

(2) 播種のやり方

発芽適温は15～25℃で、7～10日で発芽する。10℃以下では発芽に日数を要するため、地温を確認してから播種する。

耕起・整地は、播種する分だけの面積を播種当日に行ない、作土層と心土の砕土率が同じになるように、よく砕土して平らに整地する。

播種は、コート種子を真空播種機などを利用して行なう（表20）。早期出荷作型では、目標株数の倍近くを播種して、間引きにより株間を調整する方法や、無間引き栽培も可能である。なお、無間引き栽培の場合は1粒播きにして、欠株対策としての割り増し播種はしていない。

播種深度は0・5～1・5cm程度にし、覆土して鎮圧する。

(3) 播種後の管理

①ベタがけ被覆栽培の管理

早春の栽培では、ベタがけ被覆によって収穫が7日程度早まる。播種直後から被覆し、被覆期間は30～50日程度とする。ベタがけ被覆の除去は、本葉7～8枚ころが目安で、低温が続く場合は間引き後に再被覆して抽台を防止する。

外気温が25℃以上になると被覆下の地表面は40℃を超える。高温障害を避けるため、被覆資材を高がけする（図24）。さらに、平均気温20℃以上が予想される場合は、ベタがけ被覆を完全に除去する。

除去は、日中の高温を避け、曇天や夕方に気温が下がってから行なう（図25）。

②間引き

本葉2～3枚ころに込み合ったところを間引き、本葉4～5葉期（播種後40日目）に最終間引きをして1本立ちにする。生育を揃えるように、生育の悪いもの、よすぎるものを間引いて、目標とする株間にする（図26）。

③灌水

十分な水分が必要な時期は、出芽後～本葉2葉期と本葉4～6葉期の肥大準備期であ

る。この時期に灌水すると効果が高い。

　灌水は早朝または夕方に行ない、日中の高温時は避ける。

④追肥

　追肥を行なう場合は、4～5葉期（播種後50日前後）に、10a当たり窒素成分で3～5kg程度を施用する。

　本葉10枚以降に肥料が遅効きしすぎると、茎葉が過繁茂になり、根部の肥大や着色不良の危険性が高まる。さらに、機械収穫したとき、茎葉が絡み合い作業の能率が低下するため、遅い時期の追肥は控える。

図25　ベタがけの除去作業

⑤除草・中耕・土寄せ

　ニンジンは初期の生育が遅いので、間引きする前に除草を行なう。除草剤を使用する場合は、雑草の種類、散布時期に適した薬剤を選ぶ（表21）。

　中耕は、土壌表面のクラストを破壊して根に酸素を供給したり、除草の効果があるので、間引き後に行なう。

図26　間引きのやり方

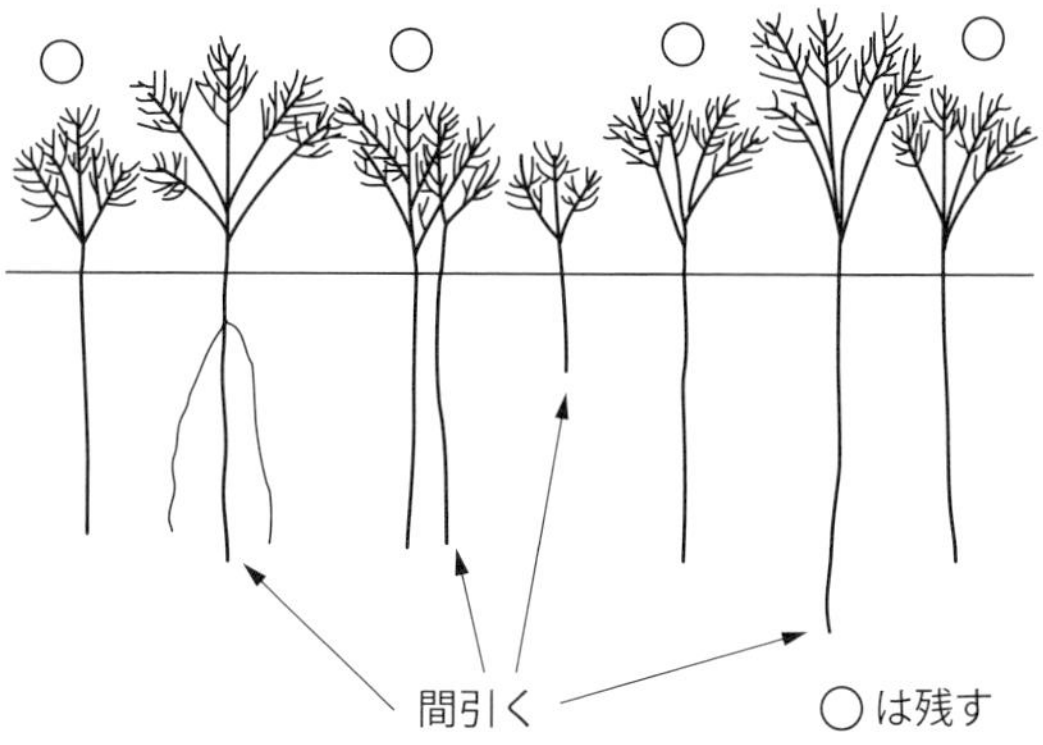

表21　主な除草剤の使用時期と使用方法

主な除草剤	処理方法
ゴーゴーサン乳剤3（一年生雑草）	播種後，出芽前（雑草発生前）全面土壌散布 200～300mℓ /10a
ロロックス	播種直後，またはニンジン3～5葉期（雑草発生始前） 100～150g/10a

　株元に土寄せ（培土）することによって、青首を防ぐ効果がある。播種後60～70日（7～8葉期）に、肩の上1cm程度の厚さを目安に土寄せする。とくに傾斜地では、大雨後に土壌が流れて根の肩部が露出し、青首になりやすいので十分に土寄せする。

(4) 収穫・洗浄・予冷

　播種後100～120日を目安に収穫する。収穫期が近づいたら試し掘りして、肥大不足の小根や、過肥大による裂根を防止する。収穫期に近づくと根重は1日当たり4g増加するため、収穫の2週間くらい前から試し掘りを行なって、収穫時期を見きわめる。

　収穫後は根部変色などを防止するため、乾燥や直射日光を避ける。洗浄は、8～13℃以下の冷たい水で行なうと、品温を低下させやすい。

　洗浄後は予冷を行ない出荷に備える。予冷

表22　病害虫防除の方法

	病害虫名	症状と発生条件	防除法
病気	黒葉枯病	葉，茎，葉柄に発生するが，根には発生しない。最初，褐色～黒褐色の不整形の小さな病斑を生じ，発病葉はやや黄化する。病斑は徐々に拡大し，融合して大型病斑となる。病徴が進むと葉縁が巻き上がり，病斑拡大とともに枯死する。発病適温は28℃前後で，15℃以下と35℃以上ではほとんど発病しない	生育後半に，肥料切れから茎葉部が弱ると発生しやすい。適正な施肥管理で生育後半に肥料切れをさせないことや，適期の薬剤防除を実施する
	斑点病	葉や葉柄に赤褐色～紫褐色の小斑点が現われる。病徴が進むと病斑が拡大し，黒褐色で円形～紡錘形となり，周囲がやや隆起した病斑になる。高温多湿年に発生が多く，病斑中央部にカビを生じる	種子や被害残渣で伝染する。高温・乾燥条件で発病し，肥料切れは発病を助長する。 適期の薬剤防除を実施する
	軟腐病	水浸状の病斑が形成され，しだいに拡大する。被害部ははじめ淡褐色であるが，徐々に汚白色になり，根の内部まで入り込む。病徴が進むと根部は軟化腐敗し，葉は萎れて垂れ下がり，特有の悪臭を放つ。高温多湿条件で発生する	連作を避け，排水性のよい圃場で作付けをする。栽培管理で根や茎葉に傷をつけないようにする。収穫時に病害根が健全根に混入しないようにする
	しみ腐病	茎葉部には被害が認められない。直根部に1～2mmの小さな褐色水浸状の病斑を生じる。収穫時には2～5mmになり，横長で中心部がやや陥没し，病斑の中央に縦の亀裂を生じることもある	圃場の透排水性の改善を行ない，輪作を実施する
害虫	キタネグサレセンチュウ	表皮に赤褐色の小斑点を生じ，はなはだしい場合は斑点の中心部がひび割れる。きわめて密度が高い場合は，根の生長点が被害を受け，寸詰まりや岐根になる。商品価値に影響を与える線虫密度は，土壌25g当たり5頭程度である	線虫密度の検診を行ない，高密度の圃場では作付けを行なわない。薬剤による防除を実施する。前作にエンバク野生種やマリーゴールドを作付けて密度を低下させる
	キタネコブセンチュウ	根に多数のコブを生じ，そのコブからヒゲ根が群がって生えるが，生長点が加害され短根や岐根等の奇形となる。商品価値に影響を与える線虫密度は，土壌25g当たり2頭程度である	線虫密度の検診を行ない，高密度の圃場では作付けを行なわない。薬剤による防除を実施する
	ヨトウムシ（ヨトウガ）	成虫は前翅長18～23mm，前翅は暗褐色で3個の灰褐色の斑紋がある。卵は乳白色で直径0.6mm前後，まんじゅう形で100～200粒が一塊となる。幼虫の体色は1～3齢が淡緑色，成長すると淡褐色や暗褐色など変化に富む。頭部は橙褐色。夜間に活動する習性がある。6齢を経過した老齢幼虫は体長30～40mmとなり，土中で土部屋をつくり蛹化する。蛹は体長18～21mmで褐色	発生初期の若齢幼虫時に薬剤防除を実施する

方式は強制通風式と差圧式があり，予冷の目標終温は5℃とする。

4　病害虫防除

(1) 基本になる防除方法

病害虫の発生生態を把握し，生育状況を観察しながら防除を実施する。根部の病害虫は，輪作による被害軽減を基本とする。

薬剤防除の対象になる病害は，黒葉枯病，軟腐病，斑点病，しみ腐病で，害虫はキアゲハ，アブラムシ類，ヨトウガである（表22）。

(2) 農薬を使わない工夫

耕種的防除の基本は，前作にコムギやジャガイモ，線虫類の寄生が少ないテンサイなどを組み込んだ，4年以上の輪作を行なうことである。

また，キタネコブセンチュウ，キタネグサレセンチュウ対策には，マリーゴールドやヘイオーツ（エンバクの一種）を前作に作付けるとよい。

表23　障害根の発生条件と防止対策

障害根名	症状	原因と発生条件	防止対策
岐根		主根の先端の生長が何らかの原因で停止，または阻害されるため側根が伸びて発生する。作土が浅く，土壌物理性の低下や主根の伸長する直下に化学肥料，未熟有機物などが大量に存在すると根端が枯死して発生する。また，キタネコブセンチュウの寄生によって発生する場合がある	十分な作土を確保（25cm 以上）した圃場で，砕土・整地をていねいに行なう。物理性改善のために堆肥などの有機物を施用する場合は，前年の秋か前作にする。キタネコブセンチュウの防除を実施する
裂根	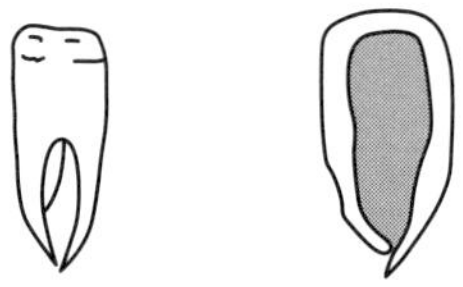	初期生育が不良で周皮や木質部の木質化が早期に進み，老化した組織が肥大することで，内部と外部のバランスが崩れて発生する。土壌水分と密接に関係し，生育前半に乾燥条件で生育し，後半に土壌水分が多いときに多発生する。また，収穫遅れによる過熟現象も発生の原因になる	透排水性の改善を行なうとともに，初期生育を確保するための栽培管理を行なう。適期収穫することで過熟現象による裂根の発生を防ぐ
青首		肩の部分が露出して日光に当たると変色して青くなる。品種間差があり，抽根性品種で発生が多い。生育中期以降の高温，乾燥による首部の日焼けや，生育不良で葉数が少ない場合も発生しやすい	十分な作土を確保（25cm 以上）した圃場で砕土・整地をていねいに行なう

表24　ニンジン春まき夏秋どり栽培の経営指標

項目	露地栽培	ベタがけ栽培
収量（kg /10a）	2,500	2,500
単価（円 /kg）	129	125
粗収入（円 /10a）	322,500	312,500
経営費（円 /10a）	195,499	169,725
種苗費	39,321	42,093
肥料費	21,725	21,725
農薬費	4,990	5,695
諸材料費	47,671	18,500
動力光熱費	4,177	4,122
賃料料金	77,615	77,590
粗収益（円 /10a）	127,001	142,775
労働時間（時間 /10a）	23.2	22.1

注）「北海道農業生産技術体系（第５版）」より

5 経営的特徴

この作型では、収穫と運搬に最も多くの労力がかかる。10a当たりの労働時間は約23時間で、自走式ニンジンハーベスタを利用した収穫時間は10・7時間（5人組作業）である。播種から収穫までの機械化体系が確立しているため、大規模な作付けが実現できる品目である。

この作型の経営指標は表24のようになる。他の作物と比べて種苗費が高く、農薬費が低いのが特徴である。

（執筆：川口招宏）

ゴボウ

表1　ゴボウの作型，特徴と栽培のポイント

主な作型と適地

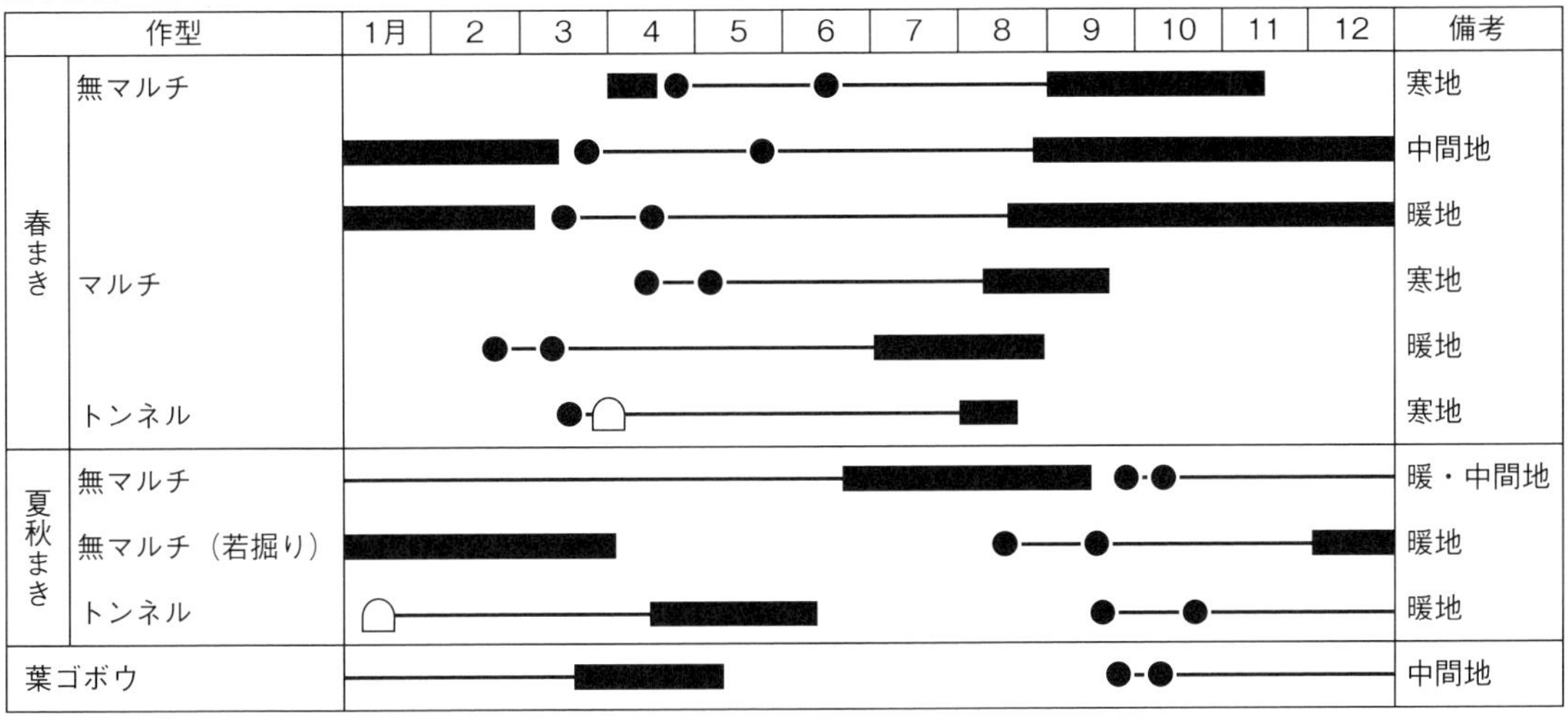

●：播種，⌒：トンネル，■：収穫

特徴	名称	ゴボウ（キク科ゴボウ属）
	原産地・来歴	地中海沿岸から西アジア原産。日本では縄文初期の貝塚から利用が確認されており，平安時代には中国から薬草として伝えられた
	栄養・機能性成分	食物繊維が豊富でヘルシー。香りと歯ざわりが特徴。カルシウムやカリ，マグネシウムなどのミネラルが多い
	機能性・薬効など	腸内環境の改善，便秘解消，肥満防止，疲労回復
生理・生態的特徴	発芽条件	発芽適温20～25℃。好光性種子
	温度への反応	生育適温20～25℃。耐暑性が強い（35℃でも生育する）。根部の耐寒性は強く，－20℃の低温にも耐える。発芽直後の霜に弱い。地上部は－3℃で枯れる
	日長への反応	低温下で花芽分化し，長日で開花する。強い光を好む
	土壌適応性	好適pHは6.5～7.0。排水がよく，耕土の深い肥沃な土壌が適する。耐湿性は弱く，2日以上の冠水で腐敗
	開花特性	根径が10mm以上になり，5℃以下の低温に1,400時間以上あたると花芽分化し，12.5時間以上の長日と高温で抽台・開花する
	枯れ上がり（休眠）現象	越冬時の低地温（15℃以下）で，一定の大きさ（根径5mm以上）の株に発生する
栽培のポイント	主な病害虫	黒斑細菌病，根腐病，黒あざ病，黒条病，うどんこ病，アブラムシ類，線虫類，ゾウムシ類など
	他の作物・野菜との組合せ	連作を嫌う。イネ科作物，キャベツなどのアブラナ科，ネギなどのユリ科，カボチャなどのウリ科野菜と4年以上の輪作

この野菜の特徴と利用

(1) 野菜としての特徴と利用

①原産・来歴と産地

ゴボウはキク科ゴボウ属の野菜で、原産地は地中海沿岸から西アジア。ゴボウの野生種はヨーロッパ北部、シベリア、中国東北部などに広く分布している。

日本では縄文初期の貝塚から利用が確認されており、平安時代には薬草として中国から伝えられたとされている。

全国的に生産が行なわれており、主な産地は青森県、茨城県、宮崎県、鹿児島県、北海道、群馬県などである。

健康面に優れた栄養成分を持つ食材として、近年は外国でも使用されるようになっている。現在、食用としている国は数カ国である。

②栄養・機能性と利用

ゴボウは特有の香り、歯ごたえが好まれ、日本料理には欠かせない食材として利用されてきた。栄養成分としてカルシウム、カリウム、マグネシウムなどのミネラルを多く含む。とくに、食物繊維やイヌリンなどの機能性成分が豊富で、日本の食文化に深いかかわりのある代表的野菜の一つである。

③上手な利用方法

ゴボウは皮に香りや旨味が集中しているので、表面を洗い、タワシや包丁の背で軽くこそぐ程度で皮を除く。また、切り口が空気に触れると褐変するので、手早く水にさらし、アク抜きを行なう。このとき、酢を数滴入れると白さを保てる。きんぴらや煮しめなど色を気にしない料理では水にさらさないで、皮付きのまま調理すると、栄養を無駄なく摂取することができる。

カリウムは水に溶け出すため、煮物などにして煮汁ごと食べると、水に溶け出したカリウムもしっかりとることができる。また、食物繊維は油と一緒に調理することで、腸内環境をよくする。

保存方法は冷蔵を基本とし、土付きのほうが鮮度が保てる。洗いゴボウは水分が抜けやすく傷みやすいので、なるべく早く使うようにする。

冷凍する場合は、ささがきや千切りにし、さっと下ゆでする。自然解凍のほか、凍ったまま調理に使うことができる。

また、ゴボウをささがきにして1～2日天日干しを行ない、ごぼう茶としても利用できる。

(2) 生理的な特徴と適地

①生理的な特徴と作型

直根は深く伸び、長さが1mに達し、外皮が黄褐色をしている。

根の太さが10㎜以上になり、冬の5℃以下の低温に1400時間以上あたると花芽分化する。その後、長日（12・5時間以上）になる、翌春の4月下旬～5月下旬に抽台し、7～8月に開花する。

発芽適温は20～25℃で、15℃以下の低温や30℃以上の高温では発芽力は劣る。種子は好光性で、変温や降水により発芽率は高くなる。

生育適温は20～25℃で、根部の耐寒性、耐暑性は強い。マイナス20℃の低温にも耐え、寒冷地の露地でも越冬できる。ただし、発芽

表2　品種のタイプ・用途と品種例

種類	品種のタイプ	用途	品種例	食用部位
長根種	滝野川群	きんぴらごぼう，煮しめ，和え物，天ぷら，肉料理，サラダなど	滝野川，柳川理想，柳川中生，山田早生，渡辺早生，滝まさり，常豊	根
短根種	越前白茎群	炒め煮，和え物など	越前白茎（葉ゴボウ）	根，茎，葉
その他		サラダなど	サラダごぼう，サラダむすめ	根

直後の霜には弱い。地上部はマイナス3℃で枯れてしまう。

基本的な作型は春まき秋どり栽培で、夏秋まき春夏どりなど周年栽培されている。

②土壌条件、耐湿性

ゴボウは根が長い作物なので、耕土が深く、排水良好で通気性がよく、肥沃な砂壌土～壌土が適する。

一般的には、砂質土壌では根部の形状がよく、粘質土壌では肉質がよい。生育面では酸性土壌を嫌う。

湿害には弱く、2日以上冠水すると腐敗が始まる。

③品種のタイプと用途

ゴボウの品種には、大きく滝野川群と越前白茎群がある。

一般的に出回っているのは滝野川群で、切り口の直径が2～3cm程度、長さが70cm～1mほどの細長いゴボウである。播種から収穫まで120～150日程度かかる。用途はきんぴらごぼうや豚汁、煮しめ、天ぷら、和え物など幅広い。新ごぼうは長さ30cmほどで、皮が薄く食感が柔らかいのが特徴。

京野菜の「堀川ごぼう」は、秋に播種した滝野川群を翌年掘り上げ、植え替えて栽培し、太くて空洞のあるゴボウに仕上げる。

越前白茎群は根が短い葉ゴボウで、茎が30～50cmに育ち、茎、葉、根のすべてを食べることができる。用途は炒め煮、和え物、きんぴらごぼうなど。

この他に、播種後100日程度で収穫できる、根長35～45cm程度の短根品種もある。用途はサラダなど。

なお、漬け物に利用されている「やまごぼう」は、同じキク科だがモリアザミの根でゴボウとは種類が異なる。

（執筆：山田徳洋）

春まき栽培

1 この作型の特徴と導入

(1) 栽培の特徴と導入の留意点

①無マルチ栽培

春まきの無マルチ栽培は最も基本的な作型で、晩秋までに根を肥大させることが重要である。

導入するときの留意点は、①播種は霜柱による幼根の浮き上がりや断根の危険性がなくなる時期を待って行なう、②梅雨明け後の除草、追肥、中耕が必要なことである。

②マルチ栽培

春まきのマルチ栽培は、ポリフィルムのマルチによって地温を高め、土壌の膨軟性と水分を保持し、肥料成分の流亡を抑制することによって生育を促進し、早どりと収穫量を増

図1　ゴボウ春まき栽培　栽培暦例（基本作型）

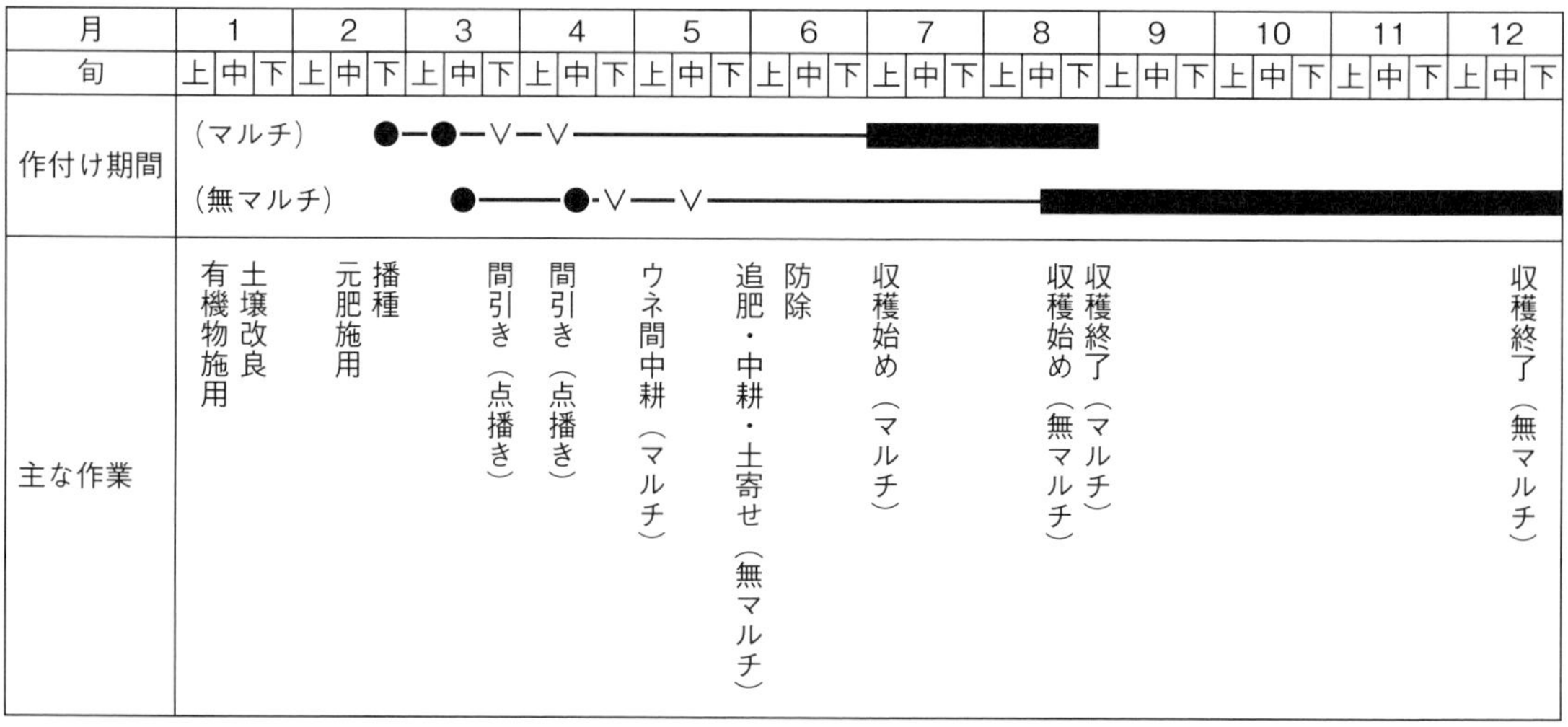

●：播種，V：間引き，■：収穫

やすことをねらった作型である。

　無マルチ栽培より1カ月以上早く収穫できる。さらに不織布を用いてベタがけすると、保温効果が高く発芽が揃い、初期生育が進む。

　導入するときの留意点は、①無理な早播きを避け、地域の最低気温の旬平均値が3℃を確保できる時期を播種の目安にする、②マルチフィルムの種類は、厚さ0・02～0・03㎜の透明のポリフィルムを用いることである。なお、マルチフィルムは黒や緑の濃い色を使用すると、雑草の発生を抑制できる。

(2) 他の野菜・作物との組合せ方

　ゴボウは連作を嫌うので、土壌病害虫の被害を避けるためにも4年程度の休作を設け、他の作物を栽培する。

　ゴボウの前作には、同じキク科のレタスや、共通病害のあるナガイモ、ダイコン、ジャガイモ、ネグサレセンチュウを増やすマメ類は避けるほうがよい。

　適しているのは、イネ科作物やキャベツなどのアブラナ科、ネギなどのユリ科、カボチャなどのウリ科である（表3）。

2 栽培のおさえどころ

(1) どこで失敗しやすいか

①発芽が揃わない

原因　地温が高い、または低い、畑が乾燥している、播種後の覆土が厚いなど。

対策　日よけする、地温が上昇してから播種する、水を撒く、一雨降って土壌水分がある状態で播種する。また、ゴボウの種子は光を好むので覆土を1～2㎝程度と薄くする。大粒で発芽が良好なGQ種子（発芽抑制物質打破処理した種子）を使う。

②生育が不揃いになる

原因　深耕によってやせた下層の土が表層にたまったり、ネグサレセンチュウによって根部が加害されることで発生する。

対策　完熟堆肥を計画的に施用した土つくりを行なう。前作でネグサレセンチュウを減らす作物（マリーゴールドやエンバク野生種などの線虫対抗植物）を栽培する。

③雑草に負けてしまう

原因　植え溝掘削機（トレンチャー）による深耕、ウネ立て後から播種までの期間が長

表3　ゴボウの輪作体系例

1年目	2年目	3年目	4年目	5年目
ゴボウ	キャベツ ハクサイ スイートコーン ネギ	スイートコーン レタス ニンジン ジャガイモ	カボチャ ネギ タマネギ キャベツ	ゴボウ

表4　春まき栽培に適した主要品種の特性

品種名	販売元	肥大早晩	根長	根先肥大	生育揃い	ス入り早晩
常豊	柳川採種研究会	早	長	やや良	良～やや良	晩～やや晩
柳川中生	柳川採種研究会	早～やや早	長	良	良	晩～やや晩
柳川理想	柳川採種研究会	やや早	長～やや長	良～やや良	やや良	やや晩
滝まさり	ヴィルモランみかど	やや早	長～やや長	やや良	やや良	晩

い、未熟な堆肥の施用など。

対策　作付け前に十分土を耕し、ウネ立て後はすみやかに播種する。雑草が発生する前から中耕を行ない、できるだけ小さいうちに除草する。堆肥は完熟のものを施用する。

④岐根の発生が多い

原因　種子が古い。根が伸びる直下に硬い土層や石礫、未分解の有機物があったり、肥料が直接根先に触れる。排水性が悪く、根が腐敗することでも発生する。

対策　新しい種子を使う。石などの障害物を取り除き、深耕はていねいに行なって、均一に砕土する。完熟堆肥を施用し、土壌と混和して分解を進める。適正な量の肥料を施用する。排水対策や高ウネ栽培を行なう。

⑤根首が太く、根の下部が細い（尻こけゴボウ）

原因　生育途中での肥料切れ、酸性土壌、土壌中のリン酸が少なく根先の肥大が進まないなど。

対策　堆肥や緑肥などで土つくりを行ない、生育後半まで養分を供給する。リン酸施肥量を増加させる。石灰資材を用いて土壌pHを適正にする。

(2) おいしくて安全につくるためのポイント

・4年程度は同じ場所にゴボウをつくらず、他作物との輪作を行なう。
・完熟堆肥や有機物を入れる。
・肥料をやりすぎるとえぐみが強くなるので、適正な量を施用する。また、堆肥などの有機物を施用した場合は、有機物中に含まれる肥料分を元肥から減らす。
・中耕を複数回行なう。
・早めに除草を行なう。
・収穫が遅れると肉質中心部に空洞を生じるス入りになり、品質や食味が低下するので、適期に収穫する。
・大雨によるウネの陥没を防ぐため、圃場外周の溝切りを行なう。

(3) 品種の選び方

早生で抽台の少ない品種や、晩生種が育成されているので、作型に合った品種を選ぶようにする（表4）。

3 栽培の手順

(1) 畑の準備

排水と日当たりが良好で、トレンチャーで70cm以上深く耕せる畑を選ぶ。耕土が浅い場合は、30cm程度の高ウネをつくる。また、土壌病害が発生しやすいので、ゴボウを4年以上作付けしていない場所を選ぶ。

播種する2～3カ月前までに完熟堆肥などの有機物を施用し、土壌混和する。また、酸性土壌の場合は石灰資材も施用し、土壌pH6・5～7を目安に土壌改良を行なう。

元肥は播種する1週間くらい前に、元肥全量の3分の1を地表全面に施用してから15cm程度の深さで整地する（表6）。残り3分の2は、播種し根が伸びる部分を中心に約10cm幅に部分施用し、トレンチャーで1mの深さまで深耕してよく混和し、ウネ立てを行なう。

なお、土壌中のリン酸が少ない場合は、トレンチャー溝への施肥にリン酸を増量すると初期生育が向上する。

この施肥法によって、生育前半は速効性の窒素とリン酸を効かせて初期生育を確保し、生育後半は50cm以下の下層の吸収根に肥料を効かせて、根先までの肥大を充実させることができる。

表5　ゴボウ春まき栽培のポイント

	技術目標とポイント	技術内容
圃場の準備	◎圃場の選定と土つくり	・連作を避ける（4年程度ゴボウをつくらない）
	・圃場の選定	・有機物施用と深耕（深さ1mまで深耕）
	・土つくり（深耕）	・土壌酸度の矯正（pH6.5～7）と苦土，石灰の補給
	◎施肥基準	・堆肥（2t/10a）を前作で施用する
		・元肥は，播種1週間前に元肥全量の3分の1を地表全面に施用してから，10cm程度の深さで整地する。残り3分の2はトレンチャー溝に部分施用し，1mの深さまでよく混和し，ウネ立てを行なう
		・リン酸が不足する場合は，元肥（トレンチャー溝への部分施肥）にリン酸を増量する
		・緩効性肥料を用いた全量元肥栽培も可能
播種方法	◎発芽促進	・点播き：1穴2～3粒播き，条播き：1穴1粒播き
	・適当な土壌水分	・播種後，深さ1～2cmになるように薄く覆土し，軽く鎮圧する
		・点播き：ウネ幅60～70cm，株間8～15cm，1条播き
		・条播き：ウネ幅120cm，株間3cm，条間40cm，2条播き
播種後の管理	◎間引き	・1回目は子葉展開後～本葉1～2葉目，2回目は本葉3～4葉目に行なう
	◎雑草防除	・中耕と手取り除草を行なう
	（発生初期の防除）	・除草剤を使用してもよい
		・追肥は播種後2カ月ころを目安に施用する
	◎病害虫防除	・病害株を抜き取る。適用農薬を散布する
収穫	◎適期収穫	・根の直径は2cm（若ゴボウは直径1cm程度から）を目標にする
	・機械利用	・リフトディガーやハーベスタを利用して省力化
	・掘り取り用具利用	・あるいはスコップを利用して手掘り
	・鮮度保持	・根先の萎れによる品傷みを防ぐため，内包資材を当て乾燥を防止する
		・土付きのままで保存，出荷したほうが鮮度を保てる
		・洗った後は，手早く，短い時間で水にさらす。酢を数滴入れると白さを保てる

表6　施肥例　（単位：kg/10a）

	肥料名	施肥位置	施肥量	成分量		
				窒素	リン酸	カリ
元肥	牛糞堆肥	全面	2,000			
	苦土石灰	全面	100			
	S131	全面	40	4.0	12.0	4.0
	S131	トレンチャー溝	80	8.0	24.0	8.0
追肥	S444	全面	40	5.6	1.6	5.6
施肥成分量				17.6	37.6	17.6

(2) 播種のやり方

栽植密度は、点播きの場合はウネ幅60～70cm、株間8～15cm、1条とする。条播きの場合はウネ幅120cm、株間3cm、条間40cm、2条を基本にする（図2）。

播種時期は、暖地の無マルチ栽培で3月下旬ころ、マルチ栽培で3月上旬ころ、寒地の無マルチ栽培で5月上～下旬ころ、マルチ栽培で4月中下旬ころが基準になる。霜柱による幼根の浮き上がりや、断根の危険性がなくなる時期を待って行なう。

種皮には発芽抑制物質があるので、一昼夜水に浸してから播種すると発芽が揃う。

図2　播種のやり方と栽植様式（無マルチ）

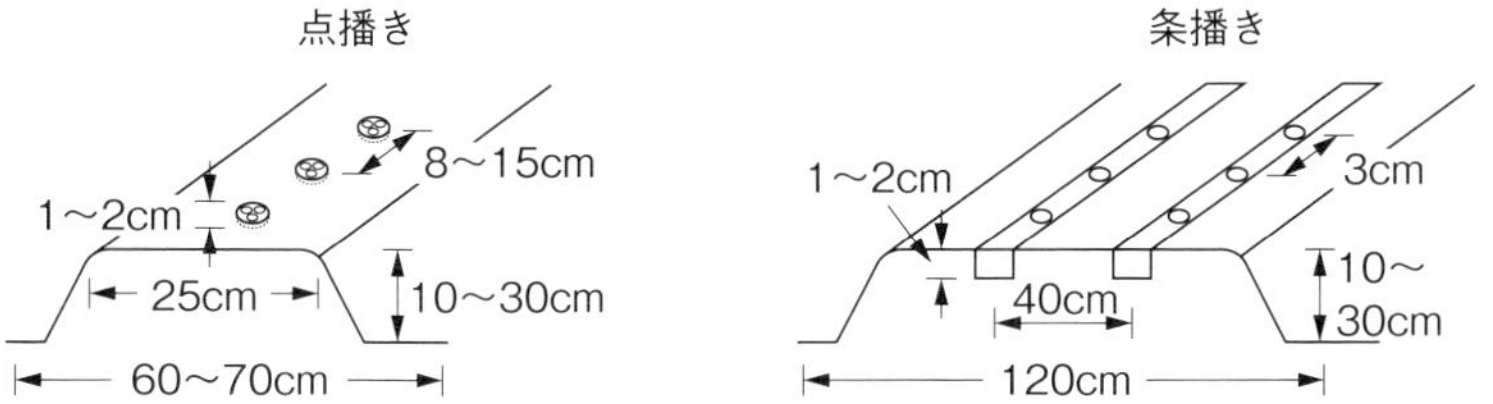

薄く覆土し，軽く鎮圧する

図3　間引きのやり方

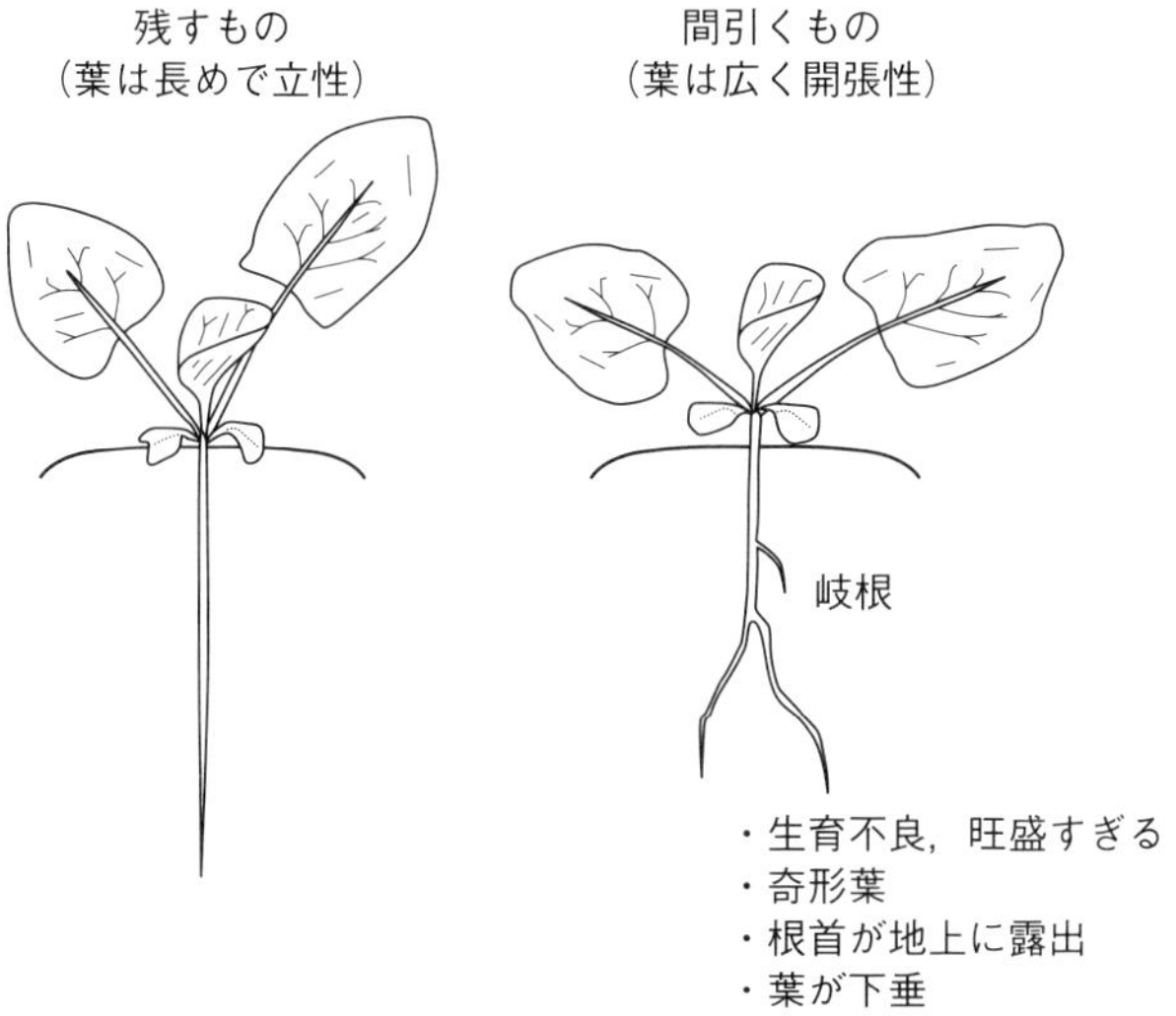

点播きする場合は、1穴に2～3粒ずつ播き、種子の量は10a当たり1・2～2ℓ必要になる。条播きの場合は1粒ずつ播くので、種子の量は少なくなる。

播種したら深さ1～2cm程度になるよう、薄く覆土して軽く鎮圧する（図2参照）。面積が大きい場合は、シーダーテープで1粒播きすると省力的である。

(3) 播種後の管理

①間引き

子葉の褐変、本葉1～2葉の奇形は、生育不良や岐根のしるしになる。

点播きの場合、1回目の間引きは、子葉展開後から本葉1～2葉期に、葉が立性のものを残して2本立ちにする。2回目は本葉3～4葉期に、生育がよすぎる株や劣る株、奇形葉の株、胚軸部（根首）が地上に露出している株を間引き、1本立ちにする（図3）。

条播きの場合は、株間3cmで播いて、点播き同様2回に分けて間引き、株間6～10cmにする。

②中耕、追肥、除草

播種後2カ月程度は生育がとても遅いので、雑草に負けやすい。また、ゴボウは酸素

図4　追肥，中耕，土寄せのやり方

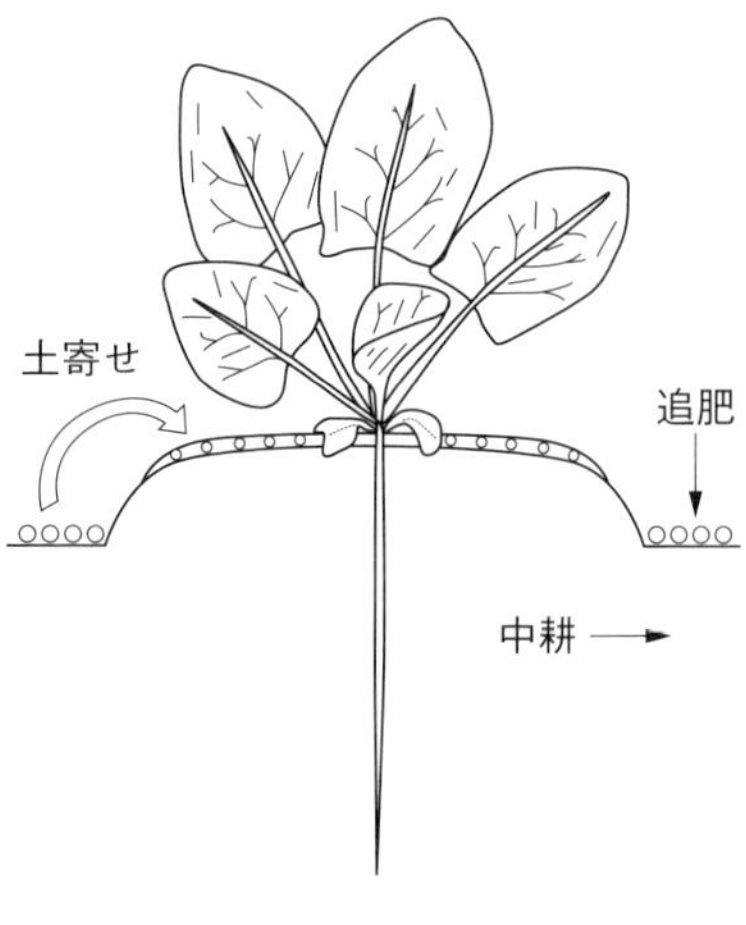

要求量が多い。このため、出芽以降にウネ間、株間の除草を兼ねて中耕を複数回行なう。このとき、根が切れると分岐根になるので、トレンチャー溝を崩さないように注意する。

播種2カ月後を目安に追肥を行ない、除草と肥料混和を兼ねて中耕し、根頭部へ軽く土寄せする（図4）。土寄せは生長点が埋まらないように注意する。

(4) 収穫

①収穫時期

収穫期は、暖地の無マルチ栽培では8～2月、マルチ栽培で7～8月になる。寒地の無マルチ栽培では9月中旬ころ、マルチ栽培で8月下旬ころが目安になる。早く播種したものほど適期に収穫する必要があり、適期を過ぎるとス入りになるので注意する。

根の直径が1cmくらいに育ったころから若ゴボウとして利用できるが、本格的な収穫は直径2cmくらいから始める。

寒地の越冬後の春掘りゴボウは、融雪後に土壌凍結がなくなってから収穫する。

②収穫・出荷方法

収穫方法は、茎葉を5～10cm程度残して刈り取り、細長いスコップでゴボウの側方を30～50cm程度掘って、根首を持って抜き取る（図5）。リフトディガーやハーベスタなどの機械を利用すると省力化できる。

収穫したゴボウは、乾燥させると熱を持ち、品傷みが著しくなる。根先の萎れによる品傷みを防ぐため、内包資材を当てて品質保持に努める。水分が逃げないように、土付きのままで保存、出荷したほうが鮮度を保てる。

図5　収穫のやり方

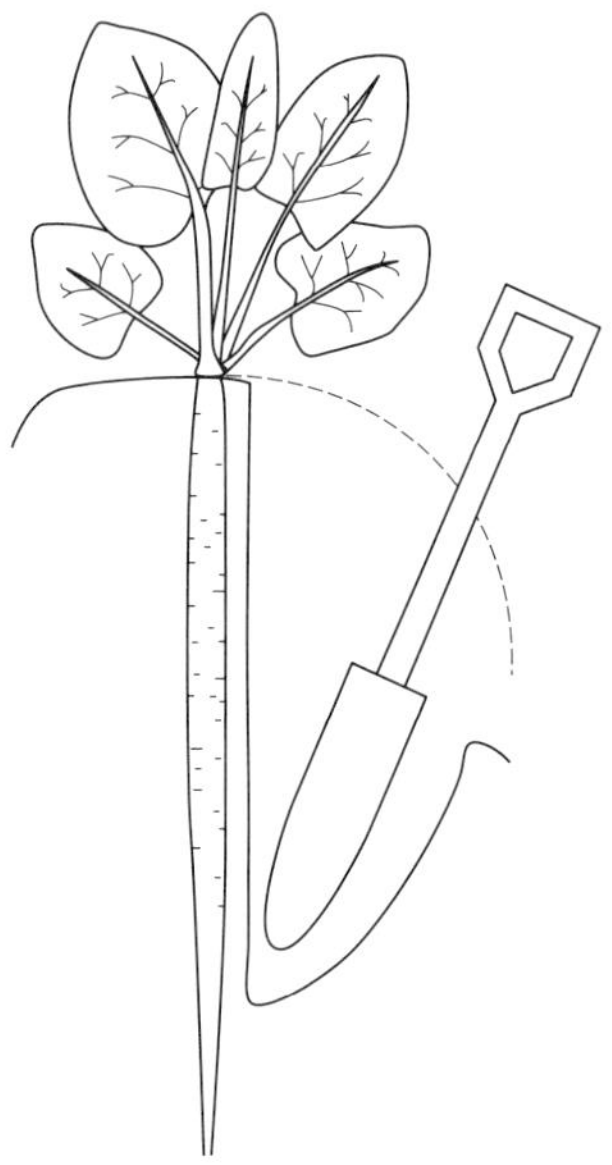

4　病害虫防除

(1) 基本になる防除方法

ゴボウの主な病害には、黒斑細菌病、黒斑病、根腐病、菌核病、黒あざ病、黒条病、うどんこ病などがある。虫害にはアブラムシ類、線虫類（ネグサレセンチュウ、ネコブセンチュウ）、ゾウムシ類、ネキリムシ類などがある。

連作すると、ネグサレセンチュウによる根部表面の黒変（ヤケ症）や、褐色の小斑点（ゴマ症、図6）で品質が低下しやすい。ヤケ症は土壌中のフザリウム菌、リゾクトニア菌によっても発生し、ネグサレセンチュウによって被害が助長される。

これらの病害虫の基本的な防除方法は、表7を参照いただきたい。

表7　病害虫防除の方法

	病害虫名	防除法
病気	黒斑細菌病	連作しない。多肥栽培を避ける。密植栽培を避ける カスミンボルドー1,000倍，Zボルドー500倍
	黒斑病	連作しない。前作でマメ科作物を作付けしない オーソサイド水和剤80 800倍
	根腐病	連作しない。排水をよくする。前作で根菜類を作付けしない。病害株を抜き取る
	黒条病	連作しない。密植栽培を避ける フロンサイド水和剤1,000倍
	うどんこ病	多肥栽培を避ける。密植栽培を避ける トリフミン水和剤1,000倍
害虫	線虫類	前作で線虫対抗植物を栽培する（エンバク野生種，マリーゴールド）。キタネコブセンチュウはイネ科作物と輪作 ネマトリンエース粒剤20kg/10a
	アブラムシ類	アディオン乳剤2,000～3,000倍，ウララDF2,000～4,000倍，オルトラン粒剤3～6kg/10a
	ゾウムシ類	ノーモルト乳剤1,000倍
	ネキリムシ類	ネキリエースK 3kg/10a，ダイアジノン粒剤5 4kg/10a

注）農薬の登録は2022（令和4）年3月現在

図6 ネグサレセンチュウによる被害（ゴマ症）

左：重度，右：軽度

(2) 農薬を使わない工夫

連作をしない、未熟堆肥を使用しない、圃場内と周辺を除草する、防虫網（1㎜目）で被覆するなどがポイントになる。

株間やウネ間を少し広げて栽植密度を減らし、風通しをよくする。

前作でマリーゴールドやエンバク野生種などの線虫対抗植物を栽培すると、有害線虫を減らすことができる。また、深根性のイネ科作物を作付けすると、排水がよくなり、病害の発生リスクを軽減できる。

病害株は見つけしだい、圃場外に持ち出す。

5 経営的特徴

ゴボウの栽培では、トレンチャー耕と収穫作業に多くの時間を必要とし、とくに収穫・調製には多くの労力がかかる。収穫の労働時間は、ハーベスタによる3人組の作業体系で10a当たり4・5時間程度である。この作型の経営指標は表8のとおりである。

大規模に栽培する場合は、深耕の低速作業

表8　ゴボウ春まき栽培の経営指標

項目	マルチ栽培	無マルチ栽培
収量（kg/10a）	2,000	3,000
単価（円 /kg）	210	180
粗収入（円 /10a）	420,000	540,000
経営費	173,992	183,973
種苗費	11,020	14,500
肥料費	27,312	27,312
病害虫薬剤費	15,828	15,836
諸材料費	56,862	37,318
動力燃料費	6,955	7,102
賃料料金	56,015	81,905
粗収益（円 /10a）	246,008	356,027
労働時間（時間 /10a）	21.8	11.6

注1）賃料料金は，収穫コンテナのリース料，共同選別施設利用料
注2）実所得は，粗収益から建設施設，機械類減価償却費，雇用労賃，流通，販売費用，手数料などを差し引いた残りの金額
注3）出典：「北海道農業生産技術体系（第5版）」（平成30年2月　北海道農政部生産振興局技術普及課）

ができるトラクター、施肥機、トレンチャー、播種機、中耕・除草機、掘り取り機、出荷調製機などを利用した、機械化一貫作業体系が望ましい。

（執筆：山田徳洋）

夏秋まき栽培

1 この作型の特徴と導入

(1) 作型の特徴と導入の注意点

鹿児島県では、消費者の料理しやすいというニーズに合わせて、一般的な泥付きの長ゴボウから、洗われた少し短めの若掘りゴボウへの転換が進んでいる。

長ゴボウは播種から半年程度で収穫を行なうのに対して、若掘りゴボウは播種から120～150日、長さ30～45cmで収穫を行なう。

ここで今回は8～9月に播種し、12～4月にかけて収穫をする、若掘りゴボウの夏秋まき冬春どり作型を紹介する。

図7　ゴボウ夏秋まき栽培　栽培暦例

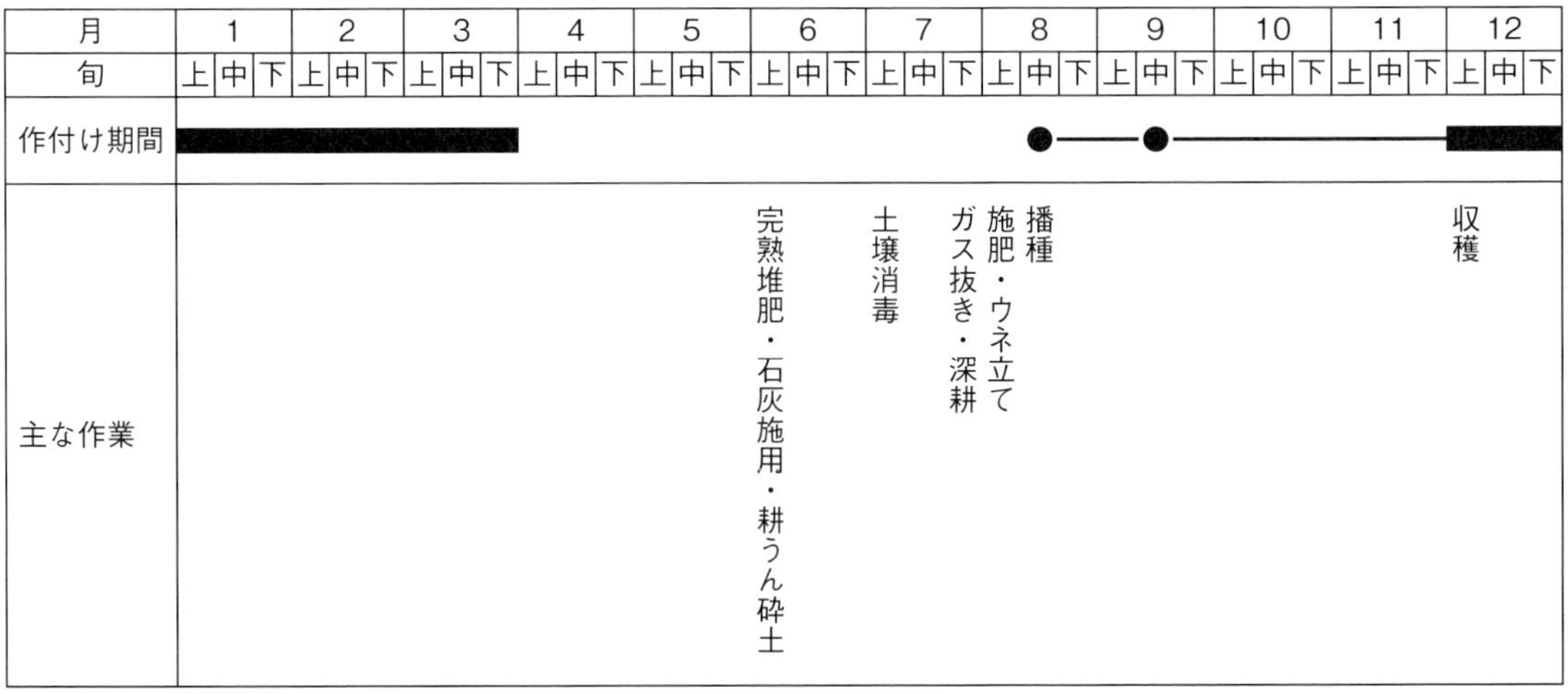

●：播種，■：収穫

導入の注意点としては、とくに8月の高温期に播種する場合は、高温・乾燥による発芽不良が問題になる。対策として、地温抑制効果のある白黒マルチを利用し、播種後に灌水を行なう。

(2) 他の野菜・作物との組合せ方

連作障害として岐根の発生、生育不良、減収、直根の表皮の荒れが発生する。そこで、鹿児島県では少なくとも2年以上休作することを推奨している。輪作体系の例を表9に示した。

表9　ゴボウの輪作体系例

1年目	2年目	3年目	4年目
ゴボウ	キャベツ ハクサイ スイートコーン 落花生	ネギ サトイモ ニンジン	ゴボウ

表10　若掘りゴボウの夏秋まき冬春どり栽培に適した主要品種の特性

品種名	販売元	特性
山田早生	ヴィルモランみかど	根首がよく締まり，根身の下部まで肉づきがよく，長根多収型である。肉質はよく，ス入りが少ない

2 栽培のおさえどころ

(1) どこで失敗しやすいか

① 発芽不良

とくに8月の高温期に播種する場合は、高温・乾燥による発芽不良が問題になる。対策として、地温抑制効果のある白黒マルチを利用し、播種後に灌水を行なう。

② 岐根の発生

硬い土塊の障害物や未熟堆肥の施用、線虫、ハリガネムシ、コガネムシの幼虫、ネキリムシ類などの害虫、土壌乾燥、古い種子の利用によって岐根が発生する。

硬い土塊の障害物や未熟堆肥の施用に対しては、深耕と耕うんにより土塊を少なくするとともに、完熟堆肥を施用する。害虫に対しては、適期に防除し、間引きで生育不良株を除去する。土壌乾燥に対しては、灌水を実施し、適度な土壌水分を確保する。

また、古い種子は生育が悪く、岐根になりやすいため、新しい種子を利用する。

(2) おいしくて安全につくるためのポイント

以下の点について、留意して栽培する。

・排水良好で耕土の深い土壌で栽培する。
・連作を行なわず、2年以上栽培期間をあける。
・完熟堆肥を施用する。
・発芽率の向上、初期生育を促進するために灌水を行なう。

(3) 品種の選び方

この作型（若掘りゴボウ）に適している品種は'山田早生'である。'山田早生'は、根首がよく締まり、根身の下部まで肉づきがよく、長根多収型である（表10）。

3 栽培の手順

(1) 畑の準備

品質がよいものを生産するために、土壌が膨軟で、礫などがなく、地下水の低い排水のよい圃場を選定する。また、酸性に弱いので

表11　ゴボウ夏秋まき栽培のポイント

	栽培技術とポイント	技術内容
畑の準備	◎圃場の選定	・連作を避ける（最低2年間休作） ・土壌が膨軟で，礫などがなく，地下水の低い圃場が適する
	◎深耕・土つくり	・深耕ロータリーで30～40cmを目標に耕す ・酸性に弱いので土壌をpH6.5～7.5に矯正 ・完熟堆肥と石灰を全面施用する（未熟堆肥は岐根や病害等の原因となるので使用しない）
	◎元肥の施用	・元肥は播種の1週間以上前にウネ施用する。上層施肥ほど初期生育が促進され，根の伸張，肥大に優れる
	◎マルチ	・ウネの流亡防止, 除草のためマルチを利用する（8月は高温期であるため白黒マルチ）
播種	◎発芽と初期生育促進	
	・播種粒数	・播種粒数は1穴2～3粒，種子の深さは1～2cmとする
	・栽植様式	・ウネ幅，株間の例 1条播き：ウネ幅95cm，株間6cm 2条播き：ウネ幅110cm，株間7cm，条間20㎝
	・灌水	・播種後は必要に応じて灌水。高温期の播種では必須
播種後の管理	◎間引き	・本葉3枚前後のときに1本に間引く
	◎生育促進	・9月中旬以降の播種では，肥大促進のために不織布をベタがけする
	◎病害虫防除	・初期の病害虫防除を徹底する（うどんこ病，アブラムシ類，ハスモンヨトウなど） ・病害株は圃場外に持ち出す
収穫	◎適期収穫	・収穫時の根の直径は1.5cmを目標にする ・収穫期が遅れるとス入りが発生し，品質が低下するので，適期収穫に努める

表12　施肥例　（単位：kg/10a）

	肥料名	施肥量	施用法	成分量		
				窒素	リン酸	カリ
元肥	牛糞堆肥	3,000	深耕前に全面施用			
	苦土石灰	160				
	苦土重焼燐	20			7.0	
	BB555	100	全面施用もしくはウネ施用	15.0	15.0	15.0
	燐硝安加里 S226	20		2.4	2.4	3.2
施肥成分量				17.4	24.4	18.2

土壌をpH6・5～7・5に矯正する。

連作障害が発生しやすいので、最低2年間は休作する輪作体系を組むとともに、線虫などの土壌病害虫に対して防除を行なう。

播種予定の2カ月前までに完熟堆肥と石灰を全面施用し、耕うんによる砕土を十分に行なう。未熟堆肥は、岐根や病害などの原因になるので使用しない。深耕は、深耕ロータリーかトレンチャーで30～40cmを目標に行なう。

元肥は、播種の1週間以上前に全面施用、またはウネ施用する（表12）。上層施肥ほど初期生育が促進され、根の伸張や肥大がよくなる。

8～9月上旬の高温期に播種する場合は、地温抑制効果のある白黒マルチを利用する。また、9月下旬以降の播種では、保温のために黒マルチを利用する。

(2) 播種のやり方

播種粒数は1穴2～3粒とし、間引きを行なう。1条播きはウネ幅95cm、株間6cm、2条播きはウネ幅110cm、株間7cm、条間20cmが目安である（図8）。

播種の深さは1～2cmが適当で、テープシーダーによる播種が主流である。種子は好光性なので、播種位置が深いと発芽率が低下する。種子は、新しく充実したものほど発芽率がよい。

発芽率の向上と初期生育の促進が重要であり、播種前の土壌水分を確保するとともに、播種後は必要に応じて灌水を行なう。とくに、高温期に播種する場合は、必ず灌水を行なう。

(3) 播種後の管理

①間引き

間引きは生育を均一化し、安定生産するためには重要である。品種などで異なるが、基本的には以下のような個体を間引く。

・健全でないもの（病害虫その他の障害を受けているもの）。
・葉が丸く、生育が旺盛すぎるもの。
・葉色が濃く、葉縁に欠刻の多いもの。
・根首が地上に露出したもの。

図8　1条播きの様子

②ベタがけ

9月中旬以降の播種では、肥大促進のため不織布のベタがけなどを行なう。不織布のベタがけは、最高気温が25℃を下回る10月下旬から被覆し、被覆前には、菌核病などの防除を行なう。

(4) 収穫

収穫は土壌水分が少ないときに行なうと、ゴボウがよく浮き上がり、作業が容易である。

収穫が遅れると、ス入りによって品質が低下するので、適期に行なう。

収穫手順は、収穫前に葉柄を短く切断（二次生長防止）し、専用の掘り取り機で行なう。

収穫後の圃場には残渣を残さず、可能なかぎり持ち出す。

4 病害虫防除

(1) 基本になる防除方法

地上部、地下部ともに病害虫が発生する

表13　病害虫防除の方法

	病害虫名	防除法
病気	黒あざ病	連作を避ける（発病圃場ではイネ科作物を栽培し，ゴボウは3年以上休作する）。病株の除去（被害残渣は圃場に埋めず，圃場外に持ち出して焼却）。クロルピクリン剤による土壌消毒。ユニフォーム粒剤
	菌核病	病害株は早めに除去する。ロブラール水和剤
	黒斑細菌病	カスミンボルドー，フジドーＬフロアブル
	うどんこ病	初期の防除を徹底。過度の密植を避ける。トリフミン水和剤，ダコニール1000
	萎凋病	連作を避ける，病害株は早めに除去する。クロルピクリン剤による土壌消毒
害虫	アブラムシ類	オルトラン水和剤，アドマイヤーフロアブル，アドマイヤー１粒剤，アディオン乳剤，スミチオン乳剤
	ネキリムシ類	ガードベイトＡ，ダイアジノン粒剤5，フォース粒剤，トクチオン細粒剤Ｆ
	線虫類（ネグサレセンチュウ類，ネコブセンチュウ類）	D-D剤，ビーラム粒剤，ネマトリンエース粒剤
	ハスモンヨトウ	フェニックス顆粒水和剤，アクセルフロアブル

が、根が商品なので、土壌病害虫の防除がとくに重要である。土壌消毒剤や殺線虫剤で防除を行なう。

うどんこ病、アブラムシ類、ヨトウムシ類などの病害虫は、発生初期の防除を徹底する。農薬は適用や使用方法を確認して利用する（表13参照）。

(2) 農薬を使わない工夫

土壌病害が大きな問題となるため、連作を避け2年以上休作する。病害虫を抑止するために、未熟堆肥を使用しない。病株は畑の外へ持ち出す、畑の周辺を除草する、なども重要である。

5 経営的特徴

ゴボウは、収穫適期の幅は広いが、収穫・調製に多くの労力を必要とする。ただし、栽培に要する経費は少ない。秋まき栽培の経営指標を表14に示した。

（執筆：向吉健二）

表14　ゴボウ夏秋まき栽培の経営指標

項目	
収量（kg/10a）	1,100
単価（円 /kg）	550
粗収入（円 /10a）	605,000
経営費（円 /10a）	570,000
物財費（種苗費, 薬剤費など）	210,000
雇用労働費	5,000
流通費	350,000
その他	5,000
農業所得（円 /10a）	35,000
労働時間（時間 /10a）	70

ジャガイモ

表1　ジャガイモの作型，特徴と栽培のポイント

主な作型と適地

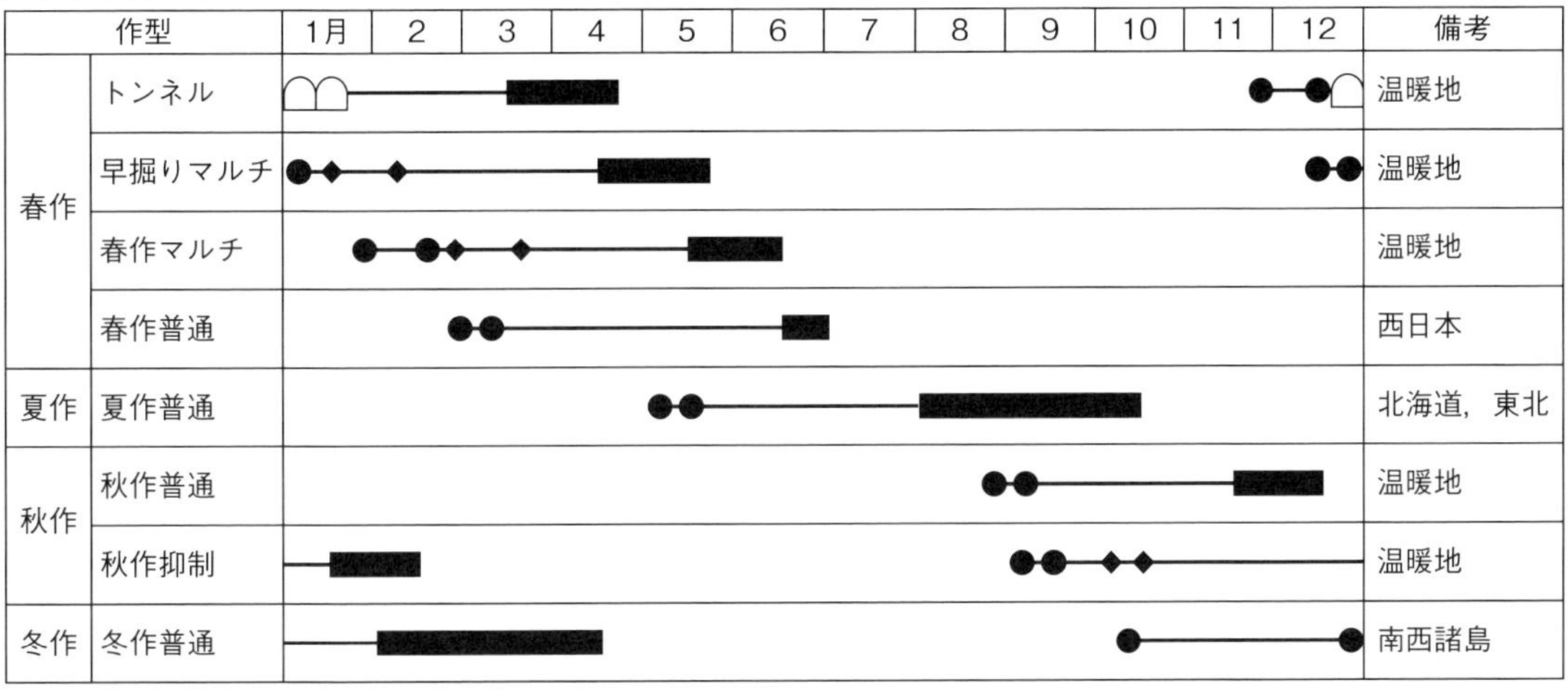

●：植付け，⌒：トンネルとマルチ，◆：マルチ，▬：収穫

特徴	名称（別名）	ジャガイモ（ナス科シラナム属），別名：バレイショ
	原産地・来歴	原産地は，ペルーとボリビアの両国にまたがる標高3,000m前後のチチカカ湖周辺と考えられる。スペイン人によってヨーロッパにもたらされ，世界中に広まり，日本への伝来は16世紀ころといわれる
	栄養・機能性成分	1日当たり乾物生産量，エネルギー生産量，タンパク質生産量が，食用作物のうちでも非常に高い。乾物含量のうちデンプンが最も多く，カリ，ビタミンC，食物繊維も多い。全体として低カロリーで栄養バランスに優れる
	機能性・薬効など	アントシアニンを含む。肉色が赤や紫の品種は抗酸化性や視覚機能の向上，肝機能の回復などが期待できる
生理・生態的特徴	出芽条件	5℃以上で休眠開けした芽は動き出す。浴光により，芽の徒長が抑制され充実した芽になる
	温度への反応	生育適温は15～20℃。冷涼な気候を好むが，やや高温条件で出芽と地上部の生育が促進され，やや低温条件，とくに夜温が低いと塊茎の肥大・養分蓄積が促進される
	日照への反応	長日条件で生育期間が短くなるため，地上部，地下部とも生長が促進される。短日条件で塊茎の形成と成熟が進み，品質が向上する
	土壌適応性	土壌への適応性は広い。排水がよく，肥沃で，膨軟な砂壌土が最適だが，土質や土性に合わせた管理，とくに排水性を高めれば問題ない。砂土では生育が早まる。粘質土では生育が遅いが，収量や品質が向上することが多い。土壌酸度はpH5.0～6.5の弱酸性が適し，4.5以下，7.0以上では生育が劣る。土壌の排水性が悪いと茎葉の徒長・倒伏，病害の多発，塊茎の品質低下をまねく。生育初期に適度な水分があり，生育後半に乾燥気味になることが望ましい
	開花習性	出芽後5週間程度で開花する。長日条件で開花しやすく，短日では開花しないか，花数が少なくなる
	休眠	塊茎には休眠期間がある

（つづく）

栽培のポイント	主な病害虫	ジャガイモは種イモによる栄養繁殖をするため，ウイルス病やそうか病など，種イモによって伝染する重要病害が多い。また，土壌で伝搬するシストセンチュウ類も重要な害虫である
	他の作物・野菜との組合せ	北海道の大規模畑作では，コムギ，テンサイ，マメ類との輪作が行なわれる。温暖地のジャガイモ二期作地帯では連作が多いが，土壌病害虫の多発生をまねくので望ましくない。近年，南西諸島や沖縄ではサトウキビとの輪作が進められている

この野菜の特徴と利用

(1) 野菜としての特徴と利用

①導入と生産の現状

ジャガイモの日本での本格的な栽培は、明治以降の北海道開拓の時代に始まった。本州、四国、九州など全国で栽培されているが、現在では北海道および長崎県、鹿児島県が主産地であり、とくに北海道の収穫量は全国の約8割を占める。

ジャガイモは、1日当たりの乾物生産量、エネルギー生産量、タンパク質生産量が食用作物の中では非常に高いため、生育期間が比較的短い。したがって、輪作作物としても優れている。

用途は広く、生食用としての市場向けのほか、デンプン原料用、加工食品用、種子用などさまざまである。このうち市場販売用が50万t前後で全体の2割程度を占めるが、最近では生食用の需要が減ってきて、加工用の需要が増加している。

②輸入の状況

輸入は、冷凍、マッシュ、フレークなどが急増しており、主に加工食品用や業務用に利用されている。

生イモの輸入は少ないが、2020（令和2）年2月に、2～7月に限定されていた生鮮イモの輸入が、通年に解禁されたことから、国内産の作柄によっては増加が予想される。

③調理利用と栄養

ジャガイモは味が淡白で食べやすいため、煮物、揚げ物、蒸し、炒め物など調理の幅が広い。また、貯蔵性もあり、主食としている国も少なくない。

栄養面では、デンプン、カリ、ビタミンCが豊富に含まれ、低カロリーで栄養バランスに優れている。

(2) 生理的な特徴と適地

①生理的な特徴

栽培種のほとんどは4倍体（染色体数が2

表2　主要品種の特性，適地と用途

品種	適地	用途	早晩性	収量性	塊茎					備考
					大きさ	形状	皮色	休眠	食味	
男爵薯	全国	食用	早生	中	やや小	球	白黄	やや長	中上	粘質
メークイン	全国	食用	中生	中	中	長楕円	淡黄	中	中上	粘質
トヨシロ	全国	加工用	中生	中多	中	扁球	黄褐	長	中	チップス用
農林1号	全国	食用，デンプン原料用	中晩	多	大	扁球	白黄	やや短	中	兼用
ワセシロ	東日本	食用，加工用	早生	中	大	扁球	淡黄白	中	中	チップス用
ホッカイコガネ	北海道	加工用	中晩	中多	中	長楕円	淡褐	やや長	中上	フライ用
コナフブキ	北海道	デンプン原料用	晩生	中	中	扁球	淡黄褐	やや長	—	高デンプン
紅丸	北海道	デンプン原料用	晩生	極多	やや大	球	淡赤	中	—	デンプン品質最良
ニシユタカ	温暖地	食用	晩生	極多	大	扁球	白黄	短	中	二期作向け
デジマ	温暖地	食用	晩生	多	大	扁球	白黄	短	中上	二期作向け

倍ある）なので、地上部の生育が旺盛である。食用になるイモは地下茎の先端部分が肥大したもので、塊茎《かいけい》といわれる。

生育適温は15～20℃と、比較的冷涼な気温を好み、高温では塊茎の肥大が劣る。長日条件で生育期間が長くなり、地上部、地下部とも生長が促進される。短日条件で塊茎の形成と成熟が進み、品質が向上する。

土壌への適応性は広く、酸性土壌には比較的強いが、湿害には弱い。

ジャガイモは、種イモによって伝染するウイルス病やそうか病などの重要病害が多いため、指定種苗として国内検疫の対象になっている。栽培にあたっては、国営検査に合格した健全な種イモを使用する。

②塊茎の休眠

塊茎には休眠期間があるため、植付け時期や作型に適した齢（収穫期からの日数）の種イモを使うことが、肥培管理や収量を高めるうえで重要になる。

適切な種イモの齢とは、植付け前に休眠が明けて芽が動き始めるが、伸びすぎていないで、植付け後はすみやかに充実した芽が揃って出芽することが目安になる。

種イモの齢が若いと、出芽や初期の生育が遅れ、茎が太くて茎数が少なくなり、大イモだが数が少なく、収量が劣ることが多い。逆に齢が進みすぎても、生育、収量ともに劣る。

北海道では低温での貯蔵になるため、休眠期間が過ぎても、すぐに出芽しないことも多い。植付け前に1カ月くらい浴光して、出芽促進と芽の充実を図ることにより、休眠期間の調節がある程度可能である。しかし、休眠期間は品種間の差が大きいため、品種の特性も考慮して栽培する必要がある。

③地域と作型

ジャガイモの作型は、生育適温になる時期の違いにより、寒高冷地（北海道など）の夏作、温暖地（九州など）の春作と秋作の二期作、暖地（南西諸島）の冬作に大別される。これに被覆資材などを利用することによって、さらに細かく作型が分化している。

つまり、夏場の一時期を除いて、1年中どこかでジャガイモを収穫していることになる。

④品種

品種の選択にあたっては、栽培地、作型、用途、早晩性、種イモを入手できるかどうかなどを考慮する必要がある。

現在の生食用の主要品種は、北海道と本州では‘男爵薯’と‘メークイン’、九州では‘ニシユタカ’‘デジマ’‘メークイン’が多く、とくに秋作ではほとんどが‘デジマ’‘ニシユタカ’が栽培されている（表2）。

加工用では、ポテトチップス用の主要品種‘トヨシロ’、フライドポテト用の‘ホッカイコガネ’、サラダ用の‘さやか’が栽培されている。

デンプン原料用は、北海道で‘コナユタカ’‘コナヒメ’が栽培されている。

（執筆：上堀孝之）

秋どり栽培（寒地）

1 この作型の特徴と導入

(1) 作型の特徴と導入の注意点

秋どり栽培は北海道から東北地方にかけての作型で、北海道畑作の重要な位置づけになっている。現在、日本のジャガイモ栽培の4分の3がこの作型である。4～5月に植え付け、品種の早晩性によって8～10月に収穫する（図1）。

生育期間が長いため収量が多く、デンプン含量が高い完熟した高品質のイモが得られる。しかし、年次によっては、晩霜によって萌芽直後の茎葉が被害を受けることがあるため、極端な早植えは避ける。また、猛暑の年、とくに夜温が高い年には消耗が激しいため、収量や品質が低下する。

この作型は生産量が多いので、単価は比較的低い。

(2) 他の野菜・作物との組合せ方

北海道の大規模畑作では、コムギ、テンサイ、マメ類との輪作が行なわれる。また、早生品種は、秋まきコムギの前作として輪作体系に組み込まれる。

2 栽培のおさえどころ

(1) どこで失敗しやすいか

種イモの品質が保証されていないと、減収や品質低下につながるだけでなく、土壌病害虫を持ち込む危険性がある。輪作体系をしっかりとることも、病害虫の発生や蔓延防止のために重要である。

また、種イモの種子消毒、浴光催芽、切断、キュアリングなど、植付けまでの管理を適切に行なうことが肝要である。

図1　ジャガイモ秋どり栽培（寒地）　栽培暦例（北海道中央地帯）

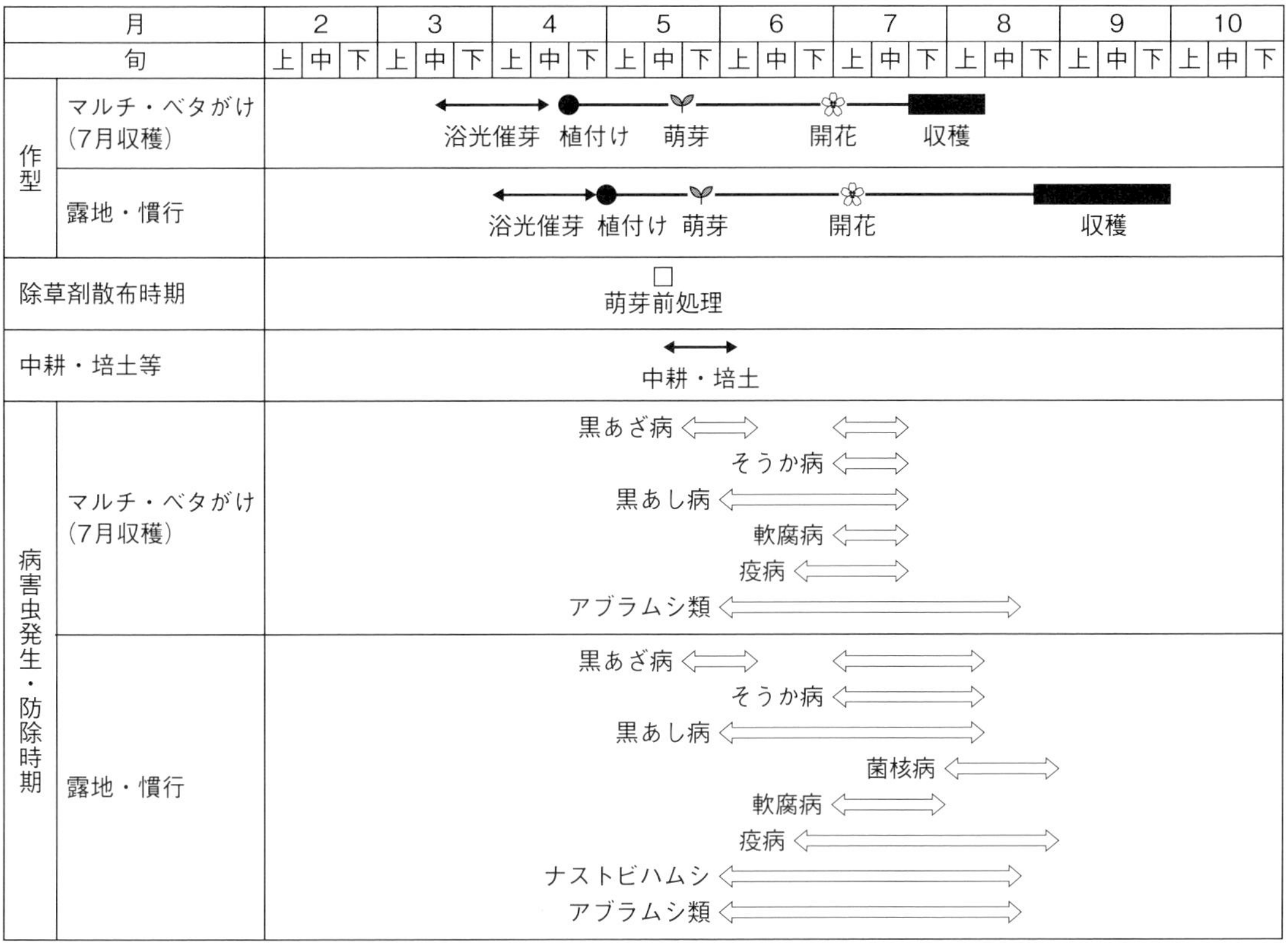

●：植付け，🌱：萌芽，❀：開花，■：収穫

(2) おいしくて安全につくるためのポイント

多肥栽培は、病害や生理障害を助長する。また、茎葉の枯凋を遅らせ、収穫期にイモが十分に成熟しない場合がある。品種に適した施肥を行なう。

(3) 品種の選び方

用途に合わせて品種を選定する（表3）。その際、病害虫抵抗性にも留意することで、薬剤の防除回数を減らすことが可能である。

3 栽培の手順

(1) 種イモの準備

① 健全な種イモを使用する

種イモは、採種圃産を使用し、毎年更新する。自家採種したものは、ウイルス病の感染などで収量・品質が低下しやすい。

② 種イモの選別、消毒

貯蔵中に腐敗したものや、病気や緑化した塊茎などを除去し、健全な種イモを使用する。

表3　秋どり栽培（寒地）に適した主要品種の特性（北海道）

品種	主な用途	熟期	塊茎の色		耐病性				主な特徴
			皮色	肉色	ジャガイモシストセンチュウ	疫病	塊茎腐敗	そうか病	
男爵薯	生食	早生	白黄	白	弱	弱	弱	弱	生食主力品種。粘質
メークイン	生食	中生	淡黄褐	黄白	弱	弱	弱	弱	生食主力品種。粘質
キタアカリ	生食	早生	黄白	黄	強	弱	やや弱	弱	カロテン，ビタミン含量多
トヨシロ	チップ	中早生	淡黄褐	白	弱	弱	やや弱	弱	チップ加工用の主力品種
スノーデン	チップ	中晩生	褐	白	弱	弱	強	中～やや強	貯蔵後のチップ適性高い。やや低収
きたひめ	チップ	中生	黄白	白	強	弱	中	弱	貯蔵後のチップ適性高い
さやか	生食・加工	中生	白黄	白	強	弱	弱	弱	サラダ用
コナフブキ	デンプン原料	中晩生	淡黄褐	白	弱	弱	中	弱	デンプン原料用の主力品種
コナヒメ	デンプン原料	中晩生	淡黄褐	白	強	強	やや強	弱	デンプン重は‘コナフブキ’並み
アーリースターチ	デンプン原料	中～中晩生	白黄	白	強	弱	中	弱	デンプン原料の早期出荷用品種

疫病、軟腐病、黒あし病、黒あざ病、そうか病、粉状そうか病などは、種イモ伝染するため、必ず消毒を行なう。

③浴光催芽

萌芽を揃え、生育を促進するため、植付け前に種イモに十分光を当てる。

浴光催芽の効果

・萌芽が早まることで、黒あざ病の被害を抑え、その後の生育や塊茎肥大が早まる。
・萌芽が斉一になることから、生育・塊茎肥大も揃い、品質が向上する。
・処理中に「病イモ」や「萌芽不良イモ」などを除去できる。

処理の注意点

・温度管理：25℃以上の高温で黒色心腐（酸欠による塊茎内部組織の枯死）が発生しやすいので、温度管理に注意する。また、夜間は低温で凍結しないよう0℃以上で保温する。
・種イモの入れ替え：イモに平均に光を当てるため、上下の積み替えや方向、位置を定期的に変更する。

④種イモの切断

種イモは、浴光催芽後、植付けの3～4日前に切断してキュアリングを行ない、植付け後の腐敗防止に努める。種イモの大きさを揃えると生育も揃うので、重量が1片重40～50gになるように切断する（図2）。

催芽直後や催芽中の切断は、切断面から乾燥が進み、イモの活力が低下する。やむを得ず切断する場合は、切り離さず基部を少し残すようにする。

細菌性病害の蔓延防止のため、切断刀は必ず消毒する。

(2) 畑の準備

①排水対策

明渠や暗渠の整備、心土破砕など、圃場の排水を改善する。

②輪作の実施

4年以上の輪作を実施する。とくに、イネ

表4　ジャガイモ秋どり栽培（寒地）のポイント

	技術目標とポイント	技術内容
種イモの準備	◎種イモの準備	
	・種イモ	・採種圃産を使用し，毎年更新する ・自家採種したものは，ウイルス病の感染などで収量・品質が低下しやすい
	・選別	・貯蔵中に腐敗したものや，病害や緑化した塊茎などを除去し，健全な種イモを使用する
	・消毒	・疫病，軟腐病，黒あし病，黒あざ病，そうか病，粉状そうか病などは，種イモ伝染するため，必ず消毒を行なう
	◎浴光催芽	・コンテなどに薄く広げ，種イモ全体に散光でムラなく光を当てる ・10～20℃が適温。日中の換気，夜間の保温に注意する（25℃以上の高温は避け，夜間は低温で凍結しないよう保温する） ・通風のよい乾燥条件で実施する（湿度が高いと芽が伸びすぎる） ・イモに平均に光を当てるため，上下の積み替えや方向・位置を定期的に変更する ・植付け前に25～30日間実施する（芽の伸びを確認し，日数を適宜調整する）
	◎種イモの切断	・一片重量が40～50gとなるように切断する ・細菌性病害の蔓延防止のため，切断刀は必ず消毒する ・浴光催芽後，植付けの3～4日前に切断してキュアリングを行ない，植付け後の腐敗防止に努める ・催芽直後，催芽中の切断は，萌芽力のないイモを分別できなくなるほか，切断面から乾燥が進み，イモの活力が低下する。やむを得ず切断する場合は，切り離さず基部を少し残すようにする
植付け方法	◎施肥	表5を参照
	◎植付け	
	・時期	・4月中旬～5月上旬。晩霜の危険性を考慮し，極端な早植えは避ける
	・種イモ芽数	・切断イモまたは全粒イモで，1個40～50g程度で2～4芽を確保する
	・栽植密度	・ウネ幅72～75cm，株間30cm程度（4,440～4,630株/10a）。‘メークイン’のようなストロンの長い品種は広めの株間とする
	・植付け深さ	・3～5cm程度
植付け後の管理	◎除草	
	・耕種的除草	・出芽前後にチェーンやスプリングハローがけをする。黒色マルチフィルムなどを使った栽培も抑草に効果的である
	・除草剤散布	・植付け前後～萌芽直前ころに除草剤を散布する。使用にあたっては各除草剤の使用基準を遵守する
	◎中耕・培土	
	・中耕	・萌芽7～10日後に中耕を行ない，その後中耕を兼ねた半培土を行なう
	・培土	・萌芽後3週間目ころ，茎長25cm程度の時期で，着蕾期までに実施する ・ウネ断面の形状がM型になると水がたまりやすくなるため，山型になるようていねいに行なう ・土壌が過湿のときは，締まりやすくなり，通気性不良やひび割れ，収穫時に土塊が混入する恐れがあるなどから，作業は避ける
	◎病害虫防除	・表7を参照
	◎茎葉処理	・茎葉処理の方法には，切断や引き抜きなどの物理的な方法と，植物成長調整剤の使用による化学的な方法がある ・とくに，植物成長調整剤を使用する場合は，必ず使用基準を遵守する。高温・乾燥時や生育旺盛な時期に処理すると，塊茎の維管束に褐変を生じやすいので使用は避ける
収穫・貯蔵	◎収穫	・疫病感染の恐れがなくなり，黒あざ病による菌核付着の被害がまだ少なく，塊茎の表皮も硬くなった茎葉枯凋後10日前後（塊茎がストロンから離れやすくなる時期）をめどに収穫する ・枯凋後長期間放置すると，黒あざ病の菌核が付着しやすくなるので十分注意する ・傷イモの発生を抑えるために次の点に注意する ①収穫は晴天・乾燥条件で行ない，作業速度を守る ②地温が10℃を下回ると打撲傷が発生しやすいため，10℃以上の条件で収穫する
	◎貯蔵	・貯蔵の最適温度は，種子用で3℃，生食用は5℃で，湿度は80～90％が望ましい

図2　種イモの切り方

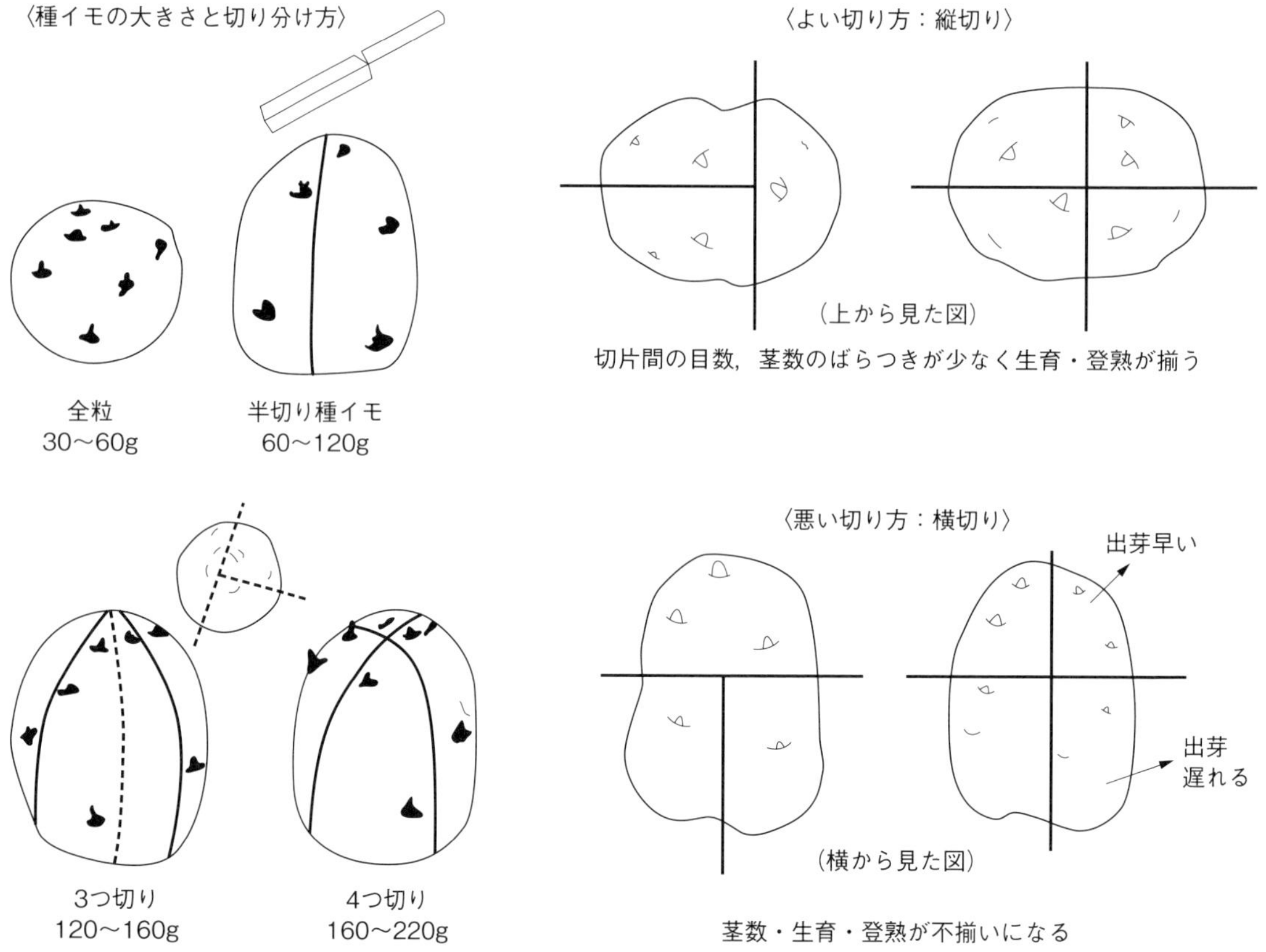

表5　施肥例（北海道十勝地方の例）

（単位：kg/10a）

土壌区分	用途	成分量		
		窒素	リン酸	カリ
低地土	生食用	5	14	11
	加工用	5	14	10
	デンプン原料用	7	14	11
火山性土	生食用	6	18	12
	加工用	6	18	11
	デンプン原料用	8	18	12

注1）苦土施用量は3～4kg /10a
注2）出典：「北海道施肥ガイド2020」

科作物や豆類を輪作に取り入れる。

③有機物の投入

輪作体系の中で、テンサイ、マメ類、スイートコーンの作付け時に堆肥を施用する。未熟堆肥はそうか病の発生を増やす恐れがあるので、完熟堆肥を使用する。

④土壌pH

輪作の中で土壌pHを適正値に矯正し、ジャガイモ栽培時は、5.5～5.7程度になるよう留意する。なお、そうか病が発生している圃場では、ジャガイモ栽培時のpHは5を目標とする。

⑤施肥

表5を目安に施用する。一般的に全量を元肥とする。過剰な施肥は無駄なだけでなく、倒伏や、塊茎品質の低下につながるので、適切な施肥量とする。施用位置は、種イモの側方または下方とする。

(3) 植付け

植付け時期は4月中旬～5月上旬。晩霜の危険性を考慮し、極端な早植えは避ける。種イモは、切断イモまたは全粒イモで、1個40～50g程度で2～4芽を確保する。

栽植密度は、ウネ幅72～75cm、株間30cm程度で、10a当たり4440～4630株を目安にし、'メークイン'のようにストロンの長い品種は、広めの株間とする（図3、表6）。

図3　ウネ間と株間の設定

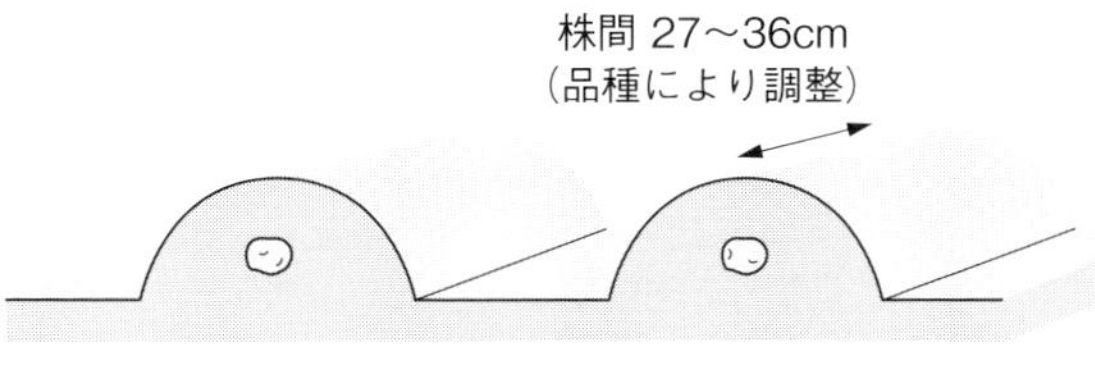

栽植株数4,500 株/10a程度

表6　品種別の株間の目安（種イモ1片重40g の場合）

品種	ウネ幅（cm）	株間（cm）	栽植株数（株 /10a）	必要種イモ（kg /10a）
男爵薯	75	27～30	4,444～4,938	196～217
メークイン	75	36	3,704	163
トヨシロ	75	27	4,938	217
スノーデン	75	33	4,040	178

植付け深さは3～5cm程度にする。

(4) 植付け後の管理

①除草

ジャガイモは、茎葉がウネ間を覆う時期が比較的早いので、中耕・培土を効果的に行なうことで、除草剤を使わないで栽培することも可能である。

耕種的除草は、出芽前後にチェーンやスプリングハローがけを行なう。また、黒色マルチフィルムなどを使った栽培も抑草に効果的である。

除草剤を使用する場合は、植付け前後から萌芽直前ころに散布する。なお、除草剤の使用にあたっては使用基準を遵守する。

②中耕・培土

萌芽7～10日後に中耕を行ない、その後は中耕を兼ねた半培土（軽く土を寄せる程度）を行なう。

培土は、萌芽後3週間目ころ、茎長25cm程度の時期で、着蕾期までに実施する。最終の培土の高さは、底部から頂部まで25cm程度になるのが望ましく、株元に土が十分寄っていることが重要である。ウネ断面の形状がM型になると水がたまりやすくなるため、山型になるようていねいに行なう（図4）。

また、土壌が過湿のときは、培土部分が硬くなり、通気性不良やひび割れ、収穫時の土塊混入などの恐れがあるため、適湿な状態で培土作業を行なう。

(5) 茎葉処理

疫病や降霜の被害が少なければ、茎葉はしだいに黄変し、やがて自然に枯凋する。収穫は、茎葉枯凋後10日前後（塊茎がストロンから離れやすくなる時期）をめどに行なうが、自然枯凋前に収穫する場合は以下の茎葉処理を行なう。

茎葉処理の方法には、切断や引き抜きなどの物理的な方法と、植物成長調整剤の使用による化学的な方法がある。

植物成長調整剤を使用する場合は、必ず使用基準を遵守する。高温・乾燥時や生育旺盛な時期に処理すると、塊茎の維管束に褐変を生じやすいので使用は避ける。

(6) 収穫

収穫は、疫病感染の恐れがなくなり、黒あ

図4　培土の方法

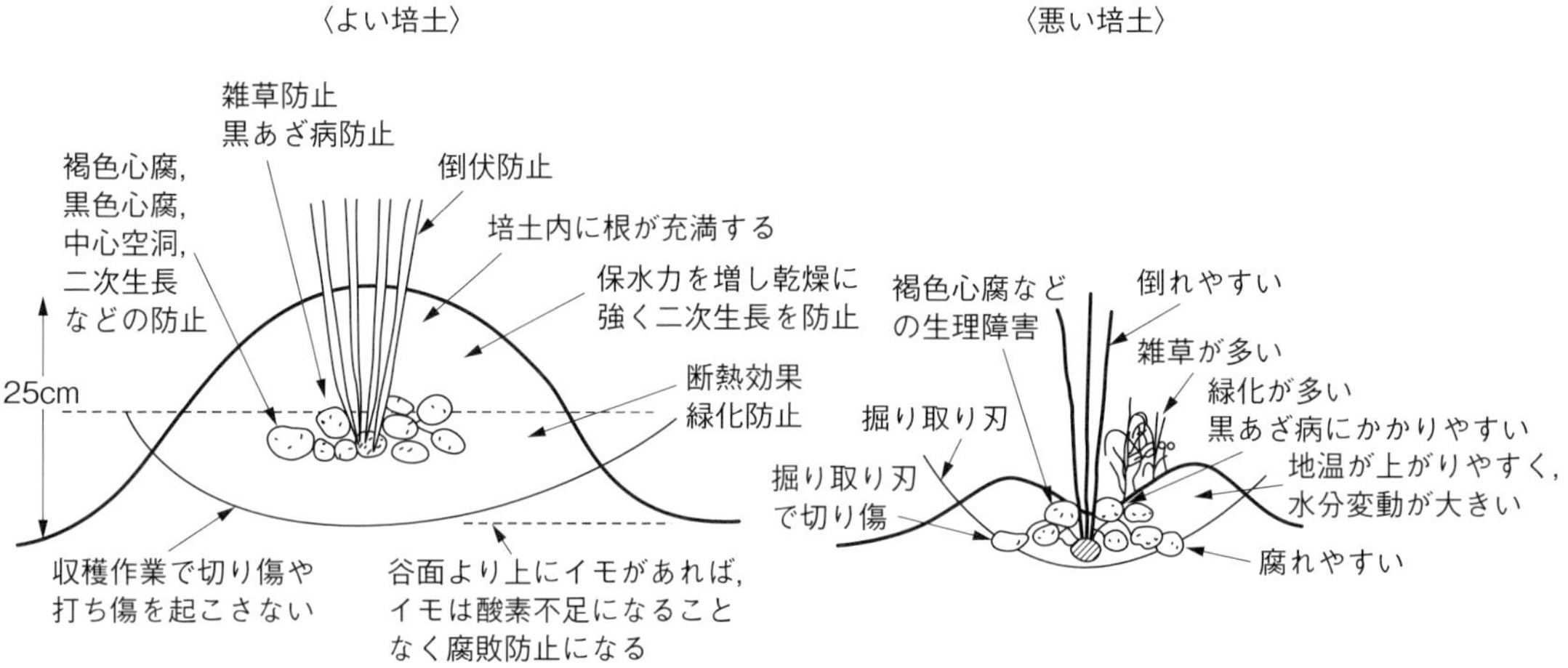

ざ病による菌核付着の被害がまだ少なく、塊茎の表皮が硬くなった、茎葉枯凋後10日前後をめどに行なう。枯凋後長期間放置すると、黒あざ病の菌核が付着しやすくなるので十分注意する。

傷イモの発生を抑えるため、収穫は晴天・乾燥条件で行ない、作業速度を守る。地温が10℃を下回ると打撲傷が発生しやすいため、10℃以上の条件で収穫する。

本貯蔵の最適温度は、種子用で3℃、生食用は5℃で、湿度は80～90％が望ましい。貯蔵中の被覆や密閉によって、呼吸作用にともなう酸素欠乏から、幼芽の黒変枯死や黒色心腐症が発生しやすいので、換気を十分に行なう。

4　病害虫防除

(1) 基本になる防除方法

植付け前の病害虫対策として重要なのは、種イモ消毒である。ジャガイモは栄養繁殖なので、種イモによって病害虫が持ち込まれる可能性が高い。種イモ消毒は表面殺菌だけであるが、そうか病や黒あざ病には効果がある。

対象病害が菌類によるものなのか細菌病なのか、両方なのかにより薬剤を選定し、浸漬により殺菌する。なお、萌芽した芽は薬害を受けやすいので、萌芽前（貯蔵前）に実施する。

生育中の防除は、疫病とウイルスを媒介するアブラムシ類が中心になる。いずれも天候によって発生時期が異なり、蔓延してからの防除効果は低いため、発生の可能性が高いときや発生初期の防除に努める。また、薬剤耐性が発生しやすいので、特定薬剤の連用は避ける。

使用する農薬は、地元の農業改良普及センターや病害虫防除所、農協に尋ね、最新の情報にもとづいて選定する。

(2) 農薬を使わない工夫

農薬を減らすためには、健全な種イモを用いるとともに、抵抗性品種の利用が望ましい。近年、疫病やそうか病、ジャガイモシストセンチュウに対し抵抗性のある優良品種が育成されている。

耕種的防除の方法としては、野良イモ（雑

表7　病害虫の特徴と対策

	病害虫名	原因（分類）・症状・対策
病気	葉巻病	原因：ウイルス（ジャガイモ葉巻ウイルス） 症状：頂葉が退緑し，小葉は基部から巻く。保毒イモでは，下位葉から巻き上がり，生育が劣る。アブラムシ類で伝播 対策：無病種イモを使用する。殺虫剤の茎葉散布
	Y モザイク病	原因：ウイルス（ジャガイモ Y ウイルス） 症状：モザイク症状，葉縁が波打ち萎縮する。モモアカアブラムシで伝播 対策：無病種イモを使用する。殺虫剤の茎葉散布
	軟腐病	原因：細菌（ペクトバクテリウム菌） 症状：地面に近い葉や茎が黒褐色になり，被害が進むと株全体が黄化・萎凋する。塊茎内部は腐敗し悪臭を放つ 対策：多肥を避ける。発生初期から殺菌剤の茎葉散布
	そうか病	原因：細菌（ストレプトミセス菌） 症状：塊茎表面に，周辺が盛り上がり中央がくぼんだ，淡褐色から灰褐色のかさぶた状の病斑をつくる 対策：無病種イモを使用する。連作・過作，未熟有機物の施用を避ける。土壌 pH を5.3以下にする
	黒あざ病	原因：カビ（リゾクトニア菌） 症状：罹病したイモを植えると萌芽しなかったり，幼茎が褐色水浸状に腐敗する。新イモは小さく密集し，地上部に露出。イモの表面に黒い菌核が付着 対策：無病種イモを使用する。種イモ消毒，浴光催芽
	粉状そうか病	原因：カビ（スポンゴスポーラ菌） 症状：地上部には異常は見られない。塊茎表面に淡褐色～赤褐色のやや隆起した病斑ができ，しだいに大きくなり病斑周囲の表皮が破れ，ひだ状の破片が残る 対策：排水良好な圃場への植付けと，無病種イモの使用。4年以上の輪作
	疫病	原因：カビ（ファイトフトーラ菌） 症状：下葉に水浸状の褐色斑点を生じ，拡大して暗褐色の大型病斑となる 対策：無病イモを使用する。初発を確認後，すみやかに殺菌剤を茎葉散布
害虫	ナストビハムシ	分類：甲虫目（ハムシ類） 症状：幼虫がストロンや肥大期の塊茎に頭胸部を突っ込んで食害し，表面はくさび状に，内部は糸状にコルク化する 対策：殺虫剤の土壌施用，茎葉散布
	オオニジュウヤホシテントウ	分類：甲虫目（テントウムシ類） 症状：成虫・幼虫ともに葉裏から表皮と葉脈を残して食害し，網目状の食痕を残す。幼虫による被害が大きい 対策：6月下旬から殺虫剤の茎葉散布
	ジャガイモヒゲナガ・ワタ・モモアカアブラムシ	分類：半翅目（アブラムシ類） 症状：有翅虫が飛来しウイルスを伝播。成虫・幼虫ともに葉裏や柔らかい茎に寄生し，汁液を吸汁する 対策：殺虫剤の土壌施用，茎葉散布
	ジャガイモシストセンチュウ	分類：ハリセンチュウ目 症状：根に寄生。開花期から下葉が萎れ黄化。8月中旬には中位葉まで枯れ上がる。7月ころ，根に0.6mm 程度の黄色いシストが確認できる 対策：未発生地では侵入防止に努める。抵抗性品種を組み入れた輪作。殺線虫剤の土壌施用
	ジャガイモシロシストセンチュウ	分類：ハリセンチュウ目 症状：ジャガイモシストセンチュウと同様に根に寄生。開花期から下葉が萎れ黄化。8月中旬には中位葉まで枯れ上がる。7月ころ，根に0.6mm 程度の白～黄色いシストが確認できる 対策：未発生地では侵入防止に努める。抵抗性品種を組み入れた輪作。殺線虫剤の土壌施用

表8　生理障害の特徴と対策

名称	原因・症状・対策
皮目肥大	原因：収穫前の土壌中の過剰な水分により皮目が肥大 症状：塊茎表面の皮目が過湿条件で異常に膨大化し，直径2～4mmの噴火口状に裂開・隆起 対策：排水対策，十分な培土，成熟後はすみやかに収穫
緑化イモ	原因：塊茎への日光や人工光の照射による，葉緑素やソラニン形成 症状：塊茎表面または内部が緑色化 対策：十分な培土。日光や電灯光に当てない。緑色化しやすい品種の取り扱いに注意
二次成長	原因：高温乾燥後の高温・多雨 症状：①頂部が長く伸びる，②コブができる，③鎖状に連結する，④萌芽する，⑤塊茎が割れる（裂開） 対策：多肥を避ける。有機質の施用や深耕することで，土壌の保水力を保つ。十分な培土
内部黒変	原因：打撲による皮下組織の損傷 症状：皮をむくと内部が黒変 対策：低温時（10℃以下）の収穫を避ける。完熟させる。収穫時の落下や機械的打撲を減らす
維管束褐変	原因：強制枯凋による水分不足。霜害。カビや細菌（乾腐病，半身萎凋病，青枯病など） 症状：維管束が褐変 対策：病害防除。強制枯凋を避ける
中心空洞	原因：塊茎の急激な肥大 症状：塊茎の中心部に空洞を生じる。大イモに発生しやすい 対策：株間を狭める。欠株をつくらない。多肥にしない。十分な培土。空洞センサーによる選別
褐色心腐	原因：肥大期の水分不足 症状：塊茎を切断すると，肉質部に不規則な褐色の斑点が散在。大イモに発生が多い 対策：適正な施肥，堆肥の施用などによって急激な肥大を防ぐ。十分な培土。適正な株間と欠株防止
黒色心腐	原因：栽培中から貯蔵中までの高温と酸素不足 症状：塊茎の中心部が黒色あるいは黒褐色化 対策：浴光催芽中の高温防止。輸送・貯蔵中の換気

表9　ジャガイモ秋どり栽培（寒地）の経営指標

作型	デンプン原料用	生食用	加工用	前進栽培（生食用）		種子用
				マルチ	ベタがけ	
経営規模	畑作45ha			畑作10～20ha	畑作30ha	畑作45ha
生産額（円/ha）	963,000	1,552,500	1,158,600	3,277,800	3,117,100	1,798,500
主産物						
・生産量（kg/ha）	45,000	27,000	35,000	27,000	23,000	25,000
・単価（円/kg）	21.4	56.2	32.1	120.1	134.0	69.6
副産物						
・生産量（kg/ha）		3,000	3,000	3,000	3,000	5,000
・単価（円/kg）		11.7	11.7	11.7	11.7	11.7
変動費（円/ha）	297,615	892,794	378,454	981,522	974,433	898,342
肥料費	108,300	74,588	74,588	98,445	98,445	71,990
種苗費	133,400	192,200	147,100	192,200	192,200	316,111
農薬費	39,332	71,905	71,905	24,259	13,899	124,778
諸材料費		190,830	9,930	355,666	404,556	14,270
動力燃料費	16,583	22,971	22,971	13,952	12,333	21,625
賃料料金		340,300	51,960	297,000	253,000	349,568
所得（円/ha）	665,385	659,706	780,146	2,296,278	2,142,667	900,158
所得率（%）	69.1	42.5	67.3	70.1	68.7	50.1
労働時間（時間/ha）	52.9	113.6	113.6	226.9	180.5	207.6

注）出典：「北海道農業生産技術体系第5版」

草化したイモ）の除去、ウイルス病株の早めの抜き取り、圃場周辺環境の整備により病原を少なくする、圃場の排水性を高めることなどがある。

土壌病害に対しては、連作を避けるとともに、汚染土の持ち込みを防ぐため農機具などの洗浄を心がけることなどがある。

また、多肥を避け、病害虫の発生を抑制することも重要である。

5 経営的特徴

ジャガイモの経営的特徴は、経営規模、地域、作型によりさまざまである。北海道では大規模畑作における輪作上重要な作物であり、大型機械一貫体系による経営が確立されている。表9に北海道での経営指標の例を示した。

北海道の畑作農業でも、高齢化などにより農家戸数は減少し、1戸当たりの経営規模拡大が進んでいる。この結果、労働時間の長いジャガイモの作付け面積は減少傾向にある。

（執筆：上堀孝之）

マルチ春どり栽培（暖地）

1 この作型の特徴と導入

(1) 作型の特徴と導入の注意点

マルチ春どり栽培は、冬温暖な気候を利用して12月上旬～2月下旬に植え付け、プラスチックフィルムによるマルチを行なって、4～6月にかけて収穫するもので、鹿児島県や長崎県などの九州地域が主な産地である（図5）。

暖地とはいえ、1～3月には凍霜害を受ける可能性があるため、栽培地の気象に適した植付け時期の決定や、ベタがけ資材を利用して被害を回避することが重要である。収穫時期が早いほど低温期に栽培を完了するため、疫病やアブラムシ類などの発生は少ないが、栽培に適する地域は限られる。

4～6月は北海道産の出荷量が減少するうえ、春商材としての新ジャガ需要があるため市場価格が比較的高い。主要都市での1kg当たりの月別卸売価格は、4月183円、5月169円、6月155円（2015～2019年の5年平均）だが、年次変動が大きい。

植付け時期やマルチ資材、品種を組み合わせて、4～7月上旬にかけて計画的に収穫、出荷することが、経営安定のポイントになる。

(2) 他の野菜・作物との組合せ方

ジャガイモは、連作すると土壌病害虫の被害が発生しやすくなるので、輪作することが基本である。ジャガイモの作付け頻度は2年1作が理想だが、主産地では土壌消毒や緑肥栽培を行ないながら、連作しているのが実情である。

ナス科作物との輪作は、青枯病の発病リスクが高まる。また、サツマイモとの輪作は、両作物でネコブセンチュウの被害を受ける場合があるので注意する。

ジャガイモとの輪作に適する作物として

は、スイートコーン、ラッカセイ、ネギ類などの野菜や、イネ科およびマメ科の緑肥作物があげられる。

2 栽培のおさえどころ

(1) どこで失敗しやすいか

①品種より種イモの選択が重要

この作型で重要なのは、品種より種イモの選択である。植付け時点で種イモの休眠が明けていることが前提条件なので、一般的には北海道産などの一期作産が使用される。ただし、1月下旬以降の植付けでは、暖地向け品種の秋作産種イモ（11月下旬～12月中旬収穫）を温蔵処理で休眠を打破して利用することが多い。

温蔵処理は、未萌芽の種イモを22～24℃で加温するもので、湿度を90％以上に保つと休眠打破効果が高まる。長崎県種馬鈴薯協会では、出荷時期によって温蔵処理を行なった種イモと無処理の種イモの両方を供給しているので、種イモを注文するときにリクエストするとよい。なお、3月以降に植える場合は、秋作産種イモは常温貯蔵で休眠が明けるため、温蔵処理の必要はない。

ジャガイモは種イモ伝染する病害虫が多いので、安定生産するためには、植物防疫検査を受けた種イモを使用することが望ましい。また、湿害に弱い作物であり、収穫期前に降雨が連続すると塊茎が酸欠状態になって、皮目肥大や腐敗をまねく。排水性の悪い圃場では排水対策を万全にする必要がある。

②収穫時期に対応したマルチフィルムの選択

この作型は、生育初期には気温が低く、収穫期に向かって高くなる。そのため、4月から5月中旬までの収穫をめざす場合は地温上昇効果の高い透明マルチを、5月下旬以降に収穫する場合には雑草の生育を抑制できる黒マルチを使用し、茎葉が枯凋する前に収穫を完了することが基本である。地上部が枯れ上がってからの収穫は、病害や高温による塊茎腐敗が増加する。

植付け・培土後にマルチを行なう作業体系では、芽出し作業を行なう必要がある。また、3月半ば以降に出芽する場合は、高温障害を受けやすいので、黒マルチやスリットマルチを使用する。

植付け後に十分な降雨がない状態でマルチをすると、出芽・初期生育のばらつきや高温乾燥による生理障害が発生しやすくなる。

(2) おいしくて安全につくるためのポイント

ジャガイモは未成熟な状態でも収穫可能であるが、早すぎる収穫では皮がむけやすく、食味も水っぽくなる。マルチ春どり栽培での収穫適期は、茎葉の下葉が黄変し始めてから全体が黄変するまでである。

施肥量は、窒素施用量で10a当たり14～16kgを基準に、土壌条件や植付け時期などによって加減する。堆肥の多用や極端な多肥栽培では、地上部の成熟遅れによってデンプンの蓄積が悪くなり、食味も低下する。

この作型では、出芽時期が遅いほど茎やストロンが長くなりやすいので、植付け時期が遅い作型では、ウネ幅と株間をやや広めにして、群落内の風通しをよくすることで病害の発生軽減を図る。

(3) 品種の選び方

この作型では、低温条件でも生育が停滞せず、早期肥大性がある多収品種が求められ

図5　マルチ春どり栽培（暖地）　栽培暦例

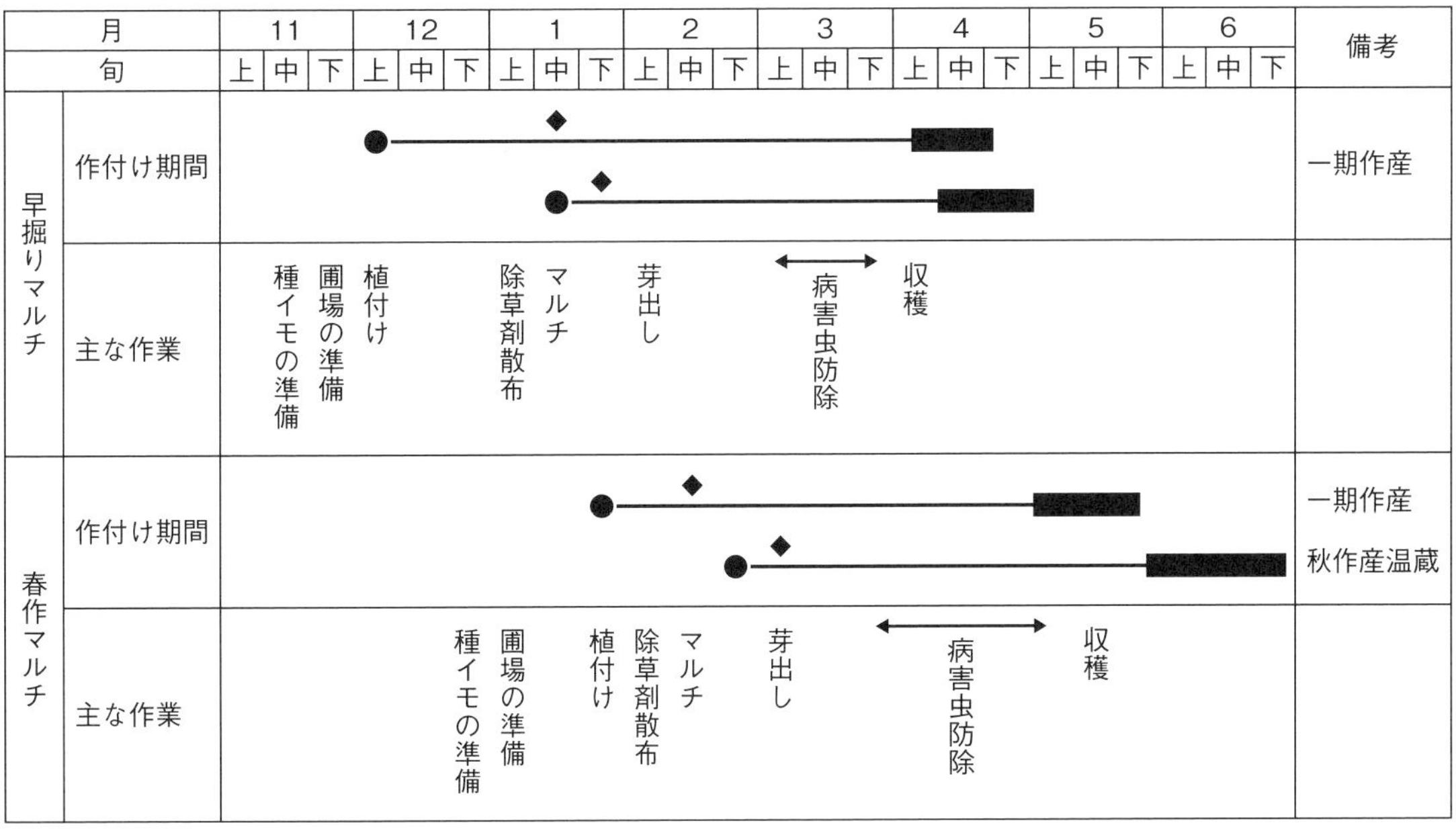

●：植付け，◆：マルチ，■：収穫

注）主な作業は植付け時期が早いものに合わせて記載

る。また、5月下旬になるとマルチ内の地温が30℃以上になるため、塊茎腐敗や内部障害の発生が少ない品種が望ましい。

こうした点から、二期作向けの'ニシユタカ'の作付けが最も多く、'メークイン'、'ホッカイコガネ'、'トヨシロ'、'デジマ'、そうか病に強い'さんじゅう丸'などが多く作付けされている。これらのうち'ホッカイコガネ'はフライ加工と青果兼用、'トヨシロ'は加工用として栽培されている（表10参照）。

全国的に栽培されている'男爵薯'は、九州地域では収量性が低く、中心空洞などの内部障害が発生しやすいため、作付けは少ない。

3　栽培の手順

表11にマルチ春どり栽培の主な作業と技術の要点を示した。

(1) 植付け準備

①種イモの準備

無病の種イモの確保　ジャガイモは種イモに由来する病害虫が多く、収量性や品質にも影響がある。そのため、植物防疫法にもとづく、検査に合格した種イモを使用することが基本である。

種イモの入手が困難な場合や、生産コストを抑える必要性から、自家採種して使用する場合は、病害虫の発生が少ない圃場から収穫した、無病徴のイモを選別して用いる。

休眠明け適齢の種イモを用いる　ジャガイモは、収穫後生育に適した条件に置かれても、芽が出ない休眠期間がある。休眠期間は、品種や気温などの外的要因によって異なる。

休眠が明けたばかりの種イモを用いると、1株当たりの茎数は1～2本で、地上部の生育は旺盛になり、着生するイモ数が少ないた

表10　マルチ春どり栽培に適した主な品種の特性

品種名	茎葉の黄変時期	収量性	塊茎の特性						生理障害などの注意事項
			形状	皮色	肉色	食感	煮くずれ	休眠期間	
メークイン	中生	中多	長卵	淡黄褐	黄白	やや粘質	少	中	眉高になりやすい
男爵薯	早生	中	球	白黄	白	やや粉質	中	やや長	中心空洞や褐色心腐れが出やすい
ニシユタカ	中晩生	極多	扁球	淡黄	淡黄	中間	ごく少	短	
デジマ	晩生	多	扁球	淡黄	淡黄	やや粉質	中多	短	二次生長や裂開がやや多い
さんじゅう丸	中晩生	極多	短楕円	淡黄	淡黄	やや粘質	ごく少	やや短	掘り遅れると基部から腐敗しやすい
ホッカイコガネ	中晩生	多	長楕円	黄褐	淡黄	やや粘質	ごく少	やや長	
レッドムーン	晩生	多	楕円	赤	黄	粘質	中	ごく短	
アンデス赤	中晩生	多	球	赤	黄	粉質	多	短	褐色心腐れが出やすい
アイマサリ	中晩生	多	扁球	淡黄	黄	中間	少	短	掘り遅れると基部から腐敗しやすい
ながさき黄金	中晩生	中	扁球	黄	黄	やや粉質	少	短	掘り遅れると基部から腐敗しやすい

注）日本いも類研究会「じゃがいも品種詳説」などから作成

め、大玉になりやすい。休眠明けからの期間が長くなるほど種イモは老化して、茎の太さは細く、株当たり茎数と着生イモ数が増え、小玉になる。

市場性の高い規格の収量を高めるには、適齢の種イモを用いて、出芽時期を揃えることが大切である。植付け時期が2月上旬以降になる場合は、一期作産より秋作産を催芽して使用したほうが、総収量は同じでも大玉収量が多くなる。

②圃場の準備

圃場の準備は、植付けの1カ月前ころから行なう。排水性の悪い圃場では、弾丸暗渠と明渠を組み合わせて、土壌水分が十分に低下してから堆肥の施用や耕うん・砕土を行なう。

土壌水分が高い状態で耕うんすると、大きな土塊ができ、保水性低下による塊茎の肥大不良や緑化をまねきやすい。

堆肥や石灰資材の施用は、植付けの2週間前までに行ない、化成肥料は植付けの前日から直前に施用する。ジャガイモは窒素とカリを多く吸収する作物であり、窒素肥料の施用量は10a当たり14kg程度を目安にする（表12参照）。

条施肥またはウネ内施肥では、全面全層施肥より2～3割減らしても収量に影響しない。また、12月中に植えるような作型では、地温が低く肥料の溶出が遅いので、施肥量を少し多めにするとよい。

(2) 植付けのやり方

種イモは、大きいほうが収量は多くなるが、種苗費と収量性から勘案して1片重30～40gが適当である。

栽植様式はウネ幅60cm、株間25cmを基本にするが、収穫機の掘り取り幅に合わせてウネ幅を80cm程度まで広げ、株間を狭めることができる（図6、7参照）。

表11　マルチ春どり栽培のポイント

	栽培技術とポイント	技術内容
植付け準備	◎種イモの選定と処理	・植物防疫検査に合格した種イモは，ウイルス病など重要病害虫の心配がない ・植付け時には休眠覚醒して，塊茎から5～10mm程度萌芽している状態が望ましいため，作型に適した収穫後月齢の種イモを使用する ・黒あし病やそうか病などを予防するため,原則として塊茎から萌芽する前に種イモ消毒を行なう。萌芽した塊茎でも種イモ消毒が可能な薬剤もある ・植付け前に2～3週間太陽光にさらし，金平糖状のがっちりした芽を育てる（浴光育芽）。浴光期間が長いほど種イモは老化する。処理期間中は25℃を超えないよう，換気を行なって温度管理する ・秋作産種イモを常温で貯蔵すると，休眠明けは2月下旬以降になるので，温度22～24℃，湿度90％程度に加温・加湿（温蔵処理）して休眠を打破した後，浴光育芽を行なう ・60g以上の種イモは，1片重が30～40gになるよう切断する。切片に頂芽が含まれるよう縦切りする
	◎圃場の準備	・ジャガイモ連作圃場や，前作で土壌病害が多発した圃場は避けることが望ましい。代替圃場がない場合は，必ず土壌消毒を行なう ・水田裏作や重粘土壌では，額縁明渠と弾丸暗渠などを組み合わせて施工し，圃場の排水性を改善しておく。また，大きな土塊ができないように砕土する ・十分に腐熟した堆肥を，植付けの3週間以上前に0.5～1t/10aを目安に施用する。腐植の少ない圃場では2t/10a程度まで増やしてもよいが，連用すると地上部が過繁茂になりやすく，成熟遅れや減収になる ・土壌pH（H_2O）が4.5以下の圃場では，根群の発達を促すため，苦土石灰などを50～80kg/10a施用する。pHを上昇させたくない場合は，硫酸カルシウムを含む資材を80～100kg/10a施用して石灰分を補給する
植付け	◎施肥	・全面全層施肥の場合，3要素とも化成肥料で14～16kg/10aを目安に，土壌分析結果にもとづいて不足する肥料成分を単肥で補う。ウネ内施肥や局所施肥の場合は施肥量を2割程度減らし，低温期に植え付ける作型や有機質肥料を使用する場合は1～2割増やしてよい。家畜糞堆肥を連用している圃場ではカリが集積していることが多いので，L型または山型の肥料を使用する
	◎栽植密度	・ウネ幅60～80cm（収穫機の掘り取り幅による），株間20～30cmを基準に，品種や生産目的によって調整する
	◎植付けの深さ	・覆土厚は，植付け後にウネ立て・マルチを行なう作業体系では10～15cm程度になるようウネをつくる。ウネ立て・マルチ後にプランターで種イモを挿し込む場合も15cm程度に調整する。15cmより深いと出芽までに時間を要し，在圃期間が長くなりやすい
植付け後の管理	◎マルチの選択と被覆	・ウネ内が乾燥した状態でマルチを行なうと，出芽が不揃いになりやすいので，10mm以上の降雨を待って適度な土壌水分時に行なう ・早掘りをねらう場合は透明マルチを，雑草抑制や緑化イモの発生を抑制したい場合は黒マルチの使用を基本にする
	◎芽出し	・ジャガイモの芽が地表に出てきたら，すみやかにマルチを破って芽を出す。植付け後にマルチを行なう作業体系では，植付け後の積算温度が350日度に達するころから出芽し始める。透明マルチの場合，3月中旬以降はマルチ下で高温障害を起こすことがあるので，出芽が遅れている箇所は，植え付けた株間を目安に，あらかじめマルチを破いて高温障害を予防する。黒マルチの場合は，高温障害が出にくいので，ジャガイモの芽がマルチを持ち上げてから芽出ししてよい
	◎霜害防止	・地域の終霜時期を踏まえ，被害を受けにくい植付け時期を設定することが第一であるが，晩霜が予測される場合は，保温性のベタがけ資材などを用いて被害の軽減に努める
	◎病害虫防除	・早掘りマルチ栽培や春作マルチ栽培の主要病害虫は，疫病とアブラムシ類で，収穫時期が遅くなるほど軟腐病や青枯病が発生しやすい。病害は予防が原則であり，害虫は発生初期の防除が重要である。疫病は，ジャガイモの生育ステージに応じて，耐性菌を発生させないよう適切な薬剤を選択する。青枯病は，発病後では効果のある農薬はないので，見つけしだい抜き取ってビニール袋に入れ圃場外に持ち出す
収穫・出荷・後片付け	◎適期収穫	・下位葉が黄変し始めてから完全に黄変する前に，地上部を刈り取るか抜き取ってから収穫する。黄変後枯れ上がってから収穫すると，ウネ内の地温が高いため，収穫時や貯蔵中の塊茎腐敗が増加しやすい。適期より早く収穫する場合は，皮むけしやすいので一層ていねいに収穫する ・土壌水分が高いと塊茎の泥落ちが悪いので，雨上がりなど土壌水分が高い状態での収穫は行なわない
	◎風乾	・収穫直後の塊茎は呼吸量が多いので，通気性のよいコンテナなどに回収して2～3日間通風乾燥し，呼吸を落ち着かせるとともに周皮の形成を促す
	◎残渣の持ち出し	・掘り残したくずイモや病イモ，茎葉は圃場外に持ち出し，原則として埋設処分する。残渣を圃場にすき込むと，野良生えが発生するだけでなく，次作の病害虫の感染源になりやすい

生育期間の前半を低温・短日で経過する早掘りマルチ栽培では、茎長が伸びにくいので、10a当たり8000株を超える栽植密度も可能である。しかし、植付け時期が遅くなると茎長が長くなり、地上部が過繁茂になりやすいため、5000～7000株とするのが望ましい。

(3) 植付け後の管理

九州地域の青果栽培では、植付け後にマルチングを行なう作業体系が一般的である。この作業体系では、植付け後に培土を行ない、降雨を待ってマルチングを行なう。

植付け1カ月後ころから、マルチを破いてジャガイモの芽を出す、芽出し作業を行なう（図9）。芽出し作業は、2～3日ごとに数回行なう必要があるが、種イモの浴光育芽が不十分だったり、土壌が乾いた状態でマルチングした場合は、出芽時期のばらつきが大きくなって、芽出し作業にかかる時間が増大する。

スリットマルチの利用や、ウネ立てマルチ後に、マルチに穴をあけながら種イモを挿し込む作業体系であれば、芽出し作業を省力化できる。

表12　施肥例

（単位：kg/10a）

肥料名	施肥量	成分量		
		窒素	リン酸	カリ
完熟堆肥	1,000			
苦土石灰	50			
化成肥料（BB220）	120	14.4	14.4	12.0

注）化成肥料の施用量は栽培時期や目標収量，土壌pHなどによって加減する

図6　マルチ春どり栽培の栽植様式

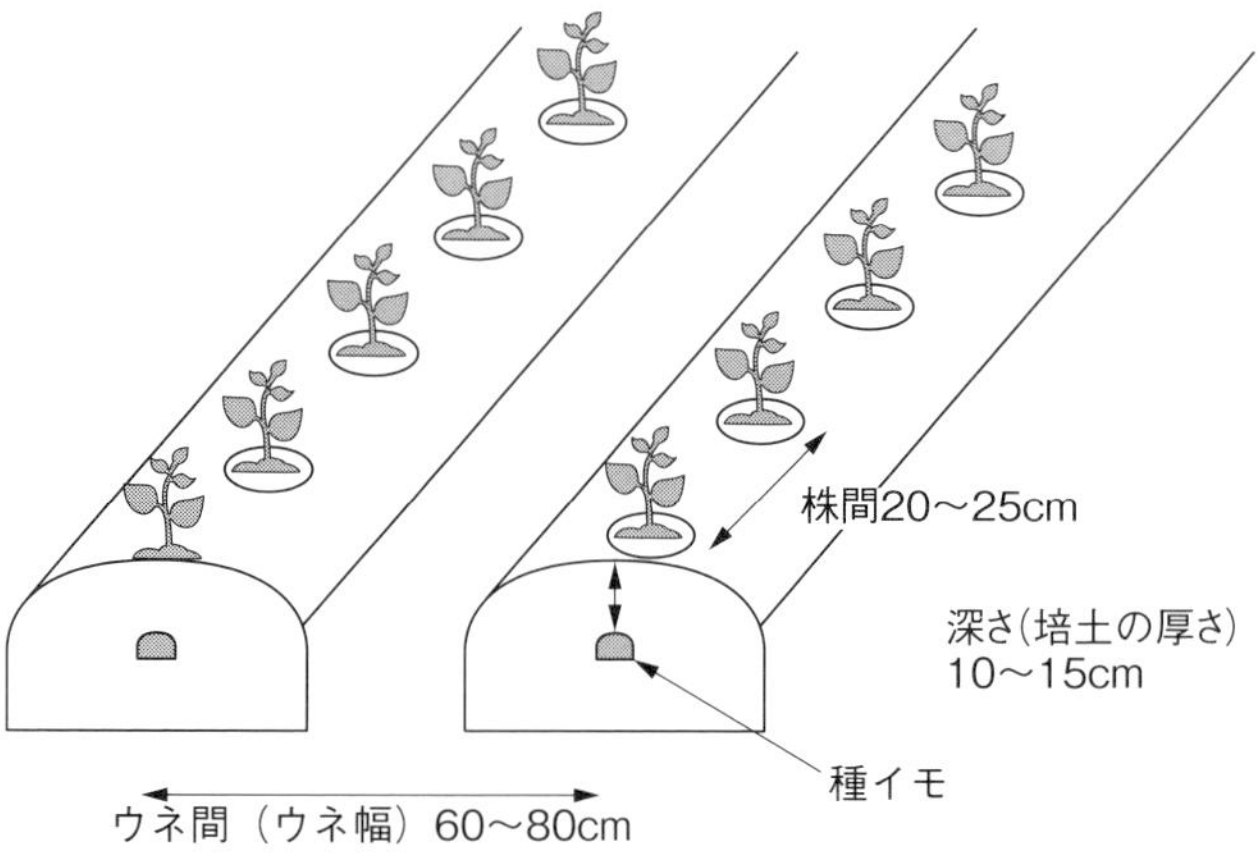

図7　補助者乗用型植付け機による植付け

近年は、廃プラスチックの回収費用が上昇していることなどで、生分解性マルチの利用も増加している。

(4) 収穫

①収穫適期と収穫

マルチ春どり栽培の収穫適期は、出芽後の積算温度や生育日数を目安にすることができる。ジャガイモの生育段階で見ると、下葉が黄変し始めたころから、茎葉が完全に黄変するまでが収穫適期である。地上部が枯れ上がってから収穫すると、暖地では塊茎腐敗が増加しやすいので避ける。

収穫の手順は、地上部を刈り取るか引き抜き、マルチをはぎ取った後に、ディガーやハーベスタで掘り取る（図10）。土壌が乾いた状態で収穫作業を行なうと、泥落ちがよく作業効率も高い。雨天や圃場の土壌水分が高いときの収穫は、作業性が低下するだけでなく、収穫傷から腐敗が発生しやすいので避けたほうがよい。

②風乾・選別・出荷の注意

掘り上げたジャガイモは、ミニコンテナなどに回収し、2～3日間風乾してから選別を行なう。風乾しないまま選別機にかけると、未成熟な塊茎ほど皮むけしやすく、皮がむけた部分が黒ずんで商品性を損なう。

図8　作業体系による圃場準備から出芽までの手順の違い

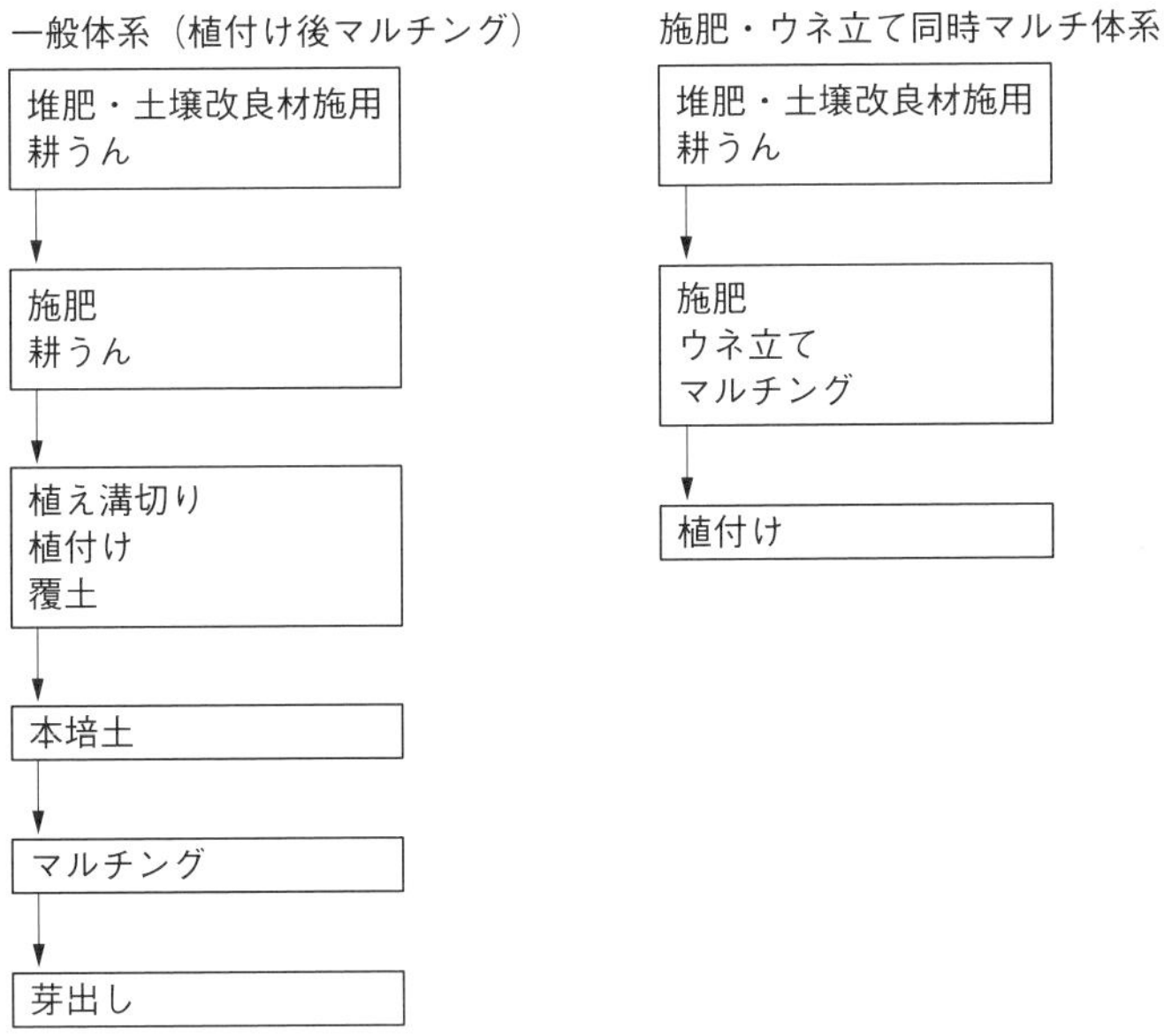

図9　芽出し

図10　収穫

光にさらされると塊茎が緑色になり、有毒成分であるグリコアルカロイド含量が上昇するので、流通段階では段ボールなど光を通さない容器を使用する。直売所などに出荷する場合は、売り場の照明を暗くしたり、段ボールなどでフタをするなど、長時間光にさらされないようにする工夫が必要である。

③残渣などの処分

収穫時に掘り残したくずイモ、病害イモ、茎葉の残渣は、野良生えや次作の感染源になるので、できるだけ圃場外に持ち出して処分する。

また、使用したマルチ資材は、収穫当日に巻き取って倉庫などに保管し、地域の廃プラスチック回収日に搬入する。

4 病害虫防除

(1) 基本になる防除方法

暖地のマルチ春どり栽培で、発生しやすい病害虫を表13に示した。

①疫病、軟腐病

とくに注意すべきは、疫病と軟腐病である。ともに塊茎を腐敗させるため、収量が減るうえに貯蔵性が低下する。

疫病は年次による発生変動が大きく、降雨が続き涼しい条件で発生し、急速に蔓延する。そのため、発生前から予防散布を行ない、発生を認めたら、治療効果のある薬剤を用いて拡大を防止する。長崎県では、疫病の防除を効率的に行なうため、初発時期予測システムが運用されている。

軟腐病は、強風や生育中期以降の病害虫防除作業などによって折損した茎葉、地際部の傷口から病原菌が侵入し、高温多湿で拡大する。病原菌は土壌に広く存在するので、強風の後や発病を認めたら、すみやかに防除を行なって蔓延を防止する。

②そうか病、粉状そうか病

疫病と軟腐病の次に重要な病害虫は、そうか病である。本病は塊茎にかさぶた状の病斑をつくり、青果用としての商品価値を損なうため、多発すると収益性が著しく低下する。

そうか病は、種イモや土壌を介して伝染する。種イモ伝染は、無病イモの使用と種イモ消毒によって防止する。手順としては、病斑のない未萌芽の種イモを切断せずに、本病に効果のある殺菌剤の所定濃度の希釈液に浸漬し、風乾する。このとき、種イモを水洗いしておくと、病斑の有無を見きわめやすい。萌芽した種イモでは、出芽遅延などの薬害が生じることがあるので、使用するときは注意する。

土壌伝染の防止対策としては、適切な輪作のほか、土壌酸度の制御と土壌消毒がある。九州の主産地では、年に1回以上の頻度でジャガイモが作付けされているため、そうか病菌が増殖しにくい土壌pH（H_2O）である4.5～5に制御したり、土壌消毒を行なって、菌密度を低下させる対策を実施している。

粉状そうか病は症状がそうか病に似ているが、病原菌や発生条件、防除対策がそうか病と異なるので、見きわめて対応する必要がある。

③青枯病

暖地特有の土壌病害に青枯病があり、生育後半に発生しやすい。本病は発病すると防除方法がないので、発病株を見つけたら、すみやかに塊茎を含む株ごと抜き取って圃場外に持ち出し処分する。

④アブラムシ類、ニジュウヤホシテントウ

害虫ではウイルス病を媒介するアブラムシ

表13　病害虫防除の方法

	病害虫名	発生しやすい条件と防除法	適用農薬の例
病気	疫病	・糸状菌（カビ）の一種が病原菌で，暖地では罹病イモを種イモに使用した場合のほか，掘り残しや圃場外に持ち出して野積みした塊茎が雑草化して感染源になることが多いので除去する。マルチ栽培は，無マルチ栽培に比べて発生しにくいが，年次によっては多発することがある ・日平均気温が20℃前後で，降雨が数日間続くと発生・拡大しやすいので，地域の病害虫予察情報などを入手して，初発前からの予防と定期的な薬剤散布を行なうことが重要	・農薬は，ジャガイモの生育段階に合わせて選択することが大切である。地上部の伸長が旺盛な時期には，ゾーベックエンカンティアSEやリドミルゴールドMZ，フォリオゴールドなど浸透移行性のある薬剤を用いる。茎葉の伸長がゆるやかになった時期から開花期には，ホライズンドライフロアブルやプロポーズ顆粒水和剤，ザンプロDMフロアブルなど治療効果と保護効果のある薬剤を用い，開花期以降収穫までは，ランマンフロアブルやレーバスフロアブルなど長期残効性のある薬剤を選択するとよい ・防除間隔は，1回目の防除から10〜14日を目安に定期的に行なうが，疫病の発生を認めた場合には，エキナイン顆粒水和剤やベトファイター顆粒水和剤などをすみやかに散布して蔓延を防止する
	そうか病	・日本国内では，3種の放線菌が病原菌として知られている。土壌pH（H_2O）が中性ないし微アルカリ性で，塊茎の肥大始め〜肥大盛期にやや乾いているときに多発しやすい。暖地では，pH4.5以下で発生する病原菌も一部で確認されている ・基本的な対策は，ジャガイモの作付け頻度を2年（4作）に1回程度にすることと，病斑のない種イモを所定濃度に希釈した登録薬剤で消毒することである ・連作せざるを得ない場合は，土壌pH4.5〜4.8を目標に石灰資材を施用し，堆肥を多用しないこと。採卵鶏の鶏糞堆肥は，そうか病の多発につながりやすいので，できるだけ施用しない。また，必要に応じ作付け前に土壌消毒を行なう	・種イモ消毒剤には，アタッキン水和剤やアグリマイシン−100，フロンサイド水和剤などがあるが，萌芽している種イモを処理する場合は，生育遅延などの薬害や皮膚かぶれを起こしやすい薬剤があるので，使用前に注意事項をよく確認する ・土壌消毒剤として，クロルピクリン剤やD-D剤が広く利用されているが，土壌灌注後はポリエチレンフィルムなどで被覆する必要がある。フロンサイド粉剤は，植付け前に圃場全面に施用し土壌混和する
	粉状そうか病	・糸状菌（カビ）の一種によって引き起こされる。塊茎肥大期に比較的低温が続く場合や，土壌水分が高い圃場で問題になりやすい ・種イモ伝染を防ぐほか，登録薬剤を土壌混和して防除する。排水性が悪い圃場では，高ウネ栽培と額縁明渠などの対策を実施する	・農薬としては，フロンサイド粉剤，ネビジン粉剤，オラクル顆粒水和剤などの植付け前土壌混和がある
	軟腐病	・細菌（バクテリア）の一種が茎葉や塊茎の傷口から侵入して，地上部の早期黄変や倒伏，塊茎腐敗の原因になる。収穫時にはわずかな病徴であっても貯蔵中に腐敗が進行し，健全な塊茎まで腐敗させるため，収納前の選別が重要である ・圃場の排水性を改善するとともに，地上部が過繁茂にならないよう適切な施肥を行なう。栽培期間中は強風雨後に拡大しやすいので，防風対策や薬剤防除を行なって被害の軽減に努める	・適用農薬としては，スターナ水和剤やマテリーナ水和剤，アグレプト水和剤，コサイド3000などの銅水和剤を予防的に散布する
	青枯病	・土壌病害で細菌の一種によって引き起こされ，とくに暖地秋作で多発しやすい。春作では気温が高くなる，5月中旬ころから発生することが多い ・種イモや土壌からの伝染を防ぐことが重要で，病原菌は土壌中で10年以上生存するとされているので，多発圃場ではナス科作物の作付けを数年間回避する。品種間で抵抗性に差があり，種イモが流通している品種の中では‘農林1号’や‘ながさき黄金’が強い ・発病株は見つけしだい掘り取って圃場外に持ち出す	・予防的方法には，D-D剤やクロルピクリン剤の土壌灌注がある

（つづく）

	病害虫名	発生しやすい条件と防除法	適用農薬の例
病気	ウイルス病	・茎葉にモザイクや葉巻きなどの症状が現われ，生育不良になり収量が低下する。ウイルスの種類によっては，収穫後から貯蔵中に塊茎にえそを生じ，商品性を著しく損なうことがある ・合格証票のある種イモを用い，切断刀を消毒しながら種イモ切りを行ない，種イモによる持ち込みを防ぐ。栽培期間中は，アブラムシ類の防除を適切に行なうことで被害を抑制できる	
害虫	ジャガイモシストセンチュウ	・寄生数が多いと下位葉の落葉，株の萎凋，早期黄変などが観察され，収量は大幅に減少する ・‘男爵薯’‘メークイン’‘ニシユタカ’など抵抗性のない品種は，必ず無発生圃場で生産された種イモを使用する。また，農機具や履き物などに付着した土壌で感染・拡大するので，圃場を移動する場合はていねいに洗浄する。近年育成された品種の多くは抵抗性があり，こうした品種を栽培することで被害を防止し，土壌中の線虫密度を下げることができる	・農薬としては，D-D 剤の土壌灌注やラグビー MC 粒剤，ネマトリンエース粒剤，ビーラム粒剤などの殺線虫剤がある
	ネコブセンチュウ	・サツマイモネコブセンチュウが寄生すると，根や塊茎表面にコブを形成する。被害塊茎は外観不良になり，出荷できない場合もある ・適切な輪作や土壌消毒を行なって被害を防止する	・ジャガイモシストセンチュウに適用のある殺線虫剤を使用することで同時防除できる
	ニジュウヤホシテントウ	・5月中旬ころから幼虫による食害が見られ，殺虫剤を使用しない栽培では減収することもある。 ・アブラムシ類などの防除を行なっていれば，問題になるような被害は見られない	・オルトラン水和剤，アクタラ顆粒水和剤，ダントツ水溶剤などはアブラムシ類との同時防除が可能である

類の発生が多く、‘ニシユタカ’などでは塊茎えそ病を伝搬するので、発生初期に防除する。

ニジュウヤホシテントウの幼虫による食害は5月中旬以降に増加するが、アブラムシ類の防除が行なわれている圃場では、本虫の食害が問題になることほとんどない。

(2) 農薬を使わない工夫

マルチ春どり栽培では、気温の関係から、植付け時期が早いほど病害虫が発生しにくく、4月中に収穫する作型では、生育期間中に農薬散布をしない場合もある。

疫病は初発時期の予測にもとづき、ジャガイモの生育ステージに応じた殺菌剤を選択して適期防除を行なうことで、散布回数を3回程度に減らすことが可能である。

また、土壌排水性を改善することは、軟腐病や粉状そうか病の被害軽減につながる。そうか病対策では、輪作や土壌酸度の制御ほか、米ヌカの土壌混和や有機液肥による種イモコーティング、植え溝への微生物資材の施用などがある。

害虫対策では、ネコブセンチュウは、対抗植物を輪作作物や緑肥として栽培することが有効である。ジャガイモシストセンチュウは、抵抗性品種の作付けが最も効果的で低コストである。

アブラムシ類については、畦畔などにヒメイワダレソウやベッチを植栽し、天敵を活用することが有効である。

5 経営的特徴

ジャガイモのマルチ春どり栽培は、夏作や秋作に比べ労働集約的である。ディガー（歩行型掘取機）による収穫作業は、コンテナ回収が手作業になるため、ハーベスタ導入による軽労化とともに、複数の作型を組み合わせて、収穫に要する労働時間の分散化を進める必要がある。

表14に長崎県での経営指標を示したが、経営規模や機械装備などによって変動することにご留意いただきたい。

（執筆：茶谷正孝）

表14　マルチ春どり栽培の経営指標（長崎県）

項目	早掘りマルチ	春作マルチ
販売量（kg/10a）	3,000	3,400
単価（円/kg）	158	143
粗収入（円/10a）	474,000	486,200
物財費（円/10a）	170,442	171,621
種苗費	48,000	48,000
肥料費	21,493	19,556
農薬費	47,899	51,015
資材費	14,810	14,810
動力光熱費	7,040	7,040
修繕費	2,886	2,886
減価償却費	8,665	8,665
その他	19,649	19,649
雇用労働費	2,680	2,680
支払利子・地代	5,603	5,076
販売経費	182,070	200,226
農業経営費合計（円/10a）	360,795	379,603
農業所得（円/10a）	113,205	106,597
労働時間（時間）	67	75

注1）ジャガイモ専作経営7.5haを想定
注2）「長崎県農林業基準技術」（平成26年版）より作成

サツマイモ

表1　サツマイモの作型，特徴と栽培のポイント

主な作型と適地

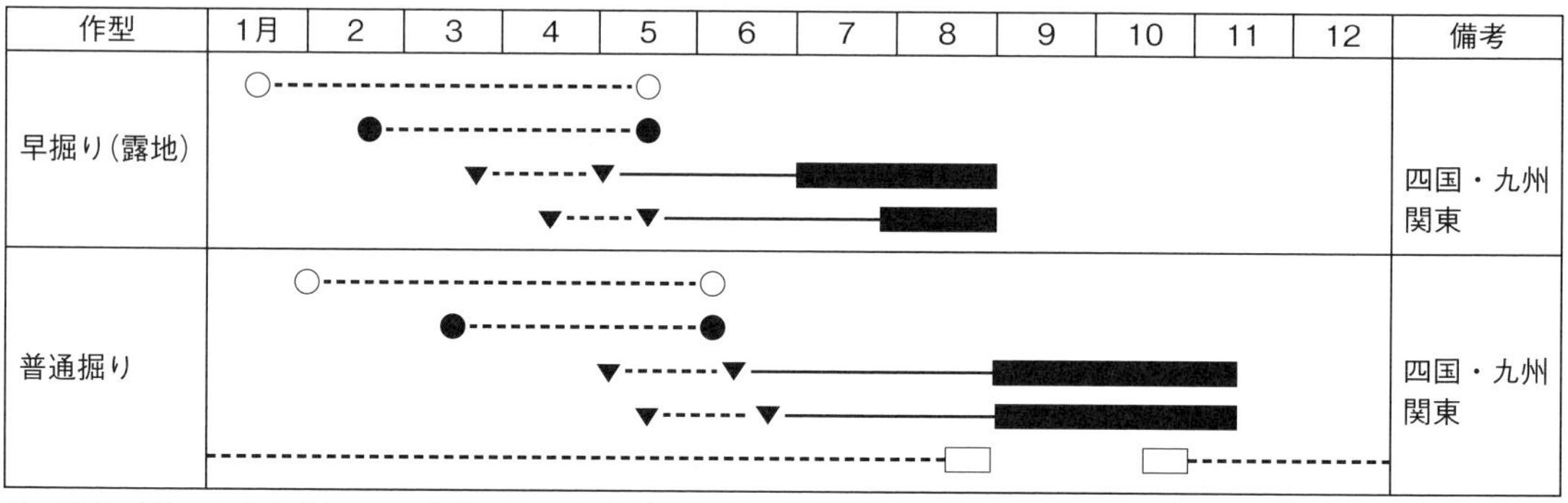

○：育苗（ポット苗育苗），●：育苗（種イモ育苗），▼：植付け，■：収穫，□：貯蔵

特徴	名称	サツマイモ（ヒルガオ科サツマイモ属），別名：カンショ，カライモ
	原産地・来歴	原産地はメキシコから南米北部。17世紀に中国南部から琉球（沖縄）を経由して九州に伝わり，救荒作物として全国に広がった
	栄養・機能性成分	デンプンや糖の含量が約30％と多く，他にもカリウムなどのミネラルや食物繊維を豊富に含む。肉色が橙色の品種はカロテン，紫色の品種はアントシアニンといった抗酸化力のある成分が含まれている
生理・生態的特徴	温度への反応	種イモの萌芽や発根の最適温度は30℃前後であり，イモの肥大は30℃よりも少し低い温度帯が適している。40℃以上の高温で生育が停止し，10～13℃以下で低温障害を受ける
	土壌適応性	黒ボク土などの火山灰土壌や砂質土壌など通気性がよく，水はけのよい土壌が適する。最適なpHは5.5～6.0，窒素施肥量が多いと，つるぼけして収量が低下する
	イモの貯蔵条件	温度13～15℃，湿度90～95％が適する。イモの表面が風で乾燥したり，結露で水滴がつかないように注意する
栽培のポイント	主な病害虫	病害：立枯病，つる割病，基腐病，黒斑病，乾腐病，紫紋羽病，帯状粗皮病（ウイルス病），葉巻病（ウイルス病） 虫害：サツマイモネコブセンチュウ，アブラムシ類，ナカジロシタバ，ハスモンヨトウ，イモキバガ（イモコガ），コガネムシ類，ハリガネムシ（コメツキムシ類幼虫）
	他の作物・野菜との組合せ	ラッカセイ，サトイモ，ニンジン，ダイコン，緑肥（ギニアグラス，ソルゴー，エンバクなどのネコブセンチュウ抑制効果を持つ品種）

この野菜の特徴と利用

(1) 野菜としての特徴と利用

①原産と伝来

サツマイモ（カンショ）は、メキシコから南米北部原産の、ヒルガオ科の多年草である。わが国には、17世紀に中国南部から琉球を経由して、九州に伝来した。

その後、飢饉に備えて、凶作のときでも収穫できる救荒作物として広がり、関東では青木昆陽によって江戸時代に広く普及したことが有名である。

②生産の現状

全国的には、九州と関東の生産量が多く、九州では焼酎やデンプン原料用、関東では青果用の割合が高いのが特徴である。また、農業体験や食育活動の教材として使用されることも多く、身近な野菜の一つになっている。

サツマイモは秋の味覚のイメージが強いが、現在は、産地に温度や湿度の調節が可能な貯蔵庫が整備され、9～10月ころ収穫したものが、周年で安定供給されている。

以前は、‘高系14号’や‘ベニアズマ’といった、ホクホクした食感の粉質系の品種が主流であった。しかし近年は、２０１０年に品種登録された‘べにはるか’を代表とする、粘質で高糖度な品種の登場で「焼き芋ブーム」が到来し、スーパーの店頭には焼き芋機が当たり前のように設置されるようになった。

③栄養と機能性

サツマイモの主な成分はデンプンと糖で、全体の約3割を占めている。一般的なサツマイモでは、加熱すると65℃くらいからデンプンが糊化し、β-アミラーゼによって糖に分解されることで甘くなる。

高糖度の品種は、β-アミラーゼ活性が高いことが知られている。また、β-アミラーゼは80℃を超えると働かなくなるので、65～80℃の時間が長くなるよう、じっくり加熱すると甘い焼き芋ができる。

他にも、食物繊維やカリウムなどのミネラル、ビタミンなどが含まれており、健康志向が高まっている中で、各成分の機能性に対する消費者の関心が高まっている。

肉色が橙色のサツマイモにはカロテンが、紫色のサツマイモには、ポリフェノールの一種であるアントシアニンが含まれており、これらの抗酸化作用が注目されている。また、サツマイモを切ったときに出る、ヤラピンという乳白色の液体は、食物繊維とともに整腸作用があることが知られている。

(2) 生理的な特徴と適地

サツマイモは切り苗を圃場に植え付けると、葉柄の基部から不定根と呼ばれる根が伸長し、その一部が塊根と呼ばれる食用する貯蔵器官に分化する（図1、2参照）。

①生育適温

サツマイモの起源は熱帯であり、品種によって多少違うが30℃前後が生育適温で、発根には15℃以上必要であり、塊根の肥大は30℃よりやや低い温度が適温とされている。耐寒性は弱く、収穫は降霜期の前に行なう必要がある。

気温の低い北日本では、生育期間が確保できないため、以前は福島県が経済栽培の北限とされていた。しかし、現在は品種や栽培技術の改良によって、北海道の一部でも栽培が

図1　切り苗

図2　‘ベニアズマ’の塊根

行なわれている。

②土壌適応性

救荒作物であるサツマイモは土壌を選ばないといわれるが、塊根の肥大には大量の酸素が必要なので、排水性のよい圃場が望ましく、産地も火山性土壌や砂質土壌の水はけのよい地域が多い。サツマイモの根系は広く、細根が土壌の深くまで達するため、地表面の乾燥には強い。

酸性土壌には比較的強く、アルカリ性の土壌では立枯病が発生しやすく、産地ではpH5・5～6の圃場が望ましいとされている。

野菜の後作など、窒素が多い条件では茎葉部だけが育ち、塊根が肥大しない「つるぼけ」が発生するので注意が必要である。‘紅赤’など古い品種はつるぼけしやすい。一方、‘べにはるか’など近年に育成された品種は、標準的な窒素施用量ではつるぼけすることは少なく、連作ややせた土地では十分な施肥をしないと収量が低下する。

（執筆：山下雅大）

普通掘り（早掘り）栽培

1　この作型の特徴と導入

（1）この作型の特徴と導入の注意点

①普通掘り栽培と早掘り栽培

関東でのサツマイモ栽培では、4月下旬～5月中旬に植え付け、生育期間90～１２０日で8月下旬までの高単価の時期に収穫する早掘り栽培と、5月中旬以降を中心に植え付け、生育期間１２０～１５０日で9月ころから収穫を行なう普通掘り栽培があるが、明確な区別はされていない（図3）。しかし、西南暖地で行なわれているハウス栽培やトンネル栽培に対して、露地栽培をまとめて普通掘り栽培と呼ばれる場合もある。

近年は実需者から良食味が求められていることや、長期貯蔵技術の向上による前年産の

図3　サツマイモの普通掘り（早掘り）栽培　栽培暦例

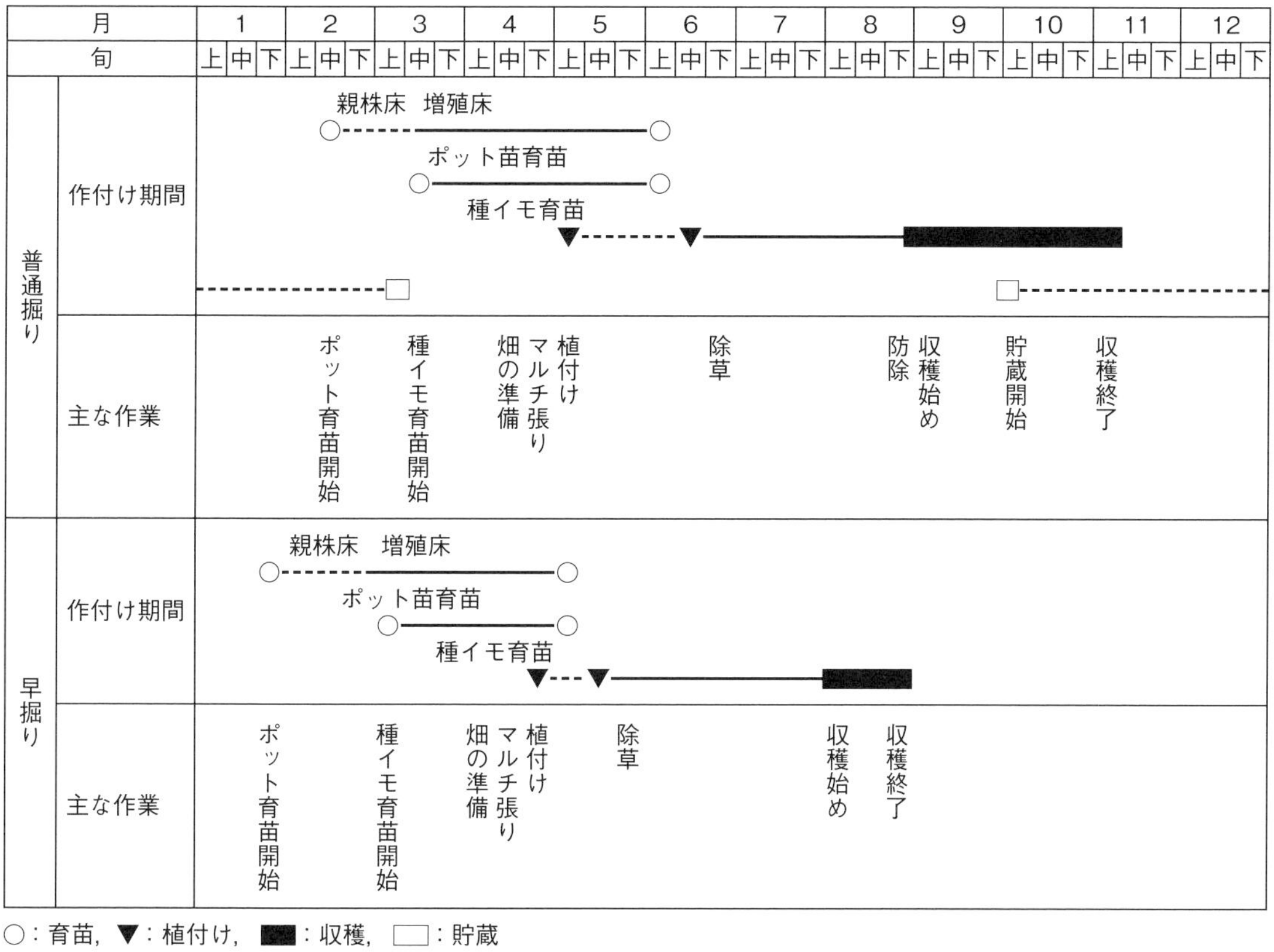

流通、お盆飾りとしての需要の減少によって、普通掘りに力を入れる産地が多くなっている。

②普通掘り栽培導入の注意点

普通掘り栽培の植付けは、遅霜の心配がなくなってから行なう。極端な早植えは、欠株の発生や活着不良による形状不良につながる。一般的なマルチ栽培の場合、九州や四国などの暖地では4月上旬以降、関東などの温暖地（中間地）で4月中旬以降の植付けである。

一方で植付け時期が遅いと、在圃日数が限られるだけではなく、初期生育が十分ではない状態で夏の高温にさらされるため、生育が停滞しやすく、イモの肥大不足や形状不良が発生しやすい。九州や四国では6月上旬、関東では6月中旬が、植付け時期の限界とされている。

収穫作業は、植付け後120〜150日の降霜前に行なう。気象や栽培条件によって収穫時期が前後するので、試し掘りをしてイモの肥大状況を確認する。

試し掘りを行なって十分にイモが肥大していた場合でも、生育日数があまりに短いと、塊根中の糖やデンプンの含有量が少なく食味が劣る可能性があるので、注意が必要である。

また、生育期間が長すぎる場合は、過肥大による形状不良や腐敗が発生しやすくなるので、適期収穫を心がける。

(2) 他の野菜・作物との組合せ方

サツマイモは、サツマイモネコブセンチュウの被害や立枯病やつる割病などの土壌病害が発生しなければ、3~4年程度は連作が可能である。

輪作品目としては、サツマイモネコブセンチュウが寄生しないラッカセイやダイコン、作業時期の重複が比較的少ないニンジンやサトイモなどがある。関東のような温暖地ではサツマイモだけで年1作であるが、九州や四国といった西南暖地では、サツマイモの後作としてダイコンなどが作付けされている。

また、近年はネコブセンチュウ対策として、サツマイモ収穫後に緑肥としてネコブセンチュウの増殖を抑制するエンバク品種(‘たちいぶき’‘スナイパー’など)の作付けが増えている。春夏まきでは、ネコブセンチュウの増殖を抑制する緑肥作物(ソルゴー‘つちたろう’、クロタラリア‘ネマックス’など)が作付けされており、栽培期間が長く生育量が多いので増殖抑制効果も大きい。

なお、エンバク、ソルゴー、ギニアグラスなどイネ科の緑肥作物は雑草化しやすいため、出穂したらすぐにすき込む必要がある。

2 栽培のおさえどころ

(1) どこで失敗しやすいか

① 植え付けた苗の枯死

この症状は活着不良の場合が多い。活着不良のほとんどは、植え付ける環境に問題がある。サツマイモの切り苗は根がついていないため乾燥に弱く、植え付けるウネの土壌水分があまりにも少ないと、根が張って苗が活着する前に枯死してしまうことがある。

マルチ栽培では、適度な土壌水分があるときにウネをつくり、植付けの直前に植穴をあけるようにする。もし、乾燥してしまったら灌水することで欠株を防ぐことができる。

また、強光によって苗が消耗しやすいので、植付けは夕方または曇天日に行なうか、植付け直後にイモ苗保護用シートで被覆する。

とくに、ホームセンターや種苗店で販売されている切り苗は、採苗から時間がたっていることも多いので、みずみずしい苗を選んで早めに植え付けるようにする。

② 線虫害

サツマイモのくびれや細根の生える凹みが深くなって見栄えが悪くなったり、表皮があばた状になったりひび割れするなど、外観品質が大きく低下する(図4)。

サツマイモに被害を与えることが多いサツマイモネコブセンチュウは、トマト、キュウリなどの果菜類、ニンジン、ゴボウなどの根菜類から、ジャガイモやサトイモなどのイモ類まで多様な農作物に寄生する。

D-D油剤による土壌くん蒸など薬剤による防除は、越冬している卵には効果がないので、地温が15℃以上の幼虫が活動している時期に行なう。

線虫は水によって動くため、傾斜畑や道路際など、水のたまりやすい場所で被害が発生しやすい。このような場所では、植付け時期を早めて台風シーズン前に収穫したり、‘べにはるか’など線虫抵抗性の強い品種を作付けるなどの工夫をする。

(2) おいしくて安全につくるためのポイント

サツマイモは後述するように多様な品種があり、用途に合致した品種を選ぶのが最も重要である。

一般的においしいサツマイモは、デンプンや糖含量が高い。このようなイモを生産するためには、日当たりや水はけのよい圃場を準備し、土壌診断にもとづいた適正な施肥を行なって、つるぼけや肥料欠乏を防ぐことや、水っぽい食感で甘くないイモになりやすい極端な早掘りを避けて、植付け後120～150日程度で適期収穫を行なうことが重要である。

図4　線虫の被害

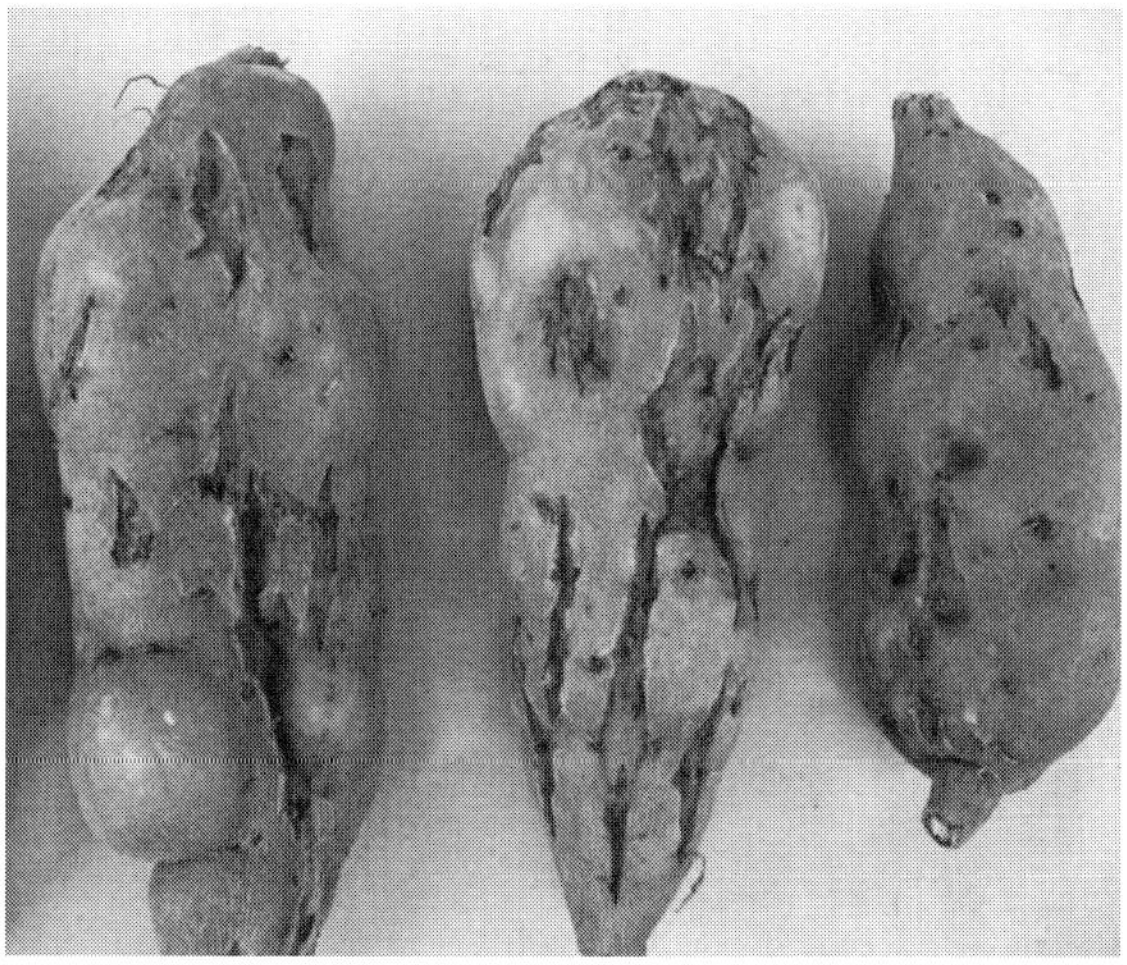

(3) 品種の選び方

サツマイモの品種は、他の野菜のように作期や早晩性で選ぶことは少なく、販売先や用途に合わせて選ぶことが多い（表2）。ここでは青果用の品種の選び方を中心に説明する。

まず、サツマイモは輪切りにしたときの肉色で分けられる。私たちにとって身近な黄色のほかに、'パープルスイートロード'などの紫色、'アヤコマチ'などの橙色の品種がある。かつて、紫色、橙色の品種は甘味が少ないものがほとんどで、加工業務用が中心であったが、現在は青果用として焼き芋などに

表2　普通掘り（早掘り）栽培に適した主要品種の特性

品種名	特性
ベニアズマ	東日本で栽培，流通の多い粉質系の品種。早生で多収，早掘りも可能である。ネコブセンチュウに弱く，貯蔵性はやや悪い
高系14号	西日本で栽培，流通の多い粉質と粘質の中間の品種。ネコブセンチュウに弱いが，貯蔵性はよい。この品種から地域に合った系統を選抜したブランドとして，'なると金時'，'五郎島金時'，'宮崎紅'，'紅さつま'などがある
べにまさり	やや粘質で甘く，焼き芋に向く品種。ネコブセンチュウに中程度の抵抗性で，貯蔵性はよい。丸イモがやや多い
べにはるか	粘質で甘味が強いことから焼き芋で人気の品種。ネコブセンチュウにやや強の抵抗性で，貯蔵性はよい。晩生なので，収穫まで約140日を要する
シルクスイート（登録品種名：HE306）	やや粘質で甘くしっとりとした食感で，焼き芋に向く品種。つる割病にやや弱いが，貯蔵性はよい。カネコ種苗育成
パープルスイートロード	肉色が紫でやや粉質の品種。紫イモ特有のえぐみが少なく，少し貯蔵すると甘味も増して食べやすい。紫イモ品種の中では多収。つる割病とネコブセンチュウにやや強いが，立枯病にきわめて弱い
ふくむらさき	肉色が紫，粘質で甘味が強く焼き芋に向く。ネコブセンチュウに中程度の抵抗性。極晩生で収量が少なく小イモが多い
アヤコマチ	肉色が橙色でやや粘質の品種。カロテン品種特有のニンジン臭が少なく食べやすい。ネコブセンチュウに強く，貯蔵性もよい

してもおいしい品種が多くなり、お菓子づくりなどでも人気がある。

次に、サツマイモの肉質が粉質か粘質かで分類可能である。粉質の食感はサツマイモに含まれるデンプンに由来するもので、加熱したときにデンプンを糖に分解する、β－アミラーゼの活性が高い品種は粘質になりやすく甘味も強い。

一般的な黄色の品種では、肉質が粉質の‘ベニアズマ’や粉質と粘質の中間の‘高系14号’などはホクホクとした食感で、天ぷらや大学芋などの惣菜に向いている。

一方、最近育成された‘べにはるか’‘シルクスイート’‘べにまさり’といった粘質系の品種は、ねっとりとした食感で焼き芋やペーストにして製菓に用いるのに適している。

サツマイモの品種は皮色、肉色、肉質が多様なので、直売所などでは新品種や特徴のある品種を活用して売り場づくりをすると注目を集めやすい。

3 栽培の手順

(1) 育苗のやり方

①種イモ育苗とポット苗育苗のメリットとデメリット

サツマイモの育苗方法には、種イモ育苗とポット苗育苗の2種類ある。種イモ育苗は、種イモを土に伏せ込んで、萌芽した芽を伸ばして採苗する。

ポット苗育苗は、種苗会社などから購入したウイルスフリーのポット苗（メリクロン苗、バイオ苗）を定植して、伸びてきた脇芽を切り取って増殖床に挿す（挿し苗）。挿した苗を摘心して、伸びてくる側枝を切り苗として採苗する。

種イモ育苗は、育苗期間が短く管理が比較的容易であり、面積当たりの採苗数が多いことがメリットで、初心者に向いている。一方で、イモの表面が縞状になる、帯状粗皮病などのウイルス病が発生することがある。また、土壌病害に罹病した種イモを育苗床に持ち込んでしまい、苗から病害を圃場全体に蔓延させるリスクもある。

ポット苗育苗は、加温が必要なうえ育苗期間が長く労働力がかかるが、帯状粗皮症の発生や、土壌病害の持ち込みのリスクを大幅に減らすことができる。また、ウイルスフリー苗から収穫するイモは大きさの揃いがよく、表面の肌質や色など外観品質にも優れ、多収でもある。

②切り苗購入の注意点

どちらの育苗方法もこまめな温度管理が重要で、労働力もかかるため、栽培面積が小さい場合は、そのまま植え付けることができる切り苗を、植付け時期に購入するという方法もある。

基腐病は、発生地域で生産された種苗から他地域に拡大しており、種イモ育苗からの切り苗の購入は病害の持ち込みのリスクがある。また、沖縄県には、それ以外の地域では未発生のアリモドキゾウムシやイモゾウムシといった害虫が生息するため、県外への生のサツマイモや苗の持ち出しは法律で禁止されている。

③種イモ育苗の方法

種イモの選び方

種イモは、前年にウイルスフリー苗から育てたイモを用いることが望ましく、病害が発

表3　普通掘り（早掘り）栽培のポイント

	技術目標とポイント	技術内容
育苗方法	◎苗床つくり	・ハウス内にトンネルを設置して育苗する。完熟堆肥と肥料を施用して，早めに床をつくって地温を高めておく
	◎種イモ育苗	・種イモは本圃10a当たり60～100kg準備する
		・伏せ込み後はたっぷり灌水して，地温を30℃で管理する。萌芽後は地温22～25℃とする
	◎ポット苗育苗	・親株床に植える購入ポット苗は，本圃10a当たり50本準備する
		・親株は5～7節で摘心して側枝を伸ばす。側枝は基部1～3節を残して採苗して増殖床に挿すことを繰り返す
		・温度管理は地温30℃，気温は昼が25～30℃，夜が15℃を目安とする
	◎採苗	・苗長25～30cm，7葉を基準に採苗する。種イモ育苗では地際2～3cm，ポット苗育苗では基部1～3節を残すように切り取る
畑の準備	◎圃場の選定	・pH5.5～6.0で水はけがよく窒素の残肥が少ない，線虫害が少なく，土壌病害が発生していない畑を選ぶ
	◎線虫防除	・土壌くん蒸は地温15℃以上で行なう。必要に応じて殺線虫剤を使用する
	◎施肥	・施肥量は10a当たり窒素：リン酸：カリが3～5kg：10kg：10kgを目安にする
	◎ウネ立てとマルチ張り	・ウネ幅85～100cmとし，植付けの3週間くらい前に，黒や透明のマルチで被覆した高さ20cmのかまぼこ形のウネを立てる
植付け方法	◎栽植密度	・株間は30～45cmとし，苗数は2,500～3,500本/10aとする。早掘りは株間を広めにとる
	◎植付け方法	・品種や目標とするイモの数や大きさによって，直立，斜め，水平，舟底，もぐらのいずれかの方法で植える
	◎活着の促進	・植付け後に株元に土を盛ると，マルチによる焼けを防ぐことができる。乾燥時は灌水をすることで活着が促進される
植付け方法の管理	◎除草剤散布	・マルチ栽培では，植付け後，つるが地面に到達する前に行なう
	◎殺虫剤散布	・植付け直後はアブラムシ類，梅雨明け以降はチョウ目害虫の食害が見られたら防除を行なう
収穫・貯蔵	◎つる刈りとマルチ除去	・イモを切らないように，つるを地際で刈り取ってマルチをはがす
	◎掘り取り	・土壌が乾燥しているときは，皮がむけないようにていねいに掘り取る
	◎貯蔵	・気温13～15℃，湿度90～95％が適する。溝穴貯蔵やハウス貯蔵など，簡易貯蔵のイモは3月までに出荷する

生していない圃場から収穫したイモを用いる。また、株単位で形状や揃いがよく、ウイルス病による粗皮や退色症状がなく、病害や腐敗の発生していない健全なイモを選ぶ。

種イモの大きさは、200～300gくらいのものがよい。イモの萌芽数は大きさに関係なく同程度なので、大きいイモを種イモにすると面積当たりの採苗数が少なくなる。

食用として販売されている、他地域のサツマイモを種イモにすると、地域での新しい病害の発生につながるほか、品種によっては、種苗法に違反する可能性があるので絶対に行なわない。

種イモの伏せ込み

種イモ育苗は、関東では3月中下旬以降の比較的暖かくなった時期で、苗を植え付ける約1カ月前までに開始する。種イモは、病害対策のために、ベンレート水和剤またはトップジンM水和剤で消毒する。

サツマイモの育苗は、基本的にハウス内に幅120～150cmのトンネルをつくって行なう。育苗床に必要な面積は、本圃10a当たり7～10㎡で、60～100kgの種イモが必要になる。床土には完熟堆肥を施用し、施肥は窒素、リン酸、カリを成分で1㎡当たり各20

図5　種イモの伏せ込み

~30g施用する。

床を5~10cm掘り下げ、十分に灌水してから、種イモを図5のように並べる。種イモの間隔は約5cmとり、頭部（なり首側）を揃え、やや高くなるように勾配をつけて伏せ込み、種イモが完全に隠れるように覆土する。

伏せ込み後の管理

萌芽するまでは、地温が約30℃になるように管理する。地温が上がらない場合は透明マルチで被覆し、萌芽が確認できたらすぐに除去する。

萌芽後は、地温が22~25℃になるように、トンネル換気する。トンネルフィルムが新品の場合は、急激に温度が上がりやすいので、晴天時は早期に換気する。

1回の灌水量の目安は、萌芽時が1㎡当たり1ℓで、生育に応じて5ℓほどまで増やす。

25~30cmに伸びたものを、地際から2~3cmの部分で切り取って、植付け用の切り苗にする。おおむね1週間間隔で採苗する。

④ポット苗育苗の方法

育苗床の準備

種イモ育苗と同様に、ハウス内にトンネルを設置して行なう。

本圃10a当たりに必要な購入ウイルスフリーポット苗は50本で、育苗床のハウス面積は親株床7㎡、増殖床21㎡である。

育苗床は親株床と増殖床に分け、親株床は種苗会社から購入したポット苗が到着する前の1月中に準備し、電熱線を設置するなど電熱温床とする。増殖床は無加温床とし、親株から側枝が採苗できるようになる2月中旬ころまでに準備をしておく。

親株床、増殖床ともに、床土には完熟堆肥を施用し、施肥は窒素、リン酸、カリを、成分で1㎡当たり各20~30g施用する。ポット育苗は育苗期間が長いので、緩効性肥料を用いる。

親株の定植と管理

親株床は地温30℃を目安とし、購入したポット苗が到着したらすぐに、条間、株間とも30cmになるように定植する（図6）。

植え付けたポット苗に塊根ができると、肥大に養分がとられて地上部の生育が遅れるので、定植時に根を確認して、塊根になりそうな赤色の太い根があったらあらかじめ取り除く。

定植後の管理は、昼温が25~30℃、夜温が15℃を目安として、昼間はトンネルの裾換気を行なう。4月下旬ころまでの夜温が低い時期は、夕方から翌朝まで、トンネルの上に水稲育苗用保温シートを被覆する。

親株からの採苗と増殖床への挿し苗

親株は5~7節で摘心して側枝を伸長させ、10~15cmになったら、基部を1~3節残して切って採苗し、ベンレート水和剤で消毒して増殖床に挿す。葉柄の基部の節から発根するため、必ず1節以上が土に埋まるように挿し苗する。

図6　ポット苗育苗の方法

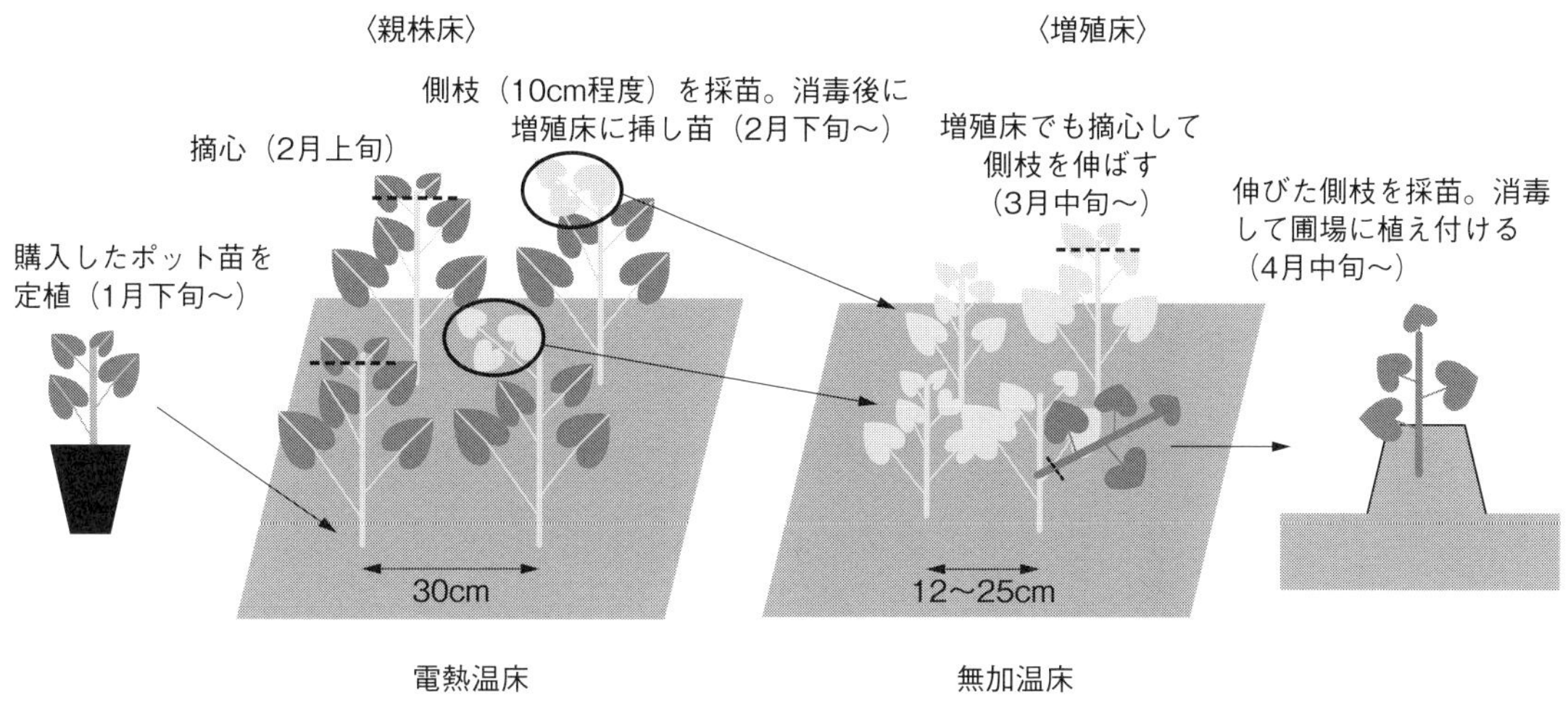

株間と条間の目安は12〜25cmで、挿し苗時期が遅いほど狭めていく。穴あきマルチを使用すると、挿苗位置が明確で作業性がよく、地温も上がり活着しやすい。

増殖床の管理と植付け用切り苗の採苗

増殖床に挿した苗は萎れやすいので、根が張るまでの3〜7日間、トンネルの上に寒冷紗をかぶせて遮光する。

増殖床の温度管理は、親株床と同程度とする。なお、増殖床は無加温なので、極端な低温を避けるため、2月下旬以降を目安に挿し苗を開始する。この作業を繰り返し、4月までに増殖床を埋めていく。

増殖床も親株床と同様に5〜7節で摘心し、その後伸長して25〜30cmになった側枝を基部1〜3節残して採苗して、圃場への植付け用の切り苗にする。種イモ育苗と同様におおむね1週間間隔で採苗可能である。

ポット苗増殖のポイント

効率よくポット苗を増殖するポイントとしては、生育の停滞の原因になる乾燥を防ぐことで、灌水は多めに行なうのが望ましい。

また、伸びた側枝の数が多すぎると、側枝の密度が上がって曲がりやすくなり、苗質が悪くなる。そのため、必要に応じて、挿し苗の採苗時に基部に残す節数を減らすと、植えやすいまっすぐな太い苗ができやすい。

病害の蔓延を防止するため、種イモ育苗とウイルスフリーポット苗育苗を併用する場合は、使うハサミは分け、採苗に用いた後はケミクロンGなどの薬剤、または熱湯で消毒する。

(2) 圃場の準備

①土つくりと土壌消毒

地力や土壌の膨軟性を維持するために、堆肥は前作に施用するのが望ましい。サツマイモの作付け前に施用する場合は、完熟したものを早めに施用しておく。

施用する堆肥は、イナワラなど植物素材のものが望ましい。動物由来のものでは、馬糞や牛糞が原料の、比較的窒素分の少ないものが適している。未熟な堆肥は、コガネムシの被害が増加する原因になるので施用しない。

サツマイモ立枯病は、アルカリ性土壌で発病しやすいので、pH6以上の圃場では、石灰質資材を施用しない。

連作圃場などで、サツマイモネコブセンチュウの被害が心配される場合は、地温が15℃以上になってからD－D油剤で土壌くん

表4　施肥例　（単位：kg/10a）

肥料名	施肥量	成分量		
		窒素	リン酸	カリ
有機配合 S420	100	4	12	10
マルチサポート1号（苦土・微量要素等）	20			
施肥成分量		4	12	10

図7　作業機でウネ立てと成型，マルチ，土壌消毒を同時に行なう

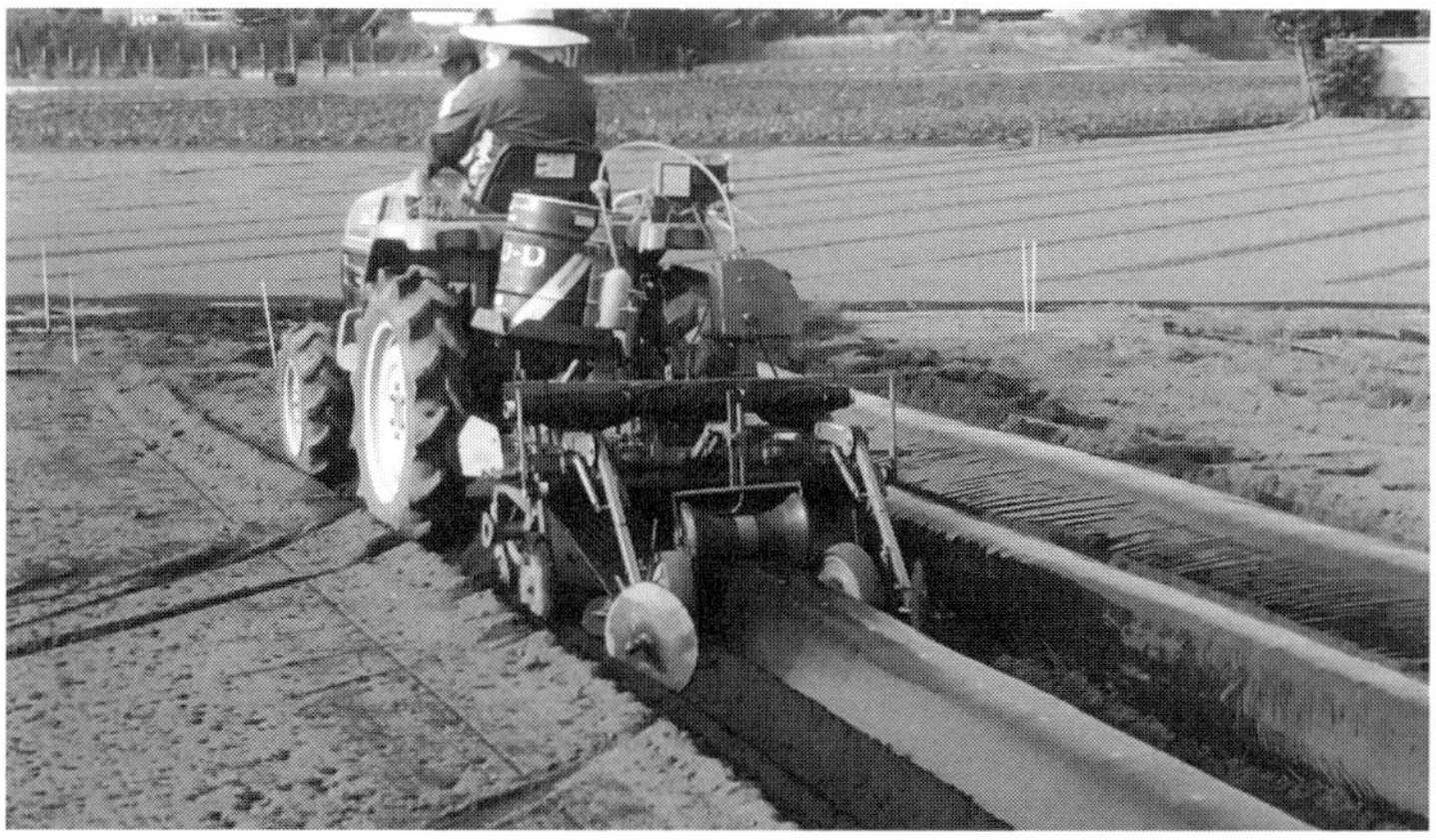

蒸するか、ウネ立て時にネマトリンエース粒剤などの、接触型殺線虫剤を散布して防除を行なう。

②施肥

10a当たりの施肥成分量は、窒素3～5kg、リン酸10kg、カリ10kgを基準とし、前作や堆肥の施用の有無などに応じて、窒素成分量を調節する（表4）。

施肥と同時に、コガネムシ、ハリガネムシ対策として、ダントツ粒剤やフォース粒剤などの殺虫剤を散布して土壌混和する。

③ウネ立て、マルチ被覆、土壌消毒

千葉県の産地では、高さ20cmくらいのかまぼこ形の高ウネでの単条栽培が主流になっており、ウネ立てと成型、マルチ、土壌消毒が同時に行なえる作業機の使用が一般的である（図7）。

ウネ幅は85～100cmとし、幅95cm、厚さ0・02mmのポリマルチで被覆する。黒マルチは比較的安価で雑草を防ぎやすく、透明マルチは地温上昇効果が大きいため早い植付けに向いている。

つる割病や立枯病などの病害対策のために、マルチ展張時にクロルピクリンを処理する場合は、植付けまでにガスが抜ける必要があり、地温15℃以上で処理後約10日、地温が低いときは20～30日が目安となる。心配な場合は、植穴をあけたときに薬剤の臭いがないことを確認する。

(3) 採苗と植付けの方法

採苗と植付けは、4月中旬～6月上旬に行なう。気温が高いと節間が長くなってしまうので、ハウスやトンネルの換気量を多くする。

苗は、ベンレート水和剤などの殺菌剤で消毒して、3～4日以内に植え付ける。取り置きする場合は、直射日光の当たらない涼しい場所で、乾かないように新聞紙に巻いて保管する。

植え方には、直立植え、斜め植え、舟底植え、水平植え、もぐら植えなどがある（図8）。直立植えは、イモ数が少なく肥大がよいため、早掘りに向いている。斜め植えは、直立植えよりもイモ数が多いのが特徴である。

舟底植え、水平植えは、大苗で株間を広めにとる方法で、イモ数が多く、大きさの揃いがよいが、作業性は直立植えや斜め植えに劣る。もぐら植えは、苗がマルチの下に隠れるため、冷風に当たりやすい早い時期の植付けに向いており、強風害も受けにくい。

図8　植付け方法

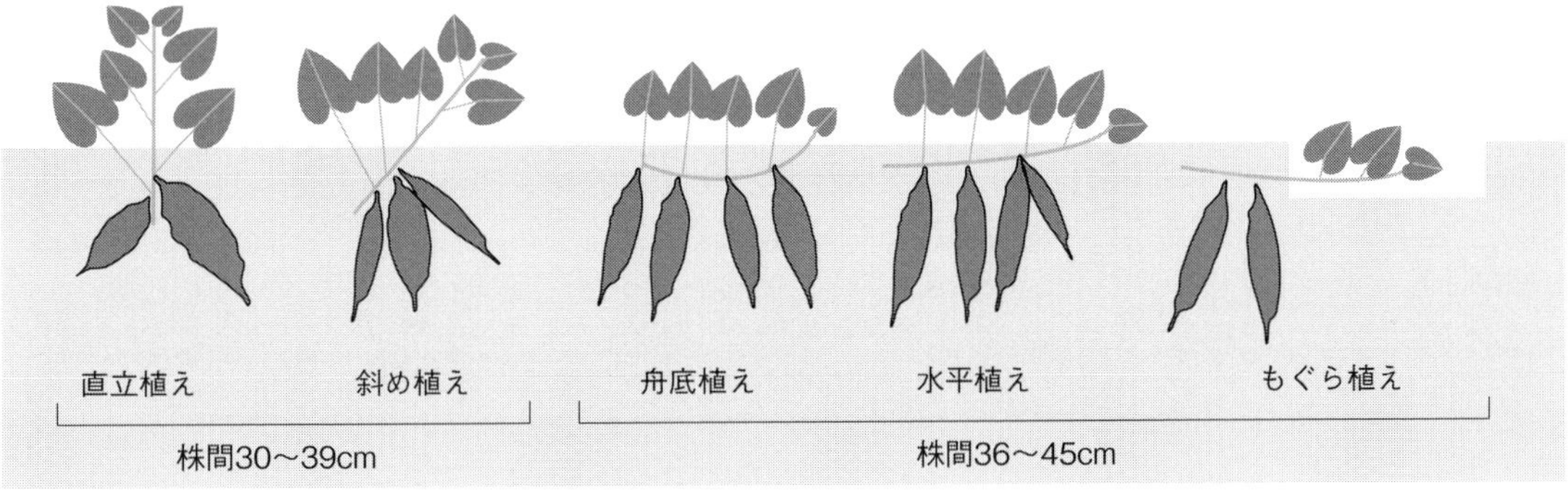

株間は30～45㎝とし、植付けや収穫の時期や品種によって植え方も使い分ける。土に埋める節数が多いほどイモ数は多く、1個当たりの大きさが小さくなる。栽植密度は10ａ当たり２５００～３５００株程度が基準になる。

(4) 植付け後の管理

植付け後は、ウネ間に除草剤を散布することで、つるがウネ間を覆うまでの雑草の発生を防ぐ。

植付け直後に生育が停滞している場合は、新葉にアブラムシ類がいることが多い。また、生育中期以降はイモキバガ（イモコガ）、ナカジロシタバ、ハスモンヨトウなどのチョウ目害虫の被害を受ける。とくに、これらの害虫は、晴天が続いて乾燥していると発生しやすい。食害が見られるようになったら、早期に殺虫剤を散布する。

梅雨明け後に降雨がない日が続き、生育が停滞している場合は灌水を行なう。

基腐病、立枯病、つる割病などが疑われる萎凋症状が見られる場合は、抜き取って処分する。

(5) 収穫と貯蔵

①収穫

収穫は、生育日数と試し掘りで適期を判断する。降雨直後の収穫は、皮むけや色ぼけ、貯蔵性低下などの品質低下につながるため、土壌が乾いてから収穫するのが望ましい。

１本２００～５００ｇのＭＬサイズ中心の場合、収穫時の収量は10ａ当たり２～３ｔになる。

ハンマーナイフモアで地上部を切断後に、残ったつるを鎌で切断してからマルチをはがして、収穫する。収穫作業は、コンベア式の掘取機を用いると省力化できる。

②貯蔵方法

サツマイモの貯蔵に適した条件は、温度13～15℃、湿度90～95％である。

冷凍機や加湿器を備えた専用貯蔵庫で貯蔵すれば、翌年８月ころまで貯蔵可能であり、周年で販売できる。茎葉の繁茂がよい圃場のイモは、タンパク質含量が高く長期貯蔵に向いている。

簡易的な貯蔵方法として、パイプハウス内に発泡スチロール板や古畳で囲いをつくるハウス簡易貯蔵（図９）や、畑に穴を掘って貯蔵する溝穴貯蔵（図10）がある。

ハウス簡易貯蔵は1月から3月中旬ころまで貯蔵可能で、日当たりがよい場所に設置することで、長期貯蔵時の腐敗の発生は少なくなる。気温が高い場合はハウスの換気、低い場合は保温材を増やして、温度調節をする。扉の内側にビニールカーテンを設置するなど、冷風が入ってイモが傷まないように注意する。

溝穴貯蔵は3月中旬ころまで貯蔵が可能で、穴に水が入らないように、畑の中でも高めで水はけのよい場所を選ぶことがポイントである。

専用貯蔵庫では、イモを株から切り離してコンテナに入れてから貯蔵し、ハウス簡易貯蔵や溝穴貯蔵では株ごと貯蔵する。

袋詰めする場合は、密閉すると、炭酸ガス障害による肉色の緑変が生じるほか、結露などで袋に水滴が付着して保存性が悪くなる原因になるため、通気性のよい袋を使用するか、袋に通気穴をあける。

図9　ハウス簡易貯蔵の方法

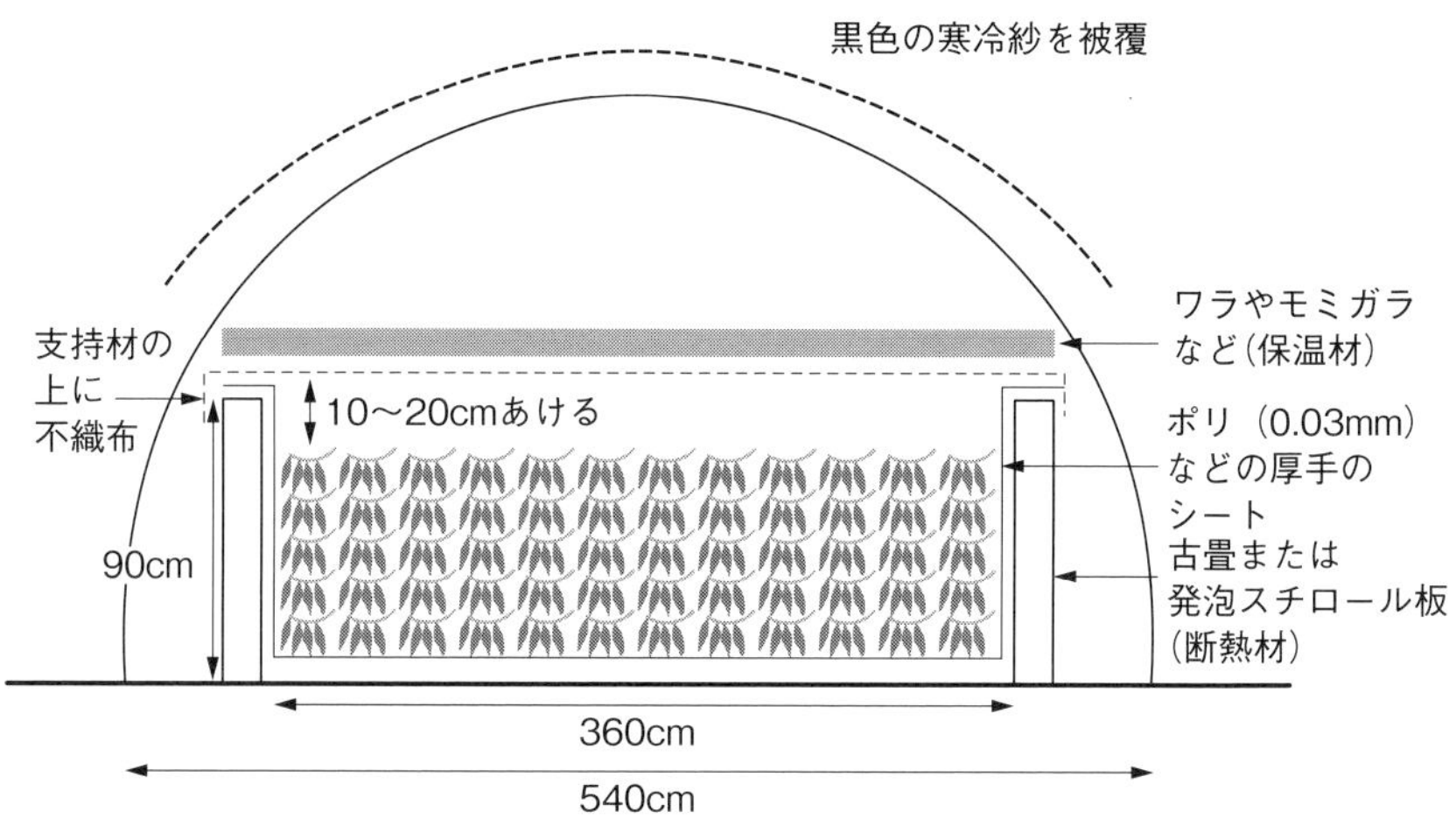

図10　溝穴貯蔵の方法

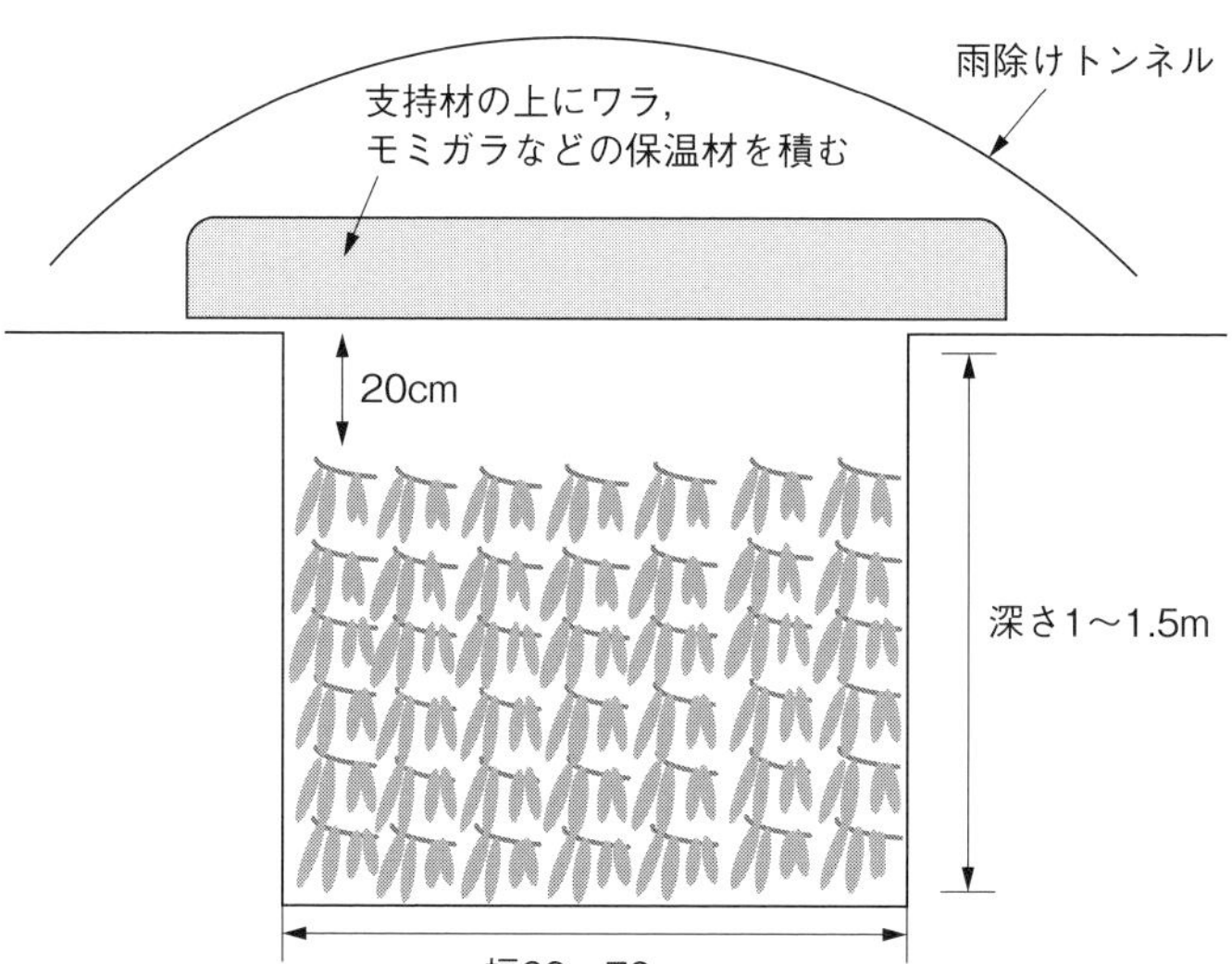

4 病害虫防除

(1) 基本になる防除方法

最も問題となる線虫害では、D－D油剤による土壌くん蒸が最も有効で、地温が15℃以上になって線虫が活動し始めてから防除することが重要である。

また、収穫後の残渣は、根やつるが再生して線虫や土壌病害の増殖源になるので、早めにすき込んで分解を促す。

病害では、つる割病、立枯病、基腐病と

いった土壌病害が問題となる。これらの病害に対する完全な抵抗性を持つ品種はなく、蔓延してしまうと、薬剤による防除も困難になる。

表5　病害虫防除の方法

	病害虫名	防除法
病気	立枯病	作付け前に，クロルピクリン80％剤で，育苗床は3～6mℓ／穴，圃場は2～3mℓ／穴で土壌消毒する
	つる割病	植付け前に，ベンレート水和剤500～1,000倍液に苗基部を20～30分間浸漬する
害虫	ネコブセンチュウ	植付け前処理 D-D油剤15～30ℓ/10aで土壌消毒 ネマトリンエース粒剤を10～30kg/10a全面散布し，土壌混和する
	アブラムシ類，コナジラミ類	育苗中，生育期散布 スタークル顆粒水溶剤2,000倍液 サンマイトフロアブル1,000～1,500倍液
	コガネムシ類，ハリガネムシ類	植付け前処理 フォース粒剤9kg/10a ダントツ粒剤6～9kg/10a
	ハスモンヨトウ，ナカジロシタバ	生育期散布 トレボン乳剤1,000倍液 フェニックス顆粒水和剤2,000～6,000倍液

対策の基本は、病原菌の圃場への侵入を防ぐことや、増やさないことである。基腐病の未発生地域では、ウイルスフリー苗を除き、発生地域からの種苗の導入は避けるのが望ましい。基腐病が疑われる症状が確認された場合は、地域を管轄する普及指導センターに連絡して、専門家の指示を受けて対処する。育苗床や圃場で萎凋などの症状が見られる株は、早期に抜き取り処分をすることで蔓延防止に努める。また、土壌病害の発生圃場での連作は避ける。

害虫では、イモを食害するコガネムシ類幼虫やハリガネムシ（コメツキムシ類幼虫）が問題になる。薬剤防除のほかに、未熟な堆肥はコガネムシ類幼虫の餌になるので施用しない。また、コメツキムシの成虫はイネ科植物の花粉を餌にするので、圃場や周辺の除草をすることで発生を減らすことができる。

(2) 農薬を使わない工夫

線虫害や土壌病害は連作によって蔓延するため、輪作を行なうことで被害を軽減することが可能である。とくに、ネコブセンチュウ害は、ネコブセンチュウ抑制効果のある緑肥作物を導入すると効果的である。

サツマイモを連作する場合は、緑肥の後にネコブセンチュウに弱い'ベニアズマ'を作付けし、翌年にネコブセンチュウに強い'べにはるか'を作付けすると被害が少ない。

5 経営的特徴

サツマイモを基幹とした露地野菜経営では、家族労力2～3人で1～3ha作付けするのが一般的である。

機械装備は、耕うんなどの圃場管理に使用する20ps以上のトラクター、ウネ立てや収穫に使う15～18psのトラクターとその作業機（ロータリー、ウネ立てマルチ同時土壌消毒機、収穫機など）、つる刈り用のハンマーナイフモア、洗浄機が基本である。規模の大きい経営では、乗用収穫機や重量選別機が導入されている。

サツマイモの市場出荷は、収穫後に株から1本ずつ切り離し、両端をきれいに切り揃えてから洗浄、乾燥し、重さと形状で規格別に分け、5kg箱に詰めて出荷するのが一般的である。10a当たりの収量は約3tで、可販収量はその60～80％程度である（表6）。

表6　普通掘り（早掘りを含む）栽培の経営指標

項目	
平均収量（kg/10a）	2,000～3,000
単価（円 /kg）	200～250
粗収入（円 /10a）	400,000～700,000
所得率（%）	40～50
農業所得（円 /10a）	160,000～350,000
生産費（円 /10a）	318,000
種苗費	4,000
肥料費	37,000
薬剤費	32,000
資材費	14,000
動力光熱費	4,000
機械費	95,000
施設費	17,000
流通経費	115,000
労働時間（時間 /10a）	158

注1）経費および労働時間は「野菜経営収支試算表（平成22年3月 千葉県・千葉農林水産技術会議）」より
注2）育苗はポット苗育苗，出荷期間は3月下旬までとして算出した
注3）労働時間の内訳は，生産49時間 /10a，調製・出荷109時間 /10a である

調製と出荷に手作業が多く、作業時間の約7割を占めているので、所得率は50%以下とやや低い。そのため、労働力が少ない経営の場合は、土付きや粗選別で出荷できる販売先を活用することで、経営の改善につながった例がある。

サツマイモの出荷は、9月から翌年3月が中心である。8月や4月以降は出荷量が少ないので、単価は高い傾向にあり、年にもよるが1kg当たり50~100円程度の差が見られる。しかし、出荷量の少ない時期の出荷は、早掘りによる減収や、長期貯蔵中の腐敗といったリスクがあるので、栽培や貯蔵の技術が必要で上級者向きといえる。

6　早掘り栽培のポイント

早掘り栽培は、最短で植付け後90日で収穫になるため、いかにイモを肥大させるかが重要である。

品種は、早植えでの早期肥大性に優れている'ベニアズマ'や'高系14号'が適しており、肥大しやすいウイルスフリー苗を使用するのが望ましい。

無理な早植えは、欠株や生育の停滞による形状不良の原因になるので避ける。地温がなるべく高くなるように、マルチは透明マルチを使い、株間は40㎝程度にする。植え方は、直立植えをするとイモ数が少なく肥大しやすい。

風が強い圃場や気温の低下が心配な場合は、植付け後にイモ苗保護用シートを被覆するか、地上部がマルチの下に隠れるもぐら植えにすると、欠株のリスクを減らすことができる。

早掘りのサツマイモは未熟であり、すぐに消耗してしなびるので、貯蔵はできない。また、芽が出やすいので、収穫後は冷暗所に置き、熱を冷ましたら早めに出荷する。

（執筆：山下雅大）

ナガイモ・ヤマトイモ

表1　ナガイモ・ヤマトイモの作型，特徴と栽培のポイント

主な作型と適地

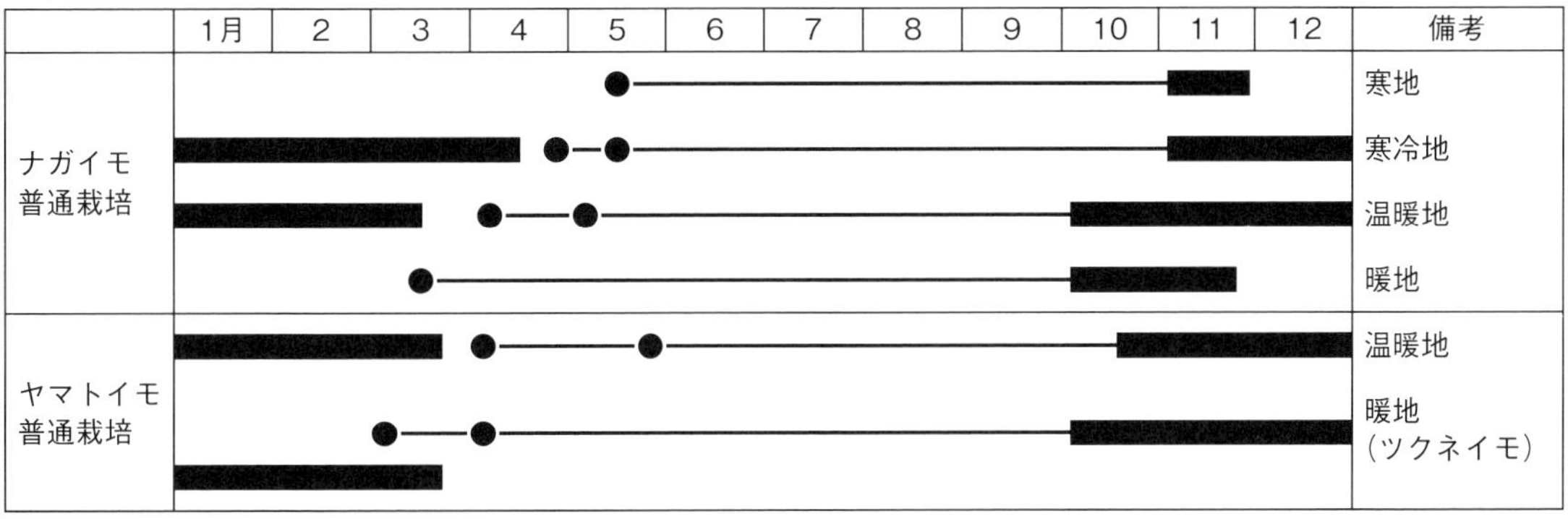

●：植付け，■：収穫

特徴	名称	ナガイモ，ヤマトイモ，ツクネイモ（ヤマノイモ科ヤマノイモ属）
	各群の別名・系統	ナガイモ群：長いも，1年いも，徳利いも ヤマトイモ群：銀杏いも，仏掌いも，手いも ツクネイモ群：大和いも，伊勢いも，丹波やまのいも，加賀丸いも
	原産地・来歴	原産地は中国南西部雲南地方で，北中国，朝鮮半島経由で日本に伝播した。日本での栽培は縄文後期から始まった
	栄養・機能性成分	粘性物質は，グロブリン系のタンパク質とマンナンの結合した糖タンパク質（食物繊維）。ビタミンB群，カリウムなどのミネラル，デンプンの消化を助けるジアスターゼを含む
	機能性・薬効など	皮をむいて乾燥させた「山薬」には天然のステロイドが含まれ，滋養強壮，糖尿，止瀉などの生薬として用いられている。ジオスゲニンには認知機能向上の効果がある
生理・生態的特徴	発芽条件	萌芽適温は20～25℃
	温度への反応	生育適温は17～25℃。イモは0℃以下の低温で凍害を受ける
	日照への反応	比較的多日照を好む
	土壌適応性	好適pHは5.5～6.5。肥沃で排水性がよく，耕土の深い畑が適する
	開花習性	短日条件で開花，ムカゴと地下部の肥大が促進される。雌雄異株で，ナガイモはほとんどが雄株，ヤマトイモ，ツクネイモはほとんどが雌株
	休眠・貯蔵性	数カ月の休眠期間がある。貯蔵温度は4℃前後で，湿度80～90％を保つと長期間貯蔵できる
栽培のポイント	主な病害虫	病害：炭疽病，葉渋病，褐色腐敗病，根腐病，青かび病 虫害：ネコブセンチュウ，ネグサレセンチュウ，ハダニ類，アブラムシ類，アザミウマ類
	他の作物との組合せ	ラッカセイ，ニンジン，ジャガイモ，ダイコン，ゴボウ，ネギ，緑肥植物

この野菜の特徴と利用

(1) 野菜としての特徴と利用

①ナガイモ、ヤマトイモとは

一般的にヤマイモあるいはヤマノイモと呼ばれるイモの仲間には、こん棒状の長形型であるナガイモ群、平型、イチョウ葉型、こん棒型と形状がバラエティーに富むイチョウイモ群（関東での通称はヤマトイモ、以下ヤマトイモと表記）、丸型のツクネイモ群があり、ヤマノイモ科ヤマノイモ属ナガイモ種に分類される（図1）。

これらの原産地は中国南西部で、朝鮮半島を経由して日本に伝播し、縄文時代後期から栽培が始まったとされている。

また、日本各地に自生しているジネンジョ（自然薯、ヤマノイモ）や、東南アジアが原産で主に九州以南で栽培されているダイショ（大薯）は、別種に分類されている。

これらの総称をヤマノイモと呼ぶ場合や、呼称が同じでも地域によって種類が異なっているので、栽培するときには注意する必要がある。

②生産と供給

ナガイモの生産は、北海道や青森県などで多く、ヤマトイモは関東や東海地方、ツクネイモは近畿地方を中心に栽培されている。生産量は、ナガイモが他と比較し圧倒的に多い。

新イモは温暖地では10月から出回り始め、3月までは収穫したものが出荷される。4月以降は、収穫後、低温で貯蔵されたものが出荷されるので、周年供給体制が整っている。

③食材としての特徴と利用

食材としての特徴は、生食できる数少ないイモであり、とくに、すりおろしたとろろ独特の粘りが最大の特徴である。粘りの成分は、タンパク質と食物繊維の一種であるマンナンが結合したものである。種類によって水分含量に違いがあり、粘りは水分の少ないツクネイモが最も強く、次いでヤマトイモ、ナガイモの順に弱くなる。

すりおろすだけでなく、切り方の変化や、加熱することで違った食感も楽しむことができる。また、そばやかまぼこのつなぎや、和菓子の原料としても利用されている。

葉の付け根に着生するムカゴを、米といっしょに炊いたムカゴご飯も美味である。

ヤマイモの皮を除いて乾燥させたものは「山薬」と呼ばれ、天然のステロイドを含む生薬として、滋養強壮などに用いられている。

図1　ナガイモ種の仲間

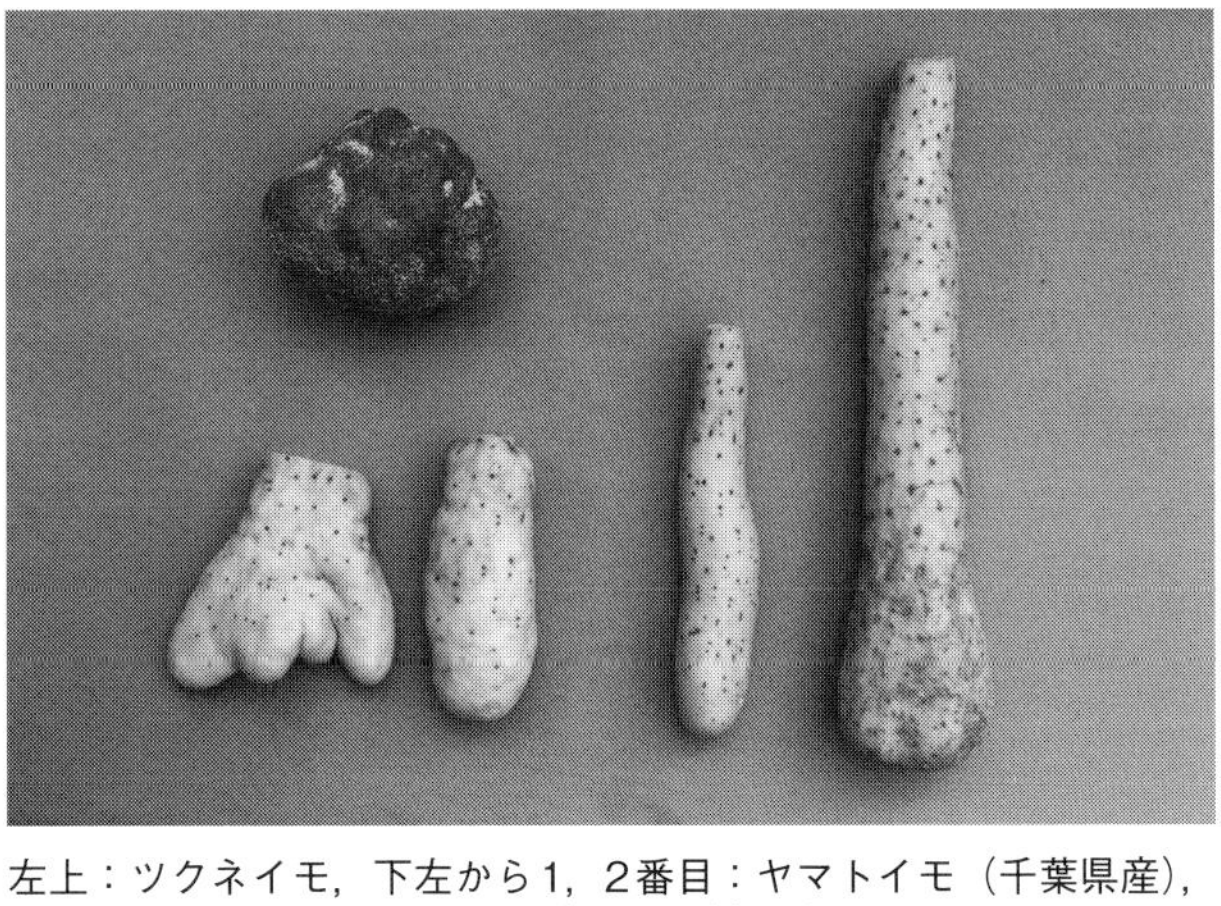

左上：ツクネイモ，下左から1，2番目：ヤマトイモ（千葉県産），下左から3番目：ヤマトイモ（群馬県産），右：ナガイモ

(2) 生理的な特徴と適地

①生育の特徴

ヤマノイモ科の植物は、つる性の多年草で雌雄異株である。ナガイモはほとんどの株が雄株で、ヤマトイモやツクネイモはほとんどが雌株であり稔実しない。そのため、繁殖は一般的に栄養繁殖で行なわれ、地下部のイモを切って種イモとするほか、ナガイモではムカゴを1年栽培して種イモとして用いる。

地下部のイモは「担根体」と呼ばれ、根と茎の中間の性質を持っている。定芽はイモの茎に近い首の部分に一つ分化しているが、皮部全体に不定芽があり、通常、切断した種イモの上部側から一つの不定芽が伸長する（図2）。

新イモは、伸長した茎の基部が肥大し、地下方向に向かって伸長していく（図3）。根は、芽の基部から10本程度の吸収根が放射状に発生するほか、新イモの上部にも見られる。

図2　種イモから伸長を始めた不定芽（ヤマトイモ）

図3　肥大し始めた担根体（ヤマトイモ）

②生育適温

比較的高温を好み、生育や萌芽には17℃以上の温度が必要で、生育適温は20～25℃である。地上部も平均気温が17℃を下回る時期になると、急激に黄化・枯死する。晩秋以降に成熟した新イモは、1月ころまで休眠期に入る。

このような生理的な特徴を生かした、露地での普通栽培が主流であり、収穫物の貯蔵もできることから、作型は分化していない。

③土壌適応性

各地で古い時代から栽培されているため、気候や土壌条件に適した系統のものが選抜され、沖積土、砂壌土、火山灰土まで広く栽培されている。注意したい点は、イモ（担根体）の先端部分は非常にデリケートで、土壌環境の変化に弱いため、良品生産をめざすには、排水性がよく、耕土が深く膨軟であることが必要である。

栽培するイモの種類に合った耕土の深さ、土つくりが重要である。また、吸収根は比較的浅い層に分布しているため、高温・乾燥の影響を受けやすいので、圃場によっては灌水設備が必要である。

表2　ナガイモ，ヤマトイモ，ツクネイモの品種例

イモの種類	品種名称	育成者権者	主な特徴	登録番号	登録年月日	育成者権消滅日
ナガイモ	トロフィー1066	渡辺採種場	青森ナガイモ‘ガンクミジカ’の突然変異個体から育成。イモの長さが中，首の短い徳利形，粘度はやや弱。早晩性はやや晩	5432	1997/3/7	2002/3/8
	大筒早生	カネコ種苗	‘ガンクミジカ’の変異株。イモは長紡錘形，粘度は弱。早晩性は早	11720	2004/3/3	2013/3/5
	あおもり　短八	青森県産業技術センター	イモの長さはやや長，粘度は弱。成熟期は中	21758	2012/4/4	
	KHY-8E026	カネコ種苗	イモの長さは長，粘度の強弱は弱。成熟期はやや晩。雌雄性は雌株	26011	2017/6/14	
ヤマトイモ	KHY-3C014	カネコ種苗	イモの長さは短，粘度は中。成熟期はやや早	26010	2017/6/14	
	ふさおうぎ	千葉県	埼玉県深谷市の鯨井系から選抜。イモの形は扇，長さは短，粘度はやや強。早晩性はやや晩	2054	1989/9/19	2004/9/20
	ぐんまとろりん	群馬県	棒形の割合が高い選抜種。イモの長さは中，粘度は中。成熟期はやや早	23474	2014/7/25	
ツクネイモ	新丹丸	丸種	丹波地方の在来種から選抜。イモは球形，外皮色は褐，粘度は強。早晩性は中	9397	2001/10/18	2004/10/19
	やまじ王	愛媛県	イモは球形，外皮色は黒褐，粘度はやや強。早晩性は中	18323	2009/7/31	
ヤマトイモ×ナガイモ	ねばりっ娘	鳥取県	埼玉県のイチョウイモに鳥取県在来のナガイモの選抜系統（狩野系）を交配して育成。イモは紡錘形で長，粘度はやや弱。早晩性は中。雌雄性は雌株	10986	2003/2/20	
ヤマトイモ×ナガイモ	ネバリスター	カネコ種苗	イチョウイモ千葉在来種とナガイモ‘ずんぐり太郎’を交配して育成。イモは紡錘形，粘度はやや弱。早晩性はやや晩	16025	2008/2/22	
ツクネイモ×ナガイモ	つくなが1号	青森県産業技術センター	ツクネイモ‘加賀丸いも’（雌株）とナガイモ‘園試系6’（雄株）を交配して育成。イモの形は長紡錘，長さは長，粘度はやや強。早晩性はやや早	20689	2011/3/18	

注）農林水産省品種登録ホームページで公表されている品種登録データから抜粋

④品種と系統

各地で選抜された系統や品種が用いられるほか、個人育種家や種苗会社、公立研究機関などによる選抜育種や、雄株のナガイモと雌株のヤマトイモ、ツクネイモの交雑育種も行なわれている（表2）。

なお、品種の利用については、栽培地域が限定されている場合や、自家増殖の許諾申請が必要なものもあるので注意が必要である。

（執筆：引地睦子）

ナガイモの普通栽培

1 この作型の特徴と導入

(1) 作型の特徴と導入の注意点

ナガイモは5月に種イモを植え付け、11月に収穫を迎える（図4）。また、秋に掘り取らず、越年して翌春に収穫する場合もある。このように、栽培期間が長期にわたるため、気象などさまざまな影響を受けやすい。そのため、圃場の選定、圃場周辺の排水対策が重要になる。

ナガイモは根が地中深く伸びる作物なので、耕土が深く、膨軟な土壌がよい。耕土が浅く、下層に重粘な土壌や石の混ざっている土壌、排水不良の層がある畑では、イモの肥大や形が悪くなり、良品生産がむずかしい。

ナガイモの形状や長さを確保するため、植え溝を深耕する必要がある。そのためにはトレンチャーが必要になるので、経営規模に合ったトレンチャーを導入する。

また、連作すると土壌病害が発生し、収量・品質が大きく低下してしまう。他品目との輪作体系を組むことが安定生産の大事なポイントである。

(2) 他の野菜・作物との組合せ方

前作は根菜類の作付けを避け、エンバクの野生種を作付けるなど、土壌病害や線虫類などを抑える輪作体系を導入する。

図4　ナガイモの普通栽培　栽培暦例（寒地）

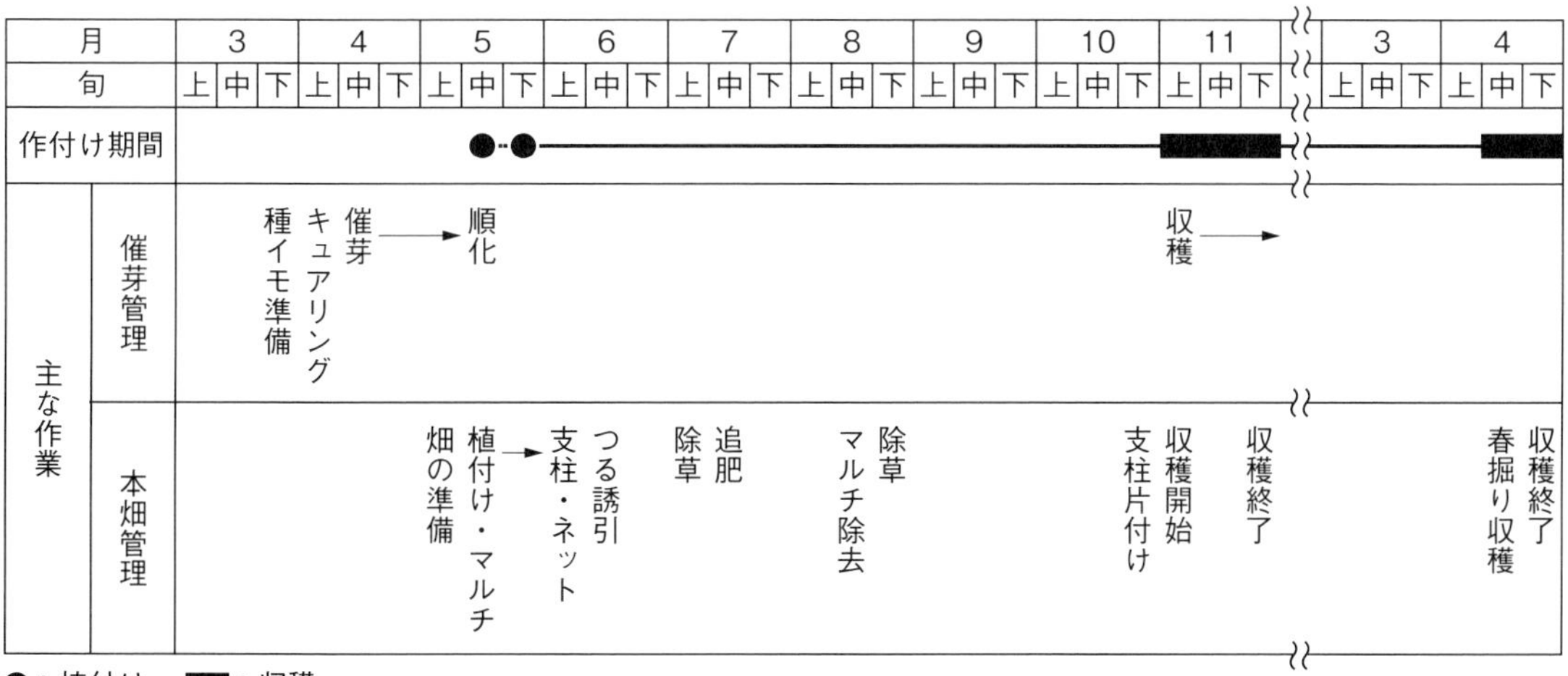

●：植付け，■：収穫

2 栽培のおさえどころ

(1) どこで失敗しやすいか

①急ぎすぎる催芽（切りイモ）

大きな芽の種イモを植えて早く萌芽させたいと、イモの芽出し（催芽）を95〜100％の高湿度で行ない、芽の生長を急がせることがある。しかし、高湿度で催芽すると、植付け後に萌芽しなかったり、不萌芽の種イモになりやすい。

催芽は多湿環境にせず、換気を行なって、じっくりと芽を育てる。

②イモの肥大をねらった過剰な施肥

イモの肥大をねらうため、肥料（とくに窒素成分）や堆厩肥を、過剰に施用する事例が多い。しかし、過剰な施肥は軟弱な生育につながり、病害の発生をまねきやすくなる。また、成熟の遅延による未熟イモの発生につながる。

基本に忠実な土つくり、適正な範囲内の施肥が大切である。

(2) おいしくて安全につくるためのポイント

早掘りすると、イモが小さかったり、乾物率の低い未熟イモ（粘りが少なかったり、イモに含まれるポリフェノールが多く、すりおろした後に褐変する）になる。

収穫はあわてず、茎葉が完全に黄変・枯死し、イモが完熟した状態になってから行なうのが、おいしいイモを収穫するポイントである。

(3) 品種の選び方

品種は、熟期が地域の気象に合っていること、形状が安定していること、収量性が高いことなどを考慮して決める。各地で、地域の気象に合った、形質のよいイモが育種あるいは選抜され、栽培されている（表3）。

3 栽培の手順

(1) 種イモの準備

①種イモの選び方

ナガイモは栄養繁殖なので、種イモは品種固有の特性を備えたものを選抜することが重要である。首部が短くて太りのよい、いわゆる徳利形状のイモを選抜する。また、ウイルスに感染した種イモを使用すると、20〜40％の減収になるので、ウイルスに感染していない種イモを確保することも重要になる。

種イモには、切りイモや子イモ（一年子、二年子）を使う。切りイモは収穫したナガイモを使用する。子イモは、ムカゴを春に播き、晩秋まで養成して子イモ（一年子）にする。一年子をさらに植え付けて養成した子イモが二年子で、これも種イモに使用する。

②切りイモの準備

種イモの表面に付着している土砂は、青かび病

表3　普通栽培に適した主要系統・品種と特性（北海道の例）

系統・品種	不定芽の形成	草勢	分枝性	イモの形状	イモの太さ	貯蔵性	ヤマノイモえそモザイク病抵抗性	粘度
十勝選抜系	良	強	中	長紡錘型	やや太	中	中	中
とかち太郎	良	強	中	長紡錘型	太	中	中	中

表4　普通栽培のポイント

	技術目標とポイント	技術内容
種イモの準備	◎種イモの準備と消毒	・病害虫に汚染されていない，品種固有の形状の種イモを使用する ・種イモに付着している土をていねいに除去し，殺菌剤で消毒を行なった後，風乾する ・切りイモを使う場合は，清潔な刃物で切断後に消石灰を付着させ（作業時はマスク着用），その後キュアリング，催芽，順化を行なう
	◎切りイモのキュアリング，催芽，順化	・キュアリングは15～20℃の範囲で，8～12日間。切り口表面がコルク化し，種イモ重量が10%減少したころが完了の目安 ・催芽の温度は24℃で一定にする。もしくは，26℃で10日間維持し，その後3～4日間隔で温度を20℃まで段階的に下げる ・催芽の湿度は80%を目安とし，換気で調整する。催芽期間は28～35日程度で，芽のサイズは分化始めから1cm程度 ・順化の温度は10～16℃，湿度は無風・加湿なしで60～80%が目安，期間は3～10日間
圃場の準備	◎圃場の選定	・根菜類の連作を避け，輪作を行なう ・排水がよく，肥沃で有効土層が1m以上の圃場を選ぶ。土壌の適応性は広いが，重粘土壌や石のある圃場は避ける
	◎土つくり	・完熟堆肥を2t/10a施用する。未熟堆肥は施用しない。前年の秋に全面施用して混和する ・pH6.0～6.5を目標に，石灰資材を施用する。火山灰土壌では，リン酸資材を十分に施用する。前年の秋に全面施用して混和する
	◎施肥	・施肥量の目安:10a当たり窒素20kg（元肥15kg，追肥5kg），リン酸30kg（全量元肥），カリ20kg（元肥12kg，追肥8kg） ・元肥は深耕前に全面散布し，十分に混和する
	◎植え溝つくり	・植付けの7～10日前にトレンチャーで深耕し，土を落ち着かせてから植え付ける。トレンチャー作業はゆっくりと行なう ・ウネ幅は100～120cmが目安
植付け	◎植付け時期	・晩霜の被害を受けないよう，適期（地温が10℃以上になる時期）に植え付ける ・地域によって適期は異なる。寒地では5月下旬ころ
	◎植付け方法	・株間は18～20cmが目安。植え溝の真ん中にイモを置く ・深植えを避ける（10cm以上の深植えは欠株が極端に増える） ・覆土は5cm程度とし，イモの芽の位置がずれないようていねいに作業を行なう
植付け後の管理	◎支柱立て	・萌芽前に支柱を立てる。高さは2m程度。支柱立てが遅れると，つるが折損しやすくなる
	◎ネット張り	・支柱を立てた後，ネットを張って誘引の準備をしておく
	◎つるの誘引	・萌芽後つるが伸び，ネットに届くようになったら誘引する。作業は遅れずに行なう ・1株から2本のつるが出ていたら，株元を押さえながら生育の弱いほうの芽をかき取る
	◎中耕・除草	・中耕は早めに行なう。根が切れないよう浅く中耕する ・雑草の発生初期に除草する。除草剤を使用する場合は，茎葉にかからないよう注意する
	◎追肥	・追肥は種イモの養分が消耗する時期（植付け後60日前後）から行なう。遅い時期の追肥は控える
	◎病害虫防除	・病害虫の発生が多くならないよう，適期に防除する ・主な病害虫（葉渋病，ナガイモコガ，アブラムシ類）
収穫・調製	◎収穫時期	・秋掘りでは，早く掘ると，乾物率の低い未熟イモになりやすい ・収穫は，茎葉が完全に黄変・枯死し，つるが容易に引き抜ける状態になってから行なう ・畑が過湿のときや雨天のときは収穫を避ける ・春掘りでは，収穫が遅くなるとアクが発生しやすくなるため，早めに行なう
	◎収穫方法	・イモに傷がつかないよう，作業は優しくていねいに行なう ・掘り上げたイモは直射日光や風に当てないようにして，すみやかに冷暗所へ運ぶ
	◎貯蔵	・長期貯蔵する場合は，3℃前後の冷蔵庫で保管する。湿度は80～90%
	◎調製	・イモを水洗いし，ひげ根を取って出荷する

の感染源になるため、ていねいに除去し、殺菌剤で消毒を行ない、風乾する。

種に使用する切りイモは、輪切りで厚さ3cm以上、1個当たりの重さが100~120gを目安とする。清潔な刃物で、イモの3分の2くらいまで切れ目を入れ、手で左右に引っ張って切り離す。なお、切り口はできるだけ手でさわらないようにする。

切断後、切り口を少し乾燥させ、切断面に消石灰を付着させる。消石灰は、吸い込まないようマスクをして作業を行なう。

寒地では、切りイモの腐敗を防ぐため、切り口をコルク化し癒傷させる「キュアリング」を行なう。また、植え付け後の生育期間を確保するために、不定芽を萌芽させる、催芽を行なってから植え付ける。なお、催芽終了後は、不定芽を外の環境にならすため、植付け前の順化を行なう。キュアリング、催芽、順化の方法は表4を参照。

(2) 畑の準備

有効土層が1m以上と深く、土壌が均一で有機質に富み、排水が良好な畑を選定する。

植付けの7~10日前までに、ウネ幅100~120cmを目安に、トレンチャーで植え溝を深耕し、土を落ち着かせておく（図5）。植付け直前に深耕すると土の落ち着きが悪く、生育期間中に多量の降雨があると、植え溝の土が沈み、奇形イモの発生につながるので注意する。

よい形状のイモをつくるには、トレンチャー溝内の土壌を均一に砕土する必要があるので、深耕作業はゆっくりていねいに行なう。

元肥は深耕前に全面に散布し、十分に混和する（表5）。

(3) 植付けのやり方

植付け時期が早すぎると、萌芽後に晩霜の被害を受けやすい。地域により植付け適期が異なるが、地温が10℃以上になってから行なうことが望ましい。

図5　栽植様式（覆土後）

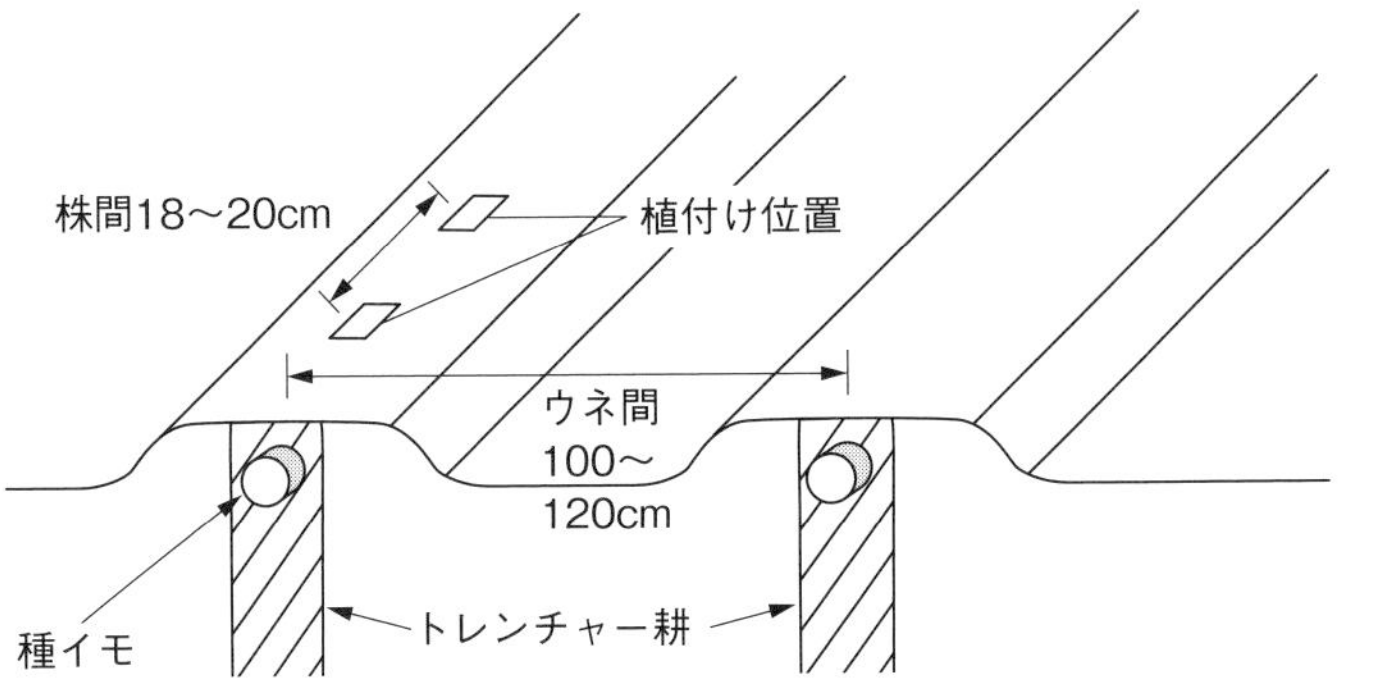

図6　植付け方（覆土後）

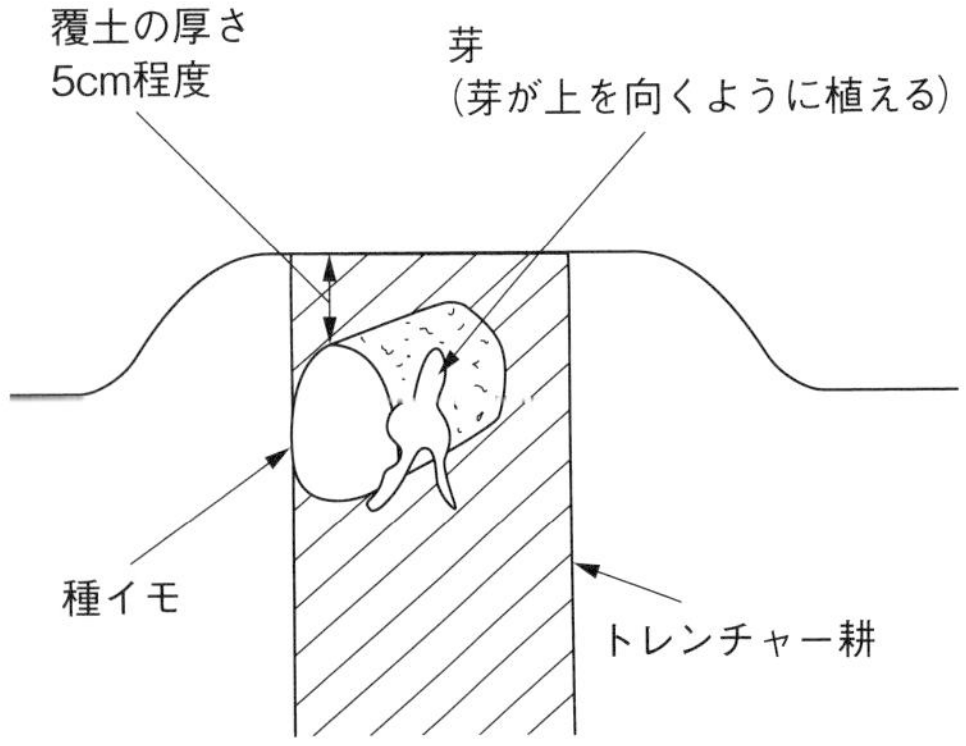

表5　施肥例　（単位：kg/10a）

	肥料名	施肥量	成分量		
			窒素	リン酸	カリ
元肥	完熟堆肥	2,000			
	苦土炭カル	100			
	重焼燐2号	30		11	
	硫加	10			5
	CDUS269	120	14	19	11
追肥	S444	30	4	1	4
施肥成分量			19	31	20

株間は18～20㎝を目安にする。深耕位置に種イモの深さが5㎝程度になるように溝を切り、芽が上に向くように位置を確認しながら、植え溝の真ん中にイモを置く（図6）。

覆土は5㎝程度とする。覆土が厚いと萌芽が遅れたり欠株になりやすく、浅いと芽が乾燥し傷んでしまう。また、覆土を乱暴に行なうと芽の位置がずれてしまうので、作業はていねいに行なう。

(4) 植付け後の管理

①マルチ張り

マルチは、低温年の初期生育促進に有効である。グリーンやダークグリーンのマルチを使用し、植付け後に敷設する。

ただし、高温年や茎葉の色が濃く生育が旺盛な場合は、内部品質の低下が心配される。そのときは、収穫直前までマルチを張っておく必要はなく、8月以降に除去する（寒地の場合）。

②支柱立て、ネット張り

イモを大きく肥大させるには、光合成が旺盛に行なわれるように、葉の受光面積を大きくする必要がある。そのため、支柱を用いた栽培が一般的に行なわれている。

支柱立ては、萌芽が始まる前に済ませておくことが望ましい。支柱は高いほどつるが伸び、1株当たりの受光量が増加するため、イモの肥大がよくなる。ただし、風で支柱が倒れやすくなるので、地上から2～2・5m程度の高さに立てる。

支柱を株ごとに立てると資材費がかさむため、5m以内の間隔で支柱を立て、これにネットを張る。ネットは、目の形状が正方形かひし形のものが主に使用されている。

正方形のネットは資材費がやや高いが、誘引しやすく、1株当たりの受光量も確保しやすいため、多収になる（図7）。

③つるの誘引

萌芽してつるが伸び、ネットに届くようになったら、誘引する。誘引が遅れると、つるが風にあおられて折れたりするので、早めに行なう。

誘引作業は、つるをネットに引っ掛けるが、つるが折れないよう、ていねいに行なう。支柱が倒れた場合もつるが切れないよう、つるに余裕を持たせて誘引するとよい。

1株から複数のつるが出ていると、つるの分だけイモができ、養分競合によって小さなイモになってしまう。そうした株を見つけたら、生育のよいつるを1本残し、他はかき取る。種イモを引き抜かないよう、株元を押さえながら、土の中でかき取るとよい。

④中耕・除草

雑草の発生初期に、中耕・除草を行なうことが大切である。中耕は、根を切らないよう浅めに行なう。雑草が大きくなってからの作業は効率が悪く、根も傷めやすくなり、養水分の吸収が順調に行なわれなくなるので、早めに行なう。

図7　萌芽の状況と正方形ネット（誘引後）

図8　生育の様子

除草剤を散布する場合は、ナガイモの茎葉にかからないよう注意する。また、除草剤の散布後は、除草効果を持続させるため、圃場内をむやみに歩かないようにする。

⑤追肥

ナガイモは、種イモから養分が供給されるので、生育初期は肥料の吸収が少ない。生育が進み、種イモの養分が消耗してから、養分吸収根から活発に土壌養分を吸収するようになる。したがって、追肥は、種イモの養分が消耗する時期（植付け後60日前後）から行なう。

図9　茎葉の黄化の様子

追肥は、草勢や葉色をよく観察して決定する（図8）。茎葉の繁茂が旺盛で側枝の発生が盛んだったり、葉色が濃緑色の場合は、追肥量を少なくするか中止する。

⑥陥没したウネの埋め戻し

急な豪雨や台風によって、ウネが陥没することがある。放置すると、その後の降雨で陥没した箇所に雨水が集まりやすくなり、奇形イモの発生につながるので、通路の土などですみやかに埋め戻す。

図10　収穫作業の様子

(5) 収穫

収穫は、茎葉が完全に黄変・枯死し、つるが容易に引き抜ける状態になってから行なう（図9）。また、畑が過湿だったり雨天のときの収穫は、貯蔵中の腐敗につながる恐れがあるので避ける。

イモの掘り上げは、幅の狭いスコップを

使って人力で行なうか、専用の掘取機を使用する。イモの先端の深さまで注意して土を取り除き、イモが傷つかないよう、イモの横からていねいに掘り上げる（図10）。

掘り取り時、イモについた土をこすりすぎると、傷イモの原因になるので注意する。

掘り上げたら直射日光や風に当てないようにして、すみやかに冷暗所に運び、イモの肌が変色するのを防ぐ。

掘り取り時に、腐敗していたり土壌病害に汚染していたイモや、小さなクズイモは、病害の拡大や野良生えの原因になるので、圃場外に持ち出して処分する。

4 病害虫防除

(1) 基本になる防除方法

病害虫は発生するが、収量に大きく影響するような地上部の病害虫は少ないので、適期防除に努める（表6）。

ただし、根腐病や褐色腐敗病などの土壌病害は、一度発生すると大きな被害を受ける。輪作を励行し、ナガイモの連作や根菜類との輪作を避けることが、一番の対策である。

(2) 農薬を使わない工夫

排水の良好な圃場を選定し、輪作体系を組み、窒素肥料が過剰にならないよう適正な施肥に努める。

5 経営的特徴

ナガイモは、安定生産ができれば、収益性の高い作物である（表7）。ただし、種イモ、支柱、深耕用のトレンチャーなど、種苗や生産資材、機械に経費がかかるので、無理のない規模での栽培が望ましい。

種イモを購入すると種苗費の負担が大きいので、種苗費低減のため、種イモを生産し増殖する方法もある。

表6　病害虫防除の方法

	病害虫名	防除法
病害	青かび病	・種イモに付着した土砂をていねいに除去する ・ベンレートT水和剤20，ベルクートフロアブル
	根腐病	・連作を避け，輪作を行なう。前作は根菜類の作付けを避ける ・ユニフォーム粒剤
	褐色腐敗病	・連作を避け，輪作を行なう。前作は根菜類の作付けを避ける ・ベンレートT水和剤20，フロンサイドSC
	葉渋病	・発生状況を見ながら防除を行なう ・トップジンM水和剤，ラビライト水和剤
害虫	アブラムシ類	・種イモ増殖を行なう場合は，ウイルス感染を防ぐため入念に防除を行なう ・アドマイヤー顆粒水和剤，トレボン乳剤，オルトラン水和剤，ウララDF
	ナガイモコガ	・発生状況を見ながら防除を行なう ・フェニックス顆粒水溶剤，コテツフロアブル

注）農薬は令和4（2022）年3月30日現在の登録による

表7　ナガイモ普通栽培の経営指標

項目	
収量（kg/10a）	3,000
単価（円/10a）	250
粗収入（円/10a）	750,000
経営費（円/10a）	593,000
肥料費	34,000
種苗費	200,000
農薬費	35,000
諸材料費	134,000
動力燃料費	15,000
賃料料金	175,000
農業所得（円/10a）	157,000
労働時間（時間/10a）	85.7

種イモを増殖する場合は、首部が短くて太りのよい、いわゆるとっくり形状のイモを選抜する。増殖圃場は収穫用の圃場と別にし、間隔も広くとる。さらに、ウイルスに感染しないよう防虫網の設置や、アブラムシ類の入念な防除、定期的なウイルス感染株の抜き取りを行ない、健全な種イモの生産に努める。それ以外は、収穫用に準じて栽培する。

（執筆：橋本和幸）

ヤマトイモの栽培

1 この作型の特徴と導入

(1) 栽培の特徴と導入の注意点

①ヤマトイモの特徴と系統

ここで紹介するヤマトイモは、扇形やバチ形、棒形をしたイモで、主に関東から東海地方で栽培されている、イチョウイモのことである。関西で栽培が多い、丸い形をしたツクネイモも関西ではヤマトイモと呼ばれ、遺伝的に近い関係にある。

ヤマトイモは、各産地で選抜されてきた系統によって、長さや形に違いがある。たとえば千葉県産の肉厚で短い系統や、群馬県産の長い系統などがある（図11）。

また、土壌や気象など栽培条件によって、形状や粘りなどの特徴に変化がある。種イモの導入にあたっては、その地域の土壌や気象条件に合った系統を選び、その中から目標になる形質を備えたものを選抜する。

②作型と栽培の特徴

作型は、5月ころに植え付けし、10月中下旬ころから新イモの収穫を始め、3月までに収穫を終える（図12）。収穫したイモを低温貯蔵することで、周年出荷が可能なので、市場相場は時期による変動が比較的小さい。

機械化体系は確立されているが、ナガイモのような一貫体系にはなっておらず、とくに収穫から出荷調製では手作業が多い。

(2) 他の野菜・作物との組合せ方

収穫期が重ならないのは、春夏ニンジンや春作ジャガイモである。また、サツマイモネコブセンチュウ被害を回避するためには、ラッカセイとの輪作がよい。

図11　産地や系統による形状の違い

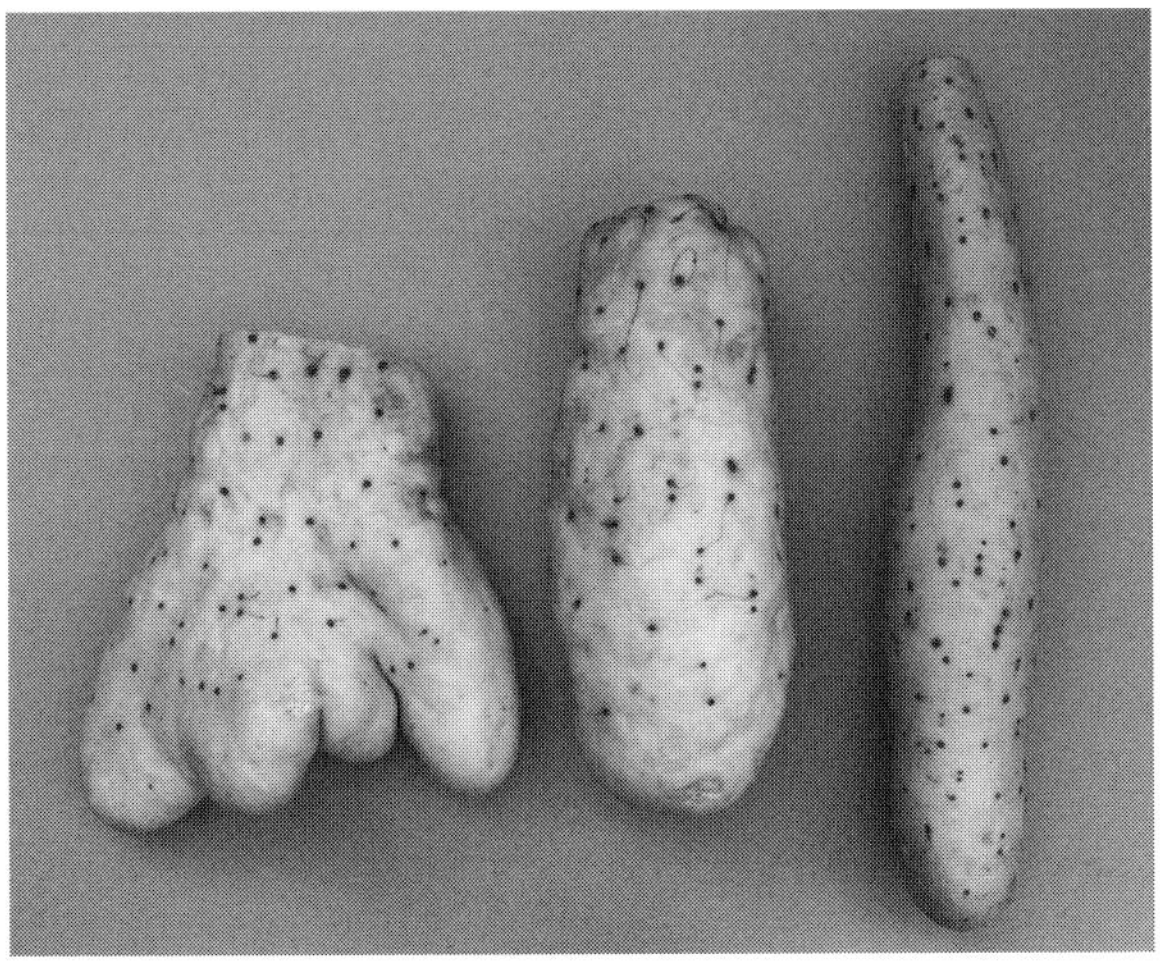

左2つ：千葉県産，右：群馬県産

図12　ヤマトイモの栽培　栽培暦例

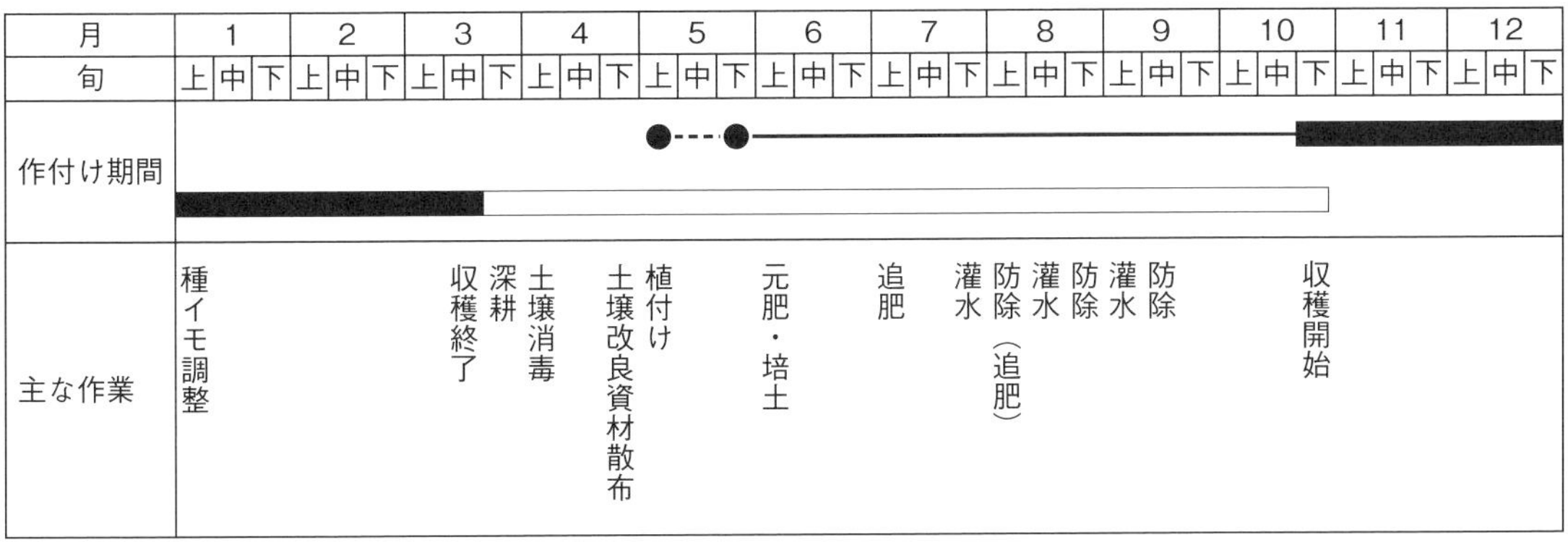

●：植付け，▬：収穫・出荷，□：貯蔵イモの出荷

2 栽培のおさえどころ

(1) どこで失敗しやすいか

①種イモの調整

種イモは、12月から1月の休眠期に分割しておかないと、不定芽が形成されにくい。

また、貯蔵中に切り口が腐敗し、青カビが発生することがある。切断した種イモは薬剤で消毒し、切り口をよく乾燥して低温貯蔵しておく。

②圃場の選定

新イモの先端部は非常にデリケートで、障害を受けやすい（図13）。作土層が浅く硬い土壌では短根や岐根になりやすいので、膨軟で排水性がよく、作土の深い圃場（40cm程度）を選定する。

③土壌病虫害

ヤマトイモはネコブセンチュウが寄生しやすい。また、連作によって褐色腐敗病などの被害が出やすくなる。

④肥料のやりすぎ

肥料が多すぎるとイモの形状が乱れる。とくに、生育後半に肥料が効きすぎると、先端が広がりやすく粘りも弱くなる。

⑤畑の乾燥

ヤマトイモは吸収根が浅く分布するため（図14参照）、畑の乾燥の影響を受けやすい。

イモの肥大期に土壌水分が少なくなると生育が一時停滞し、その部分がくびれになり、商品性が低下する（図15参照）。

(2) おいしくて安全につくるためのポイント

未熟なイモはアク（ポリフェノール）が多

図13　障害を受けた新イモの先端部

外的環境により障害を受けやすい

図14　ヤマトイモの育ち方

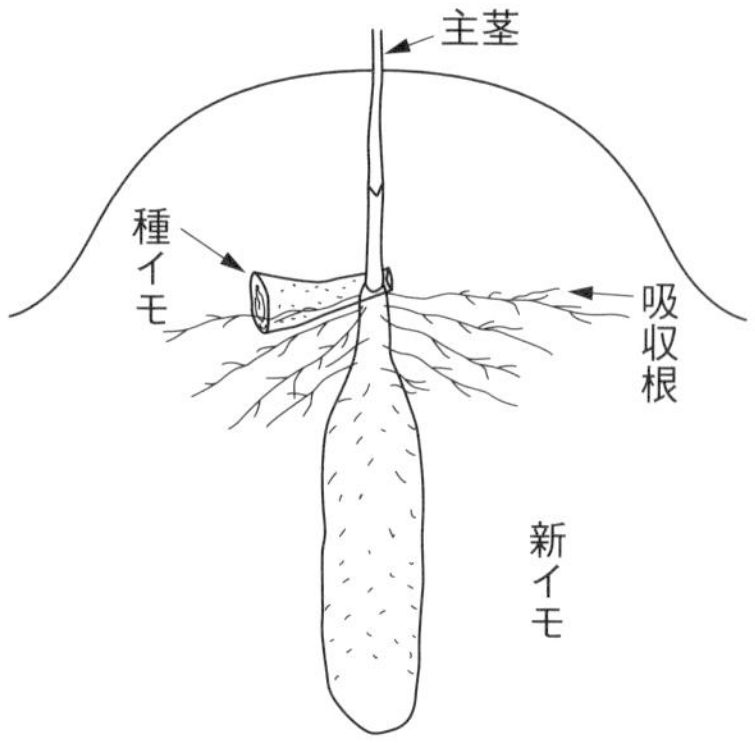

図15　ヤマトイモのくびれ

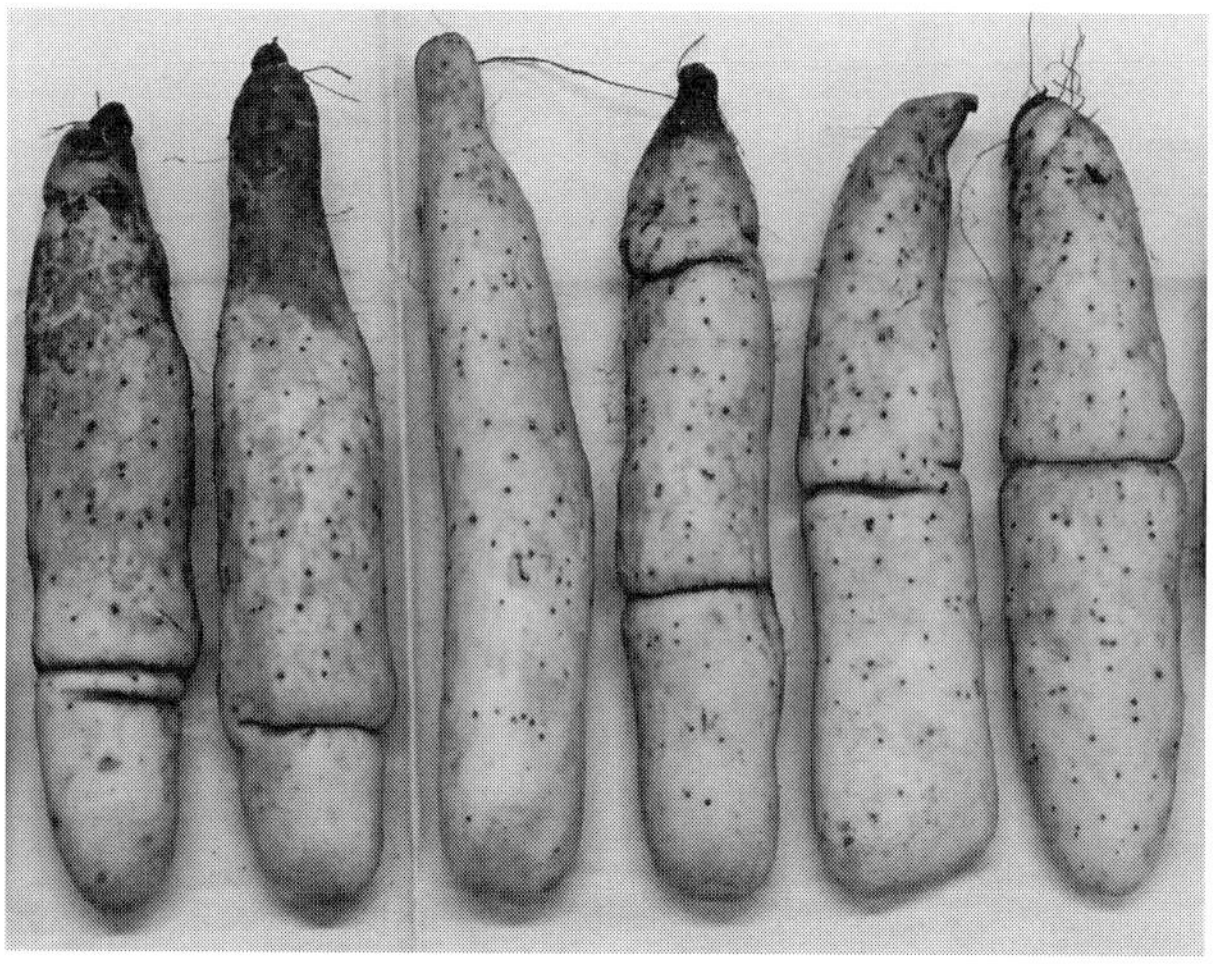

表8　ヤマトイモ登録品種の特性

品種名	育成者	イモの長さ	イモの幅	縦断面	横断面	首部の長さ	外皮色	肉色	変色性	粘度	成熟期	雌雄性
KHY-3C014	カネコ種苗	短	やや狭	狭三角形	楕円形	短	淡褐	白	弱	中	やや早	雌
ふさおうぎ	千葉県	短	—	扇形	—	かなり短	淡褐	白	弱	やや強	やや晩	雌
ぐんまとろりん	群馬県	中	かなり狭	長楕円	円形	かなり短	淡褐	クリーム	弱	中	やや早	雌

いので、すりおろすと酸化して茶色になることがある。アクは、イモの成熟にともなって少なくなる。つるが完全に枯れ上がってから掘り取るようにする。

減農薬のためには、病害虫が増える連作を避け、輪作体系をとる。また、水はけや通風のよい圃場を選択する。

(3) 品種の選び方

栄養繁殖性の作物であるため、種イモは形質をよく見きわめて選抜する。首の部分の断面が円形か楕円で、細すぎないイモを選ぶ。良品を出荷し、残った下級品を種イモとすることは避けたい。

登録品種は少ない（表8）。登録品種を利用するには、育成者と自家増殖の許諾が必要な場合がある。また、各産地で選抜された種イモの入手方法については、各団体へ問い合わせる。

3 栽培の手順

(1) 畑の準備

①深耕

ヤマトイモ畑の耕うんは、通常のロータリー耕では不十分である。耕盤がある場合はサブソイラーをかけ、深耕ロータリーで深耕する必要がある。また、膨軟性や排水性改善に堆肥の施用や緑肥栽培が有効だが、分解が不十分な場合、根部障害の原因となるので、早めにすき込み、複数回耕うんし分解を促す。

②土壌のくん蒸消毒

とくに連作圃場では、ネコブセンチュウ、褐色腐敗病、根腐病を防ぐため、土壌くん蒸剤を土壌に注入する。

薬剤の効果を上げるためには、適度な土壌水分（手で握った土がゆっくりと崩れる程度）で処理し、必ずポリフィルムなどで被覆する。

地温が10～15℃の場合、15～20日間の消毒期間をとった後、ガス抜きを行なう。

(2) 種イモの準備

①種イモの購入

種イモは、購入する場合、10ａ当たり500kg程度必要である。

ヤマトイモ生産者が、種苗会社や種イモ生産者、組合などから購入する場合、イモそのものを購入することが多く、それを、切断し消毒して用いる。なお、切断、消毒方法は自家採種の場合と同様に行なう。

②自家採種

種イモの選択　自家採種は、収穫したイモの中から、硬く充実し、線虫被害や病害がなく、形状のよいイモを選ぶ。平均で65ｇ程度の大きさの種イモを、10ａ当たり7000個準備するとなると、約450kgになる。首部や、変色している部分などがあれば切り分けるので、イモを500kg程度準備する必要がある。

なお、10ａ当たりの収穫量のおよそ5分の1は、種イモとして使用する量に相当するので、それを見込んだ面積に作付けするか、種イモ専用の圃場を用意する。

種イモの切断　選んだイモは、洗浄後、首部の頂芽を切除し、首部50ｇ、胴部60ｇ、尻部70ｇを目安に必ず表皮をつけて切断する（図16参照）。必要な種イモ数は、ウネ間、株間にもよるが、5500～7000個必要である。

なお、尻部ほど重くする理由は、表皮の面積を多くするためである。表皮には芽になる不定芽のもとがあるが、首部のほうに多く尻部には少ない。そのため、尻部の表皮面積を多くし、不定芽の数を確保するためである。

長い系統のヤマトイモは、出荷調製のときに、首の部分を残して種イモにすることもできる。

種イモ切りの適期は、休眠期の12～1月で、切断時期が遅れると不定芽が分化しにくくなる。

種イモの消毒と保管　種イモは薬剤で殺菌処理し、切り口を乾かした後、植付けまで冷蔵庫で保管する。なお、首部に近いほうの萌芽が早いので、切断時に部位別に分けておき部位別に植え付けると、圃場ごとの生育が揃いやすい。

③種イモの増殖

よい形質の種イモを計画的に確保するには、種イモ専用の圃場を設けるとよい。

硬く充実した種イモを得るためには、重い

表9　ヤマトイモ栽培のポイント

	栽培技術とポイント	技術内容
種イモの準備	◎優良種イモの選別	・種イモは，種イモ産地から購入するか，自家採種する ・自家採種の場合は，病害，線虫被害がなく，首の部分の厚みがあり，形状がよく，肉質の硬い充実したイモを選択する（100～250gのもの）
	◎休眠期の種イモ切断	・種イモは，洗浄後，首部の頂芽を切除し，首部50g，胴部60g，尻部70gを目安に切断する。種イモ切りの適期は，休眠期の12～1月である。切断時期が遅れると不定芽が分化しにくくなる ・首に近いほうが早く不定芽ができるので，部位別に分けておき部位別に植え付けると萌芽が揃う ・必要な種イモ片数は，ウネ間，株間によるが10a当たり5,500～7,000個
	◎種イモの殺菌，腐敗防止	・切った種イモをベンレートT水和剤20の100～200倍液に10分間浸漬し，その後十分に風乾してから石灰を紛衣する ・コンテナの中にポリ袋を広げ，種イモを詰めて袋の口を閉じて密閉した後，3～5℃の冷蔵庫で貯蔵する ・土中で貯蔵する場合は，病害虫の汚染がなく，5℃以下で湿度を保てる条件で滞水しない場所を選び，深さ50cmくらいに掘った穴に網袋に入れた種イモを並べ30cmほど土をかぶせる
植付け準備	◎圃場の選定	・作土層が浅く硬い土壌では，短根や岐根になりやすいので，排水性がよく，作土の深い圃場（40cm程度）を選定する ・前年，褐色腐敗病や根腐病，線虫の被害があった圃場では，栽培しない（連作する場合は土壌消毒剤を使用する） ・根群域の緻密度は，山中式硬度計で18mm以下，貫入式硬度計では10Kgf/㎠以下を目安とする。耕盤がある場合はサブソイラーをかけ，深耕ロータリーで深耕する
	◎土つくり	・前作に緑肥を栽培した場合は，よく腐熟させておく ・土壌診断を行ない塩基バランスを整える ・pHは5.5～6.5を目標とする ・堆肥と苦土石灰などの土壌改良資材は植付けの1カ月前までには施用しておく。堆肥は完熟したものを用いる（施用目安2t/10a）
植付け方法	◎萌芽揃え	・植付けの1週間前に種イモを冷蔵庫から出しておく。ポリ袋の口は閉じたままにし，種イモを乾燥させないようにする ・植付け機を用いて，ウネ間70～75cm，株間18～25cmに種イモを落としていき，培土板で5cm程度覆土する
	◎適期の植付け	・定植適期は5月上旬～下旬 ・植付け作業が遅れると不定芽の伸長が始まり，植付け時の損傷が大きくなる
植付け後の管理	◎元肥と培土	・元肥は6月上旬ころに，全面またはウネ間に散布し，培土する ・培土後の種イモの深さは15cmを目安にする
	◎除草剤散布	・つるが伸びる前までに除草剤を散布する
	◎灌水	・土壌水分の乾湿差が大きくなりすぎると，横スジなどの生理障害につながるので，梅雨明け以降，土壌が乾燥してきたら，1回当たり20mmを目安に，7日おきくらいにスプリンクラーなどで灌水する
	◎適期の追肥	・7月上旬から8月中旬までに施用する。追肥の遅れや窒素過剰は，平イモの増加や成熟の遅れにつながる
収穫	◎収穫	・茎葉が完全に枯れてから収穫する ・未成熟のイモは先端部が黄色く尖っていて，すりおろすと茶褐色に変色する（ポリフェノール類の影響） ・成熟したイモは土中で越冬できるが，地温が上がってくる3月下旬になると細根が再生し始めるので，3月中旬までに計画的に収穫を終えるようにする ・イモに傷をつけないように収穫する。また，収穫後も乾燥しないようにコンテナの中にポリ袋を広げ，土付きのままイモをそっと入れて，袋の口を閉じて密閉する
	◎冷蔵貯蔵	・貯蔵は，コンテナのまま温度3～5℃の冷蔵庫で行なう
	◎出荷	・市場出荷の場合は，高圧洗浄機で土を落とし，首部を切り，真空パック包装したイモを規格ごとに箱詰めする

沖積土壌で栽培する。洪積土壌では、密植して肥大を抑え、小ぶりのイモになるように栽培する。

基本的な栽培方法は、食用と同じであるが、前述したように密植にする。また、土壌診断を行ない、肥料が残っている圃場では肥大を抑えるため施肥を控える。

図16　種イモの分割方法

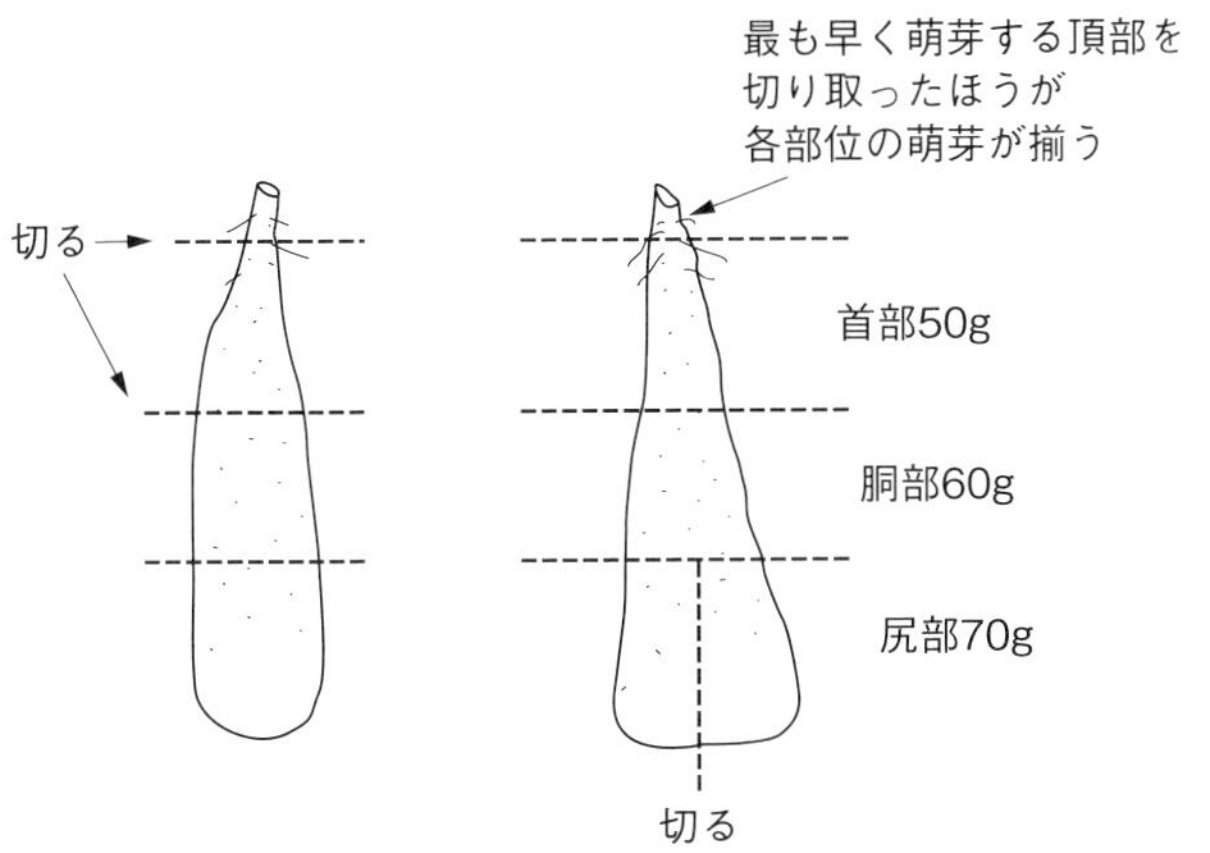

(3) 植付けのやり方

植付け適期は、5月上旬～下旬である。植付けの1週間前に、種イモを冷蔵庫から出しておく。

種イモは、ウネ間70～75cm、株間18～25cmに植え付ける（図17）。浅い溝を切り、種イモを溝に置いた後、5cm程度覆土する。乾燥しやすい圃場ではやや深めにする。大規模に栽培する場合は、専用の植付け機（図18）を用いる。

図17　ヤマトイモの植付け，培土の方法

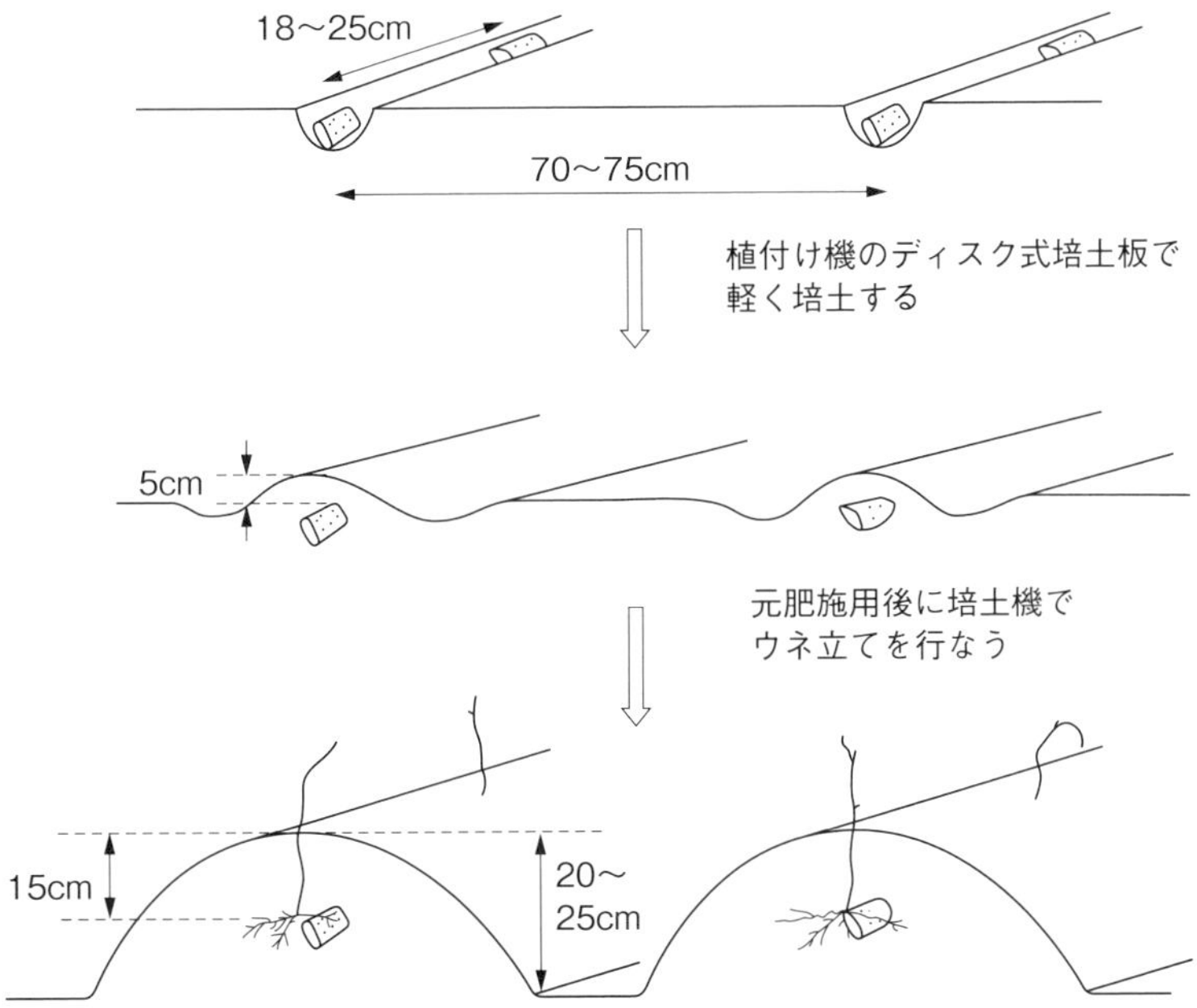

(4) 植付け後の管理

①元肥の施用と培土

生育初期のヤマトイモは種イモの養分で育つので、肥料を多く必要としないが、つるが1mをすぎると種イモの養分は消耗する。

元肥は、茎葉の生育が旺盛になる前に肥効が現われるよう、緩効性の肥料を施用する（表10、図19参照）。施肥時期は、たとえば5月中旬に植えた場合は、5月下旬～6月上旬になる。

施肥後は、管理機で10cm程度培土する（図20参照）。このとき、種イモの上部から地表面までは15cmが目安で、浅いとイモが大きくなるが形状が暴れやすく、深いと小ぶりになりやすい。

②除草剤の散布

土壌が乾燥しているときは除草剤の効果が低下するので、降雨後に散布する。除草剤によって効果のある雑草の種類が異なるので注意する。

③追肥と灌水

7月上旬から8月上旬までは、茎葉が盛んに生育する。この時期に肥料を切らさないよう、元肥施用から約1カ月後の7月上旬に、窒素成分で10a当たり5kg程度の追肥を、ウネ間に施す（表10参照）。

新しいイモは、7月下旬から肥大を始め、8月上旬から徐々に大きくなる。8月中旬～9月上旬はイモの肥大が最も盛んな時期で、形もこの時期に決まる（図21）。

1回目の追肥から1カ月後に2回目の追肥を行なうが、草勢や葉色を見ながら追肥量を加減する。タイミングが遅すぎたり、量が多

図18　トラクター牽引式植付け機（フジシタ社）

表10　施肥例　（単位：kg/10a）

	肥料名	施肥量	成分量		
			窒素	リン酸	カリ
土つくり	堆肥 苦土石灰 BMようりん	2,000 40 60		 20	
元肥	エコレット808	160	12.8	16	12.8
追肥 1回目 （2回目）	 NKマイルド028 NKマイルド028	 60 40	 6 4	 1.2 1.2	 4.8 4.8
施肥成分量			22.8	30	20.8

注1）火山灰土壌での施肥例
注2）2回目の追肥は，草勢や葉色を見ながら加減する

図20　培土後の圃場

図19　自走式肥料散布機による施肥

図21　伸長・肥大している新イモ（9月）

図22　スプリンクラーによる灌水

図23　リフタープラウによる収穫作業

図24　収穫したヤマトイモ

いとイモの形が乱れるので注意する。

梅雨明けから茎葉の生育促進のため、スプリンクラーなどで灌水を行なう（図22）。クビレの発生を抑えるため、土壌の乾湿の差が大きくならないよう、灌水の間隔は7日程度を目安に、秋雨前まで灌水する。

(5) 収穫

つるが枯れ上がってから収穫する。新イモの先端部分が、やや黄色く尖っているものは未熟である。枯れたつるを集めて処分した後、ヤマトイモ用のリフタープラウや振動式の収穫機で掘り上げる（図23）。

掘り上げた新イモは、乾燥しないよう、大きめのポリ袋を入れたコンテナにていねいに詰めていく（図24）。貯蔵する場合は、ポリ袋の口を閉じ、3～5℃の貯蔵庫で保管する。

3月下旬ころになると、新イモ表面から細根が再生してくるので、それまでに収穫を終えるよう、計画的に作業を進める。

10～11月に収穫したイモの首の部分は種イモには適さない

表11　病害虫・雑草防除の方法

	病害虫名	耕種的防除	薬剤防除
病気	褐色腐敗病	・輪作 ・種イモの選別 ・排水改善 ・残渣の持ち出し	植付け前に種イモ処理 ベンレートＴ水和剤20・100～200倍 10分浸漬後に陰干し 発病畑の土壌消毒 クロルピクリン80％剤 1穴当たり2～3mℓ 30×30cmごとの深さ約15cmの位置に所定量を注入し，ただちに覆土し，ポリエチレン，ビニールなどで被覆する ディ・トラペックス油剤 所定量を深さ約12～15cmに注入し，ただちに覆土・鎮圧する 薬剤処理7～14日後にガス抜き作業を行なう 植付け21日前まで
	根腐病	・輪作 ・種イモの選別 ・排水改善 ・pHを6以上にする ・未熟な堆肥を用いない ・残渣の持ち出し	植付け前に種イモ処理 ベンレートＴ水和剤20・20倍 2秒間浸漬後に陰干し 発病畑の土壌消毒 クロルピクリン80％剤 1穴当たり2～3mℓ 30×30cmごとに深さ約15cmの位置に所定量を注入し，ただちに覆土し，ポリエチレン，ビニールなどで被覆する
	青かび病	・種イモ調整後の風乾	植付け前に種イモ処理 ベンレートＴ水和剤20・100～200倍 10分浸漬後に陰干し，または種イモ重量の0.3～0.5% 種イモ紛衣
	葉渋病	・高ウネにして多湿を避ける ・過灌水を避ける ・風通しのよい圃場の選択 ・残渣の持ち出し	生育中に散布 Ｚボルドー 500倍 ダコニール1000・1,000倍 収穫30日前まで 6回以内 ジマンダイセン水和剤 400～600倍 収穫21日前まで 4回以内 ラビライト水和剤 400倍 収穫14日前まで 4回以内 フロンサイド水和剤 2,000倍 収穫7日前まで 4回以内 無人航空機による散布 ベルクートフロアブル 12倍 3ℓ/10a 収穫7日前まで 3回以内 アミスター20フロアブル 32倍 3.2ℓ/10a 収穫前日まで 3回以内 メジャーフロアブル 20倍 1.6ℓ/10a（または40倍 3.2ℓ/10a）収穫前日まで 3回以内
	炭疽病	・高ウネにして多湿を避ける ・過灌水を避ける ・風通しのよい圃場の選択 ・肥料切れを避ける ・残渣の持ち出し	生育中に散布 Ｚボルドー 500倍 ダコニール1000・1,000倍 収穫30日前まで 6回以内 ジマンダイセン水和剤 400～600倍 収穫21日前まで 4回以内 ラビライト水和剤 400倍 収穫14日前まで 4回以内 無人航空機による散布 トップジンＭゾル 5倍 3ℓ/10a 収穫7日前まで5回以内 メジャーフロアブル 20倍 1.6ℓ/10a（または40倍 3.2ℓ/10a）収穫前日まで 3回以内

（つづく）

	病害虫名	耕種的防除	薬剤防除
害虫	ネコブセンチュウ	・対抗植物などの作付けにより連作しない ・種イモの選別	植付け前 D-D 剤 15～20ℓ/10a（1穴当たり1.5～2mℓ）作付けの10～15日前まで全面処理または作条処理 ネマトリンエース粒剤 20kg/10a　全面土壌混和 ビーラム粒剤 20kg/10a　全面土壌混和
	ハダニ類	・灌水	生育中 コロマイト乳剤1,000倍 収穫7日前まで 2回以内 マイトコーネフロアブル 1,000倍 収穫3日前まで1回 ダニサラバフロアブル 1,000倍 収穫前日まで 2回以内
	アブラムシ類	・通風しのよい圃場の選択	生育中に散布 トレボン乳剤1,000倍 収穫14日前まで 3回以内 モスピラン顆粒水溶剤 4,000倍 収穫7日前まで 3回以内 無人航空機による散布 アドマイヤー顆粒水和剤160倍 3.2～4ℓ/10aまたは400倍 4～12ℓ/10a 収穫14日前まで2回以内 ベネビアOD 40倍 1～3ℓ/10a 収穫7日前まで 3回以内
	ハスモンヨトウ ヤマイモコガ	・通風しのよい圃場の選択	生育中に散布 トレボン乳剤1000倍 収穫14日前まで 3回以内 マブリック水和剤20・2,000～4,000倍 収穫7日前まで2回以内 無人航空機による散布（ハスモンヨトウ） ベネビアOD 40倍 1～3ℓ/10a 収穫7日前まで3回以内
雑草	一年生雑草 （イネ科，カヤツリグサ科）	・培土 ・イナワラマルチ	コダールS水和剤 225～300g/10a 100ℓ/10a 1回 デュアールゴールド 70～130mℓ/10a 100ℓ/10a 1回 植付け後萌芽前（雑草発生前）全面土壌散布
	一年生雑草（広葉）	・培土 ・イナワラマルチ	ロロックス 100～200g/10a 70～150ℓ/10a 2回以内 植付け直後に全面土壌散布または生育期（ただし，収穫60日前まで）（雑草発生前～発生揃期）ウネ間土壌散布

が、12月以降に収穫したイモは、出荷のときに切り取った首部分を種イモとして用いることができる。

　市場出荷の場合、洗浄後に真空包装したものが流通しているが、直売の場合は泥付きでの販売もできる。

4 病害虫防除

(1) 基本になる防除方法

　茎葉に、葉渋病、炭疽病が発生する。葉渋病は、葉の表に黄色の斑点と、白い粉が発生するのが特徴である。炭疽病は、初期に葉に褐色の斑点を生じ、症状が進むと落葉し、茎にも褐色のへこんだ病斑が生じる。これらの病気への対応は薬剤散布である。

　イモには、褐色腐敗病や根腐病が発生する。褐色腐敗病は、イモの胴部や尻部の表面に褐色の病斑をつくり腐敗するが、地上部には異常が見られない。根腐病は、茎の地際部やイモの首部に褐色の斑点が生じ、症状が進行するとつるが枯れる。

　最も被害の大きな害虫はネコブセンチュウ

である。線虫密度が低い場合は、イモの先端部分に小さなコブが見える程度だが、密度が高い圃場では、新イモ全体にコブが広がり、寄生部分から腐敗する。

これらの病害虫は、植付け後の対処は不可能で、種イモの選別と作付け前の土壌消毒で防ぐ。

このほかにも、特定の病原菌が原因ではない、さまざまな根部障害が見られる。原因が究明できていない障害も多いが、表皮に褐色のあざや亀裂が生じる原因の一つは、未熟な堆肥や鶏糞に新イモが触れたためと考えられている。

(2) 農薬を使わない工夫

土壌病害やネコブセンチュウ被害を防ぐためには、輪作が必要である。しかし、ネコブセンチュウは他の根菜類にも寄生するため、落花生や対抗植物の緑肥などと組み合わせる。

5 経営的特徴

植付けから収穫・調製までの作業は機械化されているが、ヤマトイモは非常に傷がつきやすいため、1株ずつ手作業で確認しながらていねいに収穫・調製作業を行なう必要がある。そのため労力がかかり、10a当たりの労働時間は、140時間程度である。1人の労力で1haが標準的な規模である。

低温貯蔵庫を導入すれば周年出荷も可能なので、年間の労力配分が容易にできる。一方で、大型機械や貯蔵庫などの固定費が多くかかるので、作柄の良し悪しによって収益の差が大きくなる。

市場出荷で、3・2haを労働力3人で栽培する場合の経営指標を表12のようになる。出荷量は10a当たり1・2t、粗収入は60万円、所得率は30%前後である。

（執筆：引地睦子）

表12 ヤマトイモ栽培（市場出荷）の経営指標

項目	
出荷量（kg/10a）	1,200
単価（円/kg）	500
粗収入（円/10a）	600,000
経営費（円/10a）	396,113
種苗費	0
肥料費	34,772
薬剤費	31,683
農機具費	57,838
施設費	47,281
光熱動力費	52,158
出荷用資材費	56,520
出荷経費	56,780
農業共済掛金	10,267
賃借料	20,000
水利費	8,300
租税公課	6,522
雇用費	0
雑費	13,992
農業所得（円/10a）	203,887
労働時間（時間/10a）	139

注）栽培規模320a，市場出荷。家族労働力3人。種イモは自家採取。真空パック機は共同利用

ジネンジョ

表1　ジネンジョの作型，特徴と栽培のポイント

主な作型と適地

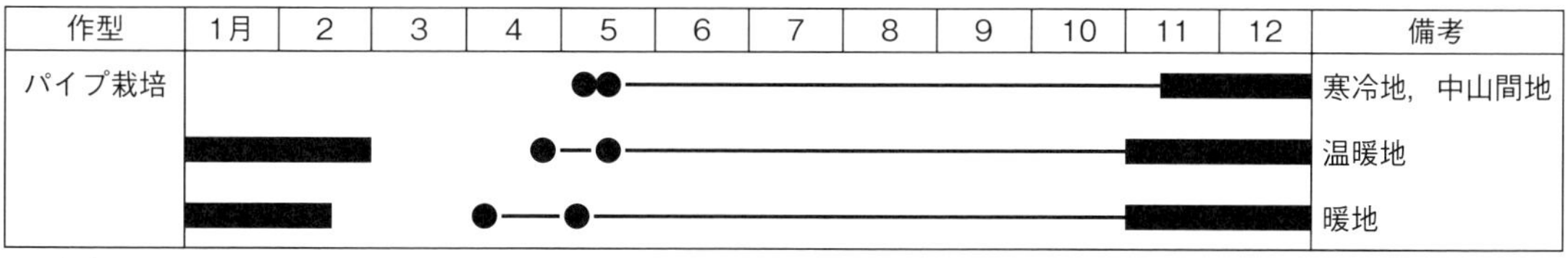

●：植付け，■：収穫

特徴	名称	ジネンジョ，自然薯（ヤマノイモ科ヤマノイモ属），別名：ジネンジョウ
	原産地・分布	日本（本州の東北南部以南），四国，九州）
	栄養・機能性成分	アミラーゼ（消化酵素），ジオスゲニン，アラトニンを含む。滋養，強壮，整腸作用，血糖値コントロール
生理・生態的特徴	温度への反応	催芽適温20～25℃，生育適温17～27℃程度
	光への反応，雌雄性	短日で開花。9月ころからムカゴが肥大。雄雌異株で品種・系統により異なる。雌株は種子を多数着生する
	土壌適応性	有機質に富み，排水良好地が適する。地下水位60cm以下。圃場の土質は選ばない。浅根で，高温，乾燥を嫌う
	葉の特性	葉身基部は緑色，葉は細長く，葉先は尖る
	食用部位	イモは担根体と呼ばれ，根から茎への移行部分が肥大生長したもの。ムカゴは腋芽が変形したもの
	休眠	数カ月程度休眠
栽培のポイント	主な病害虫	ウイルス病，青かび病，炭疽病，ネコブセンチュウ，ハダニ類
	他の作物，野菜との組合せ	ネコブセチュウの対策をすれば連作も可能 前作にネコブセンチュウを減らすイネ科作物，深根性のダイコンなどを組み合わせるとよい 周辺圃場への他のヤマノイモ属作物の作付けは避ける

この野菜の特徴と利用

(1) 野菜としての特徴と利用

①採取と栽培

ジネンジョ（自然薯）は、ヤマノイモ科ヤマノイモ属の、日本原産の多年生のつる性植物である。ヤマノイモの名のとおり、山野に自生するイモを採取し、古くから食用として利用されてきた。

山菜としての利用は古いが、圃場での栽培の歴史は浅い。栽培容器を用いた栽培法が1970年代に開発され、技術の研究・普及が進み、全国各地で栽培されるようになった。

ジネンジョは地域特産品として、直売所、イベント、通信販売のほか、ジネンジョ料理店などへの契約販売などがされており、販売方法は多様である。一方、市場流通はほとんどない。

②利用と栄養・機能性

食用部位はイモとムカゴで、イモは担根体と呼ばれ、根と茎の中間の特性を示す。ムカゴは、葉の腋部に着生する、茎葉が変形したものである。

イモは、デンプン消化酵素のアミラーゼを多く含む。ナガイモとともに漢方薬の「山薬」の原材料である。山薬は、滋養、強壮、止瀉《ししゃ》（下痢を止めること）、食欲不振、疲労回復などに効果があるとされる。脂質蓄積抑制効果があるジオスゲニン、抗炎症作用のあるアラトニンも含まれる。

サツマイモ、ジャガイモなどとは異なり、生で食すことができる。ジネンジョは、他のヤマノイモ属作物に比べて増粘多糖類を多く含み、とろろにしたときの粘りがとても強く、きめ細かいことが特徴である。

(2) 生理・生態的な特徴と適地

ジネンジョは、植栽10年未満の杉林のような、日差しが入り、株元の地温が上がりにくく、排水のよいところに自生し、光を求めてつるを伸ばす。栽培する場合も、有機質に富み、排水良好で、土壌が乾燥しにくい環境が適している。

栽培容器を用いた栽培では、圃場の土質による影響は小さい。しかし、栽培容器内の土は、品質・外観に直接影響し、排水性が悪いと障害によってイモ内部が変色する。

ジネンジョは、春に種イモから萌芽し、種イモの養分を使って、1年で新イモをつくる。新イモの大きさは、種イモの重さの影響

図1　ジネンジョとナガイモの葉の比較

	ジネンジョ	ナガイモ
	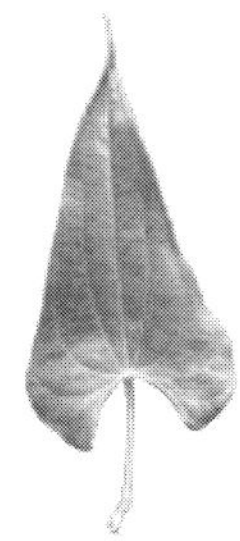	
大きさ	中〜小	大〜中
形状	細長い（長卵形〜尖頭形）	くびれがある（心臓形）
葉色	濃緑色	淡緑色
葉脚部（葉身基部）のアントシアン	着色なし	着色あり

注）一般的な特性を示した。品種・系統により，葉の形，葉色の程度は異なる

を受ける。

短日条件によって、8月中旬以降に開花する。雌雄異株のため、用いる品種・系統によって雌雄性は異なる。雌株は冬に種子を飛ばし、翌年圃場周辺に実生を生じる。

(3) ジネンジョと他のヤマノイモ属との違い

ジネンジョは国内各地に自生しており、これらをもとに産地に適した優良な株が独自に選抜され、品種や系統として利用されている。広域に普及する品種はほとんどない。自生する株は、形状、粘り、肥大性などの特性は多様である。

ジネンジョとともに、中国原産のナガイモが同一地域内に自生していることがあり、混同しないよう注意が必要である。

ジネンジョの葉の形状は細長く、濃緑色のものが多い。一方、ナガイモは淡緑色で葉が大きく、くびれがある（図1）。ジネンジョの葉身の基部は緑色であるのに対して、ナガイモは葉身の基部にアントシアンの赤の着色が見られる。

（執筆：鈴木健司）

パイプ栽培

1 この作型の特徴と導入

(1) 野菜としての特徴と利用

栽培容器（栽培パイプ）を地中に埋設して栽培する。大型機械を使用しないでも栽培可能で、植付け作業が容易で収穫の期間が長いため、労力負担が少なく、高齢者でも栽培可能な品目である。

直売、宅配便などを中心に、高単価で販売できる一方、市場販売はほとんどない。そのため、売り先を決めてから、栽培の計画を立てる。

(2) 他の野菜・作物との組合せ方

栽培パイプを用いて栽培するので、連作障害等の発生が少ない。ただし、圃場に有機質資材を投入して地力、排水性を高めるとともに、土壌消毒を実施することが必要である。また、ネコブセンチュウの被害を受けやすいため、前作で被害が認められるなど、発生のリスクがあっても土壌消毒が行なえない場合は、連作を避ける。

ネコブセンチュウを増やさない輪作作物には、イネ科作物などが適する。

2 栽培のおさえどころ

(1) どこで失敗しやすいか

①圃場条件

イモは1m以上に伸びるので、地下水位が高い圃場や、排水の悪い圃場は、イモの腐敗や形状不良の原因になる。

②催芽の失敗

種イモ分割後や消毒後の切り口乾燥の不足、用土や資材の水分過多、温度管理の不適などによって、種イモを腐敗させる場合がある。とくに、青かび病に注意が必要である。

図2　ジネンジョのパイプ栽培　栽培暦例

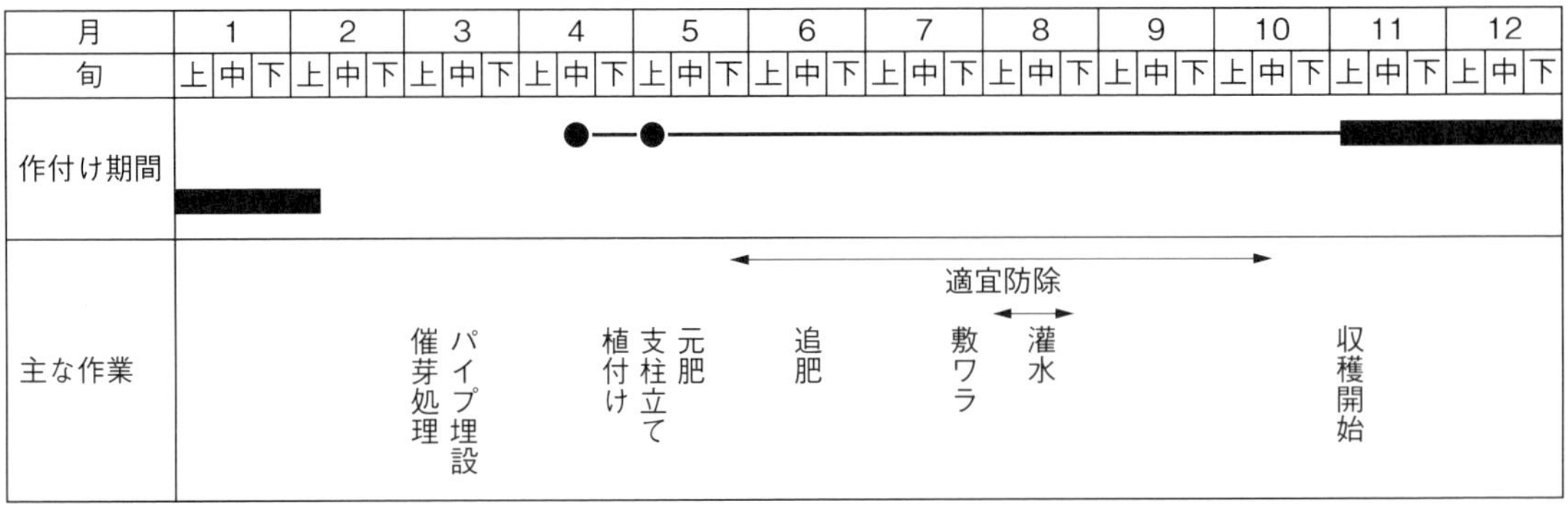

●：植付け，■：収穫

表2　パイプ栽培のポイント

	技術目標とポイント	技術内容
植付け準備	◎栽培パイプの準備	・栽培パイプ（半割した塩ビ管や雨樋など：直径約7cm，長さ130cm程度）またはクレバーパイプ（政田自然農園（株））を用いる。繰り返し使用する場合は，よく洗浄してから使用する ・栽培パイプの中に，病気菌に侵されていない，フルイにかけた赤土を，無肥料で詰める
	◎圃場の選定と準備	・連作する場合は，線虫対策のための土壌消毒を行なう ・排水のよい圃場（地下水位60cm以下）を選定する。転換畑など排水不良の圃場は，周囲に明渠をつくる
	◎施肥	・緩効性肥料を中心に，7割を元肥に，3割を追肥として生育に応じて施用する。ロングタイプの肥料を用いることで，元肥のみでも栽培が可能 ・元肥はベッドの肩部に，植付け後に施用する
	◎栽培パイプの埋設とウネつくり	・栽培パイプはウネ幅160～180cm，株間25～30cmを目安に角度15～20°でウネの中央部に埋設する。埋設本数2,200本/10a程度 ・植え溝の深さは，畑で30～40cm，転換畑で20～30cmとする。転換畑では高ウネにする ・埋設したら，パイプの頂部に植付け位置の目安（案内棒）を挿し，覆土する
種イモの準備	◎種イモの準備 ・種イモの選定と大きさ	・種イモは健全なイモを選び，1個80～100gに分割する。ウイルスフリーイモの場合は1個50gを目安にする
	・種イモの分割と消毒	・作業は切り口がよく乾くように，晴天日に行なう。分割後，切り口を乾かしてから，ベンレートT水和剤に浸漬処理する
	◎催芽処理	・わずかに湿らせたパーライトや砂などを詰めた容器に種イモを伏せ込む。25℃程度に保温し，催芽を行なう。催芽は植付け30～40日前に開始する。芽が10cm程度伸びたら順次圃場に植え付ける
植付け方法	◎植付け位置	・案内棒を目印に，芽を1本に間引き，発芽点をパイプの中央に合わせ，パイプ上端から10～15cm上の位置に植える
	◎吸収根の扱い	・芽，根（吸収根）が傷まないように注意し，吸収根はパイプの中へ入らないように広げる。植えたら5cm程度覆土する
植付け後の管理	◎支柱立て	・アーチ型のパイプを用いて支柱を立て，キュウリネット（目合18cm程度）をフェンス状に展張する ・ウネの方向は台風などの強風の方向を考慮して決める
	◎除草と敷ワラ	・梅雨明け後に，雑草防止と乾燥防止を兼ねて，敷ワラか遮光ネット（遮光率90%程度）を用いて全面をマルチする
	◎灌水	・梅雨明け後乾燥が続く場合は，栽培パイプ内に水が入らないように灌水する
	◎病害虫防除	・炭疽病，ハダニ類に注意し，薬剤を用いて早期に防除する
収穫	◎適期収穫	・早掘りはイモの充実が悪く，アクが出やすい。粘り，味，香りが充実する，落葉が始まる時期から収穫する
	◎種イモの確保と貯蔵	・種イモには病害虫がなく，外観，内容品質のよいイモを選んで，0～5℃程度で貯蔵。イモが乾かないように留意する

③病害虫

炭疽病が著しい場合は、株が枯死する。ネコブセンチュウの寄生ではイモのコブ症状、ウイルス病では生育やイモ肥大の不良を生じる。いずれも著しい場合は、壊滅的な被害を受けることがあるので、適切に防除する。

④強風被害

台風などの強風に遭遇すると、支柱が倒伏し、つるが切れる、イモが持ち上がるなどの被害が発生する。風向きを考慮し、風に強いアーチ型の支柱を用いる。

(2) おいしくて安全につくるためのポイント

①種イモの選定

イモの粘り、食感、香りは、栽培する種イモの素性に大きく影響を受ける。とくに、自生するイモは、株による品質のばらつきが大きい。特性の優れた株を種イモに使用する。

②栽培容器のパイプに詰める土

直接イモに接触する栽培パイプ内の土は、イモの外観、香り、肉質に直接的に影響する。きめ細かく、適度な排水性のある、フルイにかけた赤土などを用いる。

③施肥量

ジネンジョは、本来、地表に積もった腐葉土の限られた養分で育っているため、肥料の効きめは顕著である。そのため、施肥量が多いとイモは大きくなるが、一方で粘りがゆるくなり、香りが低下する。目標のイモの大きさになるように、施肥量を加減する。

(3) 品種の選び方

ジネンジョはとろろの強い粘り、滑らかな食感、独特の風味が特徴である。

自生の株は粘り、食味、色、形状の揃いにばらつきがある。自生株を用いる場合は、食味や形状が優れたイモを種イモに用いる。

各地でジネンジョの優良系統が選抜され、品種登録されているが、全国的に広く普及している登録品種はない。地域に適した優良な系統・品種を用いる。種イモを入手する場合は、信頼できるところから購入する。

3 栽培の手順

(1) 植付け準備

①栽培パイプの準備

栽培パイプには、クレバーパイプ（政田自然農園（株））、または半割した塩ビ管や雨樋など（直径７cm程度、長さ１３０cm程度）を用いる。

栽培パイプを繰り返し使用する場合は、よく洗浄してから使用する。栽培パイプの中には、病原菌に侵されていない、無肥料のフルイにかけた赤土を詰める。

②圃場の選定と準備

排水のよい圃場を選定する。転換畑など、地下水位が高い圃場は、周囲に明渠を施す。

連作する場合は、病害虫の発生源になる、前作の落ち葉やムカゴ、掘り残しのイモはあらかじめ除去し、ネコブセンチュウ対策のために土壌消毒を行なう。

③施肥

ジネンジョは、「(2) おいしくて安全につくるためのポイント」の項で述べたように、施肥量が多いとイモは大きくなるが、粘りがゆるくなり、香りが低下する。施肥量は、目標の大きさになるよう、表3の施肥例を参考に加減する。

栽培パイプ内に肥料分が流れ込むと、イモの形状が不良になる場合があるので、肥料はベッドの肩部へ施用する。

④栽培パイプの埋設とウネつくり

排水性を考慮し、傾斜地では斜面と平行な方向のウネとする。

栽植間隔は、ウネ幅160～180cmにする。ウネの中央部に、幅20cm程度で、畑では深さ30～40cm、転換畑では深さ20～30cmの溝を掘り、栽培パイプを角度15～20度、株間25～30cmの間隔で埋設する（図3）。なお、転換畑の場合は高ウネにする。

パイプの上端部の受け口に、目印の案内棒を立てた後、10～15cm覆土する。10a当たり2200株程度になる。

(2) 種イモの準備

①種イモの準備

種イモは健全なイモを選ぶ。ウイルス病の感染イモは、生育・肥大が劣り、腐敗しやすい。罹病した種イモの栽培を繰り返すと、ウ

表3　施肥例（ウイルスフリー株の場合）

（単位：kg/10a）

	肥料名	施肥量	成分量		
			窒素	リン酸	カリ
元肥	もみ殻入り牛糞堆肥	1,000	3.0	10.0	14.0
	落花生化成	75	3.8	11.3	7.5
	コシヒカリ化成15	75	7.5	19.5	12.0
追肥	落花生化成	25	1.3	3.8	2.5
	コシヒカリ化成15	25	2.5	6.5	4.0
施肥成分量			18.1	51.1	40.0

図3　栽培パイプの埋設と種イモの植付け方

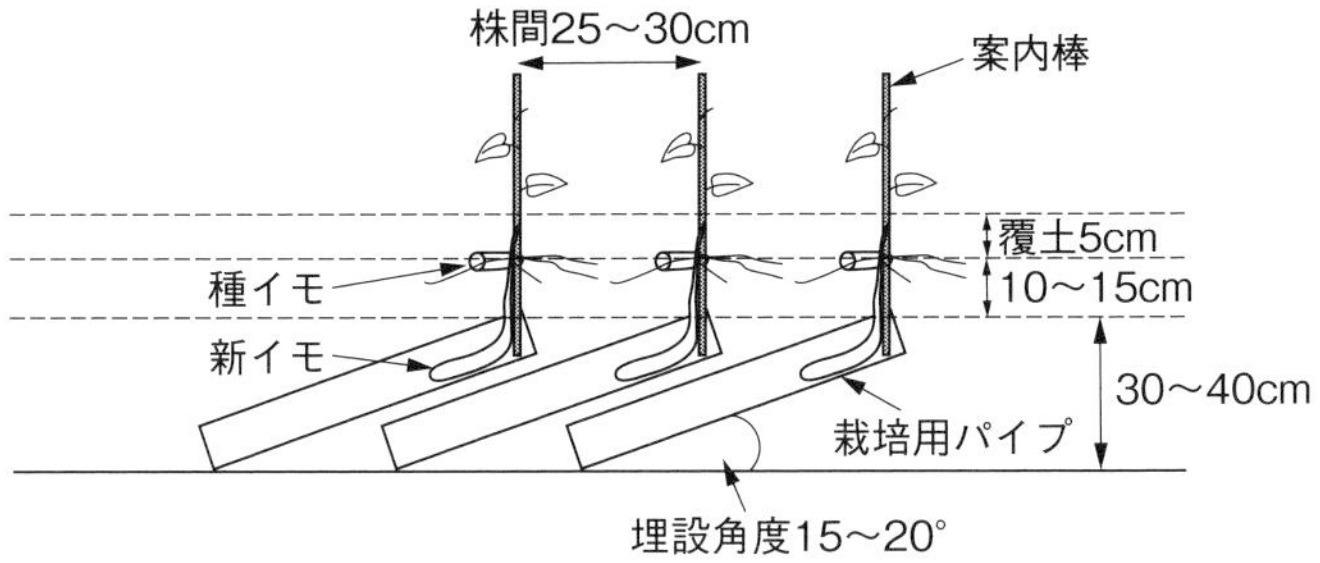

図4　催芽の方法

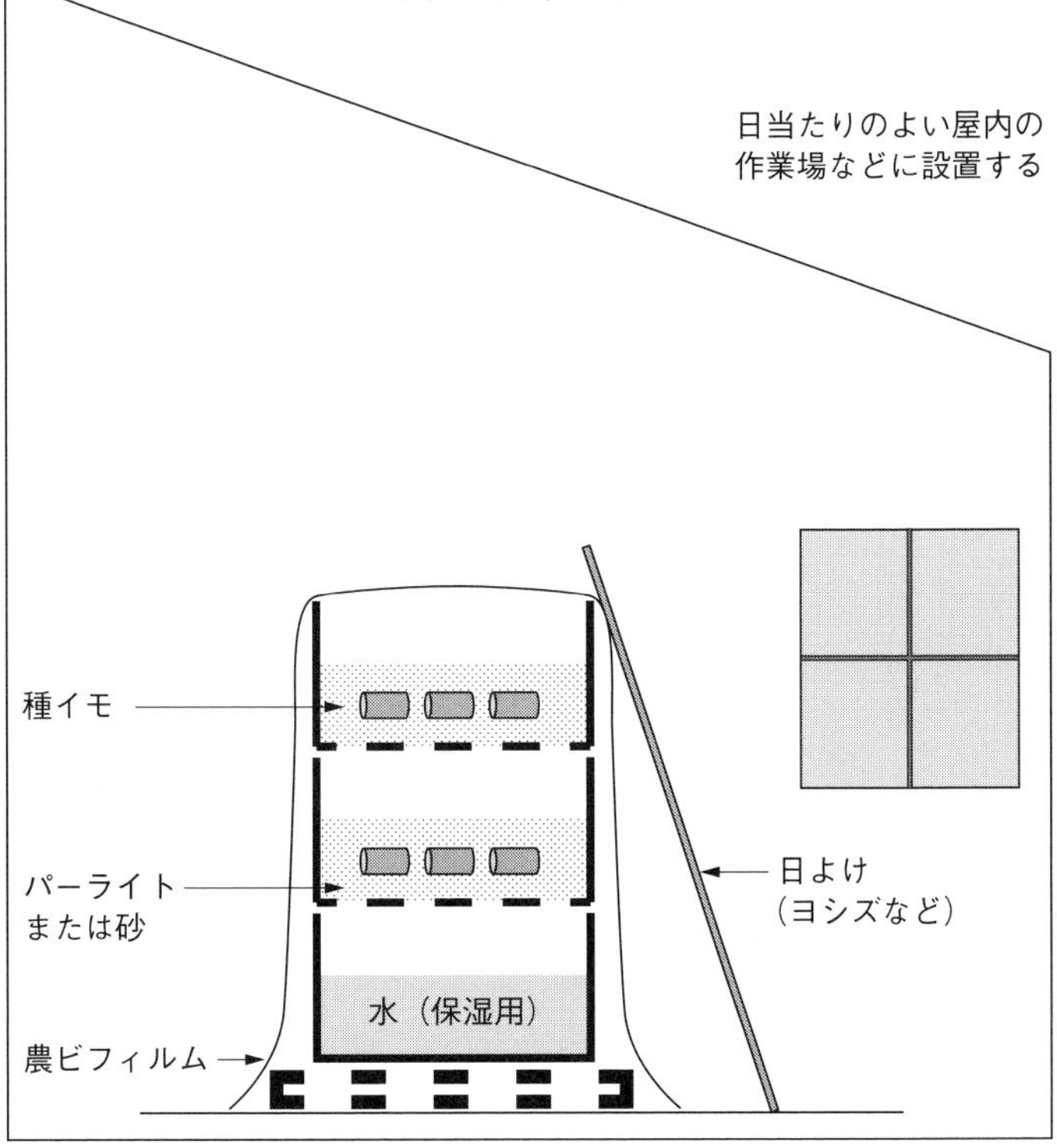

イルスの密度が高まり、病徴が著しくなる。

ウイルスフリーの種イモを用いることは、安定した品質、収量を確保するために効果的である。

②催芽処理

植付け予定の40日前を目安に、貯蔵しておいた種イモを取り出し、80～100ｇに切る。

イモの位置により、発芽に要する日数が異なるので、首部、中央部、尻部に分けて並べ、天日で切り口を乾かす。その後、ベンレートT水和剤100～200倍液に10分間浸漬した後、切り口を再び乾かす。これを、コンテナなどに重ならないように間隔をあけて並べ、パーライトや砂などでサンドして催芽処理する。

催芽の温度は20～25℃を目安にする。日当たりのよい作業舎などに、直射日光が当たらないよう設置する（図４）。種イモが乾かないように、湿度は高めに保つが、直接灌水はしない。発芽には、首部（竜頭を除く）が30日程度、尻部が40日程度かかる。芽の長さが10㎝程度になったら圃場に植え付ける。

なお、農薬の使用にあたっては、使用時点での登録内容や使用基準を確認する。

(3) 植付けの方法

植付けは、遅霜の心配がなくなる時期以降に行なう。イモは生育期間が長いほど、全長が長くなるので、栽培する品種・系統に応じて時期を決める。

催芽した種イモは、芽を1本に間引き、発芽点がパイプの上になるように案内棒を目安に植え付ける。このとき、根（吸収根）はパイプ内に入らないように広げる。芽、根を傷めないように注意して作業する。種イモの上に５㎝程度の覆土を行なう（図３参照）。

(4) 植付け後の管理

①支柱立て

アーチ型のパイプなどを用いて支柱を立て、キュウリネット（目合18㎝程度）を展張する。ネットはフェンス状に設置すると採光がよくなる（図５）。ウネの方向は、台風などの強風の向きを考慮して、側面から風を受けないように決める。

竹などをX字に組んだ支柱は強風に弱く、台風時に被害を受けやすい。

②敷ワラ、マルチ

梅雨明け後には、雑草防止と乾燥防止を兼ねて敷ワラを行なう。ワラはウネ方向と直角に敷く。

敷ワラの替わりに、遮光ネット（遮光率90％程度）でマルチをしてもよい。遮光ネットは地面全体を被覆するので、ムカゴの収集が容易になる。

③灌水

梅雨明け後に乾燥が続く場合は、灌水を行なう。灌水は、栽培パイプ内に水が入らないように、通路とベッド肩部を中心に行なう。

図５　圃場での生育の様子（アーチ支柱による栽培）

(5) 収穫

早掘りは、イモの充実が悪く、アクが出やすい。収穫は落葉が始まる時期まで待ち、粘り、味、香りを充実させてから開始する（図6）。落葉期から3月までが収穫適期になる。

収穫は、販売時期・量に応じて進める。

4 病害虫防除

(1) 基本になる防除方法

重要な病害虫は、炭疽病、ウイルス病、青かび病、ハダニ類、ネコブセンチュウである。そのほかに病害では葉渋病、害虫ではアブラムシ類、ヤマノイモハムシ、コガネムシ類、キイロスズメなどが発生する。

炭疽病には、圃場の風通しをよくし、早めに薬剤による防除を行なう。

ウイルス病は、病気に侵された種イモを用いないことが、防除の基本である。ウイルスを媒介するアブラムシ類を防除する。また、ウイルスフリーで種イモを増殖する場合は、網室内で管理し、アブラムシ類を中心に定期的に薬剤で防除する。

ハダニ類は梅雨明け後の乾燥で発生が多くなる、発生初期に防除を行なう。薬剤耐性がつきやすいため、作用の異なる農薬をローテーションで散布する。

なお、ムカゴを収穫して食用にする場合は、ムカゴに登録がある農薬を使用する。

図6　収穫したジネンジョ

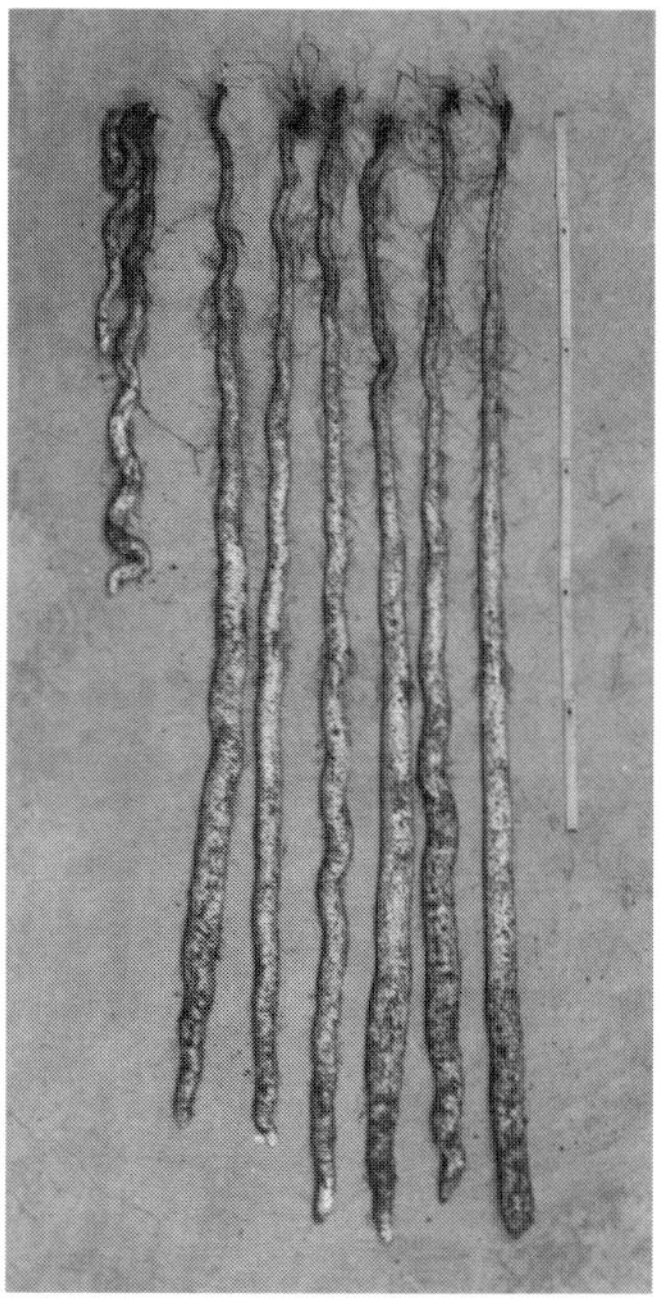

表4　病害虫防除の方法

	病害虫名	防除法
病気	ウイルス病	感染していない種イモを用いる
	青かび病	ベンレートT水和剤20 100～200倍 10分種イモ浸漬（む）
	炭疽病，葉渋病	Zボルドー 500倍（む） アミスター20フロアブル 2,000倍 ジマンダイセン水和剤 400～600倍 ダコニール1000 1,000倍（む） トップジンM水和剤 800倍（む） ベルクートフロアブル 1,000倍
害虫	ネコブセンチュウ	寄生していない種イモを用いる クロルピクリンくん蒸剤（む） ネマトリンエース粒剤（む）
	ハダニ類	コテツフロアブル 2,000倍（む） コロマイト乳剤 1,000倍（む） ダニサラバフロアブル 1,000倍 マイトコーネフロアブル 1,000倍
	アブラムシ類	アクラタ顆粒水溶剤 3,000倍 トランスフォームフロアブル 2,000倍 ダントツ水溶剤 2,000～4,000倍 ※トレボン乳剤 1,000倍（む） ※オルトラン水和剤 1,000倍

注1）※はヤマノイモコガに登録がある。（む）はむかごに登録がある
注2）コテツフロアブルはカンザワハダニへの登録である
注3）令和4（2022）年6月時点の農薬登録内容にもとづく

(2) 農薬を使わない工夫

農薬を使用しないで、ネコブセンチュウの圃場内密度を抑えるためには、連作を避け、ギニアグラスなどの線虫対抗植物の栽培が有効である。また、田畑輪換を行なうと効果がある。

ウイルス病の対策としては、周囲にウイルス病に感染したジネンジョやナガイモなどを栽培しないことが肝要である。ウイルスフリー株を用いて、毎年種イモを更新することが望ましい。

表5　ジネンジョパイプ栽培の経営指標

項目	
収量（kg/10a）	900
単価（円 /kg）	2,400
粗収入（円 /10a）	2,160,000
経営費（円 /10a）	1,174,000
種苗費	325,000
肥料費	28,000
農薬費	27,000
資材費	334,000
光熱・動力費	4,000
農機具費	47,000
施設費	17,000
流通経費（運賃，手数料）	392,000
農業所得（円 /10a）	986,000

注）栽培パイプはクレーバパイプを使用

5 経営的特徴

10ａ当たりの収量を９００kgとすると、粗収益は２１６万円、クレバーパイプを用いた場合の経費は約１１７万円になり、99万円程度の所得が見込める（表５）。

経営費では、種苗費（種イモ代）と資材費が多くを占める。種イモを自前で確保することなどで、経費を削減することができる。

労働時間は10ａ当たり約７００時間であり、夫婦２人で20ａ程度（４０００～４５００本）の栽培が可能である。

地域特産物として、直売や宅配での需要が多く、秋から年末のお歳暮需要の時期が販売の中心になる。栽培規模は、労働力だけでなく、販売能力に応じて決定する。

（執筆：鈴木健司）

サトイモ

表1　サトイモの作型，特徴と栽培のポイント

主な作型と適地

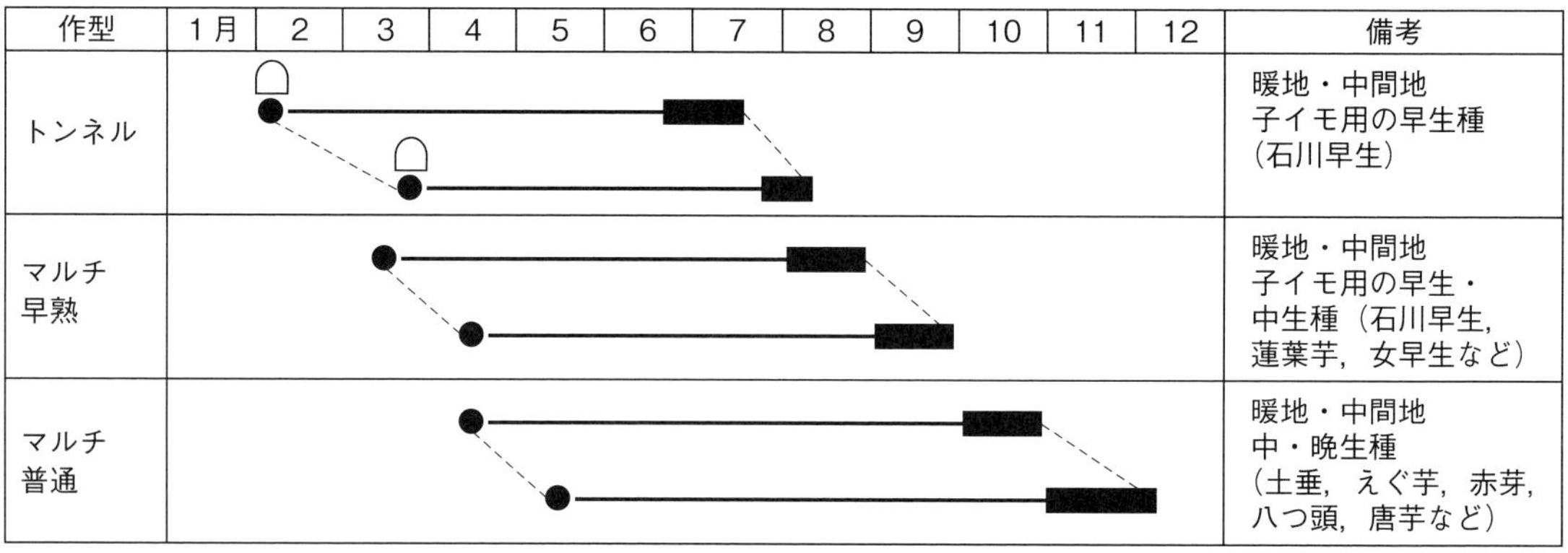

●：植付け，⌒：トンネル被覆，■：収穫

特徴	名称（別名）	サトイモ（サトイモ科サトイモ属）
	原産地・来歴	原産地は東南アジアで，日本には縄文時代に中国から渡来したとされる
	栄養・機能性成分	イモの主成分はデンプンで，その他カリウムやタンパク質，ビタミンB群，食物繊維が多い。独特のぬめり成分は，ガラクタンなど食物繊維の粘質物である
	機能性・薬効など	カリウムは高血圧予防効果がある。ガラクタンなどの植物繊維は，胃の粘膜を保護し，腸の働きを活発にするほか，血圧やコレステロール値の上昇を抑制する効果があるとされる
生理・生態的特徴	種イモの萌芽条件	萌芽適温は22～25℃である
	温度への反応	生育適温は25～30℃，イモの肥大適地温は22～27℃で，高温・湿潤な環境が適している。貯蔵適温は8～10℃，5℃以下に長期間置かれると腐敗する
	日照への反応	光飽和点は210W/m^2以上で，強い光を好む
	土壌適応性	土壌適応性は広く，湛水栽培もできる。好適土壌pHは6.0～6.5であるが4.1～9.1まで健全に生育する。土壌水分が不足すると各種障害が発生しやすい
	開花習性	2倍体と3倍体の品種があり，3倍体のものは花が咲いても不稔である。2倍体の品種は稔性があるが，開花時期が遅いために種子が稔らない。一般的に栽培されている食用・栽培適性のある品種・系統は，種イモを用いて栄養繁殖が行なわれる
栽培のポイント	主な病害虫	病気：疫病，黒斑病，軟腐病，汚斑病，根腐病，土壌伝染性病害のフザリウム菌による萎凋病，乾腐病 害虫：ネグサレセンチュウ，コガネムシ，ハスモンヨトウ，セスジスズメ，ハダニ類，アブラムシ類
	他の作物との組合せ	連作障害を回避するため4～5年輪作を行なう。ネギ，サツマイモ，ゴボウ，トンネル栽培のダイコン，ニンジンなどと組み合わせることができる

この野菜の特徴と利用

(1) 野菜としての特徴と利用

①原産地、栽培の歴史と現状

山に自生する山いも（ヤマイモ、ジネンジョ）に対し、里で栽培されているのでサトイモと呼ばれるようになった。

原産地はインドからマレー半島の雨の多い熱帯地域で、日本には縄文時代に、イネより早く渡来したとされる歴史の古い野菜である。祭りや慶事に広く用いられ、日本の文化に深く浸透してきた。

２０２０（令和２）年の作付け面積は１万７００ha、出荷量９万２４００t、産出額３４４億円で、作付けは１９６５年ころの約４万haをピークに減少が続いている。一方、冷凍物が中国から年間３万tほど輸入されている。東北地方でも栽培されるが、高温性作物のため、主な産地は、埼玉県、千葉県、宮崎県、愛媛県、栃木県、鹿児島県などの関東以西である。１人当たり年間購入量は４７０gほどである。

②栄養・機能性

イモの主成分はデンプンで、そのほかカリウムやタンパク質、ビタミンB群、食物繊維が多い。独特のぬめり成分はガラクタンなど植物繊維の粘質物で、胃の粘膜を保護し腸の働きを活発にするほか、血圧やコレステロール値の上昇を抑制する効果があるとされている。

③利用法

利用法は、筑前煮、けんちん汁、田楽、雑煮など煮物が一般的であるが、煮たものを素揚げしても美味である。洗ってから熱湯で３分ほどゆで、冷水につけると外皮だけが簡単にむける。手はかゆくならず、ぬめりも旨味も残る。煮る前の下処理として試してもらいたい。

「ずいき」と呼ばれる葉柄も食べることができ、えぐみの少ない八つ頭、などが使われ、干したものは保存食になる。

食生活の洋風化や調理に手間を要することなどから、年々消費量が減少してきたが、栄養、機能性成分豊富なダイエット食の食材として、消費を伸ばしたい野菜である。

(2) 生理的な特徴と適地

①生理的な特徴

熱帯地域では多年草、日本では一年生草本の単子葉植物である。イモは葉柄基部が肥大した塊茎である。種イモを用いて栄養繁殖を行なう。栽培品種では、サトイモの開花はまれであり、咲いても不稔などで結実しない。

種イモからは頂芽が伸び、その葉柄基部が短縮・肥大して親イモになり、親イモの側芽が生長し、その基部が肥大して同心円状に子イモ、さらに子イモの側芽が孫イモになる（図１、２参照）。

萌芽適温は22～25℃、生育適温は25～30℃、イモの肥大適地温は22～27℃で、高温・湿潤な環境が適している。地温15℃以上で植え付け、地上部は高さ１～１.５mに伸びるが、降霜によって枯死する。貯蔵適温は８～10℃で、５℃以下に長期間置かれると腐敗する。

②土壌適応性

土壌適応性は広く、好適土壌pHは６～６.５であるが４.１～９.１まで健全に生育する。10ａ当たり養分吸収量は、窒素10～20kg、リン酸7～10kg、カリ20～40kgである。葉柄にはスポンジ状の通道組織があって根に酸素を供給し、湛水栽培もできるため水田転換畑にも導入しやすい。土壌の水分不足に弱く、干ばつになると生育不良やイモに障害が発生しやすく、イモが肥大を始める5～6葉期からの灌水は増収効果が高い。

イモの品質をよくするには、イモのつくところを暗くして肥大空間を確保する、土寄せの時期と量が重要である。

③品種、作型

長い栽培の歴史の中で、気候と土質に合った品種が各地で生まれた。品種は早晩性のほか、食用部位により親イモ用、子イモ用、親子兼用、葉柄を食用にするずいき用に大別される（表2、3）。

作型は、促成栽培やトンネル栽培も行なわれたが、コスト面から経営的に魅力がないものになり、ほとんどなくなった。現在の主な作型は、マルチ早熟栽培とマルチ普通栽培である。

（執筆：川城英夫）

図1　サトイモのイモのつき方

図2　サトイモの子，孫，曾孫イモのつき方

（原図：鈴木）

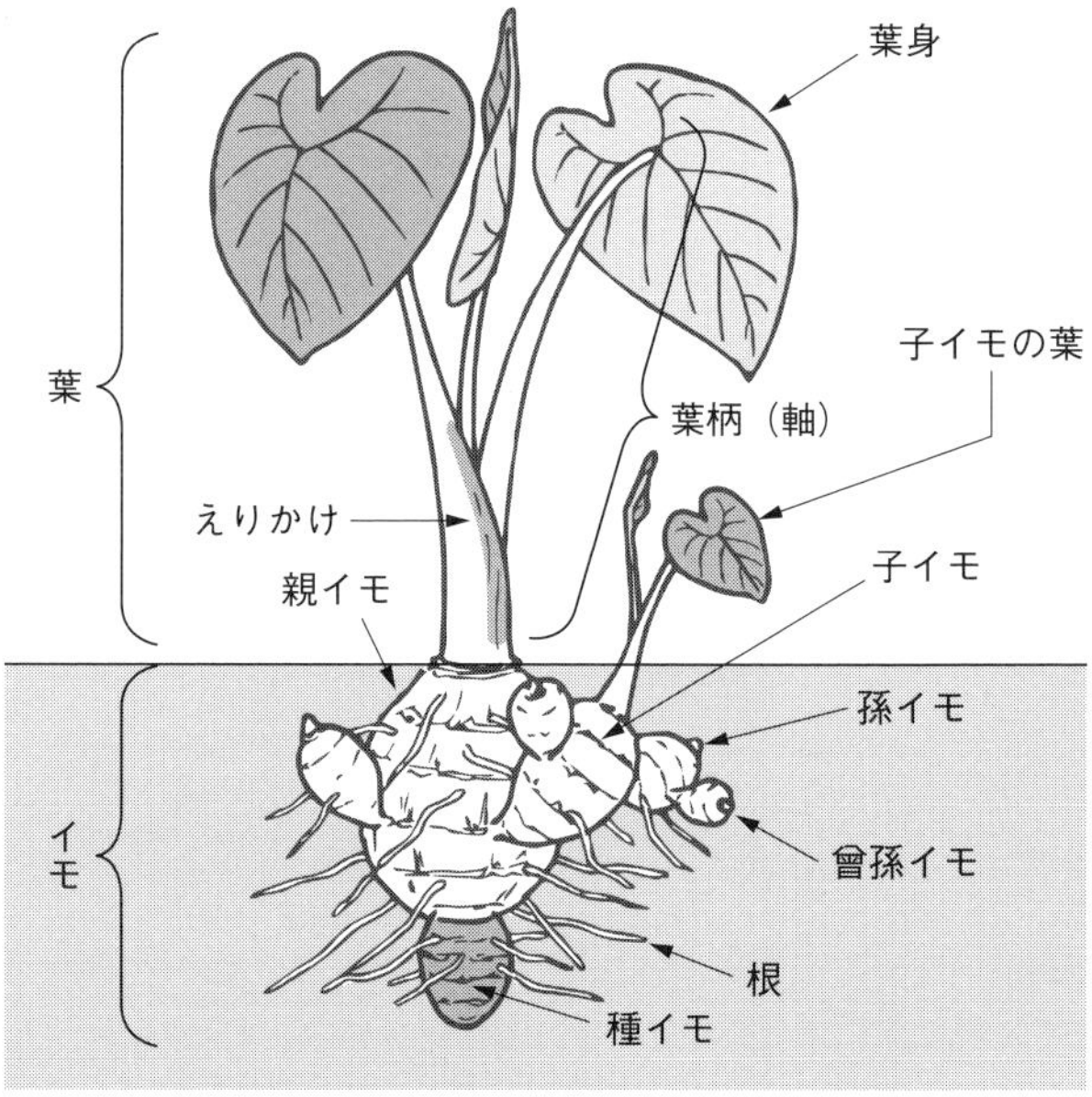

表2　サトイモの利用部位による品種分類

利用上の分類	品種群
子イモ種	えぐ芋，蓮葉芋，土垂，石川早生，黒軸
親イモ種	筍芋，びんろうしん
親子兼用種	赤芽，大吉（セレベス），しょうが芋，唐芋（エビイモ），八つ頭
ずいき用	蓮芋，みがしき

表3　サトイモの早晩性別代表品種

早生種	石川早生，蓮葉芋
中生種	土垂，大吉（セレベス），唐芋（エビイモ）
晩生種	八つ頭，筍芋

マルチ栽培

1 この作型の特徴と導入

(1) 作型の特徴と導入の注意点

① マルチ栽培のねらい

マルチ栽培はサトイモの最も一般的な栽培法で、早生種から晩生種まで作付けされる。ポリエチレンフィルムでマルチをすることで地温を高め、出芽や生育を促進して増収を図り、マルチ下の雑草の発生を抑制することができる。

サトイモの生育経過を見ると、種イモの植付けから出芽まで、無マルチの露地栽培では45日ほどかかるが、マルチ栽培では35日と、10日ほど短縮される。そして、植付け後70～90日で子イモ肥大開始期の5～6葉期になり、その後茎葉が盛んに伸長し、100～150日で孫イモの肥大・充実が進み、早生種で140日、晩生種で200日で収穫できる（図4参照）。

② 早熟栽培と普通栽培

本作型には、マルチ早熟栽培と普通栽培がある。マルチ早熟栽培は、早生種を使用して3月中旬～4月中旬に植え付け、マルチをして8月上旬～9月に収穫する。普通栽培は、中生～晩生種を使用して4月中旬～5月中旬に植え付け、10～12月に収穫する。普通栽培ではマルチをする場合としない栽培がある。

マルチ早熟栽培は早く収穫するため温暖な地域が適し、普通栽培は本州以南で栽培できる。サトイモは栽培に多くの労力、資材、機械を要さず、土壌水分を好むので、水田転換畑にも導入しやすい。

(2) 他の野菜・作物との組合せ方

連作障害を回避するため4～5年の輪作を行なう。千葉県での輪作の優良事例では、サツマイモ、ダイコン、ニンジン、ゴボウ、ラッカセイ、スイカの順に作付けている。

ネグサレセンチュウ対策として、ギニアグラスやソルガムなどイネ科の線虫対抗植物を

図3　サトイモのマルチ栽培　栽培暦例

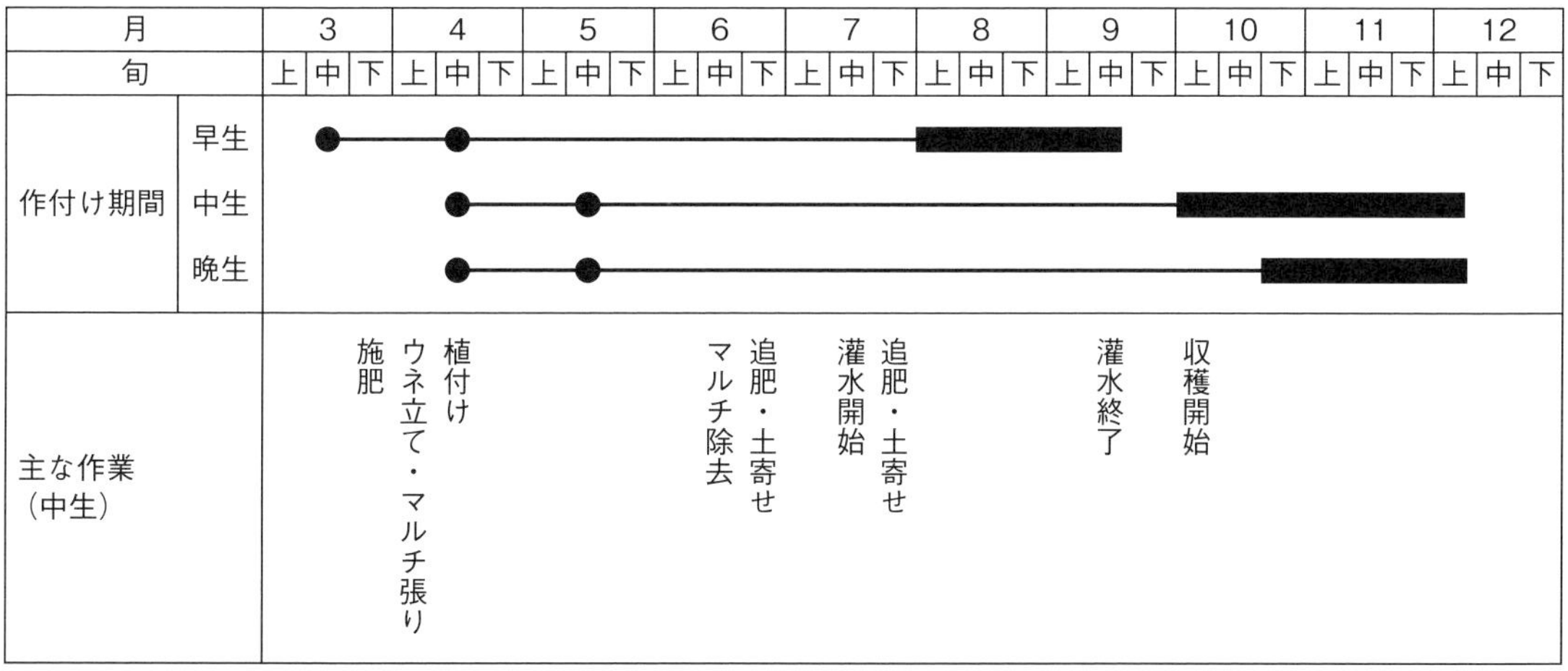

●：植付け，■：収穫

図4　サトイモの生育ステージと植付け後日数

日数		50	60	70	80	90	100	110	150	
早生種	種イモ依存期	独立栄養期	親イモ肥大期			子イモ肥大期		孫イモ肥大期		
日数	0日	50	60	70	80	90	100	110	150	200
中生種	種イモ依存期	独立栄養期	親イモ肥大期	伸長期		子イモ肥大期		孫イモ肥大期	最高生長期	

導入するのもよい。

2 栽培のおさえどころ

(1) どこで失敗しやすいか

サトイモの栽培上の主な問題点は、根部病障害の発生、干ばつによる生育不良・減収である。栽培のおさえどころをあげると次のようになる。

①健全な種イモを使用する

大きな被害を与える、フザリウム菌による乾腐病や軟腐病は土壌伝染のほか、種イモでも伝染する。種イモから持ち込まれることが多いので、健全な種イモを使用することが大切である。

②土壌水分不足にしない（土壌を適湿に保つ）

サトイモは高温・多湿を好み、土壌水分が不足すると、生育不良やイモに障害が発生しやすい。イモの障害発生を防止するためには、とくに、イモが肥大を始める5～6葉期ころから水分不足にしないための灌水が効果的である。

③植付けの深さと土寄せでイモを形よく肥大させる

種イモの上に親、子、孫イモと順につくので、植付けの深さや、土寄せがイモの肥大や形に大きく影響する。

種イモの植付けの深さで親イモの肥大スペースを、土寄せで子イモ、孫イモの肥大スペースを確保する。浅植えではイモが扁平になったり青イモができやすく、深植えでは出芽が遅くなって、生育の不揃いや細イモになりやすい（図5）。

良品・多収には、適度な深さに植え付け、イモの周辺を暗くして肥大空間を確保する土寄せの時期と量が重要である。

④生理障害を防ぐ

サトイモには、出荷を不能にするいくつかの生理障害がある。主な障害には、イモの芽がなくなる芽つぶれ症、主に〝石川早生〟の子イモに発生するイモの内部が半透明になる水晶症、イモの表面にひび割れが生じるひび割れ症がある。

これらの発生要因と対策を表4に示したが、障害を出さないための栽培管理が求められる。

図5　植付けの深さとイモの形　（原図：鈴木）

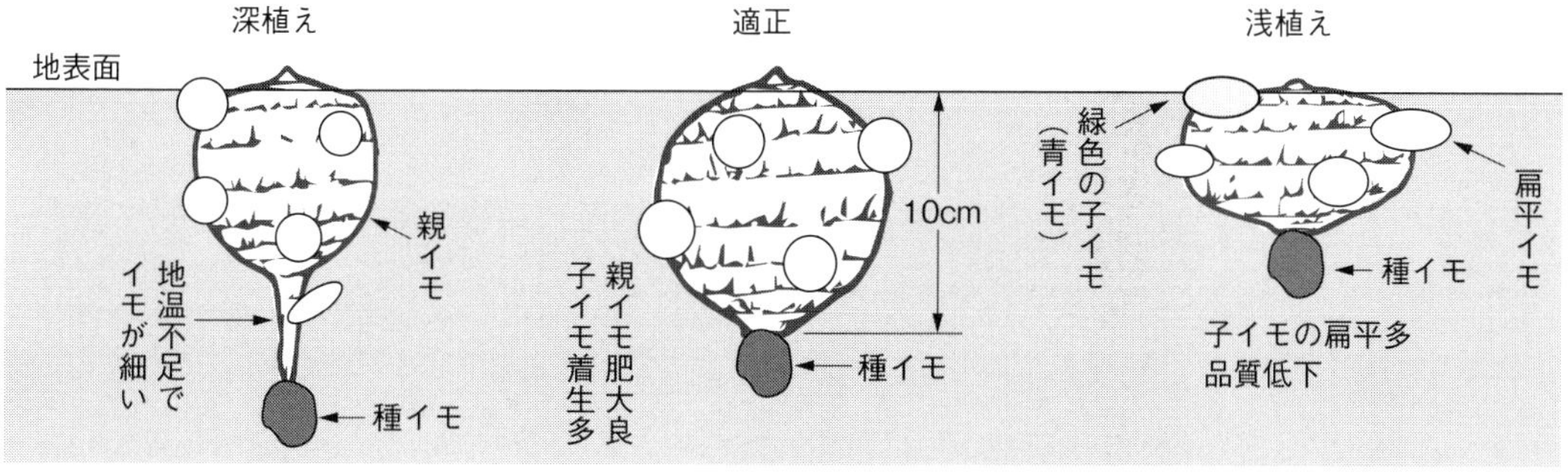

表4　サトイモの主な生理障害と防止対策

障害名	発生要因	防止対策
芽つぶれ症	石灰やホウ素欠乏，高温･乾燥が助長する	梅雨明け前にマルチを除去し，灌水で土壌水分を適度に保つ
水晶症	‘石川早生’などで発生し，子イモのデンプンが糖化して孫イモに移行することで発生する。台風などで茎葉や根に障害を受けたり，収穫期が遅れて孫イモができると発生しやすい	土壌の物理性を改善し，根を健全に伸ばす。適期に収穫し，とり遅れない
ひび割れ症	土壌水分の大きな変動，イモが肥料や未熟有機物に接触すると発生する	土壌水分を適度に保つ。未熟有機物を施用しない

(2) おいしくて安全につくるためのポイント

頂芽がしっかりしていて、病害虫に罹病していない健全な種イモを使用し、輪作を行なって土壌病害虫の被害を抑制する。

子イモや孫イモの肥大に合わせて土寄せを行ない、梅雨明けからは土壌水分不足にならないように適宜灌水することで、おいしいサトイモができる。

地上部病害では近年、疫病が問題となっており、種イモの選別・消毒と薬剤散布などで防除する。葉を食害する害虫は、発生初期に防除することが、少ない農薬で栽培するポイントである。

(3) 品種の選び方

長い栽培の歴史の中で、気候と土質に合った品種が各地で生まれ、地方品種は100以上あるが、異名同種や同名異種がある。

品種は、早晩性と食用部位により大別される。主な品種は、早生種では‘石川早生’、‘蓮葉芋’、中生種では‘土垂’、‘大吉’（‘セレベス’）、晩生種では‘えぐ芋’、‘八つ頭’などである（表5参照）。

時期別に市場に出回る主な品種を見ると、夏から秋口に出荷される早生でねっとり系の‘石川早生’、9月から11月にかけて甘味と粘りがある‘蓮葉芋’が出荷され、11月からはとろりとしたぬめりがある‘土垂’、ほくほく系の‘大吉’（‘セレベス’）が出てくる。

その他、京料理に使われる‘唐芋《とうのいも》’、親イモと子イモが塊になってつく‘八つ頭’、京芋と呼ばれる‘筍芋《たけのこいも》’などがある。‘八つ頭’や‘唐芋’は葉柄にえぐみが少ないので、ずいき（葉柄）も食べられる。

表5　サトイモの主要品種の特性

品種群	特性	品種
石川早生	早生種の代表品種で早掘りに向く。イモの形は丸く，粘質で，子イモを利用し,衣被ぎ（きぬかつぎ）に適する。葉柄が緑色で襟かけ（葉柄のふちが黒い）がある。やや低温でもイモが着生するが，乾燥に弱い	石川早生，泉南中野早生，親責，愛知早生
蓮葉芋	早生で，子・孫イモを利用する。イモの形は丸く，イモ数は少ないが大きい。甘くて粘質，味は淡白で，芋煮に最適。葉がハスのように丸く水平につく。土壌の乾燥や収穫遅れで，ひび割れや芽つぶれ症が出やすい。耐寒性は‘土垂’より弱い	蓮葉芋，早生蓮葉，伊予美人，女早生，静岡早生，豊後，大和早生
土垂	中生～晩生で，イモは長い品種が多いが，多収でつくりやすい。粘質でぬめりが強く，鍋物，煮物など各種料理に向く。耐寒性，耐乾性強く，東北地方でも栽培できる。貯蔵性が高いため春まで出荷される	土垂，大野芋，伝燈寺，善行寺，ちば丸，三州，親責
赤芽	中生の親子兼用種で，イモは芽が赤く粉質で肉質きめ細かい。地上部の生育旺盛，子イモは大きい。耐寒，耐乾性とも弱く，暖地での栽培に向く	赤芽，大吉（セレベス）
えぐ芋	晩生で，子・孫イモの数が多い多収品種。イモはやや粘質で，親イモにはえぐみがあり，その程度は品種で異なる。乾燥や寒さに強い	えぐ芋，紀州芋，関西土垂
八つ頭	子イモが親イモと分かれずにイモになる。粉質で食味がよい	八つ頭，白茎八つ頭

3　栽培の手順

(1) 種イモの準備

①種イモの準備

種イモは、品種特有の形状をしたものを選ぶ（図6）。欠き口の維管束が褐変したものは、萎凋病菌などに侵されている恐れがある。罹病したイモや芽なしイモを除く。

大きいほど生育が早いので、40g以上の子イモや孫イモを用い、大、中、小に分け、大きいイモから順に植え付ける。

準備する種イモの量は、10a当たり‘石川早生’で200kg、‘土垂’で120～140kg、‘大吉’で150kg、‘八つ頭’で100

図6　よい種イモと不良の種イモ　（原図：鈴木）

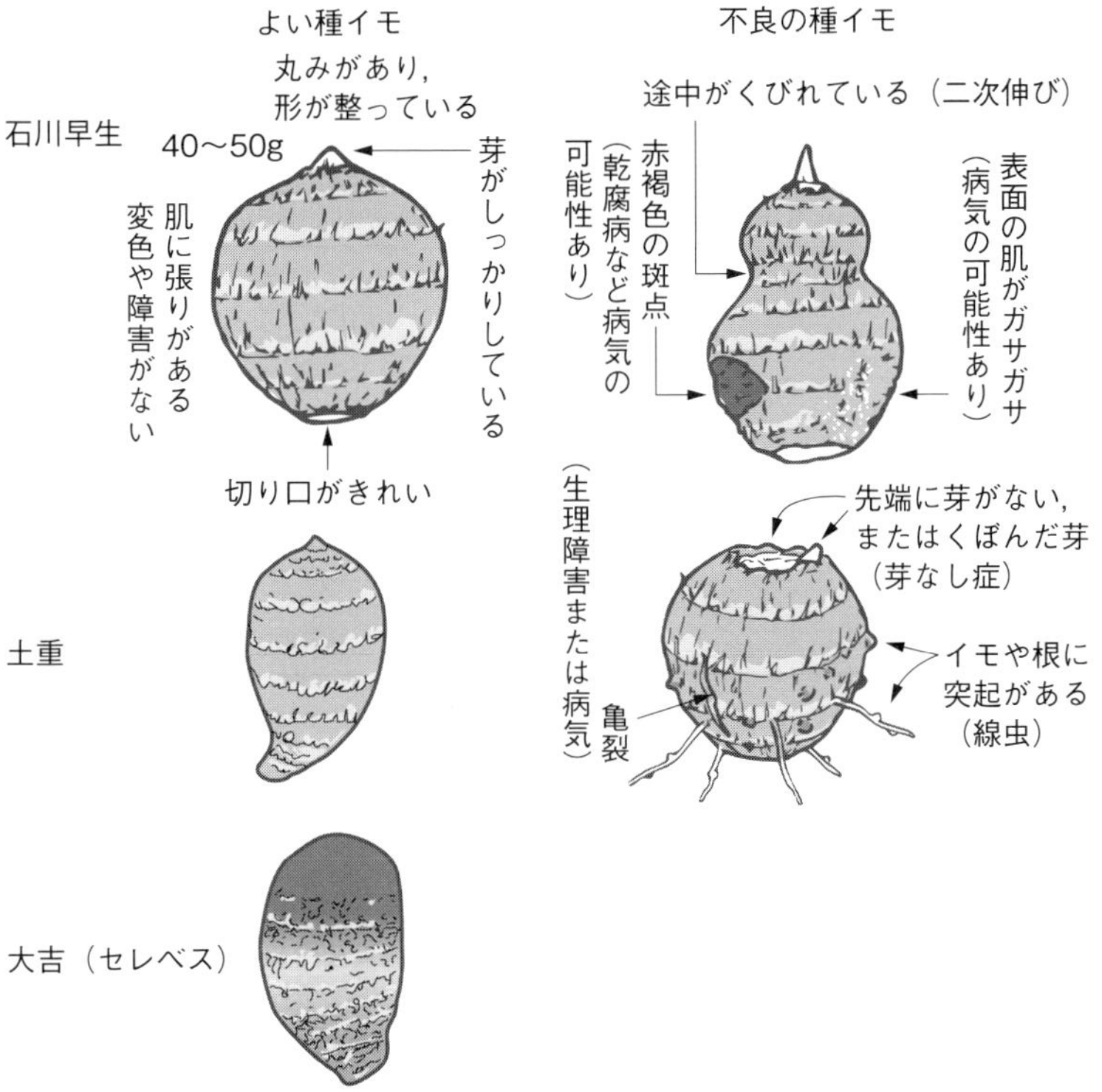

表6　マルチ栽培のポイント

	技術目標とポイント	技術内容
種イモの準備	◎種イモの用意	・罹病したイモや芽つぶれ症のイモを除き，40g以上の子イモや孫イモを用意する
	◎種イモの消毒	・植付け前にベンレートT水和剤20で消毒する
	◎催芽処理	
	・開始時期	・植付け時期の1カ月前に開始する
	・催芽床の準備と伏せ込み	・催芽床は10a当たり20m^2用意し，種イモは1m^2当たり200個程度伏せ込む
	・催芽床の管理	・伏せ込み後は，地温23～25℃を目標とし，15℃以下や30℃以上にしない。20℃，約20日で出芽する
	・育てる大きさ	・芽が2～3cm出るまで育てる
植付け準備	◎土壌病害虫防除	・線虫はD-D剤，土壌病害はガスタード微粒剤などで土壌消毒する
	◎適量施肥	・早めに堆肥，苦土石灰を施用し，元肥は緩効性肥料を主体に施用する
	◎ベッドつくり	
	・早生種	・ウネ幅150cm，ベッド幅75cm，通路幅75cm，高さ5～10cmのベッドをつくる。2条植えで条間50cmとし，マルチは幅95cmの穴なしか穴ありの透明ポリフィルムを使用する。株間は早く収穫する場合は40cm，9月収穫では30cmとする
	・中生～晩生種	・ウネ幅200cm，ベッド幅120cm，通路幅80cm，高さ5～10cmのベッドをつくる。2条植えで条間は100cmとし，マルチは幅150cmで2条穴あき透明ポリフィルムを使用する。株間は30～40cmとする
種イモの植付け	◎植付け前にマルチする場合	・穴なしフィルムは植付け位置を切り，芽を上に向けて植える。芽の上が10cmになるように覆土する。種イモは手で押し込むか，移植ゴテなどで穴をあけて植える
	◎植付け後にマルチする場合	・深さ10cmほどの溝を切って種イモを置き，土を埋め戻してからベッドをつくってマルチをする。もしくは溝をつくらず，畑に種イモを押し込んでからマルチを行なう。いずれも，イモの上から地表面まで10cmになるように植える
	◎全期間ポリマルチする場合	・高さ20～30cm，幅40～50cmのウネにマルチを行ない，ウネ中央に覆土15cmになるように種イモを植え付け，全期間ポリマルチをして土寄せを行なわない
植付け後の管理	◎植付け後にマルチをした場合	・芽が出始めたらカッターナイフなどで芽の上のマルチを切る
	◎間引き	・2～3葉期に，木ベラなどを使用して生育のよい芽を1本残して除去する
	◎追肥・土寄せ	・子イモ肥大始期の5～6葉期と，その3～4週間後の孫イモ肥大始期に，1回当たり窒素とカリを成分量で各3～5kg追肥して土寄せをする．事前にマルチは除去する。
		・土寄せの深さは1回目は5cm，2回目は10cm
	◎灌水	・土寄せ後，9月中旬まで降雨がなく土壌が乾燥が続くようであれば，7～10日おきに1回40～50mm程度灌水する
収穫	◎適期収穫	・早生種は，植付け後140日ごろから収穫を始め9月中旬までに終える
		・中生～晩生種は10月ごろから収穫できる。多収のためには霜が1～2回降りるまでおいて収穫する

kgである。

親イモも種イモとして使うことができるが、調製に手間を要するため、特定の品種を急いで殖やすとか、子イモが不足している場合を除いて実用的ではない。親イモを使用する場合は、一つの種イモの大きさを50～100gとし、大きな脇芽を一つ含むように切断する。

種イモは、植付け前にベンレートT水和剤20で粉衣処理（種イモ重量の0・4～0・5％）をするか、20倍液に1分間浸漬して消毒する。

②催芽処理

早く収穫したり、出芽を揃えるために催芽処理が行なわれる。芽出しに1カ月ほど要するので、植付け時期から逆算して開始する。

処理の方法は、ハウスやトンネルなど、地温を高められる場所に伏せ込む。10a当たり20㎡用意し、1㎡当たり200個程度の種イモを伏せ込む。伏せ込む前に地温を高めておき、灌水しておく。

伏せ込み後は、地温23～25℃を目標とし、15℃以下や30℃以上にならないようにする。20℃で、約20日で出芽する（図7参照）。芽が2～3cm出たら、取り出して畑に植え付け

図7　サトイモの催芽のやり方　（原図：鈴木）

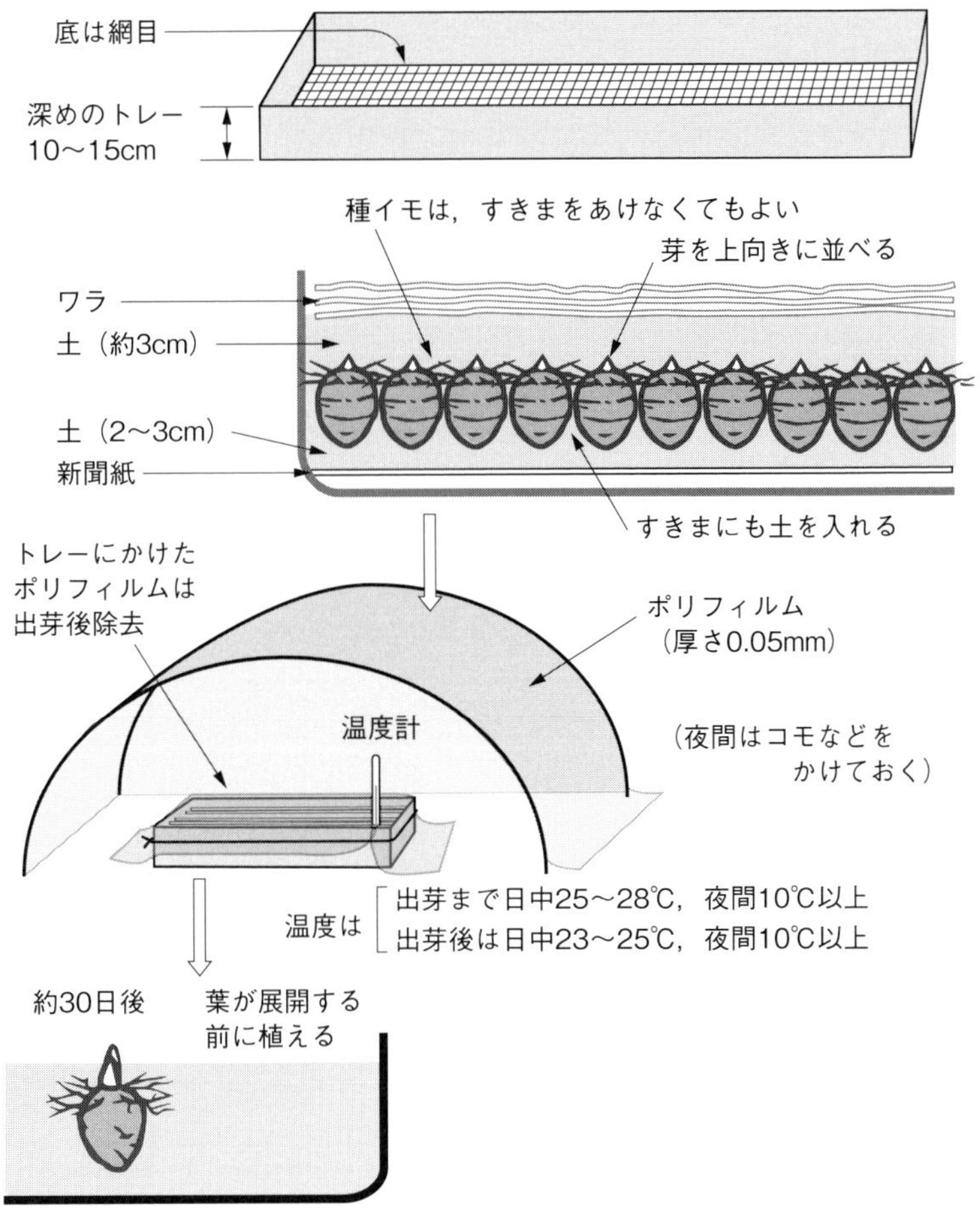

る。植え付けるときに、根を乾かさないようにする。

(2) 畑の準備

①土壌消毒と施肥

連作すると、乾腐病や萎凋病、線虫害で減収するので、4～5年の輪作を行なう。線虫防除はD-D剤、土壌病害はガスタード微粒剤などで土壌消毒する。

早めに堆肥を10a当たり2t、苦土石灰80～100kg施用して耕うんしておく。元肥は緩効性肥料を主体に、10a当たり成分量で窒素5～12kg、リン酸15～20kg、カリ10～15kgを目安にする（表7）。肥効調節型肥料を利用した全量元肥施肥も行なわれる。

②植付け方法は三通りある

マルチ栽培の植付け方法は、以下の三通りある。①平ウネでマルチ後に穴をあけて植え付ける方法、②平ウネで種イモを植え付けたのち穴なしフィルムでマルチをする方法、③サツマイモのウネ立て機で高ウネにして植え付ける方法、である。

植付け後に穴のあいていないポリフィルムでマルチをするほうが、地温が高くなるので出芽が早いが、出芽を始めたらマルチを切って芽出しする必要がある。サツマイモのように高ウネにする場合は、栽培期間を通じてポリマルチを取らず土寄せをしない、全期間マルチ栽培になる。

③早生種のベッドつくり

ウネ幅150cm、ベッド幅75cm、通路幅75cm、高さ5～10cmのベッド（ウネ）をつくる。2条植えで条間50cmとし、幅95cmの穴なしか穴ありの透明ポリフィルムを使用する。株間は、早く収穫する場合は40cm、9月収穫では30cmとする（図8）。

④中生～晩生種のベッドつくり

ウネ幅200cm、ベッド幅120cm、通路幅80cm、高さ5～10cmのベッド（ウネ）をつくる。2条植えで条間100cmとし、幅150cmの2条穴あき透明ポリフィルムを使用する。株間は30～40cmとする（図8）。

(3) 種イモの植付け

マルチ後に種イモを植え付ける場合、穴なしフィルムは植付け位置を切り、芽を上に向けて植え、平ウネで芽の上10cmになるように覆土する。種イモは、手で押し込むか、移植ゴテなどで穴をあけてから植え付ける。

植付け後にマルチを行なう場合は、深さ10cmほどの溝を切って種イモを置き、土を埋め戻してからベッドをつくってマルチをする。もしくは溝をつくらず、畑に種イモを押し込んでからマルチを行なう。

いずれも、イモの上から地表面まで10cmになるように植える。浅植えではイモが扁平になり、深植えでは出芽遅れや生育不揃いになる。

全期間マルチ栽培では、ウネ幅130cmに、高さ20～30cm、幅40～50cmのウネを立ててマルチを行ない、ウネ中央に株間30～40cmで、覆土15cmになるように種イモを植え付ける（図9）。

表7　施肥例　（単位：kg/10a）

	肥料名	施肥量	成分量		
			窒素	リン酸	カリ
元肥	堆肥	2,000			
	苦土石灰	80			
	有機アグレット673（6-7-3）	140	8.4	9.8	4.2
	苦土重焼燐（0-35-0）	40		14	
追肥	化成特8号（8-8-8）	80	6.4	6.4	6.4
施肥成分量			14.8	30.2	10.6

注）黒ボク土を想定した施肥量なので，リン酸の施用量が多い

図8　マルチ栽培の品種の早晩性と栽植様式

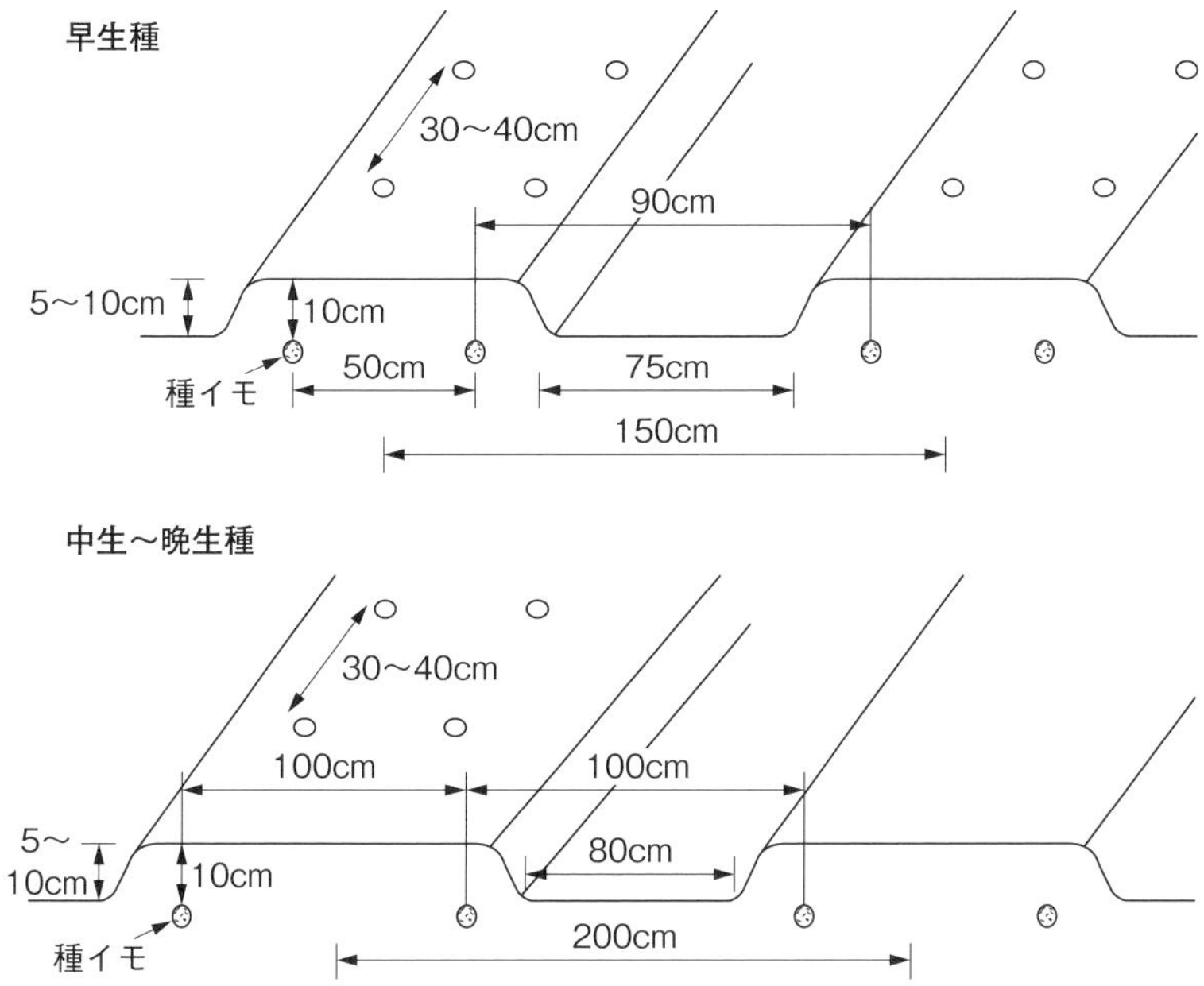

図9　高ウネマルチ栽培（全期間マルチ栽培）の栽植様式

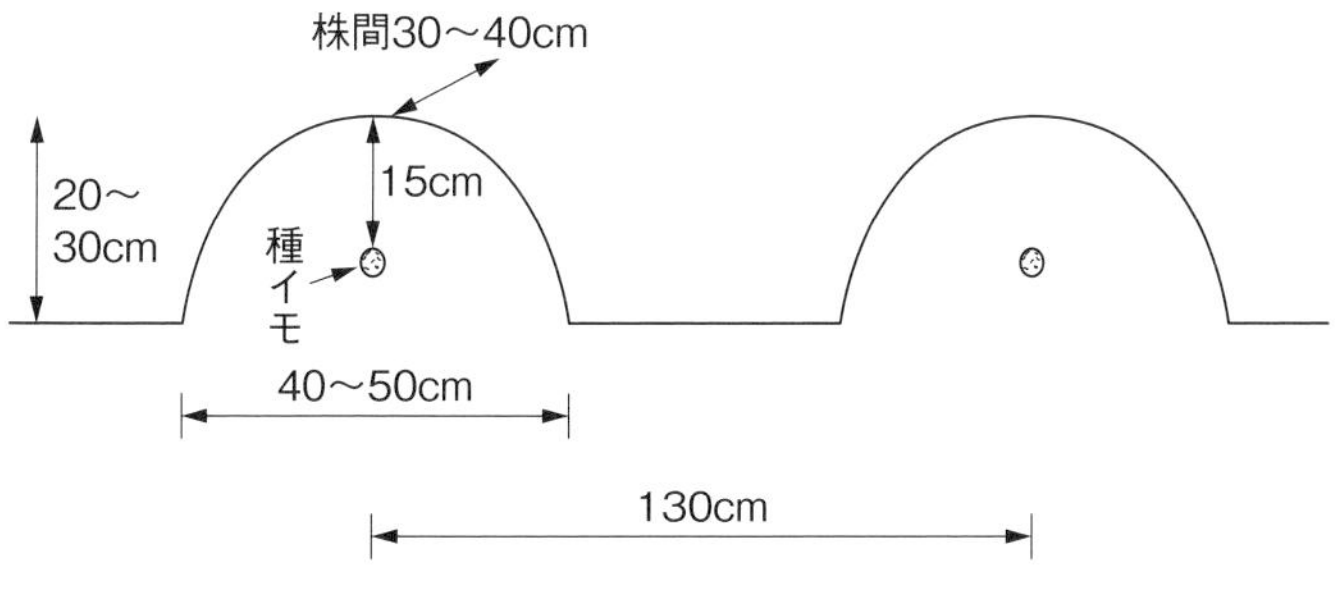

図10　追肥と土寄せのやり方

（原図：鈴木）

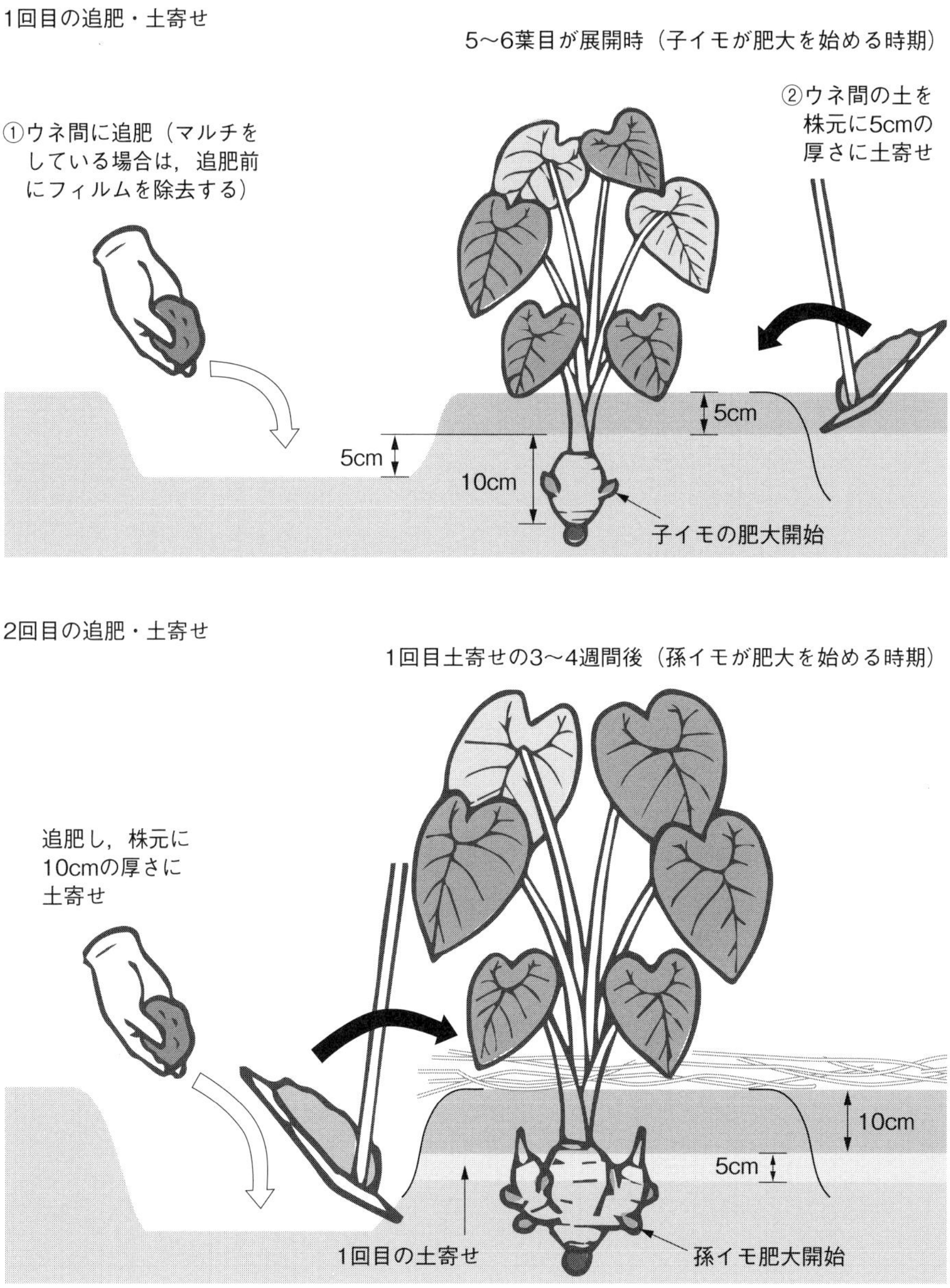

図11　土寄せの量，時期とイモの形

（原図：鈴木）

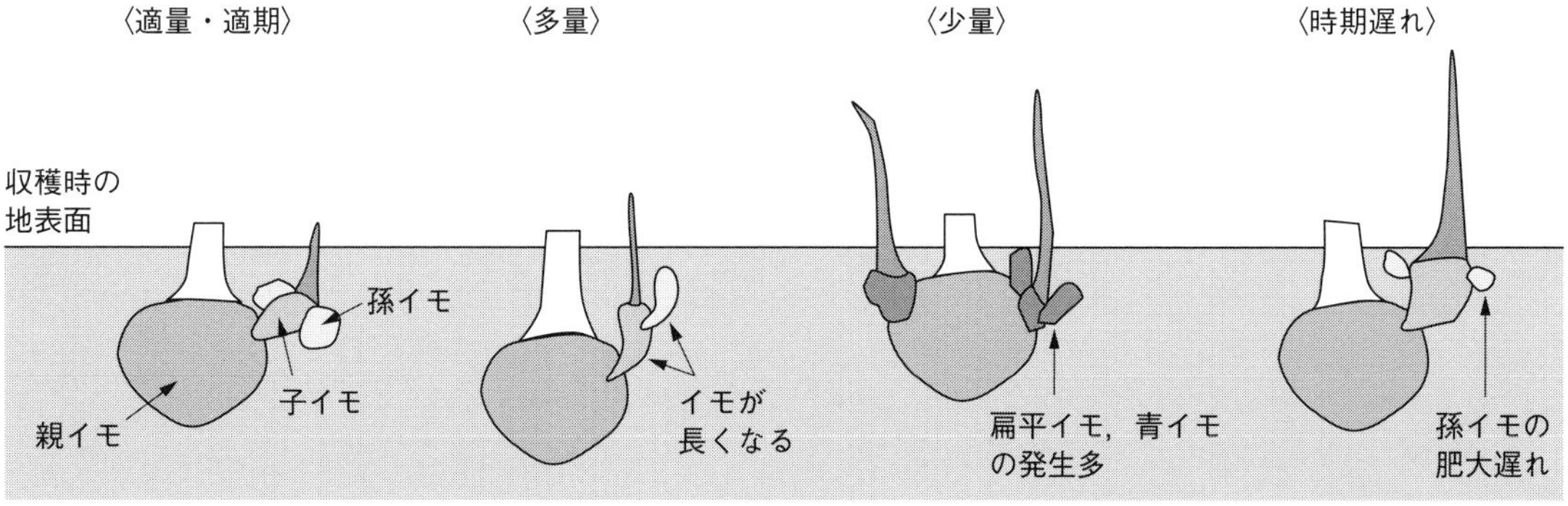

(4) 植付け後の管理

①マルチ切り、芽の整理

植付け後にマルチをした場合、植付け20～25日後から毎朝畑を見回り、芽が出始めたらカッターナイフなどでマルチフィルムを切って芽の上をあける。芽は切り口から自然に出てくる。

複数の芽が出た株は、2～3葉期に、木べラなどを使用して生育のよい芽を1本残して除去する。

②追肥、土寄せ

子イモ肥大始期の5～6葉期と、その3～4週間後の孫イモ肥大始期に、1回当たり窒素とカリを成分量で各3～5kg追肥して土寄せをする。マルチは、追肥の前に葉を傷めないように除去する。

土寄せの深さは、1回目5cm、2回目10cmとする（図10）。土寄せが多すぎるとイモが長くなり、少ないとイモが扁平になったり、露出するとえぐみの強い青イモ（芽が緑色になる）になる（図11）。

③灌水

土寄せ以降9月中旬まで、降雨がなく土壌の乾燥が続くようであれば、7～10日おきに1回40～50㎜程度灌水する。

(5) 収穫・調製

早生種は、植付け後140日ごろから収穫を開始し、9月中旬までに終える。遅くなると水晶症や乾腐病が発生しやすい。

収穫は、サトイモの茎葉はそのままで、トラクターで牽引する鋤をイモの下に通すか、葉柄を長めに残して切ってから汎用型のイモ掘り機（ポテカルゴなど）で行なう。

‘土垂’や‘八つ頭’などの中生～晩生種は、10月ごろから収穫できるが、収量を多くするためには霜が1～2回降りるまでおいて収穫する。この場合、地上部が霜で枯れているので、ポテトディガーなどで掘り取る。

収穫したイモは、子イモ、孫イモを手や機械で分離し、根を取り、選別・箱詰めして出荷する。

10a当たり収量は、早生種で1.5～2t、中生～晩生種で2～2.5tである。

(6) 土中貯蔵

貯蔵適温は8～10℃で、5℃以下に長期間置かれると腐敗する。貯蔵する場合は、6℃以上の温度と85～90%の湿度を保つことが必要である。

関東以西で土中貯蔵をする場合、排水のよい畑を選び、幅60～70cm、長さ5～6m、深さ50～60cmほどの溝穴を掘り、収穫したイモを切り離さず株のまま逆さにして積み上げ、その上にワラ、土を盛って保温する（図12）。

図12　サトイモの土中貯蔵のやり方　（原図：鈴木）

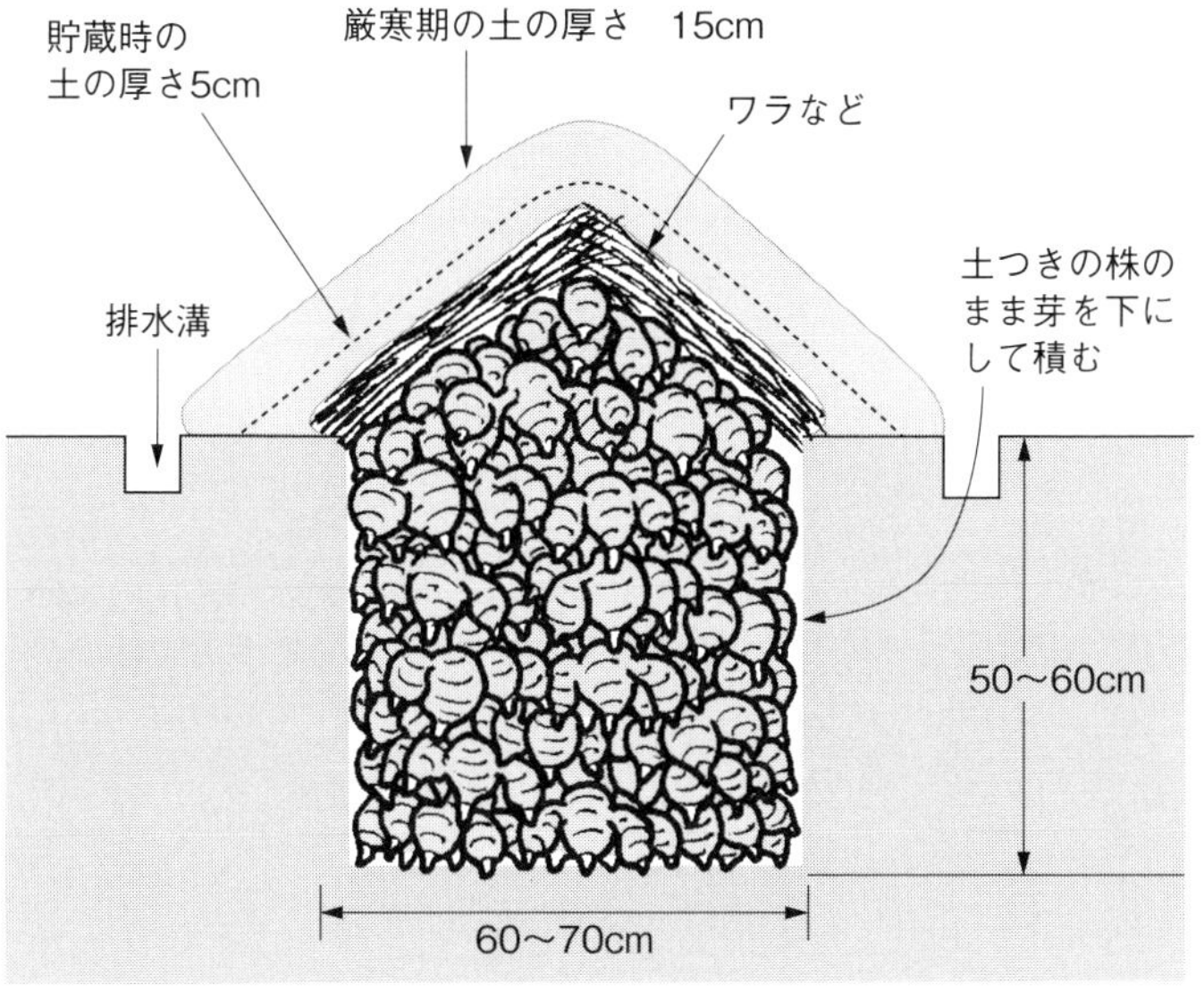

溝の長さは5～6m。幅を広くしすぎないように注意する

高温期の出荷は、予冷を行なって傷からの腐敗を防ぐ。

4 病害虫防除

(1) 基本になる防除方法

① 病気

主な病気は、土壌伝染性病害である、フザリウム菌による萎凋病、乾腐病、黒斑病、地上部病害では疫病である。

サトイモの病害のほとんどは土壌伝染し、病原菌が残渣や土壌に残り、多湿を好むため、水はけが悪いと発生しやすくなる。対策は、健全な種イモの使用や圃場の排水性改善、輪作などの耕種的対策と、ベンレートT水和剤による種イモ消毒や、ガスタード微粒剤などによる土壌消毒を組み合わせる。

疫病は、葉や葉柄、イモに被害が現われ、激しい場合はほぼすべての葉が枯れてしまう病気で、近年西南暖地を中心に大きな被害を出している。疫病菌はフィトフトラ・コロカシエという卵菌類の一種で、平均気温25℃程度の温度と多湿を好み、台風襲来時には傷口から一気に被害が広がる。

対策は、汚染された野良生えイモをなくすため、収穫残渣を圃場外に持ち出す、収穫後に耕うんして残渣を腐らす、種イモの選別と洗浄、消毒、適正な肥培管理、圃場の排水性を良好にする、薬剤防除を行なうことである。薬剤防除は、予防的にジーファイン水和剤を、発病初期にアミスター20フロアブルやダイナモ顆粒水和剤を散布する。

② 害虫

害虫は、イモや根に被害を与えるコガネムシ類やミナミネグサレセンチュウがあげられる。葉を食害する害虫は、チョウ目のセスジスズメとハスモンヨトウで、どちらも大型の害虫で被害が大きい。

ハスモンヨトウは8月以降から、スズメガは6月以降に発生し、とくに被害が目立つのは大きな幼虫が見つかる8月ごろからである。ハスモンヨトウにはアクセルフロアブル、トルネードエースDFなどを散布する。

害虫は若齢期に発見して、早期に防除することを基本にする（表8）。

(2) 農薬を使わない工夫

病害対策は、輪作を基本とし、収穫残渣の適正な処分や無病の種イモの使用、圃場の排水性改善、有機物の適正施用などを組み合わせる。

線虫防除には対抗植物を利用する。

コガネムシは未熟堆肥を施用すると誘引するので、堆肥はよく腐熟したものを施用する。

5 経営的特徴

サトイモは、栽培に要する資材や機械は比較的少なく、労働時間も10a当たりの200〜300時間程度と少ない（表9）。労働時間のうち収穫・調製・出荷に50〜60％を要する。

収量は、地域や栽培技術などによって異なるが、主産地の事例では、'石川早生'、'土垂'とも10a当たり2tを目標にできる。単価は出荷時期が早いほど高い傾向にあるが、経費を除いた所得は30〜40万円ほどを見込める。

サトイモ科の野菜は少ないので、露地野菜の輪作作物の一つとして導入するとよい。

（執筆：川城英夫）

表8　サトイモの害虫に適用のある農薬例

病害虫名	適用農薬名
コガネムシ類幼虫	植付け前にダイアジノンSLゾルを全面土壌混和，オンコル粒剤5を株元土壌混和
ハスモンヨトウ	トルネードエースDF，アニキ乳剤，マトリックフロアブル，アクセルフロアブルなど
セスジスズメ	ディアナSC，アディオン乳剤など
ハダニ類	サンマイトフロアブル，コテツフロアブル（カンザワハダニ）

表9　マルチ栽培の経営指標

項目	品種	
	石川早生	土垂
収量（kg/10a）	2,000	2,000
価格（円/kg）	350	250
粗収益（円/10a）	700,000	500,000
経営費（円/10a）	320,000	200,600
種苗費	94,000	34,000
肥料費	24,000	24,000
農薬費	21,000	21,000
出荷経費その他	181,000	121,600
所得（円/10a）	380,000	299,400
労働時間（時間/10a）	320	210
うち収穫・調製・出荷時間	176	100
1時間当たり所得（円/10a）	1,188	1,426
収穫物1kg当たりコスト（円）	160	100

注1）収穫物1kg当たりコストは経営費÷収量
注2）種苗費の‘石川早生’は種イモ購入，‘土垂’は自家種を使用

湛水栽培

1　この作型の特徴と導入

(1) 作型の特徴と導入の注意点

サトイモの湛水栽培とは、水田でサトイモを栽培し、生育期間中、ウネ間に水をためながら栽培する方法で、最近開発された新しい栽培法である。

本栽培法のメリットは、分球イモ個数が増加するとともに、イモの肥大が促進され収量性が高まることである。また、湛水状態で栽培することで、カルシウム欠乏によって発生する芽つぶれ症や、土壌水分の乾湿の差で発

図13　サトイモ湛水栽培　栽培暦例

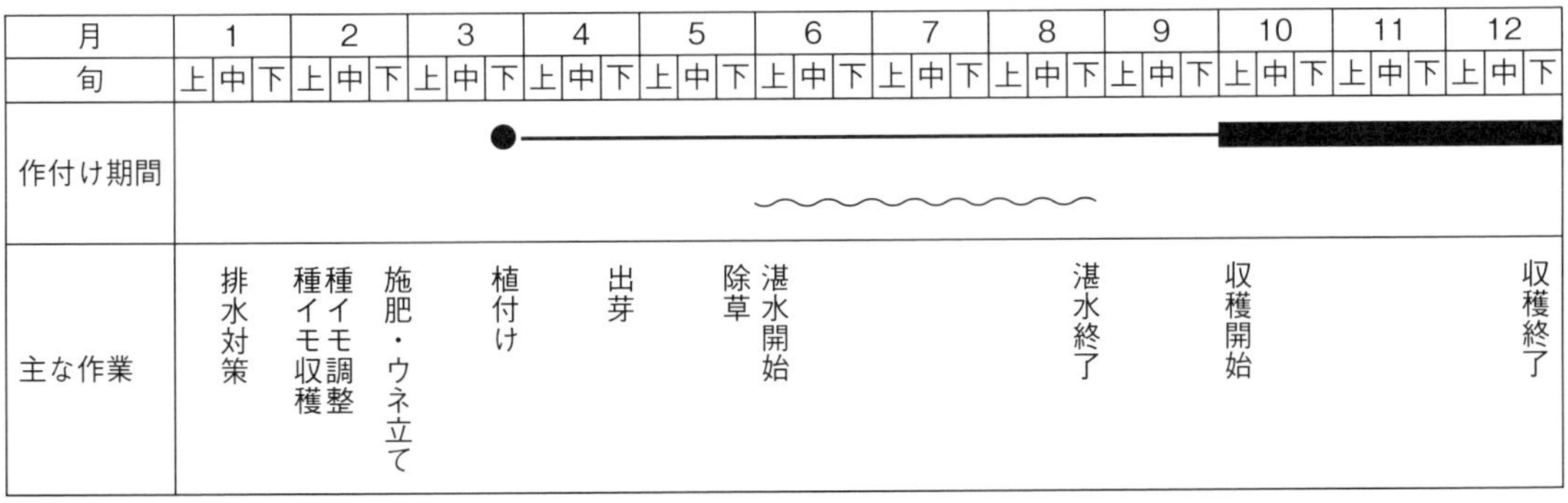

●：植付け，〜：湛水，■：収穫

生する裂開症などの障害も減少する。さらに、線虫、乾腐病などの病害虫被害も抑制され、品質が向上するという特徴がある。

湛水処理の方法は容易で、通常どおりウネ立てしてサトイモを植え付け、葉数が5枚程度に生育した、6月ころから8月末までの約3カ月間程度、用水路からウネ間に水を流し入れ、水が流れるように管理するだけの技術である。

栽培は、排水性のよい水田が望ましい。湿田では、ウネ立てや収穫での機械作業性が劣り、サトイモの生育もやや停滞しやすい。したがって、耕盤破砕などの排水対策を実施することが重要である。

(2) 他の野菜・作物との組合せ方

サトイモは連作障害が発生しやすい作物である。その主因はネグサレセンチュウによる被害で、同時に乾腐病も発生しやすく、サトイモが生育不良になり収量が大きく減収する。

これまで、線虫類の抑制対策には湛水処理が有効であるということから、水稲との田畑輪換により、3〜4年に1作サトイモが栽培されている。

しかし、湛水栽培は、サトイモの生育中に湛水処理を行なうものであり、サトイモ栽培と同時にネグサレセンチュウの抑制ができ、サトイモの連作が可能になる。

2 栽培のおさえどころ

(1) どこで失敗しやすいか

①圃場選定と排水対策を十分考える

サトイモ栽培では、ウネ立てや収穫時の作業は機械化が前提になる。降雨が続き、土壌水分が多い状態では作業性が劣るので、排水性のよい乾田が望ましい。

排水の不良な水田では、サブソイラーなどによる耕盤破砕を実施することが重要になる。また、均一な湛水深を確保するためには、均平耕うんなども必要になる。

②施肥、ウネ立て準備の早めの実施

サトイモの植付けは、3〜4月が中心である。この時期は菜種梅雨ともいわれ、雨が多い時期でもある。一般的な畑地では、2〜3日晴天が続けば、植付け直前に施肥し、ウネ立てなどの作業ができる。しかし、水田では一度の降雨で土壌水分が多くなると、すぐにはウネ立てができず、適期にサトイモが植え付けられないことがある。

そのため、水田でのサトイモ栽培では、植付け約1カ月前の2〜3月に、早めに施肥し、ウネ立てをしておくことが重要になる。

③湛水処理は滞水させずに少しずつ流す

サトイモは湛水状態で生育すると、イネと同じように根に通気組織が形成される。これによって根端部に酸素が送られるので、湿害を受けにくくなる。

しかし、用水路からウネ間に流し入れた水が滞水すると、土壌中の水からの酸素供給が極端に少なくなり、サトイモの生育が停滞しやすくなる。そのため、用水路から絶え間なく水をウネ間に入れ、少しずつ流れるような水管理を行なうとともに、耕盤破砕を実施し透水性を向上させることが必要になる。

(2) おいしくて安全につくるためのポイント

サトイモは生育期間中に、より多くの水を好む作物としても知られている。湛水栽培で生産されたサトイモのおいしさを評価した試験では、シュウ酸含有量が減少し、えぐみ、

塩味が弱く食味が優れるという結果が得られている。

十分な水分がある状態で、ストレスを受けることなく生育することで食味が向上すると考えられ、生育が旺盛となる6～8月に十分な水分を与えることがポイントになる。

(3) 品種の選び方

奄美諸島以南では、親イモを可食部とする'田芋'という品種が、湛水状態で栽培されている。

現在、日本各地で栽培されている畑地栽培用品種の中にも、湛水栽培が可能なものがあり、その代表的な品種として'石川早生丸''泉南中野早生''土垂''烏播''大吉'などがある。これらの品種は、湛水栽培により生育が旺盛になり、収量が2～3割増加するという特性がある(表10)。

日本各地には、地域の在来品種を含め、多くの品種が栽培されているので、湛水栽培適性を確認してから導入することが大切である。

表10　湛水栽培に適した主要品種の特性

品種名	早晩性	可食部による分類	分球いもの着生特性
石川早生丸	早生	子イモ用種	子イモ，孫イモ
泉南中野早生	早生	子イモ用種	子イモ，孫イモ
土垂	中生	子イモ用種	子イモ主体
烏播	中生	子イモ用種	子イモ主体
大吉	晩生	親子兼用種	子イモ主体

3 栽培の手順

(1) 圃場の準備

排水性のよい乾田を選定し、サブソイラーなどによる耕盤破砕を実施する。また、均一な湛水深を確保するために、均平耕うんも行なっておく。

排水性が劣る水田では、十分な耕盤破砕などを実施し、透水性の向上に心がける。

サトイモの植付け約1カ月前の2～3月に、早めに施肥し、ウネ立てとマルチを行なっておく。サトイモの湛水栽培では、速効性窒素の脱窒などによる、施肥窒素ロスの影響を受けやすく、また、湛水時期が6月から8月までになり、この期間の追肥はできない。そのため、肥効調節型肥料を活用した、全量元肥が有効である。

早生タイプの'石川早生丸'は、窒素施肥10a当たり15kgのうち、7割を被覆尿素リニア型70日タイプ、3割を速効性窒素肥料で配合した、全量元肥とすることが望ましい(表12参照)。中生や晩生タイプの品種についても、肥料吸収特性を考慮した肥効調節型肥料と速効性肥料の組合せにより、全量元肥とすることが望ましい。

(2) 定植のやり方

通常の畑地栽培と大きく変わることはないが、土寄せは行なわないのでやや大きめのウネをつくり、全期間マルチ栽培とする。

一般的には、ウネ幅は1m、株間は早生タイプで20～25cm、中生タイプで30～35cm、晩生タイプで35～40cmとする。

種イモは、芽つぶれ症や裂開症のない40～80g程度の大きさのものを選び、線虫、乾腐

表11　湛水栽培のポイント

	栽培技術とポイント	技術内容
植付け準備	◎圃場選定 ・排水性の良好な水田を選定	・ウネ立て作業や収穫時の作業性を考慮すると，土壌のすみやかな乾燥が望まれる。サトイモの湛水栽培は，排水性のよい乾田が導入条件になる ・減水深が小さく，還元状態が進んだ水田では，サトイモの収量が少なくなる
	◎排水対策 ・耕盤破砕	・排水不良の水田などでは，サブソイラーなどによる耕盤破砕を実施する
	・均平耕うん	・均一な湛水深を確保するために均平耕うんが必要である
	◎施肥	・菜種梅雨の時期である３～４月は天候が安定しないので，２月中に施肥・ウネ立て・マルチを行なうなど，早めの準備が望ましい
	◎ウネ立て	・ウネ幅は100～110cmを目安に，ウネ立て機などの管理作業機に合わせて決定する。また，品種によっても変えて，晩生品種はウネ幅を広くしてもよい
種イモの準備	◎種イモの調整	・種イモの大きさは40～80gが望ましい ・線虫，乾腐病，黒斑病などに罹病していない，芽つぶれ症や裂開症のない種イモを選ぶ
	◎種イモの消毒	・黒斑病対策としてベンレートＴ水和剤で種イモの消毒を行なう ・消毒液に浮かんだ種イモは充実度が悪く，病害にも汚染されている可能性があるので，沈んだ種イモだけを選別して使用するのが望ましい
植付け方法	◎植付け ・株間	・株間は早生品種は20～25cm，中生品種は30～35cm，晩生品種は35～40cmなど，品種に合わせて決定する
	・植付けの深さ	・土寄せを行なわないので，種イモはやや深めに植え付ける。ウネ上面から種イモの頂部までの深さは，早生と中生品種で約10cm，晩生品種で約15cmとする
	・植穴あけ	・植穴あけは，刈払機に穴あけ装置「モグ太郎（(株）共栄製作所)」を取り付けて使用すると軽労化が図られる
植付け後の管理	◎雑草対策	・湛水処理の開始前に，通路に発生した雑草に茎葉処理剤を散布し，除草を行なっておくことが重要である ・湛水開始後は，雑草の発生はほとんどない
	◎湛水方法 ・湛水開始時期	・湛水開始時期は，本数が５枚に生育した６月上旬ころとする
	・湛水量	・湛水量は，ウネ間に水深５～10cm程度を維持するよう，少しずつ流すことがポイントである
	・終了時期	・湛水期間は８月末をめどに３カ月程度とし，収穫の約２週間～１カ月程度前までに終了する
	◎薬剤散布 ・疫病防除	・疫病防除には，初期防除が重要である ・疫病の初発確認後にダイナモ顆粒水和剤を散布し，その約７日後に治療効果のある別の薬剤を散布（セット散布）することで，発生初期の蔓延を抑制できる ・初発確認時のセット散布後，累積降雨量100mmを目安にセット散布を繰り返すことで，高い防除効果が維持できる ・薬剤がサトイモに十分かかるように，葉表だけでなく葉裏や株元にもていねいに散布する
	・散布通路の設置	・圃場には，10mおきに散布通路を設定することで，繁茂したサトイモでも，薬剤散布が効果的にしかも省力的に実施できる
収穫・調製	◎適期収穫	・水田では土の付着が多くなるので，土壌水分が少ないときに収穫を行なう ・掘り取りは，トラクター用コンベアディガーなどを用いて行なう
	◎イモ分離	・水田では土の付着が多くなるので，「サトイモ子いも分離機」を利用すると分離作業の省力・軽作業化が図られ，作業能率が向上する

病、黒斑病などの対策として、登録農薬による種イモ消毒を行なってから植え付ける。

種イモの植付けは、ウネ上面からイモ頂部までが、早生タイプで10cm、中生と晩生タイプで15cmくらいになるよう、やや深めとする。

植穴をあけるのに、刈払機の回転部分に穴掘り装置「モグ太郎（(株)共栄製作所）」を取り付けて行なうと、軽労化が図られる。さらに、半自動移植機「ナウエルＰＶＨ（井関農機（株））」を用いると、さらなる省力・軽作業化が図られる。

表12 ‘石川早生丸’湛水栽培の施肥例

（単位：kg/10a）

	肥料名	施肥量	成分量		
			窒素	リン酸	カリ
元肥	LP70（42-0-0）	25	11		
元肥	硫安（21-0-0）	21	4		
元肥	苦土重焼燐（0-35-0）	43		15	
元肥	塩化加里（0-0-60.5）	25			15
施肥成分量			15	15	15

注1）肥料名の数字は（窒素，リン酸，カリ）の成分率を示す
注2）牛糞堆肥2,000kg，苦土石灰100kgの施用が望ましい

(3) 定植後の管理

① 芽の整理、雑草対策

種イモを植え付け、約1カ月程度経過すると、出芽が揃ってくる。まれに芽が2～3本出てくる場合があるが、これは頂芽の芽つぶれなどによって複数の芽が発生するもので、切除して1本にする。

生育の経過とともにウネ間に雑草が発生してくるので、湛水処理を開始する前に、登録のある除草剤を散布するなど、除草対策を実施しておく。

② 湛水

サトイモの葉数が5枚程度に生育した、6月ころから湛水を開始する（図15参照）。用水路からウネ間に水を入れ、水深が5～10cm程度を維持するように、少しずつ流入する。ウネ間で滞水することがないよう注意し、入水量を調整しながら少しずつ流すことが重要である（図16）。

湛水期間は8月末をめどに3カ月程度とし、収穫の約2週間～1カ月程度前までには終了する。収穫の直前まで湛水処理を行なっていると、土壌水分が多くなって乾燥しにくく、収穫作業に多労を要することになるので注意が必要である。

(4) 収穫

① 収穫作業

湛水栽培は、畑地栽培に比べてイモ個数が大きく増加する。収穫作業は、トラクター用コンベアディガーなどを用いて行なう。

② 「サトイモ子イモ分離機」の利用

水田で土壌水分が多いため、収穫時の株は多くの土塊を抱えていることが多い。親イモからの子イモの分離作業は、ほとんど手作業なので、多労になっている。とくに、早生タイプの‘石川早生丸’などでは、大きな課題になっている。

これを解決するために、鹿児島県農業開発センターで、子イモ分離作業を大幅に省力化できる「サトイモ子イモ分離機」が開発された。

本機は、親イモの外径に近い円形の孔を設けたプレート面に、サトイモの株を逆さまにセットし、株の尾部全面を油圧で押圧《おうあつ》する方式である。加圧とともに、親イモが頂部から徐々に円形孔に押し込められ、同時に親イモ

図14　湛水栽培の作業と湛水処理時前後の生育

①ウネ立て

②植付け

③湛水処理開始の生育

④用水路からの水入れ

⑤湛水処理後２週間

⑥同１カ月目

⑦同２カ月目

⑧同左

の外縁に着生している子イモがはがされるように分離する仕組みである（図17参照）。

分離作業時間は人力作業に対して80％程度削減でき、損傷イモの発生は手作業並みの2～5％である。子イモ分離作業に多労を要する'石川早生丸'や'土垂'など、かなりの軽労化が図られ、生産現場での導入が進んできている。

図15　ウネ間の湛水状況

図16　湛水処理のポイント

〈湛水方法〉
開始時期：葉数が5枚に生育した6月上旬ころ
湛水量：ウネ間が水深5～10cm程度を維持するよう，少しずつ流す
終了時期：湛水期間は8月末をめどに3カ月程度とし，収穫の約2週間～1カ月程度前までに終了

開始時期は？
ウネ間の水位は？
水位を一定にするためには？

葉数5枚ころ

水深5～10cm程度で流す

各ウネの手前に同じ高さで水平版を設置して流量を調整

用水路から水入れ（省力的）

全体が均一に流れるように

図17 「サトイモ子イモ分離機」概要と利用法

子イモ分離機の概要と分離原理

全長：2,010mm　全幅：1,370mm　全高：1,600mm
質量：104kg

押圧板（ゴム製）

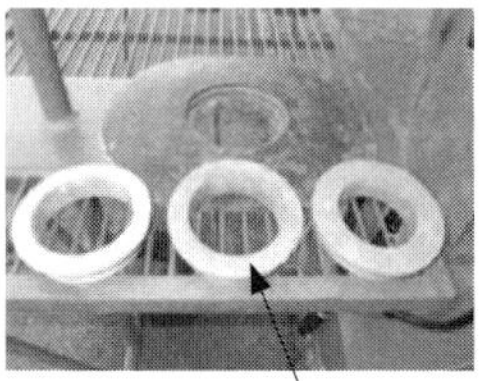

親イモ打抜孔交換リング
（親イモの大きさによって交換）

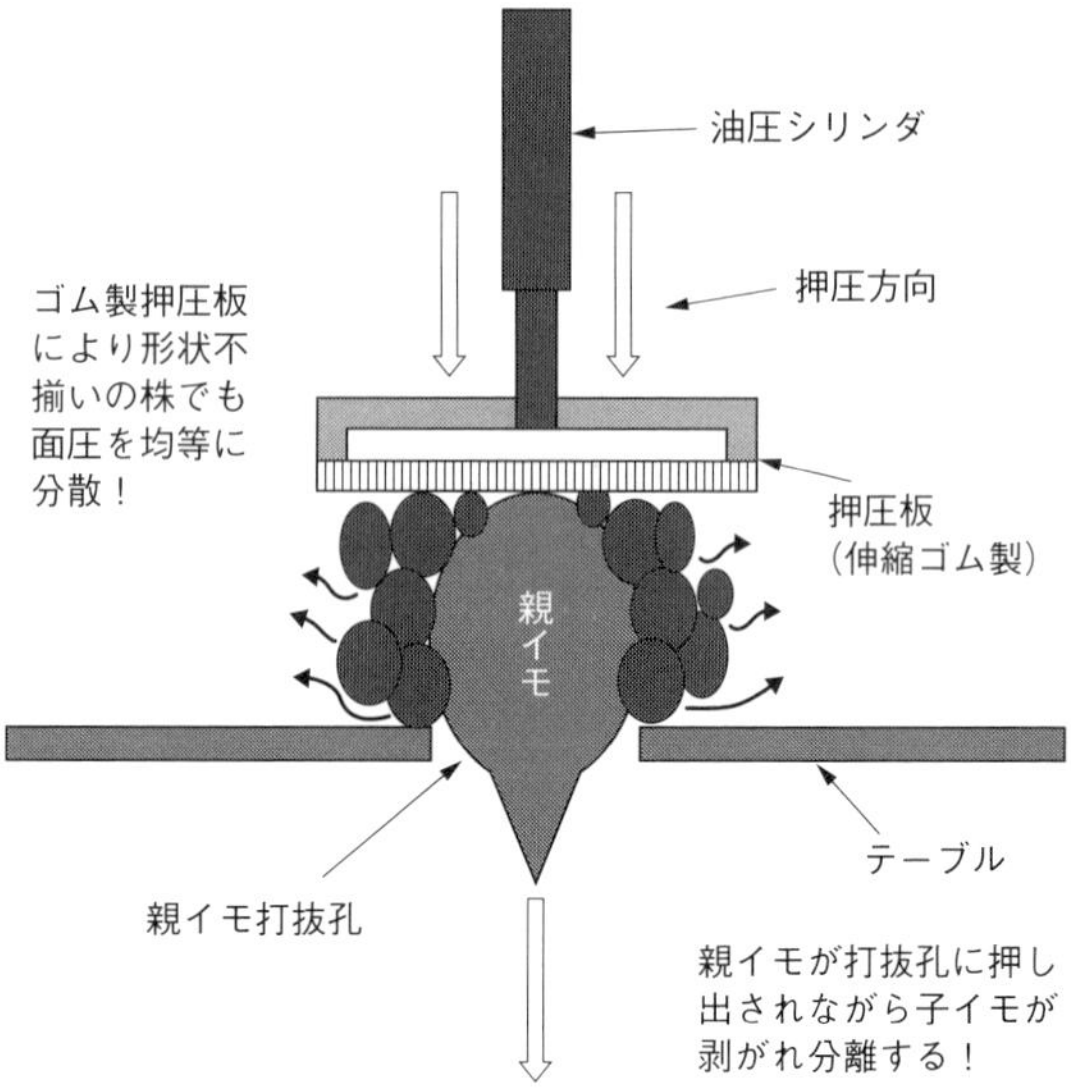

子イモ分離機作業フロー

株を作業台に集積

株を逆さにして打抜孔にセット

ボキ音まで押圧
（音発生時で70％以上分離している）

押圧シリンダを戻す

株をほぐし選別台へ押し出す

選別・回収

作業のポイント
・株に土がついていることで損傷イモが減少するので，掘り取り時の土落としは適当でよい
・押圧時に「ボキボキ」と音が出る。最初の音発生で7割以上分離しているので，それ以上の加圧は状態を見ながら調整する

図18　湛水栽培でのサトイモの生育と疫病の発生・防除対策

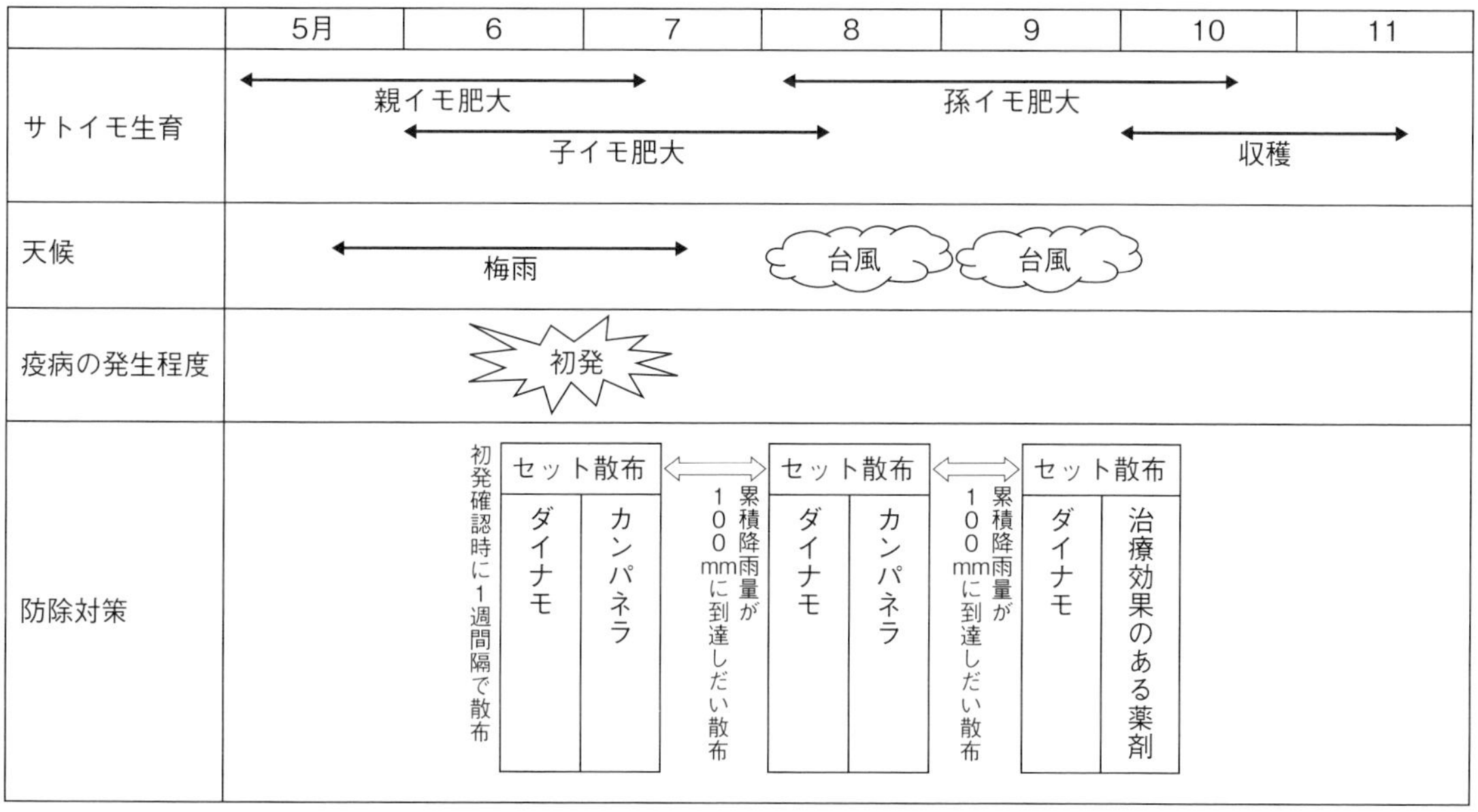

4　病害虫防除

(1)　基本になる防除方法

地上部に発生する病害虫については、畑地栽培と同じである。近年、地域によっては疫病が大発生し、問題になっている。

疫病は梅雨入り前後から発生し始める。防除対策としては、疫病の初発確認後に治療効果のあるダイナモ顆粒水和剤を散布し、その約7日後に治療効果のある別の薬剤を散布（セット散布）することで、発生初期の蔓延を抑制できる。初発確認時のセット散布後、累積降雨量１００㎜を目安にセット散布を繰り返すことで、高い防除効果が維持できる（図18）。なお、主な病害虫と防除薬剤については表13を参照。

表13　主な病害虫と防除薬剤

病害虫名	防除薬剤名
ネグサレセンチュウ	パダンSG水溶剤（種いも消毒），ビーラム粒剤，ソイリーン，テロン
ハスモンヨトウ	コテツフロアブル，フェニックス顆粒水和剤
アブラムシ類	アドマイヤー顆粒水和剤ほか
ハダニ類	コテツフロアブル，コロマイト乳剤
疫病	ダイナモ顆粒水和剤，カンパネラ水和剤
乾腐病	バスアミド微粒剤
黒斑病	ベンレートT水和剤，トップジンM水和剤（種いも消毒）

薬剤散布は、薬剤がサトイモの葉表だけでなく、葉裏や株元にも十分付着するよう、ていねいに散布することが重要である。また、10ｍおきに散布通路を設定することで、繁茂したサトイモでも、薬剤散布が効果的かつ省力的に実施できる。

(2)　農薬を使わない工夫

水稲を栽培した後は、ネグサレセンチュウの密度が大幅に低下するので、薬剤による土壌消毒を実施することなくサトイモが栽培できる。

なお、サトイモの生育期間中に湛水する本栽培法は、サトイモを栽培しながらネグサレセンチュウ、乾腐病菌密度の増殖を抑制できるので、これらに対する薬剤を使用する必要はない。

5 経営的特徴

湛水栽培サトイモの経営指標を表14に示した。収量は畑地栽培より3割程度増加するが、資材費は用水路から水を入れるだけなので増加しない。

サトイモで最も問題になるのは、収穫後の子イモ分離作業である。とくに、イモ個数が多い'石川早生丸'などでは、湛水栽培によって孫イモが増加し、親イモの周囲にすきまなく子イモ、孫イモが密着するので、親イモからの子イモ分離作業にかなりの負担がかかる。

しかし、新しく開発された子イモ分離機を導入すれば、親イモからの子イモ分離にかかる労力負担が大きく軽減され、作業時間の削減にもつながり、1時間当たりの所得が向上し、規模拡大も可能になる。

(執筆：池澤和広)

表14 サトイモ湛水栽培の経営指標

項目	慣行栽培	湛水栽培
収量 (kg/10a)	3,286	4,411
単価 (円 /kg)	250	250
粗収入 (円 /10a)	821,500	1,102,750
経営費 (円 /10a)	413,446	414,946
所得 (円 /10a)	408,054	687,804
所得率 (%)	50	62
労働時間 (時間 /10a)	250	160
収穫・調製以外	60	60
収穫・調製	190	100
1時間当たり所得 (円)	1,632	4,290

注1) 鹿児島県収益性目標および実証試験データを参考に算出
注2) 湛水栽培の経営費には子イモ分離機を含む

クワイ

表1　クワイの作型，特徴と栽培のポイント

主な作型と適地

作型	1月	2	3	4	5	6	7	8	9	10	11	12	備考
露地							●	―	―	―	■	■	中間地・暖地

●：植付け，■：収穫

特徴	名称	クワイ（オモダカ科オモダカ属）
	原産地・来歴	原産地は中国。日本には8世紀（奈良時代）に渡来
	栄養・成分的特徴	根菜類の中では水分が少なく，糖質が多い。糖質は主にデンプンで，ペクチン，ヘミセルロースなども含む
	機能性	食物繊維の生理作用として，整腸作用などがある
生理・生態的特徴	発芽条件	発芽温度は13～15℃以上
	温度への反応	生育の適温は20～30℃。高温条件で生育が促進される
	日照への反応	塊茎は短日（10～12時間と推定される）によって肥大を開始する
	土壌適応性	泥炭土と細粒グライ土が適する。黒ボク土，砂質土では収量が落ち，色沢も劣る
	開花（着果）習性	花は白色で，円錐花序に着生する。雌雄異花で，結実がほとんどない
栽培のポイント	主な病害虫	病気：赤枯病，ひぶくれ病，葉枯病，斑紋病，茎腐病 害虫：ハスクビレアブラムシ，クワイホソハマキ
	他の作物との組合せ	水稲との輪作

図1　クワイの形態

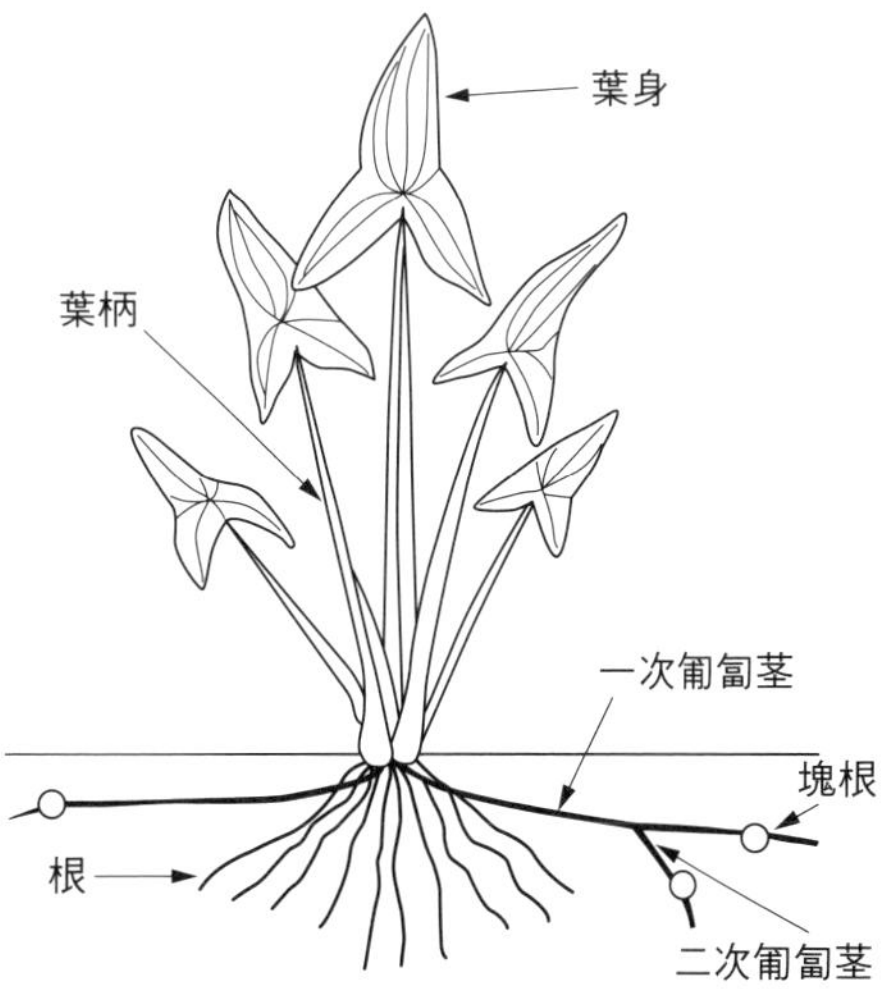

表2　普通栽培に適した主要品種の特性

品種名	販売元	特性
青クワイ	国華園	塊茎が偏球形で外皮が青藍色

この野菜の特徴と利用

(1) 野菜としての特徴と利用

①歴史、生産・消費の動き

クワイの原産地は中国で、野菜としての利用について、5〜6世紀ころの記述がある。

日本では、江戸時代に、今の京都、大阪、東京を中心に生産と利用が盛んになった。第二次世界大戦当時は、クワイは統制品として栽培が抑制された。戦後に栽培が復活したが、作付け面積は横ばいだった。

1970（昭和45）年からの稲作転換対策により、転作作物として全国各地で作付けが拡大された。しかし、収穫作業が重労働であるため、新規に定着した産地は少ない。その後は、都市化の進展による生産水田の改廃により、作付け面積が徐々に減少している。

近年、中国産の輸入ものが増加し、単価が国産の約3分の1と安いために、関西、京浜市場とも入荷量の約3割を占めるまでになっている。

クワイは、市場によって塊茎の大きさの需要が異なる。伝統的料理の食材のため、近年では消費が伸びていない。

②利用、栄養・機能性

クワイは「芽が出る」という意味の縁起物として、ほとんどが正月のおせち料理の食材に利用される。新しい用途としては、クッキーやサイダーへの加工が見られる。

クワイの栄養や機能性は、表1に示したとおりである。

(2) 生理的な特徴と適地

①生理・生態の特徴

クワイは、多年生の水生植物で、草丈が110〜125cmになる。葉は緑色で、茎の内部はスポンジ状の組織からなっている。塊茎は青色（アントシアン）を帯びる。

生育経過は、栄養生長期（発芽〜葉数増加期）と生殖生長期（匍匐《ほふく》茎発生期〜塊茎肥大期）に分けることができる。

塊茎の植付け後5日ほどすると頂芽の中間部から発芽を始め、10日目以降に葉柄の基部から発根を開始する。栄養生長期（7〜8月）には、茎数の増加と草丈の伸長が急速に行なわれる。

生殖生長期への移行は8月下旬から開始され、葉腋部（茎部）から匍匐茎（地下茎）が発生する。最初に発生する匍匐茎は短小で、塊茎の品質も悪い。その後、匍匐茎は茎葉の展開ごとに1本発生する。匍匐茎は60〜90cmに伸長し、さらに一次匍匐茎の節から二次匍匐茎が2〜3本発生する。

匍匐茎の伸長が終わると、匍匐茎の先端に塊茎を形成する。茎葉は11月上中旬の1〜2回の降霜によって枯死するが、養分の転流は行なわれ、塊茎は11月下旬まで肥大する。

②品種・系統

'青クワイ' わが国で栽培されている品種。草丈が比較的低く、小形で緑色、塊茎が偏球形で外皮が青藍色（表2）。'青クワイ'のうち塊茎が平らな系統を「新田クワイ」、やや腰高で円球形の系統を「京クワイ」と呼んでいる。「京クワイ」の中にも、草姿が這い性と立ち性の系統、抽台しやすいものとしにくい系統がある。

'白クワイ' 中国で多く栽培され、日本での栽培は少ない。草丈が高く、大型でやや淡緑色、塊茎が楕円形で灰白色。草勢は強いが、収量は劣る。塊茎の肉質は硬い。中華料理の材料として業務需要向けに輸入されている。

③作型、適地

クワイは、年末の需要が多いことと、早期に植え付けても過繁茂になって収量が上がらないため、作型はあまり分化していない。

栽培期間中に用水が豊富に確保できる、腐植に富んだ半湿田に適する。

気象条件は、全期間を通して温暖であることが必要である。とくに塊茎の肥大期以降、早期に降霜がある地域では収量が劣るので、関東南部以南が栽培の適地になる。

（執筆：岩元　篤）

露地栽培

1 この作型の特徴と導入

(1) 栽培の特徴と導入の注意点

この栽培は、ムロや貯蔵庫で貯蔵して発芽を抑制していた種球を7月上旬に植え付け、需要の多い年末出荷をめざすものである。

クワイは、出荷先によって求める出荷等級が変わる。関西市場向けにはS～M球中心、京浜市場向けにはL球中心の出荷になるが、近年は、関西向けも大玉を求める傾向にある。

クワイの収穫・調製・選別作業は重労働で労力がかかるので、導入にあたっては掘取機、洗い機、選別機などの機械利用が欠かせない。

(2) 他の野菜・作物との組合せ方

11月下旬～12月の収穫期に、労力の調整ができる野菜や作物と組み合わせるとよい。たとえば、水稲や葉物野菜などと組み合わせることができる。

図2　クワイの露地栽培　栽培暦例

月	5			6			7			8			9			10			11			12		
旬	上	中	下	上	中	下	上	中	下	上	中	下	上	中	下	上	中	下	上	中	下	上	中	下
作付け期間							●	―	―	―	―	―	―	―	―	―	―	―	―	―	■	■	■	
主な作業			耕起		元肥施用・代かき		植付け			防除		葉かき	根回し	防除		防除			から刈り		収穫始め		収穫終了	

●：植付け，■：収穫

2 栽培のおさえどころ

(1) どこで失敗しやすいか

① 種球の問題

ムロで貯蔵中に芽が伸びた種球は、植付け後の生育が悪い。また、出庫後に順化させなかったり乾かしたりすると、発芽が悪くなる。赤枯病など種球伝染性の病気に感染した種球を植えると、病気が蔓延して収量が激減する。

② 初期生育の問題

植付け後、用水が不足して水たまり状態になると、好天時に芽が焼ける。また、カルガモなどによる種球の食害は致命的になる。さらに、種球が大きいほど、植付け時期が早いほど、初期生育はよいが栄養生長になり、塊茎の肥大が悪い。

③ 用水管理の問題

水稲の中干し期間や収穫後に用水が確保できないと、クワイの腐敗球が多くなるばかりか、田面が硬くなって収穫が困難になる。

④ 品質の問題

強湿田での栽培や多肥栽培は、クワイの色沢を低下させるので注意する。サビ（二価鉄）の付着と同時に青色が濃くなるが、シブ（酸化鉄）抜き作業を適期に行なわないと、シブが付着して市場の評価が低下してしまう。

(2) おいしくて安全につくるためのポイント

① 多肥栽培にしない

極端な多肥栽培は、過繁茂をまねき、品質の低下や病害虫の発生要因になる。また、水質汚染の原因にもなるので、標準施肥量内での栽培を心がける。

② 耕種的防除の工夫

クワイに対する登録農薬が少ないため、薬剤防除に頼らず、耕種的防除によって病害虫の多発生を抑える。

3 栽培の手順

(1) 圃場の準備

5月下旬に圃場を耕起する。植付け10～14日前に石灰窒素と元肥を施用し、前作のこぼれクワイを除去後、入水して、ていねいに代かきを行なう（表4）。

近年、夏に行なっていた追肥は、猛暑の中の作業のため行なわず、緩行性肥料を利用した元肥のみの施用が増えている。

(2) 種球の準備と植付け

植付け1週間前に種球をムロから取り出し、ムシロをかけて外気にならす。これを6月下旬～7月上旬に植え付ける。植付け時期が早いと、過繁茂になりやすく、遅いと減収してしまう。なお、種球の重さは10g程度とする。

近年、掘取機の導入により、手掘りで見逃していた小球が多く収穫できるようになったため、植付けの間隔は、ウネ幅80cm前後、株間30cm前後と広くとるようになっている。

植付け間隔を広くとると、大玉になるが、手掘りでは株中心の収穫になるので、株から離れたところにできる子イモのとり残しが多く出てしまう。しかし、掘取機であれば、株から離れたところにある子イモも収穫できるので、大玉を収穫すると同時に、子イモの掘り残しも少なくすることができる。

植付け時は浅水にし、芽を上にして、芽の

先が土の表面とほぼ同じになる深さまで植え込み、周囲を土で押さえる。芽の先を傷めないように注意して植え付ける。

(3) 植付け後の管理

①鳥害防止、雑草防除

出芽前の種球をカルガモなどが食害し、大きな被害をおよぼすため、植付け後に圃場全体に網などをかけて鳥害を防ぐ。

雑草防除は、登録のある除草剤を適用のとおり使用し、「薬剤の使用上の注意事項」に従う。

②葉かき

葉かきは、過繁茂を防止し、新根と匍匐《ほふく》茎の発生を促進する効果がある。8月上旬に1回目の葉かき、8月下旬~9月上旬に2回目の葉かきを行ない、地際から葉をかき取る。残暑が厳しく、9月上旬に過繁茂になったときは、3回目の葉かきを行なう。

葉かきした茎葉は、1回目は圃場に埋めるが、2回目以降には地表面に置くか、圃場外

表3　クワイ露地栽培のポイント

	技術目標とポイント	技術内容
植付けの準備	◎圃場の選定	
	・適した土壌条件の圃場の選定	・クワイに適した土壌は，泥炭土と細粒グライ土の半湿田 ・黒ボク土，砂質土では収量が低下し，色沢も劣る
	・用水の確保	・栽培全期間にわたり用水が確保できる圃場を選定する ・地下水利用も可能
	◎施肥基準	・連作するときは元肥を施用しない
植付け方法	◎健全な種球の確保	
	・無病種球への更新	・健全な種球を確保するためには，赤枯病などが発生していない圃場から選定する
	◎適期の植付け	・7月1日を基準に植え付ける
	◎鳥害防除	・植付け直後のカモなどによる食害を防止する
	◎栽植密度	・10a当たり4,200～4,400球を植え付ける
植付け後の管理	◎適正な草勢維持	
	・葉かき	・過繁茂防止のため，8月上旬～9月上旬に葉かきを行ない，本葉4～5枚にし，風通しをよくする
	◎水管理	・用水を切らさないような浅水管理とする。強風時には深水にして茎葉の損傷を防止する
	◎病害虫防除	・病害虫を早期に発見し，適期に防除を行なう
	◎品質・収量を向上させる栽培管理	
	・根回し	・9月上旬に匍匐茎数を制限する（根回し）
収穫	◎から刈り	・収穫1カ月前の11月中下旬に地上部を鎌で刈り取る（から刈り）。から刈り後，深水とし，塊茎に付着したシブ（酸化鉄）を溶解させる
	◎適正な収穫方法	・シブが溶解した後，芽を傷めないようにして収穫する ・機械収穫では，レンコン用掘取機から吐出する流水を利用して，塊茎を浮かしながら収穫する
	◎種球の貯蔵	・種球は，貯蔵庫や地下ムロで貯蔵する

表4　施肥例　（単位：kg/10a）

	肥料名	施肥量	成分量		
			窒素	リン酸	カリ
元肥	粒状石灰窒素（20-0-0）	30	6.0		
	くわい一発（18-14-11）	240	43.2	33.6	26.4
施肥成分量			49.2	33.6	26.4

に持ち出す。この時期にすき込むと、根傷みを起こしたり、塊茎の色沢を落とす原因になる。

③根回し（走り切り）

8月下旬～9月上旬に匍匐茎を一部切断する作業を、根回しと呼んでいる。根回しは、塊茎数を制限して球揃いをよくし、塊茎の1個重を増加させるための作業である。

草刈り鎌を入れて、土とともに匍匐茎を切断する（図5）。なお、水稲の動力除草機を利用して根回しを行なうこともできる。

④水管理

植付け後2週間は、発芽促進のため、水深5cm程度の浅水管理とする。

発芽後は6～9cmのやや浅水管理とする。しかし、田面が硬くならない程度に適度に用水を止めると、根に酸素を供給し、収量と品質を向上させることができる。

9～11月には5cm程度の浅水管理とし、用水を切らさないようにする。なお、台風などの暴風雨時には深水にして、茎葉の損傷を防ぐ（図6）。

(4) 収穫

11月中下旬に、から刈りを行なう。から刈り後、水深を10～15cmの深水にし、還元状態にしてシブ（酸化鉄）抜きを行なう。11月下旬から収穫を開始する。

機械収穫の方法は、レンコン用掘取機を使い、吐出する流水を利用して浮かんできた匍匐茎を熊手で集め、匍匐茎の先端についている塊茎を収穫する（図7）。その後、落水して、表面に見える塊茎を手作業で拾い集める。

収穫後、水洗いをし、甘皮取りやシブ取りなどの調製を行ない、ベルト式の選別機で規格別に選別した後、5kg段ボール箱で出荷する。産地では収穫・調製・選別に機械を利用している。

図3　クワイの発芽時の姿

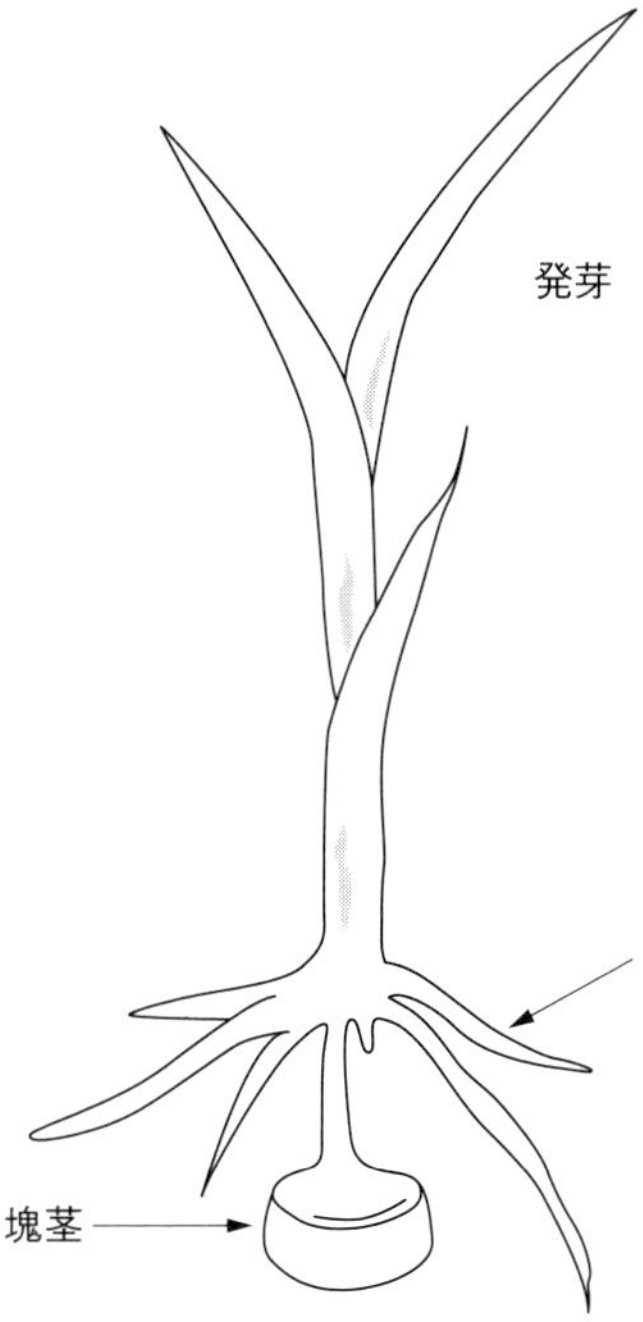

図5　クワイの根回しのやり方

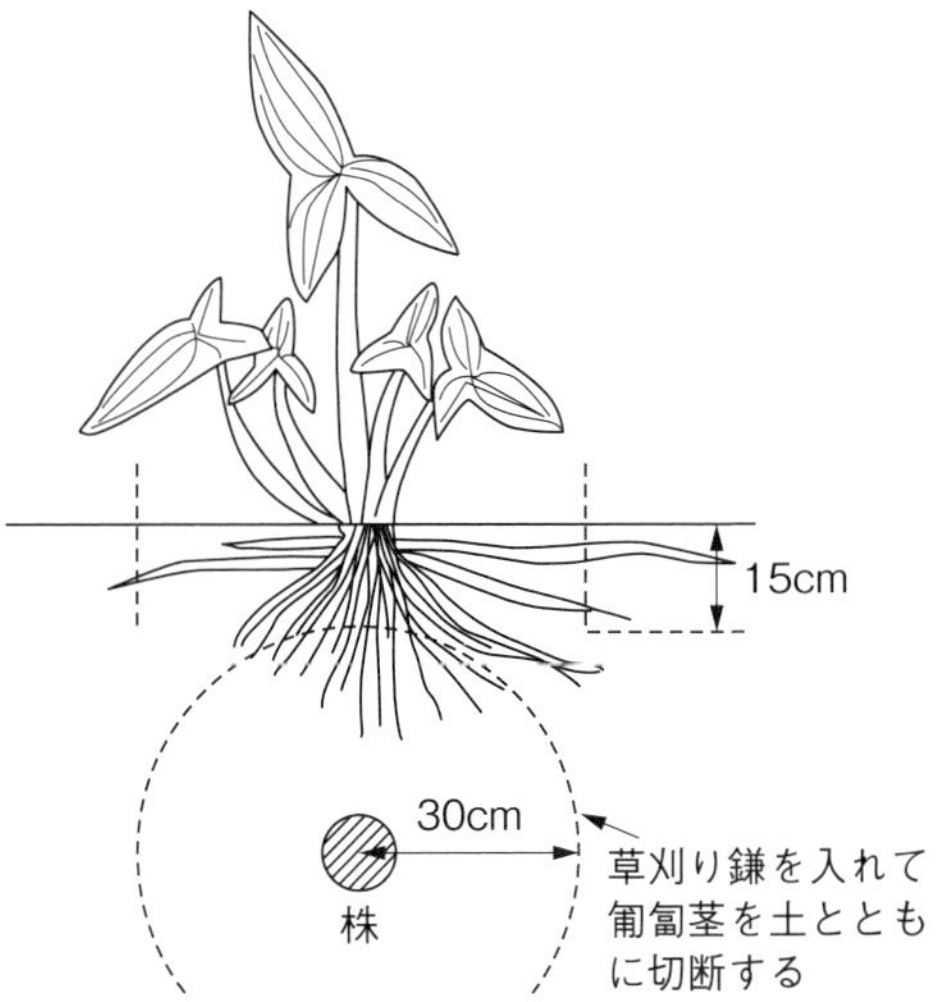

なお、出荷まで期間がある場合は、光を遮断した貯水槽で貯蔵する。

(5) 種球の貯蔵

収穫した塊茎の中から小球を選んで、種球用にムロで貯蔵する。ムロとは地下3m以上掘り下げた穴蔵で、地下水位の低い場所につくる。

ムロ内部の平均気温は11～12℃、湿度は90～95%で、季節による変化が少ない。網袋に種球を5kg詰め、10cm程度合土をして2～3段に積み重ね、貯蔵する。

近年は、冷蔵庫を利用した貯蔵も増えており、半数の生産者が冷蔵庫を使用している。冷蔵庫の温度は5℃前後とし、湿度の調整は行なっていない。

図4　クワイの生育状況（植付け1カ月後）

図6　生育最盛期のクワイ

4 病害虫防除

(1) 基本になる防除方法

クワイの登録農薬は少ないので、耕種的防除法を取り入れることが必要である。

クワイ栽培でとくに注意しなければならない病害虫は、生育初～中期の赤枯病、7月上

図7　掘取機によるクワイの収穫

表5　病害虫防除の方法

	病害虫名	防除法
病気	赤枯病（症）	・種球を更新する ・発生圃場の塊茎を種球としない ・連作を避ける ・種球用の塊茎を貯蔵前にベンレートT水和剤20で処理する ・代かき前に石灰窒素を10a当たり50～60kg施用する
	ひぶくれ病	・被害茎葉を焼却処分する ・畦畔や水路のこぼれクワイを処分する ・7月中下旬からZボルドーによる防除を行なう
	葉枯病	・被害茎葉を集めて処分する ・密植を避け，多肥栽培をしない
	斑紋病	・被害茎葉を集めて処分する ・畦畔や水路のこぼれクワイを処分する
	茎腐病	・連作を避ける ・ユニホーム粒剤による防除を行なう
害虫	クワイホソハマキ	・畦畔や水路のこぼれクワイを処分する ・被害茎葉を集めて圃場外で処分する
	アブラムシ類	・クワイ圃場や水路などに自生しているウキクサ，ヒシ，ホテイアオイ，コナギなどを除去するとともに，クワイ圃場への流入を防ぐ ・ダントツ粒剤による防除を行なう

注1）表中の薬剤名は，2023（令和5）年9月6日現在登録のあるもの
注2）農薬使用上の注意事項
①農薬はラベルの記載内容を必ず守って使用する
②剤の使用回数，成分ごとの総使用回数，使用量および希釈倍数は使用のつど確認する。とくに，蚕や魚に対して影響の強い農薬など，使用上注意を要する薬剤を用いる場合は，周辺への危被害防止対策に万全を期すること
③農薬を散布するときは，農薬が周辺に飛散しないよう注意する
④周辺の住民に配慮し，農薬使用の前に周知徹底する

表6　クワイ露地栽培の経営指標

項目	
収量（kg/10a）	1,000
単価（円/kg）	1,800
粗収入（円/10a）	1,800,000
経営費（円/10a）	736,000
種苗費	90,000
肥料費	43,000
薬剤費	24,000
資材費	18,000
動力光熱費	90,000
雇用労賃	184,000
農具費	12,000
流通経費（運賃・手数料）	213,000
荷造経費	36,000
その他の経費	26,000
償却費（円/10a）	444,000
建物	15,000
機械等	429,000
家族労賃（円/10a）	200,000
農業所得（円/10a）	420,000
労働時間（時間/10a）	240

旬～8月下旬に発生するひぶくれ病、9月以降のハスクビレアブラムシなどがある（表5参照）。

赤枯病が生育初期に発生した場合は、減収程度が大きいので、あらかじめ補植株をウネ間に用意しておき、植え替える。

ひぶくれ病は、台風などの強風雨にともない葉が損傷し、傷口から感染が拡大する。ひぶくれ病が多く発生すると、収量に大きな影響をおよぼす。

その他、葉枯病、斑紋病、茎腐病があり、近年では発生が少ないが、十分注意する必要がある。

(2) 農薬を使わない工夫

種球をとる圃場で赤枯病が発生したら、その株をただちに抜き取り、処分する。匍匐茎の発生後（8月下旬以降）に赤枯病に罹病したときは、その株から1m以内の場所から種球をとらないようにする。

罹病した株の被害茎葉は、圃場外へ持ち出し、焼却処分する。水路や畦畔のこぼれクワイや、オモダカなどの雑草が伝染源にもなるので、処分する。

表7　埼玉クワイの出荷規格表（JA全農さいたま）

等級区分	選別基準（1個の直径）	入れ数（個）	調製	量目	荷づくり方法
L	品質・色沢・形状の良好なもの（4.0cm以上）	110以上	洗いをよくする 表皮を取り除く B級のサビの付着，表面積の10～40％まで	5kg 皆掛け5.6kg	耐水段ボール使用 上蓋はテープで封じる
M	品質・色沢・形状の良好なもの（3.3cm以上）	180以上			
S	品質・色沢・形状の良好なもの（2.5cm以上）				
2S	品質・色沢・形状の良好なもの（2.0cm以上）				
3S	品質・色沢・形状の良好なもの（1.5cm以上）				
BL	品質・色沢・形状が若干劣るもの（4.0cm以上）				
BM	品質・色沢・形状が若干劣るもの（3.3cm以上）				
BS	品質・色沢・形状が若干劣るもの（2.0cm以上）				
B	B級直径2cm以下のもの，サビの付着度40％以上のもの				
C	芽なし				

5 経営的特徴

手掘り作業の時代には、収穫・調製作業に10a当たり320時間程度を要する重労働だったが、現在では機械化が進み、150時間程度と約半分の労力で済む。

経費は表6のとおりである。国内での栽培面積の減少や輸入量の減少により、販売単価は上昇しているが、資材費や燃料費等の高騰により、所得は低下している。

（執筆：岩元　篤）

付録

農薬を減らすための防除の工夫

1 各種防除法の工夫

(1) 耕種的な防除方法

① 完熟堆肥の施用、輪作

完熟した堆肥の施用は土壌の物理性や化学性を改善するだけでなく、有用な微生物が多数繁殖し、土壌病原菌の増殖を抑える働きがある。ただし、十分に腐熟していない堆肥を使用すると、作物の生育に障害が出る場合があるので注意する。

ダイコン、ニンジン、ゴボウなど、根菜類の作付け直前に堆肥を施用すると、根部表面が荒れ品質が低下する場合があるので、前作で堆肥を施用する。

なお、同一作物を同一圃場で連続して栽培すると、土壌病原菌の密度が高まり、作物の生育に障害が出る。そのためいくつかの作物を順番に回して栽培する必要がある。

② 栽培管理

ジャガイモ栽培では、そうか病と疫病が問題となる。イモの肌がかさぶた状になるそうか病は、土壌pHが高いと発生しやすくなるので、土壌pHが低い圃場に作付けをするか、そうか病の発生した圃場ではジャガイモの作付け前に石灰類を施用しない。茎葉に疫病が多発生すると、イモの品質にも影響する。薬剤散布を実施する場合、茎葉が繁茂してからでは十分な効果が期待できないので、ジャガイモの花が開き始めたころに行なう。

ダイコン栽培では、軟腐病の発生が問題になる。高温期に、台風が通過した後によく発生する。窒素過多で発生が助長され、ヨトウムシなど害虫の食害痕からも軟腐病菌は侵入するので、施肥量の調節やヨトウムシ防除を行なう。

サトイモ、ナガイモ、ラッキョウ、ニンニクなどの栄養繁殖性作物では、種イモ、種球の選別をしっかりと行なう。

表1　物理的防除法，対抗植物の利用

近紫外線除去フィルムの利用	・ハウスを近紫外線除去フィルムで覆うと，アブラムシ類やコナジラミ類のハウス内への侵入や，灰色かび病，菌核病などの増殖を抑制できる
有色粘着テープ	・アブラムシ類やコナジラミ類は黄色に（金竜），ミナミキイロアザミウマは青色に（青竜），ミカンキイロアザミウマはピンク色に（桃竜）集まる性質があるため，これを利用して捕獲することができる ・これらのテープは降雨や薬剤散布による濡れには強いが，砂ボコリにより粘着力が低下する
シルバーマルチ	・アブラムシ類は銀白色を忌避する性質があるので，ウネ面にシルバーマルチを張ると寄生を抑制できる。ただし，作物が繁茂してくるとその効果は徐々に低下してくるので，作物の生育初期のアブラムシ類寄生によるウイルス病の防除に活用する
黄色蛍光灯	・ハスモンヨトウやオオタバコガなどの成虫は，光によって活動が抑制される。作物を防蛾用黄色蛍光灯（40W1本を高さ2.5～3mにつる。約100m^{2}を照らすことができる）で夜間照らすことにより，それらの害虫の被害を大きく軽減できる
防虫ネット，寒冷紗	・ハウスの入り口や換気部に防虫ネットや寒冷紗を張ることにより害虫の侵入を遮断できる ・確実にハウス内への害虫侵入を軽減できるが，ハウス内の気温がやや上昇する。ハウス内の気温をさほど上昇させず，害虫の侵入を軽減できるダイオミラー410ME3の利用も効果的である
ベタがけ，寒冷紗の被覆	・露地栽培では，パスライトやパオパオなどの被覆資材や寒冷紗で害虫の被害を軽減できる。直接作物にかける「ベタがけ」か，支柱を使いトンネル状に覆う「浮きがけ」で利用する。「ベタがけ」は手軽に利用できるが，作物と被覆資材が直接触れるとコナガなどが被覆内に侵入する場合がある
マルチの利用	・マルチや敷ワラでウネ面を覆うことにより，地上部への病原菌の侵入を抑制できる。黒マルチを利用することにより雑草の発生を抑えられるが，早春期に利用すると若干地温が低下する
対抗植物の利用	・土壌線虫類などの防除に効果がある植物で，前作に60～90日栽培して，その後土つくりを兼ねてすき込み，十分に腐熟してから野菜を作付ける ・マリーゴールド（アフリカントール，他）：ネグサレセンチュウに効果 ・クロタラリア（コブトリソウ，ネマコロリ，他）：ネコブセンチュウに効果

表2　農薬使用の勘どころ

散布薬剤の調合の順番	①展着剤→②乳剤→③中和剤（フロアブル剤）の順で水に入れ混合する
濃度より散布量が大切	ラベルに記載されている範囲であれば薄くても効果があるのでたっぷりと散布する
無駄な混用を避ける	・同一成分が含まれる場合（例：リドミルMZ水和剤＋ジマンダイセン水和剤） ・同じ種類の成分が含まれる場合（例：トレボン乳剤＋ロディー乳剤） ・同じ作用の薬剤同士の混用の場合（例：ジマンダイセン水和剤＋ダコニール1000）
新しい噴口を使う	噴口が古くなると散布された液が均一に付着しにくくなる。とくに葉裏
病害虫の発生を予測	長雨→病気に注意，高温乾燥→害虫が増殖
薬剤散布の記録をつける	翌年の作付けや農薬選びの参考になる

表3　野菜用のフェロモン剤

	商品名	対象害虫	適用作物
交信かく乱剤	コナガコン	コナガ オオタバコガ	アブラナ科野菜など加害作物 加害作物全般
	ヨトウコン	シロイチモジヨトウ	ネギ，エンドウなど加害作物全般
大量誘殺剤	フェロディンSL	ハスモンヨトウ	アブラナ科野菜，ナス科野菜，イチゴ，ニンジン，レタス，レンコン，マメ類，イモ類，ネギ類など
	アリモドキコール	アリモドキゾウムシ	サツマイモ

③圃場衛生、雑草の除去

圃場およびその周辺に作物の残渣があると病害虫の発生源になるので、すみやかに処分する。

アブラムシ類、アザミウマ類、ハモグリバエなどの微小な害虫は、作物だけでなく、雑草にも寄生しているので除草を心がける。

(2) 物理的防除、対抗植物の利用

表1参照。

(3) 農薬利用の勘どころ

表2参照。

2 合成性フェロモン剤利用による防除

合成性フェロモン剤とは、性的興奮や交尾行動を起こさせる物質で、雌の匂いを化学的に合成したものが、特殊なチューブに封入され販売されている。

合成性フェロモン剤利用による防除には、①大量誘殺法（合成性フェロモンによって大量に雄成虫を捕獲し、交尾率を低下させる方法）、②交信かく乱法（合成性フェロモンを一定の空間に充満することにより、雌雄の交信をかく乱させ、雄が雌を発見できなくなる交尾阻害方法）がある（表3参照）。

合成性フェロモンは作物に直接散布をするものではなく、天敵や生態系への影響もない防除手段であり、注目されているが、いずれの方法も数ha規模で使用しないとその効果は期待できない。

（執筆：加藤浩生）

天敵の利用

1 土着天敵の保護・強化と副次的な効果

根菜類を含む野菜類やイモ類では、チョウ目害虫やアブラムシ類、コガネムシ類、植物寄生性線虫などが問題となる。

天敵利用は、野菜類ではハスモンヨトウを対象としてバイオセーフ剤（天敵線虫製剤）の土壌灌注処理が、ネコブセンチュウ類を対象としてパストリア水和剤（天敵細菌製剤）の土壌処理がそれぞれ可能であるが、露地圃場での利用場面は限られる。

したがって、一部品目の施設栽培におけるアブラムシ類の防除に生物農薬を用いる場合を除き、天敵利用は地上部害虫（チョウ目害虫、アブラムシ類）に対する土着天敵の活用のみになる。具体的には、天敵の働きを妨げる要因（悪影響をおよぼす薬剤の使用など）を回避して保護し、活動に好適な条件（天敵の密度を高める植生の配置など）を整えて働きを強化する。

強化のための植生管理には、天敵温存植物または緑肥用ムギ類などの被覆植物（表1）の活用があり、目的とする土着天敵の種類に合わせて草種を選ぶ。なお、このような植生管理は天敵の密度を高めるだけではなく、害虫の行動にも影響し、被害を軽減する効果がある。

表1　主な天敵温存植物および被覆植物とその効果，留意事項

対象害虫			強化が期待される天敵						天敵に供給される餌・効果				主な利用時期				
アブラムシ類	チョウ目	天敵温存植物（★）または被覆植物（●）	寄生蜂 	クサカゲロウ類 	ゴミムシ類 	テントウムシ類 	徘徊性クモ類 	ヒラタアブ類 	花粉・花蜜	隠れ家	植物汁液	代替餌（昆虫）	春	夏	秋	冬	留意事項
○		★コリアンダー	○	○				○	○								秋播きすると春に開花する
○		★スイートアリッサム	○					○	○								・白色の花が咲く品種が推奨される ・温暖地では冬期も生育・開花する ・アブラナ科であることに留意する
○		★スイートバジル	○					○	○								開花期間が長い
○		★ソバ	○					○	○								・秋ソバ品種を早播きすると長く開花する ・倒伏・雑草化しやすい
○		★ソルゴー	○	○		○		○			○	○					ヒエノアブラムシや傷口から出る汁液が餌となる
	○	★●フレンチマリーゴールド			○		○			○		○					・花に生息するコスモスアザミウマが餌となる ・被覆植物としての機能も期待できる ・キク科であることに留意する
○		★ホーリーバジル	○					○	○								開花期間が長い
	○	●クリムゾンクローバ	○		○	○	○	○	○	○							暑さには弱いが，冬期も地上部が維持される
	○	●シロクローバ	○		○	○	○	○	○	○							冬期には地上部が枯死する
	○	●緑肥用ムギ類			○		○			○							種，品種により播種期や冬期への適否が異なる

2　IPMの実践が基本

土着天敵による対応がむずかしい病害虫への対策も含めたＩＰＭ（総合的病害虫・雑草管理）の実践を基本とする。①健全苗の利用、②害虫発生源の除去、③防虫ネットや不織布などによる被覆、④圃場への合成性フェロモン剤の設置による交信かく乱などによって、あらかじめ害虫が発生しにくい環境を整える。

また、薬剤を併用する場合は、次項の内容に留意する。

3　天敵と化学合成農薬などの上手な併用

天敵では対応できない病害虫の対策として、薬剤を適切に組み合わせて用いることが、天敵利用成功のポイントである。ただし、天敵の定着や増殖に悪影響をおよぼすものもあるので、併用薬剤の選択には細心の注意をはらう必要がある。

選択的なものを用いることが基本になる

表2　各種土着天敵に対する薬剤の影響の目安

IRAC作用機構分類	サブグループ	薬剤名	土着天敵種（対象害虫種）								
			コナガコマユバチ（コナガ）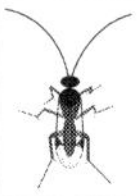	ギフアブラバチ（アブラムシ類）		ナケルクロアブラバチ（アブラムシ類）		オオアトボシアオゴミムシ（チョウ目など）	ナミテントウ（アブラムシ類）		ウヅキコモリグモ（チョウ目など）
			成虫	成虫	マミー	成虫	マミー	成虫	成虫	幼虫	若齢幼体
1A	カーバメート系	ランネート45DF	—	—	—	—	—	b	—	—	×
		オリオン水和剤40	—	—	—	—	—	—	—	—	×
1B	有機リン系	マラソン乳剤	—	×	○	—	—	—	×	×	×
		オルトラン水和剤	—	—	—	—	—	b	×	×	—
		エルサン乳剤	—	—	—	—	—	—	—	—	×
		ダイアジノン乳剤40	—	—	—	—	—	—	—	—	×
		トクチオン乳剤	—	—	—	—	—	—	—	—	×
3A	ピレスロイド系	アディオン乳剤	×	×	◎	—	—	—	△	△	×
		トレボン乳剤	—	—	—	—	—	—	—	—	×
		アグロスリン水和剤	—	—	—	—	—	a	×	×	×
		バイスロイド乳剤	—	—	—	—	—	—	—	—	×
		スカウトフロアブル	—	—	—	—	—	—	—	—	×
		マブリック水和剤20	—	—	—	—	—	—	—	—	×
4A	ネオニコチノイド系	モスピラン水溶剤	◎	◎	—	△	◎	b	×	×	○
		アクタラ顆粒水溶剤	—	△	○	—	—	—	×	△	◎
		アドマイヤーフロアブル	—	○	◎	—	—	—	—	—	—
		ダントツ水溶剤	○	○	◎	—	—	—	—	—	○
		スタークル / アルバリン顆粒水溶剤	—	△	◎	—	—	a	×	×	—
		ベストガード水溶剤	—	×	◎	—	—	—	—	—	—
5	スピノシン系	スピノエース顆粒水和剤	—	×	◎	△	◎	b	—	◎	×
6	アベルメクチン系	アファーム乳剤	◎	×	◎	△	◎	—	○	×	×
		アニキ乳剤	—	△	◎	△	◎	—	—	—	—
9B	ピリジン アゾメチン誘導体	チェス水和剤 / 顆粒水和剤	—	◎	—	◎	◎	—	—	◎	—
		コルト顆粒水和剤	—	◎	—	—	—	—	—	—	—
11A	*Bacillus thuringiensis* と殺虫タンパク質生産物	各種 BT 剤	◎	—	—	—	—	a	◎	○	◎
12A	ジアフェンチウロン	ガンバ水和剤	—	—	—	—	—	—	—	—	×
13	ピロール	コテツフロアブル	—	×	◎	×	◎	—	—	○	×
14	ネライストキシン類縁体	パダン SG 水溶剤	×	—	—	—	—	a	—	—	×
		リーフガード顆粒水和剤	—	—	—	—	—	—	—	—	○
15	ベンゾイル尿素系（IGR 剤）	アタブロン乳剤	◎	—	—	—	—	—	—	—	×
		ノーモルト乳剤	◎	—	—	—	—	—	—	—	◎
		カスケード乳剤	—	◎	—	—	—	—	○	○	◎
		ファルコンフロアブル	—	◎	—	—	—	—	—	—	◎
		マトリックフロアブル	—	—	—	—	—	—	—	—	◎
		マッチ乳剤	—	◎	—	◎	◎	—	◎	○	◎
17	シロマジン	トリガード液剤	—	—	—	—	—	—	—	◎	—
21A	METI 剤	ハチハチ乳剤	×	△	○	—	—	—	—	×	×
28	ジアミド系	プレバソンフロアブル	◎	—	—	◎	◎	a	—	—	—
		フェニックス顆粒水和剤	◎	◎	—	—	—	a	—	○	—
29	フロニカミド	ウララ DF	—	—	—	◎	◎	—	—	◎	—
UN	ピリダリル	プレオフロアブル	◎	◎	—	◎	◎	a	—	○	◎
	水（対照）		◎	◎	◎	◎	◎	a	◎	◎	◎

注）◎（無影響）：死亡率30％未満，○（影響小）：同30％以上80％未満，△（影響中）：同80％以上99％未満，×（影響大）同99％以上（IOBC の室内試験基準），a：影響が小さい（水処理と有意差なし），b：影響が大きい（水処理と有意差がある），—：データなし

が、天敵の種類によって個々の薬剤による影響の程度は大きく異なるため、主に活用したい天敵種をイメージして薬剤を選ぶ。

チョウ目の主な土着天敵である寄生蜂類、ゴミムシ類、徘徊性クモ類、アブラムシ類の寄生蜂類、テントウムシ類については、一部の種であるが表2のように各種殺虫剤の影響についての知見があり、これらが参考となる。

アブラムシ類の土着天敵のうち、施設栽培の野菜類に農薬登録がある種（アブラムシ類の天敵であるショクガタマバエ、クサカゲロウ類）については、天敵に対する各種薬剤の影響の目安として、日本生物防除協議会がウェブサイト（図1を用いてアクセス可、http://www.biocontrol.jp/）に一覧で公開している中に情報があり、これが参考になる。

殺虫剤の場合、天敵の種を問わず影響が小さいものは、気門封鎖剤、BT剤など数種類に限られる。やむを得ず非選択的な薬剤を用いる場合は、利用する剤型や処理方法をできるだけ工夫する。

たとえば、栽培初期には粒剤処理や土壌灌注処理で対応すれば、非選択的な殺虫剤であっても影響を軽減できる可能性がある。なお、根菜類やイモ類で活用したい土着天敵の場合、殺菌剤はほとんど影響をおよぼさないと考えられる。

4 被害許容密度や栽培期間などにより異なる天敵利用の難易度

一部の根菜類は葉を残して出荷するため、出荷部位そのものを害虫の食害から守る必要があり、このような品目では被害許容密度が低くなる。作物ごとの被害許容密度や栽培期間、使用可能な選択性薬剤の数によって、土着天敵活用の難易度は異なる。

土着天敵の活用が可能なのは、被害許容密度が高く、栽培期間が長く、選択性薬剤のメニューが豊富な作物である（表3）。

（執筆：大井田　寛）

表3　各作物の特性と天敵利用の難易度

栽培期間	選択性薬剤のメニュー	被害許容密度	天敵利用の難易度
長い 短い	多い 少ない	中～高い 低い	可能 困難

図1　日本生物防除協議会ウェブサイトへのQRコード

各種土壌消毒の方法

土壌消毒を実施するかどうかの判断は非常にむずかしい。作物の生育期間中に土壌害虫や線虫の寄生に気がついても手の施しようがないので、前作で病気や線虫による株の萎れや根の異常があれば実施するのが賢明である。

1 太陽熱利用による土壌消毒

太陽の熱でビニール被覆した土壌を高温にし、各種病害、ネコブセンチュウ、雑草の種子を死滅させる方法である。冷夏で日射量が少ないと効果が不十分になる。

処理は梅雨明け後から約1カ月間に行なうのがよい。処理手順は図1、2のように行なう。

近年、有機物を施用して太陽熱消毒を行なう土壌還元消毒が施設栽培を中心に実施されている。有機物を餌に微生物が急増してその呼吸で酸素が消費され、土壌が還元化することで、これまでの太陽熱消毒に比べて、より低温で短期間に安定した効果が得られる。

有機物がフスマや米ぬか、糖蜜の場合、10a当たり1t施用してから土壌に混和し、十分な水を与えて農業用の透明フィルムで被覆し、ハウスを密閉する。エタノールを使用する場合、処理前日ないし当日、圃場全体に灌水チューブなどで50㎜程度灌水する。その後、液肥混入器などで0・25～0・5％に希釈したエタノールを50㎝程度の間隔で設置した灌水チューブで黒ボク土では1㎡当たり150ℓ、砂質土では濃度を2倍にして半量散布後、フィルムで被覆する。

いずれの方法もハウスを2～3週間密閉後、フィルムを除去してロータリーで耕うんし、土壌を下層まで酸化状態に戻し、3～4日後に播種・定植ができる。

土壌消毒効果は、有機物を混和した部分までに限定され、低濃度エタノールは処理費用が高いが、深層まで処理効果を示す。

図1　露地畑での太陽熱土壌消毒法

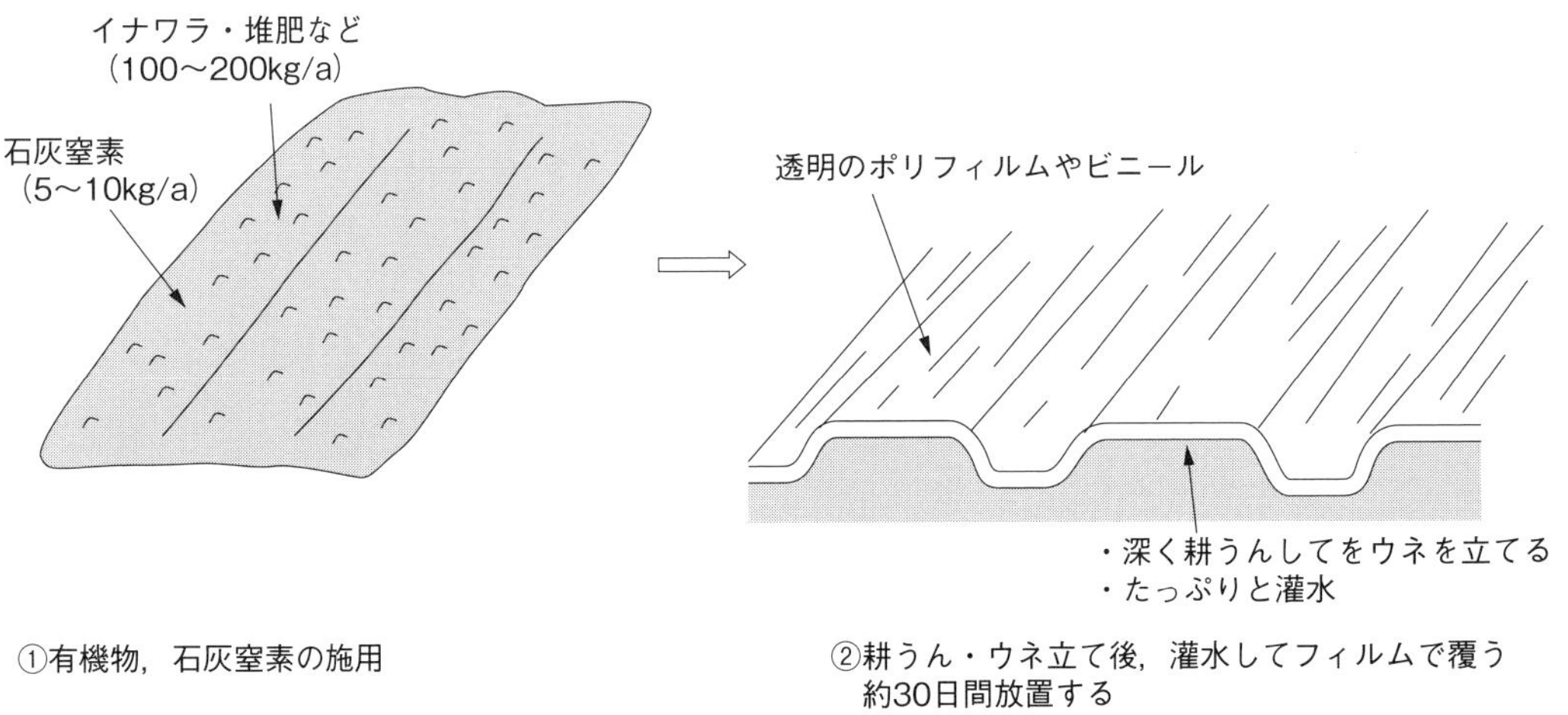

①有機物，石灰窒素の施用

②耕うん・ウネ立て後，灌水してフィルムで覆う
約30日間放置する

2 石灰窒素利用による土壌消毒

作付け予定の5～7日以上前に、100㎡当たり5～10kgを施用し、ていねいに土壌混和する。土壌が乾燥している場合は灌水をする。

図2　施設での太陽熱土壌消毒法

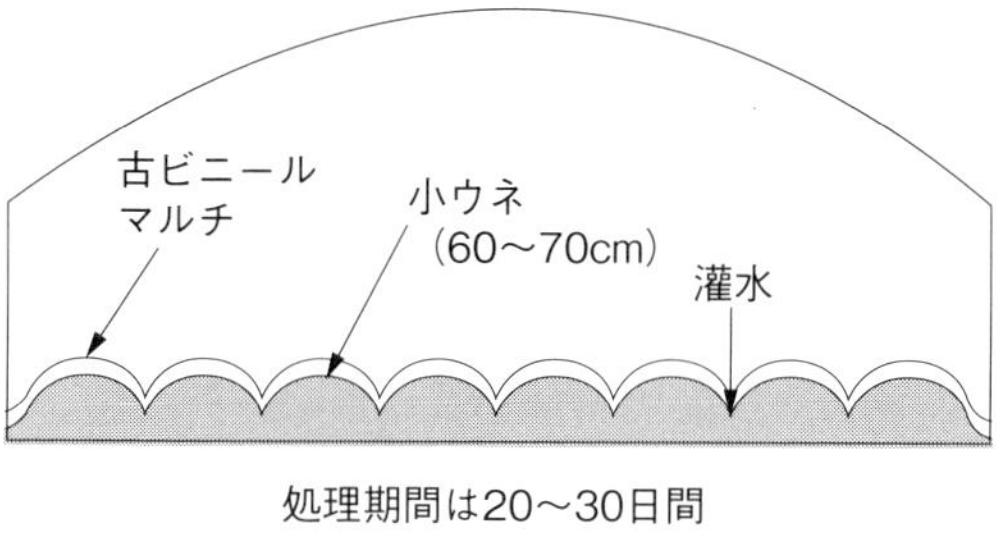

表1　主なくん蒸剤

種類／対象	線虫類	土壌病害	雑草種子	主な商品名
D-D剤	○	—	—	DC，テロン
クロルピクリン剤	○	○	○	クロルピクリン
ダゾメット剤	○	○	○	ガスタード微粒剤

太陽熱利用や化学農薬による土壌消毒より防除効果は低いが、手軽に利用できる。

3 農薬による土壌消毒

(1) くん蒸剤による土壌消毒

土壌病害と線虫類、雑草の種子を防除対象とするものと、線虫類だけを対象とするものとがある（表1）。

くん蒸剤を施用してから作物を作付けできるまでの最短の必要日数は、使用する薬剤によって異なり、D‐D剤やクロルピクリン剤では約2週間、ダゾメット（ガスタード微粒剤）では約3週間程度である。気温が低い場合は、この日数よりも長く必要になる。

くん蒸剤は土壌病害、線虫害を回避する一つの方法であるが、その使用方法は非常にむずかしいので、表示されている注意事項に十分留意して行なう。

〈くん蒸剤使用の留意点〉

①D‐D剤やクロルピクリン剤を使用するときには、専用の注入器が必要である。

②くん蒸剤全体に薬剤の臭いがするが、とくにクロルピクリンは非常に臭いが強いので、その取扱いには注意が必要。

③テープ状のクロルピクリンは、使用時の臭いが少なく使用しやすい。

④くん蒸剤注入後はポリフィルムやビニールで土壌表面を覆う。

⑤ダゾメット剤は処理時の土壌水分を多目にする。

(2) 粒状殺線虫剤

粒状殺線虫剤はくん蒸剤と異なり、手軽に使用できる。植付け直前にていねいに土壌に混和する。植付け前の施肥時の使用が合理的である。100㎡当たり200～400gを土壌表面に均一に散粒し、ていねいに土壌混和するのが効果を高めるポイントである。

植付け時の植穴使用は効果がない。また、生育中の追加使用も同様に効果がない。

果菜類のネコブセンチュウ対策としての実施が主である。キャベツなどのアブラナ科に発生する、根こぶ病とは使用薬剤が異なるので注意する。

（執筆：加藤浩生）

被覆資材の種類と特徴

ハウスやトンネル、ベタがけ、マルチに使用する被覆資材にはいろいろな材質、特性のものがある。野菜の種類や作期などに応じて最適なものを選びたい。

(1) ハウス外張り用被覆資材（表1）

①資材の種類と動向

ハウス外張り用被覆資材は、ポリ塩化ビニール（農ビ）が主に使用されてきたが、保温性を農ビ並みに強化し、長期展張できるポリオレフィン系特殊フィルム（農ＰＯ）が開発されてそのシェアを伸ばしてきた。

２０１８年の調査によるハウス外張り用被覆資材は、農ＰＯが全体の52％を占め、次いで農ビが36％、農業用フッ素フィルム（フッ素系）が6％である。

ハウス外張り用被覆資材に求められる特性としては、第一に保温性、光線透過性が優れていることで、防曇性（流滴性）、防霧性なども重要である。

②主な被覆資材の特徴

農ビ　農ビは、柔軟性、弾力性、透明性が高く、防曇効果が長期間持続し、赤外線透過率が低いので保温性が優れていることなどが特長である。一方、資材が重くてべたつきやすく、汚れの付着による光線透過率低下が早いのが欠点である。

べたつきを少なくして作業性をよくする、チリやホコリを付着しにくくして汚れにくくする、3～4年展張可能といった、これまでの農ビの欠点を改善する資材も開発されている。

農ＰＯ　農ＰＯは、ポリオレフィン系樹脂を3～5層にし、赤外線吸収剤を配合するなどして保温性を農ビ並みに強化したもので、軽量でべたつきなく透明性が高い。こすれに弱いが、破れた部分からの傷口が広がりにくく、温度による伸縮が少ないので、展張した資材を固定するテープなどが不要で、バンドレスで展張できる。厚みのあるものは長期間展張できるといった特徴がある。

硬質フィルム　近年、硬質フィルムで増えているのが、フッ素系フィルムである。エチレンと四フッ化エチレンを主原料とし、光線透過率が高く、透過性が長期間維持される。強度、耐衝撃性に優れ、耐用年数は10～30年と長い。粘着性が小さく、広い温度帯での耐性も優れている。表面反射がきわめて低いので室内が明るく、赤外線透過率が低いため保温性も優れている。使用済みの資材は、メーカーが回収する。

③用途に対応した製品の開発

各種類には、光線透過率を波長別に変えたり散乱光にしたりするなど、さまざまな用途に対応する製品が開発されている。

近紫外線を除去したフィルムは、害虫侵入抑制、灰色かび病などの病原胞子の発芽を抑制する利点があるが、ナスでは果皮色が発色不良になり、ミツバチやマルハナバチの活動が低下するので注意する（表2）。

光散乱フィルムは、骨材や作物の葉などによる影ができにくく、急激な温度変化が少ないので、葉焼けや果実の日焼けを抑制し作業環境もよくなる。

そのほか、外気温に反応して透明性が変化し、低温時は透明で直達光を多く取り込み、

表1　ハウス外張り用被覆資材の種類と特性

種類	素材名		商品名	光線透過率(%)	近紫外線透過程度[注]	厚さ(mm)	耐用年数(年)	備考
硬質フィルム	ポリエステル系		シクスライトクリーン・ムテキLなど	92	△～×	0.15～0.165	6～10	強度，耐候性，透明性に優れている。紫外線の透過率が低いため，ミツバチを利用する野菜やナスには使えない
	フッ素系		エフクリーン自然光，エフクリーンGRUV，エフクリーン自然光ナシジなど	92～94	○～×	0.06～0.1	10～30	光線透過率が高く，フィルムが汚れにくくて室内が明るい。長期展張可能. 防曇剤を定期的に散布する必要がある。ハウス内のカーテンやテープなどの劣化が早い。キュウリやピーマンは保湿が必要。近紫外線除去タイプ（エフクリーンGRUVなど）や光散乱タイプ(エフクリーン自然光ナシジ)もある。使用済み資材はメーカーが回収する
軟質フィルム	ポリ塩化ビニール（農ビ）	一般	ノービエースみらい，ソラクリーン，スカイ8防霧，ハイヒット21など	90～	○～×	0.075～0.15	1～2	透明性が高く，防曇効果が長期間持続し，保温性がよい。資材が重くてべたつきやすく，汚れによる光線透過率低下がやや早い。厚さ0.13mm以上のものはミツバチやマルハナバチを利用する野菜には使用できないものがある
		防塵・耐久	クリーンエースだいち，ソラクリーン，シャインアップ，クリーンヒットなど	90～	○～×	0.075～0.15	2～4	チリやホコリを付着しにくくし，耐久農ビは3～4年展張可能。厚さ0.13mm以上のものには，ミツバチを利用する野菜に使用できないものがある
		近紫外線除去	カットエースON，ノンキリとおしま線，紫外線カットスカイ8防塵，ノービエースみらい	90～	×	0.075～0.15	1～2	害虫侵入抑制，灰色かび病などの病原胞子の発芽を抑制する。ミツバチを利用する野菜やナスには使えない
		光散乱	無滴，SUNRUN，パールメイトST，ノンキリー梨地など	90～	○	0.075～0.1	1～2	骨材や葉による影ができにくい。急激な温度変化が緩和し，葉焼けや果実の日焼けを抑制し，作業環境もよくなる。商品によって散乱光率が異なる
	ポリオレフィン系特殊フィルム（農PO）	一般	スーパーソーラーBD，花野果強靭，スーパーダイヤスター，アグリスター，クリンテートEX，トーカンエースとびきり，バツグン5，アグリトップなど	90～	○	0.1～0.15	3～8	フィルムが汚れにくく，伸びにくい。パイプハウスではハウスバンド不要。保温性は農ビとほぼ同等。資材の厚さなどで耐用年数が異なる
		近紫外線除去	UVソーラーBD，アグリスカット，ダイヤスターUVカット，クリンテートGMなど	90～	×	0.1～0.15	3～5	害虫侵入抑制，灰色かび病などの病原胞子の発芽を抑制する。ミツバチを利用する野菜やナスには使えない
		光散乱	美サンランダイヤスター，美サンランイースターなど	89～	○	0.075～0.15	3～8	骨材や葉による影ができにくい。急激な温度変化が緩和し，葉焼けや果実の日焼けを抑制し，作業環境もよくなる

注）近紫外線の透過程度により，○：280nm付近の波長まで透過する，△：波長310nm付近以下を透過しない，×：波長360nm付近以下を透過しない，の3段階

表2　被覆資材の近紫外線透過タイプとその利用

タイプ	透過波長域	近紫外線透過率	適用場面	適用作物
近紫外線強調型	300nm以上	70％以上	アントシアニン色素による発色促進	ナス，イチゴなど
			ミツバチの行動促進	イチゴ，メロン，スイカなど
紫外線透過型	300nm以上	50％±10	一般的被覆利用	ほとんどの作物
近紫外線透過抑制型	340±10nm	25％±10	葉茎菜類の生育促進	ニラ，ホウレンソウ，コカブ，レタスなど
近紫外線不透過型	380nm以上	0%	病虫害抑制 害虫：ミナミキイロザミウマ，ハモグリバエ類，ネギコガ，アブラムシ類など 病気：灰色かび病など	トマト，キュウリ，ピーマンなど ホウレンソウ，ネギなど
			ミツバチの行動抑制	イチゴ，メロン，スイカなど

表3　トンネル被覆資材の種類と特性

種類	素材名		商品名	光線透過率（％）	近紫外線透過程度[注1)]	厚さ（mm）	保温性[注2)]	耐用年数（年）	備考
軟質フィルム	ポリ塩化ビニール（農ビ）	一般	トンネルエース，ニューロジスター，ロジーナ，ベタレスなど	92	○	0.05～0.075	○	1～2	最も保温性が高いので，保温効果を最優先する厳寒期の栽培や寒さに弱い野菜に向く。裂けやすいので穴あけ換気はむずかしい。農ビはべたつきやすいが，べたつきを少なくしたもの，保温力を強化したものもある
		近紫外線除去	カットエーストンネル用など	92	×	0.05～0.075	○	1～2	害虫の飛来を抑制する。ミツバチを利用する野菜には使用できない
	ポリオレフィン系特殊フィルム（農PO）	一般	透明ユーラック，クリンテート，ゴリラなど	90	○	0.05～0.075	△	1～2	農ビに近い保温性がある。べたつきが少なく，汚れにくいので，作業性や耐久性を重視する場合に向く。裂けにくいので穴あけ換気ができる
		有孔	ユーラックカンキ，ベジタロンアナトンなど	90	○	0.05～0.075	△	1～2	昼夜の温度格差が小さく，換気作業を省略できる。開口率の違うものがあり，野菜の種類や栽培時期によって使い分ける
	ポリエチレン（農ポリ）	一般	農ポリ	88	○	0.05～0.075	×	1～2	軽くて扱いやすく，安価だが，保温性が劣る。無滴と有滴がある
		有孔	有孔農ポリ	88	○	0.05～0.075	×	1～2	換気作業を省略できる。保温性は劣る。無滴と有滴がある
	ポリオレフィン系特殊フィルム（農PO）＋アルミ		シルバーポリトウ保温用	0	×	0.05～0.07	◎	5～7	ポリエチレン2層とアルミ層の3層。夜間の保温用で，発芽後は朝夕開閉する

注1）近紫外線の透過程度により，○：280nm付近の波長まで透過する，△：波長310nm付近以下を透過しない，×：波長360nm付近以下を透過しない，の3段階
注2）保温性　◎：かなり高い，○：高い，△：やや高い，×：低い

高温時は梨地調に変化して散乱光にするといった資材も開発されている。

(2) トンネル被覆資材（表3）

①資材の種類

野菜の栽培用トンネルは，アーチ型支柱に被覆資材をかぶせたもので，保温が主な目的である。保温性を高めるために二重被覆も行なわれる。

表4　害虫の種類と防虫ネット目合いの目安

対象害虫	目合い（mm）
コナジラミ類，アザミウマ類	0.4
ハモグリバエ類	0.6
アブラムシ類，キスジノミハムシ	0.8
コナガ，カブラハバチ	1
シロイチモジヨトウ，ハイマダラノメイガ，ヨトウガ，ハスモンヨトウ，オオタバコガ	2～4

注）赤色ネットは0.8mm目合いでもアザミウマ類の侵入を抑制できる

表5　ベタがけ，防虫，遮光用資材の種類と特性

種類	素材名	商品名	耐用年数（年）	備考
長繊維不織布	ポリプロピレン（PP）	パオパオ90，テクテクネオなど	1～2	主に保温を目的としてベタがけで使用
	ポリエステル（PET）	パスライト，パスライトブルーなど	1～2	吸湿性があり，保温性がよい。主に保温を目的としてベタがけで使用
割繊維不織布	ポリエチレン（PE）	農業用ワリフ	3～5	保温性が劣るが通気性がよいので防虫，防寒目的にベタがけやトンネルで使用
	ビニロン（PVA）	ベタロンバロン愛菜	5	割高だが，吸湿性があり他の不織布より保温性が優れる。主に保温，寒害防止，防虫を目的にベタがけやトンネルで使用
長繊維不織布＋織布タイプ	ポリエステル＋ポリエチレン	スーパーパスライト	5	割高だが，吸湿性があり他の不織布より保温性が優れる。主に保温，寒害防止，防虫を目的にベタがけやトンネルで使用
ネット	ポリエチレン，ポリプロピレンなど	ダイオサンシャイン，サンサンネットソフライト，サンサンネットe-レッドなど	5	防虫を主な目的としてトンネル，ハウス開口部に使用。害虫の種類に応じて目合いを選択する
寒冷紗	ビニロン（PVA）	クレモナ寒冷紗	7～10	色や目合いの異なるものがあり，防虫，遮光などの用途によって使い分ける。アブラムシ類の侵入防止には♯300（白）を使用する
織布タイプ	ポリエチレン，ポリオレフィン系特殊フィルムなど	ダイオクールホワイト，スリムホワイトなど	5	夏の昇温抑制を目的とした遮光・遮熱ネット。色や目合いなどで遮光率が異なり，用途によって使い分ける。ハウス開口部に防虫ネットを設置した場合は，遮光率35％程度を使用する。遮光率が同じ場合，一般的に遮熱性は黒＜シルバー＜白，耐久性は白＜シルバー＜黒となる

表6　マルチ資材の種類と特性

種類	素材		商品名	資材の色	厚さ（mm）	使用時期	備考
軟質フィルム	ポリエチレン（農ポリ）	透明	透明マルチ，KO透明など	透明	0.02～0.03	春，秋，冬	地温上昇効果が最も高い。KOマルチはアブラムシ類やアザミウマ類の忌避効果もある
		有色	KOグリーン，KOチョコ，ダークグリーンなど	緑，茶，紫など	0.02～0.03	春，秋，冬	地温上昇効果と抑草効果がある
		黒	黒マルチ，KOブラックなど	黒	0.02～0.03	春，秋，冬	地温上昇効果が有色フィルムに次いで高い。マルチ下の雑草を完全に防除できる
		反射	白黒ダブル，ツインマルチ，パンダ白黒，ツインホワイトクール，銀黒ダブル，シルバーポリなど	白黒，白，銀黒，銀	0.02～0.03	周年	地温が上がりにくい。地温上昇抑制効果は白黒ダブル>銀黒ダブル。銀黒，白黒は黒い面を下にする
		有孔	ホーリーシート，有孔マルチ，穴あきマルチなど	透明，緑，黒，白，銀など	0.02～0.03	周年	穴径，株間，条間が異なるいろいろな種類がある。野菜の種類，作期などに応じて適切なものを選ぶ
	生分解性		キエ丸，キエール，カエルーチ，ビオフレックスマルチなど	透明，乳白，黒，白黒など	0.02～0.03	周年	価格が高いが，微生物により分解されるのでそのまま畑にすき込め，省力的で廃棄コストを低減できる。分解速度の異なる種類がある。置いておくと分解が進むので購入後すみやかに使用する
不織布	高密度ポリエチレン		タイベック	白	―	夏	通気性があり，白黒マルチより地温が上がりにくい。光の反射率が高く，アブラムシ類やアザミウマ類の飛来を抑制する。耐用年数は型番によって異なる
有機物	古紙		畑用カミマルチ	ベージュ，黒	―	春，夏，秋	通気性があり，地温が上がりにくい。雑草を抑制する。地中部分の分解が早いので，露地栽培では風対策が必要。微生物によって分解される
	イナワラ，ムギワラ			―	―	夏	通気性と断熱性が優れ，地温を裸地より下げることができる

保温を目的とする場合は、一般に軟質フィルムが使用されるが、虫害や鳥害、風害を防止するために寒冷紗や防虫ネット、割繊維不織布をトンネル被覆することもある。

換気を省略するためにフィルムに穴をあけた有孔フィルムもある。

②各資材の特徴

農ビ　保温性が最も優れているので、保温効果を最優先する厳寒期の栽培や寒さに弱い野菜に向く。裂けやすいので穴あけ換気はむずかしい。

農PO　農ビに近い保温性があり、べたつきが少なく、汚れにくいので、作業性や耐久性を重視する場合に向く。裂けにくいので、穴あけ換気ができる。

農ポリ　軽くて扱いやすく、安価だが、保温性が劣るので、気温が上がってくる春の栽培やマルチで利用される。穴のあいた有孔フィルムは、昼夜の温度格差が小さく、換気作業を省略できる。開口率の違うものがあり、野菜の種類や栽培時期によって使い分ける。

防虫ネット　防虫ネットと寒冷紗は、ベタがけも行なわれるが、トンネル被覆で利用することが多い。防虫ネットは、対象になる害虫によって目合いが異なる（表4）。目が細かいほど幅広い害虫に対応できるが、通気性が悪くなり、蒸れたり気温が高くなったりするので、被害が予想される害虫に合った目合いのものを選ぶ。アブラムシ類に忌避効果がある、アルミ糸を織り込んだものなどもある。

寒冷紗　目の粗い平織の布で、主な用途は遮光である。黒色と白色があり、遮光率は黒が50％、白が20％程度のものが使われる。主に夏の播種や育苗に利用する。遮光率が高いほうが暑さを緩和する効果は高いが、発芽後もかけておくと徒長しやすいので、発芽後に取り除くことが必要である。

(3) ベタがけ資材（表5）

ベタがけとは、光透過性と通気性を兼ね備えた資材を、作物や種播き後のウネに直接かける方法である。支柱がいらず手軽にかけられ、通気性があるために換気も不要である。

果菜類では、冬から春先に定植する苗の保温や防寒を目的に、トンネル内側の二重被覆や露地に定植した苗に直接被覆することが行なわれる。

(4) マルチ資材（表6）

土壌表面をなんらかの資材で覆うことを、マルチまたはマルチングという。地温調節、降雨による肥料の流亡抑制、土壌侵食防止、土の跳ね上がり抑制による病害予防、土壌水分・土壌物理性の保持、アブラムシ類忌避、抑草などの効果があり、さまざまな特性を備えたマルチ資材が開発されている。

コーンスターチなどを原料とし、栽培終了後、畑にそのまますき込めば微生物によって分解されてしまう、生分解性フィルムの利用も進んでいる。

栽培時期や目的に応じて適切な資材を使い分ける。マルチ張りの作業は、土壌水分が適度なときに行ない、土壌表面とフィルムを密着させる。

高温性の果菜類を冬から春に定植する場合は、定植の1～2週間前にマルチをして地温を高めておくと、活着とその後の生育が早まる。

（執筆：川城英夫）

主な肥料の特徴

(1) 単肥と有機質肥料

(単位：%)

肥料名	窒素	リン酸	カリ	苦土	アルカリ分	特性と使い方注)
硫酸アンモニア	21					速効性。土壌を酸性化。吸湿性が小さい（③）
尿素	46					速効性。葉面散布も可。吸湿性が大きい（③）
石灰窒素	21				55	やや緩効性。殺菌・殺草力あり。有毒（①）
過燐酸石灰		17				速効性。土に吸着されやすい（①）
熔成燐肥（ようりん）		20		15	50	緩効性。土壌改良に適する（①）
BM ようりん		20		13	45	ホウ素とマンガン入りの熔成燐肥（①）
苦土重焼燐		35		4.5		効果が持続する。苦土を含む（①）
リンスター		30		8		速効性と緩効性の両方を含む。黒ボク土に向く（①）
硫酸加里			50			速効性。土壌を酸性化。吸湿性が小さい（③）
塩化加里			60			速効性。土壌を酸性化。吸湿性が大きい（③）
ケイ酸加里			20			緩効性。ケイ酸は根張りをよくする（③）
苦土石灰				15	55	土壌の酸性を矯正する。苦土を含む（①）
硫酸マグネシウム				25		速効性。土壌を酸性化（③）
なたね油粕	5～6	2	1			施用2～3週間後に播種・定植（①）
魚粕	5～8	4～9				施用1～2週間後に播種・定植（①）
蒸製骨粉	2～5.5	14～26				緩効性。黒ボク土に向く（①）
米ぬか油粕	2～3	2～6	1～2			なたね油粕より緩効性で，肥効が劣る（①）
鶏糞堆肥	3	6	3			施用1～2週間後に播種・定植（①）

(2) 複合肥料

(単位：%)

肥料名（略称）	窒素	リン酸	カリ	苦土	特性と使い方注)
化成13号	3	10	10		窒素が少なくリン酸，カリが多い，上り平型肥料（①）
有機アグレット S400	4	10	10		有機質80％入りの化成（①）
化成8号	8	8	8		成分が水平型の普通肥料（③）
レオユーキ L	8	8	8		有機質20％入りの化成（①）
ジシアン有機特806	8	10	6		有機質50％入りの化成。硝酸化成抑制材入り（①）
エコレット808	8	10	8		有機質19％入りの有機化成。堆肥入り（①）
MMB 有機020	10	12	10	3	有機質40％，苦土，マンガン，ホウ素入り（①）
UF30	10	10	10	4	緩効性のホルム窒素入り。苦土，ホウ素入り（①）
ダブルパワー1号	10	13	10	2	緩効性の窒素入り。苦土，マンガン，ホウ素入り（①）
IB 化成 S1	10	10	10		緩効性の IB 入り化成（①）
IB1号	10	10	10		水稲（レンコン）用の緩効性肥料（①）
有機入り化成280	12	8	10		有機質20％入りの化成（①）
MMB 燐加安262	12	16	12	4	苦土，マンガン，ホウ素入り（①）
CDU 燐加安 S222	12	12	12		窒素の約60％が緩効性（①）
燐硝安加里 S226	12	12	16		速効性。窒素の40％が硝酸性（主に①）
ロング424	14	12	14		肥効期間を調節した被覆肥料（①）
エコロング413	14	11	13		肥効期間を調節した被覆肥料。被膜が分解しやすい（①）
スーパーエコロング413	14	11	13		肥効期間を調節した被覆肥料。初期の肥効を抑制（溶出がシグモイド型）（①）
ジシアン555	15	15	15		硝酸化成抑制材入りの肥料（①）
燐硝安1号	15	15	12		速効性。窒素の60％が硝酸性（主に②）
CDU・S555	15	15	15		窒素の50％が緩効性（①）
高度16	16	16	16		速効性。高成分で水平型（③）
燐硝安 S604号	16	10	14		速効性。窒素の60％が硝酸性（主に②）
燐硝安加里 S646	16	4	16		速効性。窒素の47％が硝酸性（主に②）
NK 化成2号	16		16		速効性（主に②）
CDU 燐加安 S682	16	8	12		窒素の50％が緩効性（①）
NK 化成 C6号	17		17		速効性（主に②）
追肥用 S842	18	4	12		速効性。窒素の44％が硝酸性（②）
トミー液肥ブラック	10	4	6		尿素，有機入り液肥（②）
複合液肥2号	10	4	8		尿素入り液肥（②）
FTE	マンガン19％，ホウ素9％				ク溶性の微量要素肥料。そのほかに鉄，亜鉛，銅など含む（①）

注）使い方は以下の①～③を参照。①元肥として使用，②追肥として使用，③元肥と追肥に使用

（執筆：齋藤研二）

主な作業機

根菜類やイモ類の作業機は、播種あるいは植付けから収穫調製まで数多く市販されており、大規模対応の機械がほとんどであるが、中小規模で利用可能な作業機について紹介する（表1参照）。

図1　1ウネ用のウネ立てマルチャー

図2　イモ類の移植機

(1) ウネ立て

ウネはその形状から丸ウネ、平高ウネ、平ウネなどの種類があり、野菜の種類や栽培時期、栽培方式によって使い分けられている。イモ類はウネ内で生育するので、適切なウネの大きさ、硬さ、ウネ内水分が重要になる。

ウネ立て作業機は、ウネの形状や大きさに合わせてさまざまな種類があり、また、管理機に装着するもの、トラクターに装着するもの、トラクターのロータリー後部に装着するものなどがある。さらに、ウネ立てと同時にマルチを展張するウネ立てマルチャーがある（図1）。

(2) 播種機

根菜類は畑に直接種を播く栽培がほとんどであり、播種作業には播種機を用いる。播種機は手押し式の簡易なものから、管理機装着用、トラクター装着用とさまざまあるので、規模に応じて選択するとよい。

播種の方式は、ベルトやロールにあいた穴で種子を受け土中に入れるセル式と、種子をヒモ状のテープに封入したシードテープ式がある。セル式は、コート種子を使用することで発芽が安定する。シードテープ方式は、5cm程度の短い株間にも対応でき、間引きが不要になる利点がある。

(3) 移植機

ジャガイモ、サトイモなどは圃場に種イモ

表1　主な作業機

①ウネ立て機の種類と特徴

種類	主な品目	特徴	目安の価格
丸ウネ	イモ類	ウネ立てマルチャー専用機で，トラクターや管理機に装着し，ローターで土を寄せ半円状に成型し，マルチフィルムを被覆する。マルチフィルムの幅は95cmや110cmを用いウネの裾幅40～55cm，高さ20～30cmになる	1ウネ用　45万円 2ウネ用　90万円
平高ウネ（台形ウネ）	ゴボウ 葉菜類	短根ゴボウ用は，丸ウネのウネ立てマルチャーと同様であるが，ウネ頂部が平らになるよう成型する。同時に播種を行なう場合が多い。葉菜類用はウネ立て専用機もあるが，ロータリー後方に成型機を装着しマルチフィルムの被覆を行なわない場合もある	うね立てマルチャー　60万円 ウネ成型機　15万円
平ウネ	根菜類全般	ニンジンやダイコン，タマネギなどの多条植え用のウネで，ウネ立て専用機やロータリーの後方に装着するタイプがある。土をあまり盛らず，ウネの高さは5cm以下である。マルチフィルムの幅は95～180cmを用い，ウネの裾幅は60～150cmで品目や用途に応じて使い分ける	ロータリー装着　15万円 専用機　45万円

②根菜類の播種機と収穫機の種類と特徴

種類	特徴	目安の価格
セル（穴）式播種機	作業方法によって，手押し式と管理機やトラクターに装着するタイプがある。また種子の種類でセル式とテープ式がある。セル式はウネ上に播き溝をつくり種子を落として覆土する。テープ式はシードテープが通る種子導管をウネ内に潜らせて播種する。トラクター用には，4～6条用でウネ立て，マルチ，施肥，施薬，播種を1工程の作業で行なう機種がある	手動1条　3万円 管理機4条　20万円 トラクター6条　50万円
根菜類収穫機	ダイコンやニンジンなどの根菜類の収穫機は，トラクター装着型と自走型がある。トラクター装着型は，掘刃で根の周りの土をほぐし，抜きやすくする。品目によって掘刃の幅，深さが異なる。また，ほぐした後，ベルトで引き抜く収穫機もある。自走型は品目ごとの専用機で，大規模向けの引き抜きから収納までを行なうタイプと，歩行型で引き抜きのみを行なうタイプがある	ほぐし式　15万円 引き抜き　300万円～

③イモ類用の主な作業機の種類と特徴

種類	主な品目	特徴	目安の価格
ウネ立てマルチャー	イモ類全般	土を寄せかまぼこ形に成型し，マルチフィルムを展張する。トラクター装着用，管理機装着用がある。イモ類では幅95cm，110cmのマルチフィルムを用い，裾幅40～55cm，高さ20～25cm程度のウネをつくる。大規模向けには2ウネ同時作業や施肥・施薬を同時に行なうタイプがある	1ウネ用　45万円 2ウネ用　90万円
移植機	ジャガイモ サトイモ	種イモの供給を人力で行なう半自動型移植機で，ターンテーブル式の供給テーブルに種イモを投入し，くちばし状の開孔器でウネ内に押し込む。ウネ幅75～120cm，株間20～40cmに対応する機種が多い	70万円
	サツマイモ	苗の供給を人力で行なう半自動型移植機で，苗供給ベルトの苗ホルダに苗を挟み，ベルトが移動し，植付け爪で苗を挟み，ウネ内に挿苗する。ウネ幅80～100cm，株間30～45cm程度に対応する	85万円
掘取機	イモ類全般	トラクターや耕うん機に装着し，ウネ内のイモを掘り起こす。すき刃をイモの下に通し，土をほぐして掘りとりやすくする掘上タイプや，コンベアで掘り上げ，土砂分離して掘りとるタイプがある。大規模向けには，掘り上げながらコンテナに収納するハーベスタタイプがある	掘上機　12万円 掘取機　40万円 収穫機　200万円～

を並べ、その上に土を盛ってウネにするが、最近はあらかじめつくったウネに種イモを押し込む移植栽培が多い（図2参照）。

簡易なものでは手動式の移植器があり、規模が大きくなると、くちばし状の移植部を装備した移植機の利用が効率的である。

(4) イモ類収穫機

イモ類を掘り起こす収穫機には、管理機装着用、トラクター用などがあり、ウネ内のイモを浮かすタイプや、コンベアを利用して地表まで掘り起こすタイプがある。サツマイモ、ジャガイモ、サトイモなど多品目に利用できる。

(5) サトイモ子イモ分離機

最近市販化された機械に、「サトイモ子イモ分離機」がある。油圧を利用した本格的な機種と、手動式の簡便な機種がある。

（執筆：溜池雄志）

◉著者一覧　　＊執筆順（所属は執筆時）

川城　英夫（JA全農耕種総合対策部）
吉田　俊郎（千葉県海匝農業事務所）
高田　和明（北海道十勝農業試験場技術普及室）
安藤　利夫（千葉県農林総合研究センター水稲・畑地園芸研究所）
山口　俊春（京都府農林水産技術センター）
川口　招宏（北海道農政部生産振興局技術普及課花・野菜技術センター駐在）
山田　徳洋（北海道胆振農業改良普及センター）
向吉　健二（鹿児島県農業開発総合センター大隅支場）
上堀　孝之（北海道農政部生産振興局技術普及課北見農業試験場駐在）
茶谷　正孝（長崎県農林技術開発センター中山間営農研究室）
山下　雅大（千葉県農林総合研究センター水稲・畑地園芸研究所）
引地　睦子（千葉県香取農業事務所農業改良普及課）
橋本　和幸（北海道渡島農業改良普及センター）
鈴木　健司（千葉県農林総合研究センター水稲・畑地園芸研究所）
池澤　和広（鹿児島県農業開発総合センター）
岩元　　篤（埼玉県農業技術研究センター）
加藤　浩生（JA全農千葉県本部）
大井田　寛（法政大学）
齋藤　研二（JA全農東日本営農資材事業所）
溜池　雄志（鹿児島県農業開発総合センター大隅支場）

編者略歴

川城英夫（かわしろ・ひでお）

1954年、千葉県生まれ。東京農業大学農学部卒。千葉大学大学院園芸学研究科博士課程修了。農学博士。千葉県において試験研究、農業専門技術員、行政職に従事し、千葉県農林総合研究センター育種研究所長などを経て、2012年からJA全農 耕種総合対策部 主席技術主管、2023年から同部テクニカルアドバイザー。農林水産省「野菜安定供給対策研究会」専門委員、野菜産地再編強化協議会・産地高度化新技術調査検討委員、農林水産祭中央審査委員会園芸部門主査、野菜流通カット協議会生産技術検討委員など数々の役職を歴任。

主な著書は『作型を生かす ニンジンのつくり方』『新 野菜つくりの実際』『家庭菜園レベルアップ教室 根菜①』『新版 野菜栽培の基礎』『ニンジンの絵本』『農作業の絵本』『野菜園芸学の基礎』（共編著含む、農文協）、『激増する輸入野菜と産地再編強化戦略』『野菜づくり 畑の教科書』『いまさら聞けない野菜づくりQ&A300』『畑と野菜づくりのしくみとコツ』（監修含む、家の光協会）など。

新 野菜つくりの実際　第2版
根茎菜Ⅰ　根物・イモ類
誰でもできる露地・トンネル・無加温ハウス栽培

2024年2月20日　第1刷発行

編　者　川城　英夫

発行所　一般社団法人 農 山 漁 村 文 化 協 会
〒335-0022　埼玉県戸田市上戸田2丁目2－2
電話　048（233）9351（営業）　048（233）9355（編集）
FAX　048（299）2812　振替 00120-3-144478
URL　https://www.ruralnet.or.jp/

ISBN978-4-540-23108-7　DTP制作／㈱農文協プロダクション
〈検印廃止〉　印刷・製本／TOPPAN㈱

農文協の図書案内

今さら聞けない 農薬の話 きほんのき
農文協 編

農薬の成分から選び方、混ぜ方までQ&A方式でよくわかる。農薬のビンや袋に貼られたラベルからわかること、ラベルには書いてない大事な話に分けて解説。農薬の効かせ上手になって減農薬につながる。

1500円+税

今さら聞けない 除草剤の話 きほんのき
農文協 編

除草剤の成分から使い方、まき方までQ&A方式でよくわかる。除草剤のボトルや袋のラベルから読み取れること、ラベルには書いてない大事な話に分けて解説。除草剤使い上手になってうまく雑草を叩きながら除草剤削減。

1500円+税

今さら聞けない タネと品種の話 きほんのき
農文協 編

タネや品種の「きほんのき」がわかる一冊。タネ袋の情報の見方をQ&Aで紹介。人気の野菜15種の原産地や系統、品種の選び方などを図解。ベテラン農家や種苗メーカーの育種家による品種の生かし方の解説も。

1500円+税

今さら聞けない 農業・農村用語事典
農文協 編

ボカシ肥って何? 出穂って、どう読むの? 集落営農って何だ? 今さら聞けない農業・農村用語を384語収録。写真イラスト付きでよくわかる。便利な絵目次、さくいん付き。

1600円+税

今さら聞けない 肥料の話 きほんのき
農文協 編

おもに化学肥料の種類や性質など、「きほんのき」をQ&Aで紹介。チッソ・リン酸・カリ・カルシウム・マグネシウムの役割と効かせ方を図解に。シンプルで安い単肥の使いこなし方も。肥料選びのガイドブックに。

1500円+税

今さら聞けない 有機肥料の話 きほんのき
農文協 編

身近な有機物の使い方がわかる。米ヌカやモミガラ、鶏糞の使い方の他、それらを材料とするボカシ肥や堆肥のつくり方使い方まで解説。有機物を使うときに知っておきたい発酵、微生物のことも徹底解説。

1500円+税

（価格は改定になることがあります）